高等院校环境类系列教材

环境学概论

（第三版）

主　编　聂发辉　吴彩斌
副主编　王艳灵　邹成龙　李定昌　万　俊
主　审　齐文启

中国环境出版集团·北京

图书在版编目（CIP）数据

环境学概论 / 聂发辉，吴彩斌主编 ；王艳灵等副主编. -- 3 版. -- 北京 ：中国环境出版集团，2024. 12.
ISBN 978-7-5111-6125-3
Ⅰ. X
中国国家版本馆 CIP 数据核字第 2024RF1257 号

策划编辑 葛 莉
责任编辑 史雯雅
封面设计 彭 杉

出版发行 中国环境出版集团
（100062 北京市东城区广渠门内大街 16 号）
网 址：http://www.cesp.com.cn
电子邮箱：bjgl@cesp.com.cn
联系电话：010-67112765（编辑管理部）
发行热线：010-67125803，010-67113405（传真）
印 刷 玖龙（天津）印刷有限公司
经 销 各地新华书店
版 次 2024 年 12 月第 1 版
印 次 2024 年 12 月第 1 次印刷
开 本 787×1092 1/16
印 张 22
字 数 500 千字
定 价 68.00 元

第三版前言

本书自2014年5月第二版出版以来，又历经十年，先后15次印刷，迄今印刷近5万册，很多高等院校将其作为环境类本科生教学用书和非环境类专业环境教育公共课教材，以及研究生入学考试指定参考教材。编者对这些高校表示由衷的感谢！

党的十八大后，我国社会全面绿色转型，推动了高质量发展。生态环境保护新理念不断提出，坚持人与自然和谐共生、人与自然是生命共同体；倡导绿水青山就是金山银山，创新、协调、绿色、开放、共享的新发展理念，推动经济、社会和环境的协同发展；坚定不移地走绿色发展道路，推进绿色、循环、低碳发展。

二十年来的教学实践表明，本书内容和编排非常符合教学要求。故本书第三版维持了第一版、第二版的基本架构，主要对各章节内容进行了较大篇幅的删减和更新，增加了二维码数字化信息，拓展学生知识面。全书由聂发辉、吴彩斌主编和统稿，齐文启主审。各章节修订分工如下：

吴彩斌负责第一章、第七章；王艳灵负责第二章和第九章；李定昌负责第三章、第十三章；万俊负责第四章；邹成龙负责第五章、第六章；聂发辉负责第八章、第九章、第十章、第十一章和第十二章。

本书的修订得到了华东交通大学、江西理工大学和东华理工大学教务处领导和老师们的大力支持，他们对本书修订内容提出了许多宝贵意见，在此谨向大家表示衷心的感谢。本书的再版同样得到了中国环境出版集团的大力支持和热情帮助，在此致以衷心的感谢。

由于水平所限，书中的不足和错误在所难免，诚恳地欢迎读者和同行提出批评和建议，供修订时参考。

编著者

2024 年 10 月

目　录

第一章　绪　论

环境保护是我国的一项基本国策。1992 年，联合国召开环境与发展会议以后，实行人口、经济、社会、环境和资源的可持续发展战略，已成为世界各国的共同认识。实践证明，以大量消耗资源、粗放经营为特征的传统经济发展模式，经济效益低，排污量大，不但环境质量会不断恶化，损害人民健康，而且经济也难以持续发展。我国在构建社会主义市场经济和深化改革的过程中，应深入贯彻习近平生态文明思想，推动经济社会发展绿色化、低碳化，为高质量发展注入新动能、塑造新优势，以高水平保护支撑高质量发展，开拓有新时代中国特色的环境保护道路。在经济持续、快速、健康发展的同时，创造一个清洁安静、优美舒适的劳动环境和生态环境，是历史赋予我们光荣而艰巨的任务。

第一节　环境及其组成

一、环境与环境要素

所谓环境，它是相对于某一中心事物而言的，因中心事物的不同而不同，随中心事物的变化而变化。与某一中心事物有关的周围事物就是这个中心事物的环境。中心事物与环境之间存在着既对立又统一的关系，它们之间相互依存、相互制约、相互作用和相互转化。

环境对不同学科和对象来说内容也有所不同。从哲学上讲，环境是相对于某一特定主体而言的客体，该主体周围分布的客体空间构成的相互关联系统即为该主体所处的环境。地理学将环境定义为周围自然的和社会人文的生存要素的总和。生态学则认为环境是围绕于地球生物周围的非生物和生物的要素总和。环境科学中所研究的环境，则是以人类为主的外部世界，即人类生存与发展所必需的各种要素的总称。它可以分为自然环境和人工环境两种（图 1-1）。

- 人类环境
  - 自然环境
    - 物质：包括空气、水、岩石、土壤、动物、植物、微生物等
    - 能量：包括阳光、温度、气候、地磁等
    - 自然现象：包括太阳的稳定性、地壳稳定性（构造运动、地震、火山爆发）、大气运动、水循环、水土演变等
  - 人工环境
    - 人工构筑物、人工产品和能量、科学技术、综合生产力、政治体制、社会行为、宗教信仰、文化与地域因素等

图 1-1　人类环境的构成

自然环境指的是人类目前赖以生存、生活和生产的自然条件和自然资源的总称，即阳光、温度、气候、地磁、空气、水、岩石、土壤、动物、植物、微生物，以及地壳稳定性等自然因素的总和。用一句话概括就是“直接或间接影响到人类的一切自然形成的物质、能量和自然现象的总体”，常简称环境。因此，自然环境是人类生存和发展的重要物质基础，它不仅为人类提供了生存和发展空间，还提供了生命支持系统，人类的一切活动都和自然环境密不可分。

在自然环境的基础上，人类通过长期的有意识的社会劳动所创造的人工环境，也可称为社会环境。人工环境是指人类的活动形成的环境要素。它包括由人工形成的物质、能量和产品，以及人类活动中所形成的人与人之间的关系（或称上层建筑）。它是我们所处的社会政治环境、经济环境、科技环境、文化环境、法治环境等宏观因素的综合。因此，人工环境与自然环境在形成、发展、结构和功能等方面存在着本质的差别。

自然环境亦可以看作由地球环境和外围空间环境两部分组成。地球环境对于人类具有特殊的意义。在外围空间环境中，太阳对地球表面自然环境影响最大，它是地球能量，更是生命能量的主要来源。

地球具有明显的圈层构造，其内部由里到外可分为地核、地幔和地壳三个圈层（图 1-2）。地核厚约 3 470 km，主要由铁、镍物质组成；地幔主要由硅、镁物质组成，厚约 2 900 km；地壳平均厚约 33 km，主要由硅、铝物质组成；地壳物质又主要包括岩石、土壤和水，它们相应构成了岩石圈、土壤圈和水圈。地球的外部圈层为大气圈，由里到外分别为对流层、平流层、中间层、电离层和散逸层，总厚度 1 000～1 400 km。

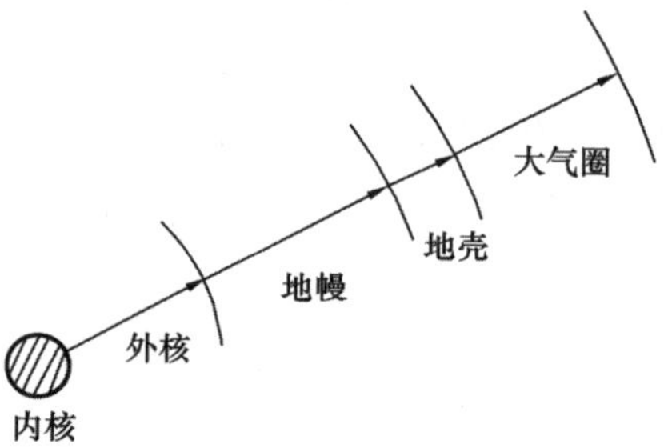

图 1-2　地球环境的圈层结构

大气圈底部与地壳的表层生活着各种各样的生物，因而又称为生物圈。它包括海平面以上 9 km 到海平面以下 10 km 的范围。值得注意的是，地球内部和外部无时无刻不在发生着物质和能量的交流，而人类的活动则大大影响了这一进程，并因此而引发了各类环境问题。

环境要素又称环境基质，是指构成人类环境整体的各个独立的、性质不同的而又服从整体演化规律的基本物质组分，分为自然环境要素和人工环境要素。自然环境要素通常指水、大气、生物、阳光、岩石、土壤等。环境要素组成环境结构单元，环境结构单元又组成环境整体或环境系统。例如，由水组成水体，全部水体总称为水圈；由大气组成大气层，整个大气层总称为大气圈；由生物个体组成生物群落，全部生物群落构成生物圈，等等。

环境质量，一般是指在一个具体的环境内，环境的总体或环境的某些要素，对人群的健康、生存和繁衍以及社会经济发展的适宜程度的量化表达，是反映人群的具体要求而形成的对环境评定的一种概念。环境质量分为自然环境质量和社会环境质量，自然环境质量包括大气环境质量、水环境质量、土壤环境质量等。社会环境质量主要包括经济、文化和美学等方面的环境质量。人们常用环境质量的好坏来表示环境遭受污染的程度。环境质量好坏的界定只能参照环境质量标准，通过环境质量评价的结果来实现，常见的环境质量标准有《环境空气质量标准》（GB 3095—2012）、《地表水环境质量标准》（GB 3838—2002）、《土壤环境质量　农用地土壤污染风险管控标准（试行）》（GB 15618—2018）和《土壤环境质量　建设用地土壤污染风险管控标准（试行）》（GB 36600—2018）。显然，环境质量是对环境状况的一种描述，这种状况的形成，有来自自然的原因，也有来自人为的原因，而且从某种意义上说，后者是更重要的原因。人为原因是指污染可以改变环境质量；资源利用的合理与否，同样可以改变环境质量；人群的文化状态也影响着环境质量。因此，环境质量除了有大气环境质量、水环境质量、土壤环境质量、城市环境质量，还有所谓的生产环境质量、文化环境质量等。

二、环境的分类

根据不同原则，人类环境有不同的分类方法。通常的分类原则是环境范围的大小、环境的主体、环境的要素、人类对环境的作用，以及环境的功能。下面介绍一种按环境的范围由近及远进行的分类。

（一）聚落环境

聚落是人类聚居的地方与活动的中心。聚落环境可分为院落环境、村落环境和城市环境。院落环境是由一些功能不同的构筑物和与之联系在一起的场院组成的基本环境单元，如我国西南地区的竹楼、陕北的窑洞、北京的四合院、机关大院等。村落环境则是农业人口聚居的地方。最普遍的有农村、渔村、山村等。城市是人类社会发展到一定阶段的产物，是工业、商业、交通汇集的地方。城市人口的高度集中，致使城市中人与环境的矛盾异常尖锐，城市环境成了当前环境保护工作的前沿阵地。

（二）地理环境

地理环境位于地球的表层，即岩石圈、土壤圈、水圈、大气圈和生物圈相互制约、相互渗透、相互转化的交错带上，其厚度为 10～30 km。它具有构成人类活动舞台和基地的三大条件，即常温常压的物理条件、适当的化学条件和繁茂的生物条件；这一环境与人类的生产和生活密切相关，直接影响着人类的饮食、呼吸、衣着和住行。

因此，从大的范围来说，地理环境，特别是自然地理环境是环境科学的重点研究对象。

（三）地质环境

简单地说，地质环境是指地理环境中除生物圈以外的其余部分。它能为人类提供丰富的矿物资源。

（四）宇宙环境

“宇”即上下四方，“宙”乃古往今来，“宇宙”即无限的时间和空间，目前人类能够观察到的空间范围已达 100 多亿光年①。环境科学中宇宙环境是指地球大气圈以外的环境，又称星际环境。

人类环境的其他分类方法，此处就不一一介绍了。

三、环境的功能特性

（一）整体性

人与地球环境是一个整体，地球的任一部分，或任一个系统，都是人类环境的组成部分。各部分之间存在着紧密的相互联系、相互制约关系。例如，环境中的大气受到污染后，在干沉降和湿沉降作用下，会引起水环境污染，然后传递给土壤，进而对生物环境也会带来一定的负面影响。局部地区的环境污染或破坏，会对其他地区造成影响和危害。例如，2005 年 12 月 12 日，英国第五大燃油储存库——邦斯菲尔德油库发生爆炸，巨大的有毒蘑菇云烟雾弥漫了英格兰的天空，并随风飘移进入法国西北部上空，随后抵达西班牙等国境内，严重威胁沿途 1 200 万居民的健康。因此，人类的生存环境，从整体上看是没有地区界线、省界和国界的。

① 1 光年≈9.46×10^{15} m。

（二）有限性

地球在宇宙中独一无二，其空间有限，有人称其为“地球村”。这意味着人类环境的稳定性有限，资源有限，容纳污染物质的能力有限，或对污染物质的自净能力有限。人类活动产生的污染物或污染因素进入环境的量，超越环境容量或环境自净能力时，就会导致环境质量恶化，出现环境污染。因此，环境的有限性提醒人类必须改变生活和生产方式，提高资源的利用率，尽可能减少向环境中排放废物，改善人与自然的关系，构建和谐的人居环境，实现人类社会的可持续发展。

（三）不可逆性

人类的环境系统在其运转过程中，存在两个过程：能量流动和物质循环。后一过程是可逆的，但前一过程不可逆，因此根据热力学理论，整个环境系统运转过程是不可逆的。所以环境一旦遭到破坏，利用物质循环规律，可以实现局部的恢复，但不能彻底回到原来的状态。

（四）隐显性

环境受到影响或污染后，其变化往往是滞后的。除事故性的污染与破坏（如森林大火、农药厂事故等）可直观其后果外，日常的环境污染与环境破坏对人们的影响，其后果的显现要有一个过程，经过一段时间才能反映出来。如日本汞污染引起的水俣病，经过了 20 年的时间才显现出来；又如有机氯农药——DDT 农药，虽然已经停止使用，但已进入生物圈和人体中的 DDT，还得再经过几十年才能从生物体中彻底排除出去。这种污染危害的隐显性，一方面与污染物的性质（如半衰期的长短）等因素有关；另一方面，污染物在生态系统中的各类生物中的吸收、转化、迁移和积累等过程都需要一定的时间。

（五）持续反应性

事实告诉人们，环境污染不但影响当代人的健康，而且会造成世世代代的遗传隐患。我国历史上黄河流域生态环境的破坏，至今仍给中华儿女带来无尽的水旱灾害。

（六）灾害放大性

实践证明，某方面不引人注目的环境污染与破坏，经过环境的作用以后，其危害性或灾害性，无论从深度还是从广度，都会被明显放大。如上游小片林地的毁坏，可能造成下游地区的水、旱、虫灾害；燃烧碳质燃料释放出来的 SO_2、CO_2 等气体，不仅造成局部地区空气污染，还可能造成酸沉降，毁坏大片森林，大量湖泊不宜鱼类生存；或因温室效应，全球气温升高，冰帽融化、海平面上升、淹没大片城市和农田。又如，由于生产与使用大量氟氯烃类化合物，破坏了大气臭氧层，结果不但使人类皮肤癌患者增加，而且太阳光中能量较高的紫外线会杀死地球上的浮游生物和幼小生物，断了大量食物链的始端，以致有可能毁掉整个生物圈。以上例子足以说明，环境危害或灾害的影响是何等强大。

历史的经验证明，人类的经济和社会发展，如果不违背环境的功能和特性，遵循客观的自然规律、经济规律和社会规律，那么人类就受益于自然界，人口、经济、社会和环境就协调发展；相反，则环境质量恶化，生态环境破坏，自然资源枯竭，人类必然受到自然界的惩罚。

为此，人们要正确掌握环境的组成、结构、功能和演变规律，消除各项工作中的主观性和片面性。

第二节　环境问题

一、环境问题的定义与分类

广义而论，环境问题是指自然的或人为引起环境质量下降或生态系统破坏，直接或间接影响人类生存和发展的一切现实的或潜在的问题。从狭义上讲，环境问题是指人类的生产和生活方式所导致的各种环境污染、资源破坏和生态系统失调。环境问题可分为两大类：一类是原生环境问题，另一类是次生环境问题（表 1-1）。

表 1-1　环境问题的分类

<table>
<tr><th colspan="3">环境问题</th><th>内容</th></tr>
<tr><td colspan="3">原生环境问题</td><td>火山、地震、台风等</td></tr>
<tr><td rowspan="3">次生环境问题</td><td colspan="2">环境破坏</td><td>水土流失、沙漠化、盐渍化、物种灭绝等</td></tr>
<tr><td rowspan="2">环境污染与干扰</td><td>环境污染</td><td>水污染、大气污染、土壤污染、固体废物污染等</td></tr>
<tr><td>环境干扰</td><td>噪声、振动、电磁波干扰、热干扰等</td></tr>
</table>

原生环境问题也称第一环境问题，是自然因素造成的，如洪水、旱灾、虫灾、台风、地震、火山爆发等。原生环境问题不属于环境科学的范畴，灾害学主要研究的就是原生环境问题；次生环境问题，是人为因素引起的环境问题，也称第二环境问题。环境学研究的主要对象应是次生环境问题，如不合理开发利用自然资源造成的生态环境的破坏和工农业高速发展而引起的环境污染，其表现形式为环境破坏和环境污染与干扰。但值得注意的是，原生环境问题和次生环境问题往往难以完全分开，它们之间常常存在某种程度的因果关系，并在一定条件下可能相互转化。例如，大量排放二氧化碳会导致气温升高、全球变暖、干旱加剧。

环境破坏又称生态破坏。主要指由于人类生活和生产活动对环境的破坏，导致环境退化，从而影响人类正常的生产和生活，如滥伐森林，使森林的环境调节功能下降，导致水土流失、土地荒漠化的加剧；不合理的灌溉，引起土壤盐碱化；大量燃煤和使用消耗臭氧物质，导致大气中二氧化碳的含量增加和臭氧层的破坏；生物的生存环境遭到破坏或过度捕猎等，加剧了物种的灭绝速度等。我国也不同程度地存在着环境破坏问题。

环境污染是指人类任意排放废弃物和有害物质，引起大气污染、水污染、土壤污染、固体废物污染、噪声污染、放射性污染以及海洋污染，从而导致环境质量下降，危害人体健康。而环境干扰指的是人类活动所排出的能量进入环境，达到一定的程度，产生对人类不良的影响，如噪声、振动、电磁波干扰、热干扰等。环境干扰一般是局部性的、区域性的，在环境中不会有残余物质存在，当污染源停止作用后，污染也就立即消失。

二、环境问题的由来

环境问题自古有之，它是随着社会生产力的发展而发展变化的。在人类社会不同历史时期，环境问题经历了 4 个阶段。

第一阶段是原始狩猎阶段。在这一阶段，人类只是自然食物的采集者和捕食者。这一阶段的环境问题，主要是由于人口的自然增长、无知而乱采滥捕，或用火不慎，使大片草地、森林被毁，破坏了生物资源，引起饥荒。

第二阶段是农业阶段。这一时期发生的环境问题主要表现在：大量砍伐森林和破坏草原引起的水土流失和土地沙漠化、盐碱化；不适当兴建水利而引起土壤沼泽化、血吸虫病流行等。在工业革命以前虽然已出现了城市化和手工业作坊（或工场），但工业生产并不发达，由此引起的环境污染问题并不突出。

第三阶段是现代工业阶段。第一次工业革命以后，蒸汽机、内燃机相继出现，大机器生产替代了手工业生产。各种机器的使用，需要大量的煤和石油作为燃料或原料，一些工业发达的城市和工矿企业排出大量的废气、废渣和废水，造成环境污染与破坏，威胁着人类的生存和发展。如发生在比利时、美国、英国和日本的八大公害事件（表 1-2），曾令世界震惊。

表 1-2　20 世纪八大著名公害事件

公害事件名称	公害污染物	公害发生地	公害发生时间	中毒情况	中毒症状	致害原因	公害成因
比利时马斯河谷烟雾事件	烟尘、SO_2	比利时马斯河谷（长 24 km，两侧山高约 90 m）	1930 年 12 月	上千人发生中毒，一周内有 60 多人死亡，许多家畜也纷纷死去	咳嗽、呼吸短促、流泪、咽喉痛、恶心、呕吐、胸疼	SO_x 和 MgO 微粒作用下，SO_2 转化成 SO_3，进入肺部深处	1. 山谷中重型工厂多； 2. 遇逆温天气； 3. 工业污染物积聚； 4. 遇雾天

公害事件名称	公害污染物	公害发生地	公害发生时间	中毒情况	中毒症状	致害原因	公害成因
美国多诺拉烟雾事件	烟尘、SO_2	美国多诺拉（马蹄形河湾，山高 120 m）	1948 年 10 月	4 天内约 6 000 人患病，其中 17 人很快死亡	咳嗽、喉痛、胸闷、呕吐、腹泻	SO_2 同烟尘作用生成硫酸盐，吸入肺部	1．工厂多； 2．遇雾天； 3．遇逆温天气
伦敦烟雾事件	烟尘、SO_2	英国伦敦	1952 年 12 月	5 天内死亡了 4 000 多人，历年共发生 12 起，死亡近万人	胸闷、咳嗽、喉痛、呕吐	粉尘中的 Fe_2O_3 使 SO_2 形成硫酸沫，附着在烟尘上，吸入肺部	1．居民以烟煤取暖，煤中硫含量高，排出烟尘量大； 2．遇逆温天气
美国洛杉矶光化学烟雾事件	光化学烟雾	美国洛杉矶	1943 年 5—10 月	大多数居民患病，65 岁以上老人死亡 400 人	刺激眼、喉、鼻，引起眼病、喉头炎	石油工业和汽车废气在紫外线作用下生产光化学烟雾	1．该城有汽车 400 多万辆，每天耗汽油 2 400 万 L，每天 1 000 多 t 碳氢化合物进入大气； 2．属于三面环山的山城，市区空气水平流动缓慢
日本水俣病事件	甲基汞	日本熊本县水俣镇	1953 年（1972 年统计）	水俣病患者 180 多人，死亡 50 多人	口齿不清、步态不稳、面容痴呆、耳聋眼瞎、全身麻木，最后精神失常	甲基汞被鱼吃后，人吃中毒的鱼而生病死亡	氮肥生产中，采用氯化汞和硫酸汞作催化剂，含甲基汞毒水废渣排入水体
日本富山骨痛病事件	镉	日本富山县神通川流域	1931—1972 年	患者 280 多人，死亡 34 人	开始关节痛，后神经痛和全身骨痛，最后骨骼软化萎缩，自然骨折，饮食不进，在衰弱疼痛中死去	吃含隔的米，喝含隔的水	炼锌厂未经净化处理的含镉废水排入河中
日本四日市哮喘病事件	SO_2、煤尘、重金属粉尘	日本四日市	1955 年后	患者 500 多人，死亡 36 人	支气管炎、哮喘、肺气肿、肺癌	有毒重金属微粒及二氧化硫吸入肺部	工厂向大气排出 SO_2 和煤粉尘数量大，并含钴、锰、钛等粉尘
日本米糠油事件	多氯联苯	日本九州爱知县等 23 个府县	1968 年	患者 5 000 多人，死亡 16 人，实际受害者超过 10 000 人	眼皮肿，常出汗，全身起红疙瘩，重者呕吐恶心，肝功能下降，肌肉痛，咳嗽不止，甚至死亡	食用含多氯联苯的米糠油所致	米糠油生产中，用多氯联苯作载热体，因管理不善，毒物进入米糠油中

第三次工业革命之后，全球经济迅速发展，工业不断集中和扩大，都市化速度加快，世界人口膨胀，能源和资源的消费量急速增加。除了煤烟污染之外，随着石油的消费在能源中所占比例的加大，又增加了新的污染源。生产活动排放的污染物成倍增长，人工合成的难降解的化学物质层出不穷，大型工程的建设以及城市人口的高度集中等，使许多国家严重的环境污染和生态破坏时有发生，形成了新的环境灾害，如印度中央邦博帕尔毒气泄漏事件、苏联切尔诺贝利核电站事故。与这种突发性的严重环境污染相比，人们更关心影响范围广、危害严重的全球性环境问题，如全球变暖、臭氧层破坏与耗损、酸雨蔓延、土地荒漠化等，这部分内容详见第二章。

这一时期环境污染的特点有：由工业污染向城市污染和农村污染发展；点源污染向面源污染发展；局部污染向区域性和全球性污染发展，形成了世界第一次环境问题的高潮。在这种严峻形势下，人类不得不开始正视环境问题。

第四阶段是生态文明阶段。进入 21 世纪，人类社会开始了以人工智能、新材料技术、分子工程、量子信息技术、可控核聚变、清洁能源以及生物技术等为突破口的第四次工业革命。随着新兴工业的快速发展，新技术和新材料的应用也带来了新的环境效应，如光污染等。其中许多因素的环境影响难以预测，如转基因食品等。此外，许多新型污染物也相继出现，土壤中土著微生物难以将其分解，导致这些污染物在土壤表层长期堆积，长期污染地表水和地下水。

我国改革开放 40 多年来，工业不断壮大，经济高速发展，但自然资源的消耗量和污染物的排放量也大幅上升，严重的环境污染时有发生，如 2005 年松花江重大水污染事件，中国石油天然气股份有限公司吉林石化分公司双苯厂苯胺车间发生爆炸事故，事故产生的约 100 t 苯、苯胺和硝基苯等有机污染物流入松花江；2007 年太湖暴发罕见的蓝藻污染事件，造成了无锡全城自来水污染。要解决这些问题，我国必须走人口、资源和环境的可持续发展战略。

由此可见，环境问题是随着经济和社会的发展而产生和发展的。老的环境问题解决了，又会出现新的环境问题，当前的环境问题不但没有根本解决，还存在巨大的挑战。

三、环境问题的实质与特点

环境问题的实质是社会、经济、环境之间的协调发展问题以及资源的合理开发利用问题。人类在漫长的历史进程中，特别是工业革命以来，取得了辉煌的业绩，创造了前所未有的财富，实现了现代文明；同时，也出现了破坏地球生态系统的日益严峻的环境问题，对人类的生存与发展构成了威胁。到目前为止，已经威胁人类生存并已被人类认识到的环境问题主要有全球变暖、臭氧层破坏、酸雨、淡水资源危机、能源短缺、森林资源锐减、土地荒漠化、物种加速灭绝、垃圾成灾、有毒化学品污染等众多方面。当代环境问题具有以下六大特点。

（一）全球化

环境问题的全球化是因为：①一些环境污染具有跨国、跨地区的流动性。如一些国际河流，上游国家造成的污染，可能危及下游国家；一些国家大气污染造成的酸雨，可能会降到别国等。②出现的一些环境问题，如气候变暖、臭氧层空洞等，其影响的范围是全球性的，它们产生的后果也是全球性的。③许多环境问题涉及高空、海洋甚至外层空间，其影响的空间尺度已远非农业社会和工业化初期出现的一般环境问题可比，具有大尺度、全球性的特点。例如，一个国家排放的大气污染物［如 SO_2、颗粒物（如 $PM_{2.5}$）等］可能导致其相邻国家和地区受到酸雨和雾霾的影响。环境问题的全球化，决定了环境问题的解决要靠全球的共同努力。

（二）综合化

20 世纪中期出现的“八大公害事件”曾引起世界的震惊，但它们实际上都是污染引起的损害人们健康的问题。而当代环境问题已远远超出这一范畴，涉及人类生存环境的各个方面。如日本福岛核污染水排海污染事件是自人类和平利用核能以来的首例，事关各国民众健康、全球海洋环境和国际公众利益。考虑到在未来几十年的持续排海累积过程中，放射性核素随福岛核污染水进入海洋并不断传输迁移，其对海洋生态环境和人类健康的长期影响仍需持续关注。

（三）社会化

当代环境问题已影响到社会的各个方面，影响到每个人的生存与发展。因此，当代环境问题已绝不是限于少数人、少数部门关心的问题，而成为全社会共同关心的问题。绿色、低碳已经成为人类共同追求的目标，也是世界各国探索未来经济和发展的主要议题。

（四）高科技化

随着当代科技的迅猛发展，高新技术引发的环境问题日渐增多。如核事故引发的环境问题、电磁波引发的环境问题、超声速飞机引发的臭氧层破坏、航天飞行引发的太空污染等。此外，生物工程技术的潜在影响以及大型工程技术的开发利用都可能产生难以预测的生态灾难。这些环境问题技术含量高、影响范围广、控制难、后果严重，已引起世界各国的普遍关注。

（五）累积化

虽然人类已进入现代文明时期，进入后工业化、信息化时代，但历史上不同阶段所产生的环境问题，在当今地球上依然存在。同时，现代社会又滋生了一系列的环境问题。这样，形成了从人类社会出现以来各种环境问题在地球上的积累、组合、集中暴发的复杂局面。

（六）政治化

当代的环境问题已不再是单纯的技术问题，而成为国际政治、各国国内政治的重要问题，防治环境污染已经成为各种国际活动和各国政治纲领的重要内容，如《联合国气候变化框架公约》、《〈联合国气候变化框架公约〉京都议定书》（简称《京都议定书》）、《巴黎气候变化协定》（简称《巴黎协定》）、“巴厘岛路线图”、哥本哈根世界气候大会等。

第三节 环境学的研究内容和任务

一、环境学的内容

环境学研究的主要内容有 4 个方面：

（1）环境质量的基础理论。包括环境质量状况的综合评价；污染物质在环境中的迁移、转化、增多和消失的规律；环境自净能力的研究；环境的污染破坏对生态的影响等。当前关注的前沿问题主要包括污染物多介质界面行为、区域环境过程和调控原理、纳米颗粒物的环境行为与生物效应等。

（2）污染控制与防治。包括改革生产工艺，开展综合利用，尽量减少或不产生污染物质以及净化处理技术；合理利用和保护自然资源；开展环境区域规划和综合防治等。当前研究前沿和热点问题包括区域大气复合污染控制关键技术、土壤环境多尺度效应及其转化的新方法新技术等。

（3）环境监测分析技术，环境质量预测、预报技术。重点关注和研究方向包括大气污染物立体监测、动态污染源清单及关键区域污染物预测预报技术等。

（4）环境污染与人体健康的关系，特别是环境污染所引起的致癌、致畸和致突变的研究及其防治。未来的发展需要在以下几个方向突破，包括人体多种暴露途径的耦合问题、复合环境污染物质的人体健康效应、人群水平区域呼吸与暴露定量模拟以及区域生态毒性与人群健康危害定量评估等。

此外，还有内分泌干扰物、持久性有机污染物（POPs）类物质对野生动物、人体健康及生态环境的破坏等。

二、环境学的分科

环境学本身就是一个多层次相互交错的网络结构系统，每个子系统都可能自成一个环境学科。经过近几十年的发展，环境学的概念与内涵日益丰富，已逐步形成各种学科交叉渗透的庞大的学科体系。作为一门新兴学科，环境学目前正处于蓬勃发展阶段，当前对环境学的分科体系还没有成熟一致的看法，现仅就我们现有的认识水平，将环境学按其性质和作用划分为三部分：环境科学、环境技术学及环境社会学（图 1-3），每一部分下又有许多细小的分支，如环境化学、环境物理学、环境医学、环境工程学、环境监测与管理学、环境经济学、环境生态学、环境法学、环境心理学、环境伦理学等。

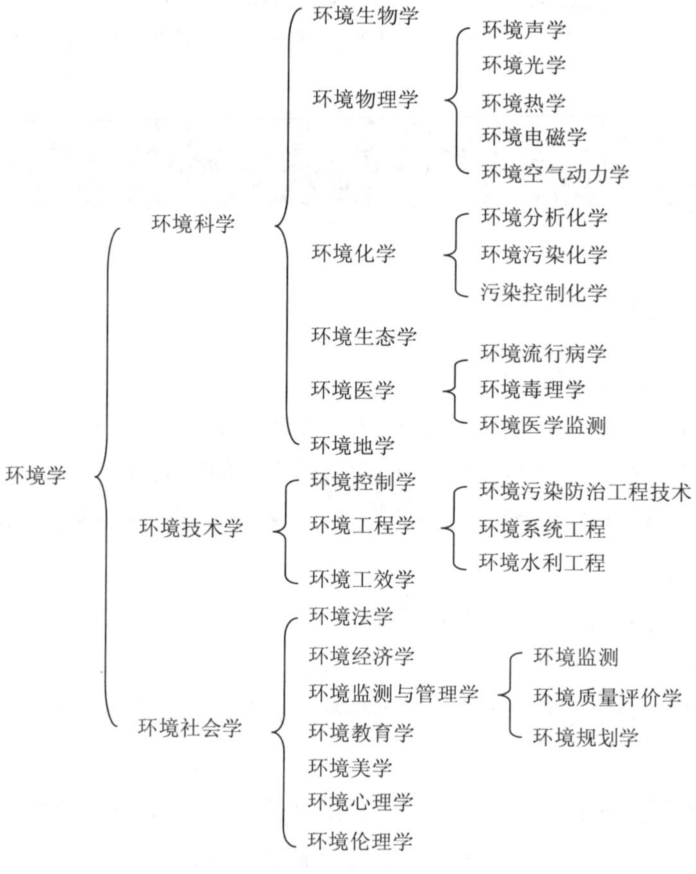

图 1-3 环境学的学科体系

三、环境学的主要任务

（一）探索全球范围内自然环境演化的规律

主要了解全球环境变化的历史、演化机理、环境结构及基本特征等。全球性的环境包括大气圈、水圈、土壤岩石圈、生物圈，它们总是在相互作用、相互影响中不断地演化，环境变异也随时随地发生。在人类改造自然的过程中，为使环境向有利于人类的方向发展，避免向不利于人类的方向发展，就必须了解和掌握环境的变化过程，包括环境系统的基本特征、结构和组成，以及演化的机理等，从而为改善环境和创造新的环境提供科学依据。

（二）探索全球范围内人与环境的相互依存关系

揭示人类活动同自然环境之间的关系，探索环境变化对人类生存和地球环境安全的影响，重点是探索人与生物圈的相互依存关系。近年来生物圈这个词在国际上已被广泛使用。因为人类是生存在生物圈内的，生物圈的状况如何、是否会发生变化，是关系到人类生存与发展的大问题。因此，探索和深入认识人与生物圈的相互关系是十分重要的。

（三）协调人类的生产、消费活动同生态要求之间的关系

在上述两项探索研究的基础上，需要进一步研究协调人类活动与环境的关系，促进“人类-环境”系统协调稳定地发展。在“人类-环境”系统中，人是矛盾的主要方面，必须主动调整人类的经济活动和社会行为（生产、消费活动的规模和方式），选择正确的发展战略，以求得人类与环境的协调发展。环境与发展问题已成为当前世界各国关注的焦点，协调发展论、持续发展的理论，从总体上协调人与环境的关系，已成为环境学研究的重大课题。

（四）探索区域污染综合防治的途径

运用工程技术及管理措施（法律、经济、教育及行政手段），从区域环境的整体上调节控制“人类-环境”系统，利用系统分析及系统工程的方法，寻求解决区域环境问题的最优方案。

第四节　环境学科发展的重要事件

环境学科的产生源于环境问题的产生和发展。在农耕文明时期，环境问题尚不明显，虽然人类已开始开发和改造自然，但当时的生产力有限，人类的生产活动对环境的影响较小。这个阶段的环境问题往往与天灾人祸有关，与争权夺利挂钩。环境问题凸显始于近代工业革命时期，1972 年的斯德哥尔摩联合国人类环境会议是转折点。蕾切尔•卡逊撰写的《寂静的春天》亦带动了环境运动的发展，自此各国纷纷立法并建立环境保护机构，与此同时，环境类学科在大学呼之欲出。20 年后的 1992 年里约热内卢联合国环境与发展大会是环境运动发展的又一里程碑，可持续发展这一概念走向全球，而如今的“碳中和”计划可追溯到这次会议通过的《联合国气候变化框架公约》。如今世界各国的环境保护运动仍旧如火如荼，与以往不同的是，当今的中国不仅仅是参与者和贡献者，也是引领者。

环境学科发展的重要事件如下：

1661 年，英国人 J. 伊林将《驱逐烟气》献给查理二世，指出空气污染危害及防治措施。

1850 年，人类开始用化学消毒法（漂白液，可能是次氯酸钠）杀灭饮用水中的细菌。

1859 年，达尔文在《物种起源》一书中提出，物竞天择，适者生存，论述生物进化与自然环境变化有关（第一次工业革命期间工业黑化现象）。

1864 年，世界上第一座污水厂即贝克顿污水厂在英国伦敦建成，采用物理和化学法处理污水。

1869 年，德国生物学家海克尔提出，物种变异是适应和遗传相互作用的结果，创立生态学概念。

1914 年，活性污泥法（生物法）诞生，在英国曼彻斯特建成世界上第一座活性污泥污水处理试验厂。

1915 年，日本学者山极胜三郎用实验证明煤焦油可诱发皮肤癌。

1910 年，上海开始推行雨污分排系统改造，并于 1919 年在扬州路建造了我国第一座污水处理实验基地。至此，上海成为中国最早建设城市排水设施的城市之一。

1923 年，上海北区污水处理厂建成，日处理能力 0.35 万 m^3。同年，上海又相继建造了东区污水处理厂及西区污水处理厂。1926 年，东区污水处理厂建成，设计规模日处理量为 1.7 万 m^3。经过五次扩建后，最高日处理量为 3.4 万 m^3。1927 年，西区污水处理厂建成投运，设计规模为 1.5 万 m^3/d，出水排入苏州河。三座污水处理厂的建成，正式拉开了上海百年排水处理的大幕。

1935 年，英国生态学家坦斯利提出生态系统的概念。

1954 年，美国研究宇宙飞船内人工环境的科学家首次提出环境科学的概念。

1962 年，美国学者蕾切尔•卡逊出版《寂静的春天》，环境运动风起云涌，有人认为这本书的出版宣告了环境学的正式诞生。

1965 年，全球第一个本科层次环境教育课程体系出现在美国，并逐步推广开来。

1967 年，环境学科著名期刊 *Environmental Science & Technology* 和 *Water Research* 建刊，1970 年 *Environmental Pollution* 建刊，1972 年 *Chemosphere* 和 *Science of Total Environment* 建刊。

1970 年，美国国家环境保护局（EPA）成立，世界地球日设立（每年 4 月 22 日）。

1930—1972 年，公害事件频发，世界各国开始进行环境立法，环保从消极治理阶段转向污染预防与防治结合阶段，环境学科体系初步形成。

1972 年，在斯德哥尔摩召开联合国人类环境会议，通过了《联合国人类环境会议宣言》；发表《只有一个地球》，该报告集中了各国环境科学家的主要学术观点以及对当时出现的环境问题的认识；设立世界环境日（每年 6 月 5 日）。

1972 年，罗马俱乐部的《增长的极限》提出了“零增长”的对策，其也被称为“零增长理论”。

1973 年，我国召开第一次全国环境保护会议，确定“全面规划，合理布局，综合利用，化害为利，依靠群众，大家动手，保护环境，造福人民”方针；1983 年，第二次全国环境保护会议召开，将环境保护确立为基本国策；1989 年，第三次全国环境保护会议召开，提出实行“预防为主，防治结合”、“谁污染，谁治理”和“强化环境管理”三大政策。

1974 年，国务院环境保护领导小组成立，是我国第一个环境保护机构；1982 年，组建城乡建设环境保护部，内设环境保护局；1984 年，成立国家环境保护局，1998 年升格为国家环境保护总局，2008 年升格为环境保护部，2018 年生态环境部正式揭牌。

1977 年，第一个环境工程专业在清华大学诞生；1986 年，大连理工大学成立环境工程专业；1995 年，大连海事大学成立海洋环境学院并于 2000 年更名为环境科学与工程学院。

1982 年，通过的《内罗毕全球环境状况宣言》（又称《内罗毕宣言》）肯定了联合国人类环境会议的成绩，评价了《人类环境行动计划》的执行情况，又特别强调了包括酸雨和臭氧层破坏问题在内的全球性环境问题。

1987 年，世界环境与发展委员会发布关于人类未来的报告——《我们共同的未来》，提出可持续发展的观点，并以丰富的资料概述了当今世界环境与发展方面存在的问题。

1992 年，里约热内卢联合国环境与发展大会召开，是继 1972 年斯德哥尔摩联合国人类环境会议之后，环境与发展领域中规模最大、级别最高的一次国际会议。提出环境保护与经济协调发展，以实现人类社会的可持续发展。会上通过了《关于环境与发展的里约热内卢宣言》、《21 世纪议程》和《关于森林问题的原则声明》3 项文件。对《联合国气候变化框架公约》和《生物多样性公约》进行了开放签字。

1997 年，《京都议定书》达成，并于 2005 年 2 月正式生效。《京都议定书》设定了温室气体排放控制目标，规定了缔约方的减排任务，更重要的是其以法规的形式限制温室气体排放。

2001 年，国际社会共同签署了《关于持久性有机污染物的斯德哥尔摩公约》，截至 2023 年 10 月，共有 186 个缔约方。中国于 2004 年 8 月 13 日递交批准书，同年 11 月 11 日公约对中国生效。

2015 年，《巴黎协定》达成，2016 年生效。《巴黎协定》是实施《联合国气候变化框架公约》的重要里程碑，旨在应对全球气候变化问题。协定的目标是控制全球气温上升，并促进适应变化和减缓温室气体排放。

2020 年，中国在第七十五届联合国大会一般性辩论上正式提出“双碳”战略目标，即力争 2030 年前实现碳达峰，2060 年前实现碳中和。

思考题

1. 什么是环境？它有什么特性？
2. 什么是环境问题？环境问题的实质是什么？它是如何产生的？又是如何发展的？
3. 简述环境学的学科体系。
4. 谈谈环境问题对你的启示。
5. 人类应该怎样处理自身与环境之间的关系？
6. 当前世界关注的全球环境问题有哪些？

参考文献

[1] 钱易，唐孝炎．环境保护与可持续发展[M]．北京：高等教育出版社，2000.
[2] 苏志华．环境学概论[M]．北京：科学出版社，2018.
[3] 管华．环境学概论[M]．北京：科学出版社，2018.
[4] 张文艺，赵兴青，毛林强，等．环境保护概论[M]．2 版．北京：清华大学出版社，2021.
[5] 张文艺．环境保护概论[M]．2 版．北京：清华大学出版社，2021.
[6] 苏玉萍．环境学[M]．北京：化学工业出版社，2020.
[7] 刘培桐．环境学概论[M]．北京：高等教育出版社，1995.

第二章　全球环境问题

近代工业革命使人与自然环境的关系又一次发生巨大变化，人成为主宰全球生态系统的至关重要的一支力量。环境问题迅速从地区性问题发展成为波及世界各国的全球性问题，从简单问题（可分类、可定量、易解决、低风险、近期可见性）发展为复杂问题（不可分类、不可量化、不易解决、高风险、长期性），出现了一系列国际社会关注的热点环境问题，如全球气候变化、臭氧层破坏、森林破坏与生物多样性减少、大气及酸雨污染、土地荒漠化、水域与海洋污染、有毒化学品污染和有害废物越境转移等，并越来越影响着一个国家和国际社会的经济、政治、技术和贸易。

第一节　全球环境问题概述

一、全球环境问题的概念

全球环境问题是指对全球产生直接影响或具有普遍性，并对全球造成危害的环境问题，也是引起全球范围内生态环境退化的问题。或者说是超越一个以上主权国家的国界和管辖范围的环境污染与生态破坏问题。其含义为：第一，有些环境问题在地球上普遍存在，不同国家和地区的环境问题在性质上具有普遍性和共同性，如气候变化、臭氧层的破坏、水资源短缺、生物多样性锐减等；第二，虽然是某些国家和地区的环境问题，但其影响和危害是跨国、跨地区的，如酸雨、海洋污染、有毒化学品和危险废物越境转移等。

第六届联合国环境大会（UNEA-6）于 2024 年 2 月 26 日—3 月 1 日在肯尼亚内罗毕举行，主题为：采取有效、包容和可持续的多边行动，应对气候变化、生物多样性丧失和污染。会议通过了 15 项决议，旨在解决地球上一些最紧迫的环境挑战，包括气候变化、空气污染和荒漠化。从很多方面来说，这是世界最高环境决策机构的一次里程碑式的聚会。

当前，普遍引起全球关注的环境问题主要有全球气候变化、酸雨污染、臭氧层耗损、有毒有害化学品和废物越境转移与扩散、生物多样性锐减、海洋污染等。还有发展中国家普遍存在的生态环境问题，如水污染和水资源短缺、土地退化、沙漠化、水土流失、森林减少等。

二、全球环境问题的共同特点

（一）人为性

当代许多重大环境问题的出现，是长时间内，在人为因素与自然因素共同作用下形成的，很少仅由某种因素单独作用诱发。在人类社会的早期，灾害与环境问题的形成是以单因素为诱因的，现在则是多因素诱发，且一灾多害，因此具有不确定性和难以预报性，治理难度则更大。如干旱，过去主要是大气环流异常所致，现在则要考虑植被破坏、CO_2的排放量、厄尔尼诺等因素。因此成因互相交织，形成复杂的多层次结构的联系网络，见图 2-1。其最终的显示结果就是直接或间接对人类致害。

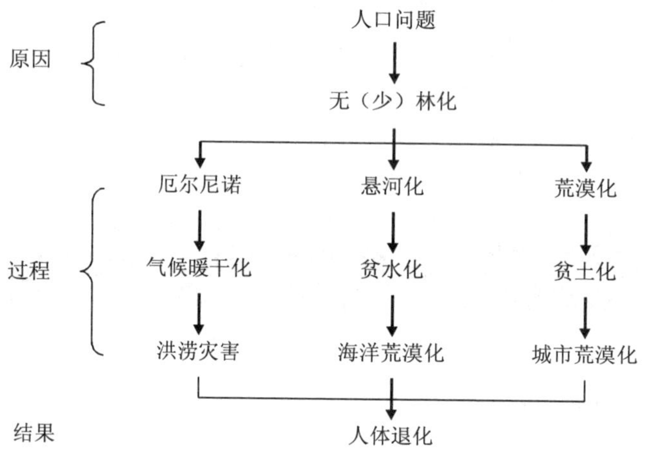

图 2-1　21 世纪环境问题关系示意图

（二）隐蔽性

诸多重大环境问题都是缓慢累积性灾害现象，通过食物链的转移，其危害具有缓发性和长期性的特点。在形成过程中难以被及时发现，当问题严重到一定程度时，方可引起注意，而一旦问题形成后则很难在短时间内消灭。

（三）危害性

诸多重大环境问题直接威胁全人类的生存安全与发展，生态环境恶化等造成自然灾害频发，且日渐严重。

（四）移动性

许多重大环境问题具有跨国性，使有害现象扩大化。部分国家出现的问题，可以通过大气运动、河流及海水流动等介质活动影响到另外一些地区，如酸雨、臭氧层空洞、赤潮等。

（五）加速性

重大环境问题的种类和强度是一个动态发展过程，也是一个新旧问题不断更迭的过程，其危害有增加的趋势。社会越发展，致灾因素越复杂，有害现象亦越多，其强度也越大。

（六）可变性

如果人类能控制自身的行为，这些重大环境问题均有可能在一定程度上减轻。但由于人口密度的增加，环境是很难彻底恢复到原始状态的。

图 2-1 中，人口问题是环境问题最主要的根源问题，它导致了无（少）林化。无（少）林化是许多环境问题的原因，它同时导致天气和气候环境问题、水环境问题、土地覆盖变化环境问题等。因此，各种全球环境问题间具有成因相关性，形成环境问题的网络结构和复杂性。

三、全球环境问题的分布特点

（一）区域差异性

全球环境问题是一种全球现象，因此具有分布上的广泛性，但由于自然、社会、经济、历史、文化的差异，不同国家的环境问题具有不同步性并有不同的表现。

发达的工业化国家，在较早经历了人为诱发的生态环境问题即第一产业环境问题后，目前第二产业环境问题即人为有害物质释放造成的各种污染问题比较严重，如西欧等发达地区。而发展中国家，由于经济发展阶段的限制，目前仍以人为诱发的生态环境问题即第一产业环境问题为主要表现，同时具有兼第二产业环境问题的双重问题，形成了更为复杂的环境问题，如非洲、亚洲等。

（二）区域集中性

1. 全球集中分布特点

人类活动主要集中于陆地，因此陆地环境问题远远严重于海洋；全球人口的近 80%集中于北半球，陆地污染源多，又有西风带的传播作用，北半球不仅环境问题严重于南半球，且比南半球更具有远距离转移的条件。

北半球大多以第二产业环境问题为主，南半球以第一产业环境问题为主；由于人口与城市集中于温带地区，故温带地区环境问题又严重于热带地区；大陆沿海是环境问题的又一个重要分布区，各种污染物通过河流进入沿海，使沿海成为海洋藏污纳垢的主要海域，污染物由此逐步向大洋传送；生态环境脆弱区等敏感区也具有环境问题多发性的特点，如南北极、青藏高原、半干旱区、黄土高原区、内海（渤海、波罗的海等）区，环境问题更加严重和多发。

2. 国家内部集中分布特点

大城镇、工矿区往往是人类对环境改造最为深刻和影响程度最大的区域。由于地表性质的改变，城市出现了热岛效应、混浊岛效应、干岛效应、水害效应（水泥等不透水地表使雨水不易渗入而加大洪峰流量或形成城市内涝）等。工矿区对地表物质的改变和位移多、浮尘多，环境问题突出；沿河、沿湖的水陆交错区也有严重的水环境问题；盆地、河谷等封闭的低地区，由于空气不易流动，水循环速度较慢，污染较为严重；在交通线附近，由于车辆的排污和旅客生活废弃物的随意丢弃，形成流动的污染源，是环境问题的多发区。

3. 生态环境的集中分布特点

从自然植被类型看，草原区由于开垦和过度放牧，人为破坏面积大，草原退化，并有流沙活动，环境问题严重；森林区虽直接破坏面积较小，但次生灾害多，诱发的潜在问题更为严重，特别是生物种类、数量大幅减少，导致气候的暖干化，水旱灾害频繁；农耕区水土流失严重，土地退化，农作物物种的单一化，导致病虫害加剧。

综合来看，温带工业化导致的环境污染问题突出，热带农牧业活动导致的生态环境问题明显。即温带发达国家有严重的环境污染问题，热带发展中国家的生态环境问题突出。

4. 工业污染问题的集中分布特点

发达国家的工业污染，造成欧洲、北美等地的环境问题；发展中国家工艺落后，也造成资源浪费和严重污染的问题。

（三）多灾地区与国家

上述特征决定了重大环境问题的空间分布具有不确定性，并形成了几个生态环境脆弱区及环境问题比较严重的地区和国家。严重的生态环境问题往往导致自然灾害的频繁发生。非洲撒哈拉地区、中国黄土高原地区、巴西亚马孙热带雨林区、南北极地区、青藏高原地区等环境敏感且问题突出；亚洲的菲律宾、孟加拉国、印度、印度尼西亚、日本，非洲的埃塞俄比亚、莫桑比克、苏丹，欧洲的意大利，美洲的危地马拉、尼加拉瓜、墨西哥等国环境灾害较集中。

第二节　全球气候变化

气候变化是一个最典型且最敏感的全球尺度的环境问题。20 世纪 70 年代，科学家把气候变暖作为一个全球环境问题提了出来。20 世纪 80 年代，随着对人类活动和全球气候关系认识的深化，以及几百年来最热天气的出现，这一问题开始成为国际政治和外交议题。1992 年联合国环境与发展大会上，通过并开放签署《联合国气候变化框架公约》。1997 年 12 月在日本京都，170 多个国家的政府首脑聚集在一起，就人类密切关注的全球气候变化的问题达成了《京都议定书》，希望在气候变化导致严重后果发生之前，采取一致的行动，控制气候变化的发展趋势。为共同应对气候变化挑战，减缓全球变暖趋势，2015 年 12 月，近 200 个缔约方共同通过了《巴黎协定》(*The Paris Agreement*)，对 2020 年后全球如何应对气候变化做出了行动安排。这一协议的主要目标是将 21 世纪全球气温升幅控制在比工业化前水平高 2℃内，并努力将气温升幅进一步控制在 1.5℃内。如果温室气体排放持续下去，全球平均气温将继续以目前的速度上升，有很大的可能性会超过《巴黎协定》商定的 2030—2052 年的温度目标。

气候变化问题直接涉及经济发展方式及能源利用的结构与数量，正在成为深刻影响 21 世纪全球发展的一个重大国际问题。为推动我国低碳绿色发展，应对全球气候变化，2020 年 9 月 22 日，习近平主席在第七十五届联合国大会一般性辩论上提出“中国将提高国家自主贡献力度，采取更加有力的政策和措施，二氧化碳排放力争于 2030 年前达到峰值，努力争取 2060 年前实现碳中和”，正式向世界递交了我国减排时间表。

一、气候变化及其趋势

地球的温度是由太阳辐射（短波辐射）照到地球表面的速率和吸热后的地球将红外辐射线（长波辐射）散发到空间的速率决定的。化石燃料的燃烧等人类活动所排放的温室气体［如 CO_2、CH_4、N_2O 和氯氟烃（CFCs）等］可吸收长波辐射并再反射回地球，从而减少向外层空间的能量净排放，使大气层和地球表面变得热起来，这就是“温室效应”。大气中已经发现近 30 种温室气体，这些温室气体是全球变暖的主要原因之一，其中 CO_2 起重要的作用，CH_4 和 N_2O 等也起相当重要的作用。目前国际社会所讨论的气候变化问题，主要是指温室气体增加产生的气候变暖问题。

21 世纪以来所进行的一些科学观测表明，大气中各种温室气体的浓度都在增加。1750 年之前，大气中 CO_2 含量基本维持在 280 ppm①。工业革命后，随着人类活动，特别是消耗的化石燃料（煤炭、石油等）的不断增长和森林植被的大量破坏，人为排放的 CO_2 等温室气体不断增长，大气中 CO_2 含量逐渐上升。世界气象组织（WMO）全球大气观测计划站网观测到全球大气中 CO_2 浓度在 2022 年已上升到 417.9 ppm，显示全球大气平均 CO_2 浓度上升到过去 200 万年以来的新高（表 2-1）。图 2-2 是 1990—2022 年中国青海瓦里关国家大气本底站和北半球中纬度美国夏威夷冒纳罗亚（Mauna Loa，MLO）站大气 CO_2 月平均

注：① ppm，part per million，百万分之一，此处用来表示气体体积浓度，下同。

浓度长期变化。WMO 的数据显示，2023 年（截至 10 月）全球近地面平均温度比 1850—1900 年平均温度高出（1.40±0.12）℃。根据截至 10 月的数据，几乎可以肯定 2023 年将成为 174 年观测记录中最温暖的一年（图 2-3），过去 9 年（2015—2023 年）将是有记录以来最温暖的 9 年。

表 2-1 全球和中国青海瓦里关站主要温室气体浓度和增量

	CO_2		CH_4		N_2O	
	全球	瓦里关	全球	瓦里关	全球	瓦里关
2022 年的年平均浓度	（417.9±0.2）ppm	（419.3±0.2）ppm	（1 923±2）ppb	（1 979±0.6）ppb	（335.8±0.1）ppb	（336.5±0.2）ppb
2022 年相对于 1750 年的百分比	150%	—	264%	—	124%	—
2022 年相对于 2021 年的绝对增量	2.2 ppm	2.3 ppm	16 ppb	14 ppb	1.4 ppb	1.4 ppb
2022 年相对于 2021 年的相对增量	0.53%	0.55%	0.84%	0.71%	0.42%	0.42%
2012—2022 年的年平均绝对增量	2.46 ppm/a	2.16 ppm/a	10.2 ppb/a	9.8 ppb/a	1.05 ppb/a	1.09 ppb/a

注：ppb，part per billion，十亿分之一，此处皆用来表示气体体积浓度，下同。

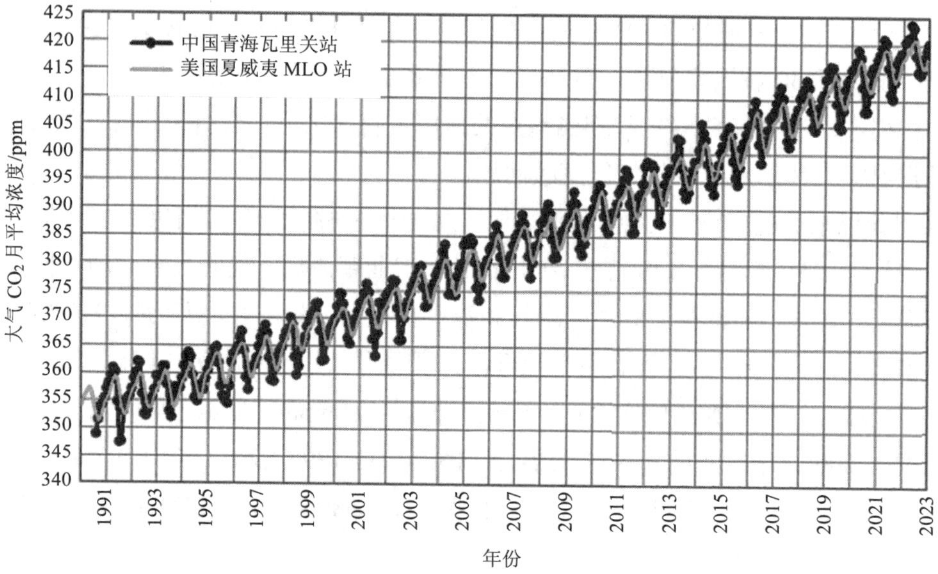

图 2-2 1990—2022 年大气二氧化碳平均浓度变化（中国气象局）

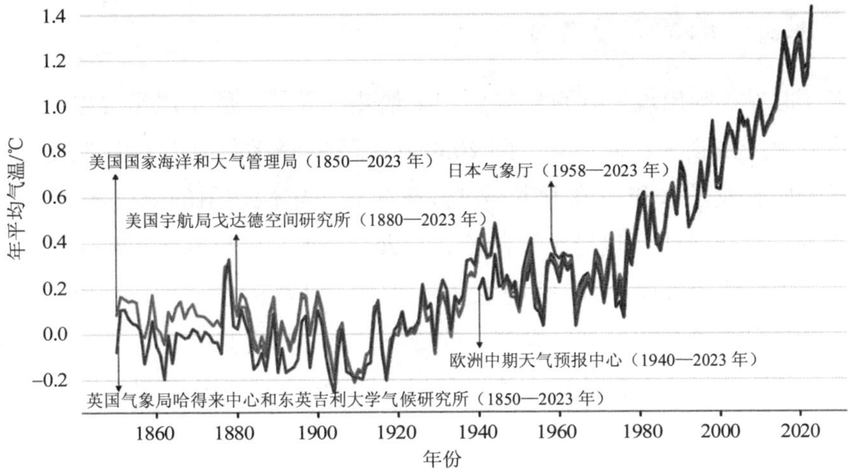

图 2-3　1850—2023 年全球年平均气温变化（相对于 1850—1900 年的平均值，2023 年平均值基于截至 10 月的数据）（WMO，2024）

2023 年，全球平均海平面创下了卫星纪录（1993 年—2023 年 10 月）的新高，自 20 世纪 90 年代以来，海平面整体已上升了超过 10 cm。过去 10 年（2013—2022 年）全球平均海平面的上升速度是卫星记录前 10 年（1993—2002 年）海平面上升速度的两倍多（图 2-4），2023 年观测到的海平面快速上升可能部分归因于新出现的厄尔尼诺现象，随着 2023 年厄尔尼诺现象的发展，海平面上升可能会进一步加剧。许多学者的预测表明，到 21 世纪中叶，世界能源消费的格局若不发生根本性变化，大气中 CO_2 的浓度将达到 560 ppm，全球平均温度可能上升 1.5～4℃。

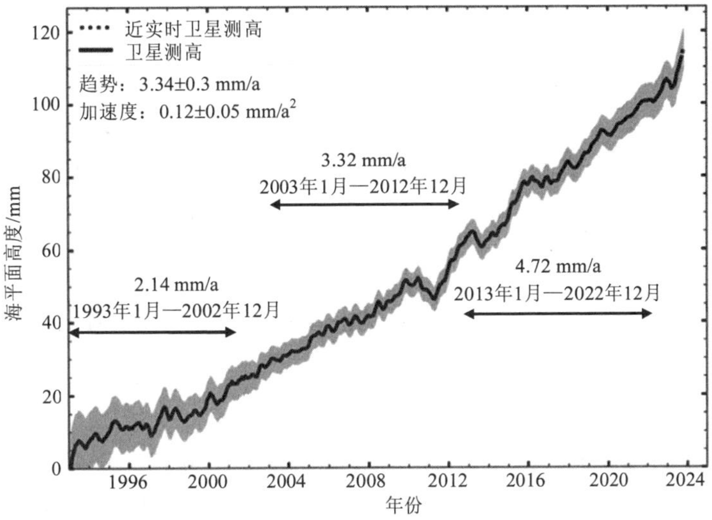

图 2-4　基于卫星测高的 1993 年 1 月—2023 年 10 月全球平均海平面的变化情况

注：黑线为最佳估计值，灰色阴影区域表示不确定度，虚线表示近实时更新（WMO，2024）。

二、气候变化的影响与危害

近年来，世界各国出现了几百年来历史上最热的天气，厄尔尼诺现象也频繁发生，给各国造成了巨大经济损失。据估计，到2030年，气候变化在卫生方面造成的直接损失费用（不包括诸如农业及水和环境卫生等对健康起到决定性作用的部门的费用）为每年20亿～40亿美元。气候变化直接导致了热浪、野火、洪水、热带风暴和飓风等人道主义突发事件，而且这些事件的规模、频率和强度都在增加。从清洁的空气、水和土壤到粮食系统和生计，健康在方方面面都受到气候变化的影响。这些情况显示出人类对气候变化，特别是气候变暖所导致的气象灾害的适应能力是相当弱的，需要采取行动防范。按现在的一些发展趋势，科学家预测有可能出现的影响和危害有如下内容。

（一）海平面上升

全世界大约有1/3的人口生活在沿海岸线60 km的范围内，这些地区一般经济发达，城市密集。全球气候变暖导致的海洋水体膨胀和南北极冰雪融化，可能在2100年使海平面上升50 cm，危及全球沿海地区，特别是那些人口稠密、经济发达的河口和沿海低地，如“水城”威尼斯、“低国之地”荷兰等。这些地区可能会遭受淹没或海水入侵，海滩和海岸遭受侵蚀，土地恶化，海水倒灌和洪水加剧，港口受损，并影响沿海养殖业，破坏供排水系统。联合国政府间气候变化专门委员会（IPCC）第六次评估报告认为，在高排放情景下，如果考虑西南极冰盖发生不稳定大范围崩解，全球平均海平面不排除会上升达16 m的可能，堪称“灰犀牛”事件！

（二）影响农业和自然生态系统

CO_2浓度增加和气候变暖，可能会增加植物的光合作用，延长生长季节，使世界一些地区更加适合农业耕作。但全球气温和降水形态的迅速变化，也可能使世界许多地区的农业和自然生态系统无法适应或不能很快适应，使其遭受很大的破坏性影响，造成大范围的森林植被破坏和农业灾害。气候压力因素加大了水源性和食源性疾病的风险，气候变化影响粮食供应、质量和多样性，从而加剧了粮食和营养危机。与1981—2010年的平均水平相比，在2020年因粮食不安全受到影响的人数增加了9 800万人。

（三）加剧洪涝、干旱及其他气象灾害

气候变暖导致的气候灾害增多可能是一个更为突出的问题。全球平均气温略有上升，就可能带来频繁的气候灾害——过多的降水、大范围的干旱和持续的高温，造成大规模的灾害损失。极端天气事件，如干旱、洪水和热浪等，将随着地球变暖而更为频繁和更为严重。例如，2022年巴基斯坦洪灾导致800万人流离失所，受灾人数高达3 300万人。

（四）影响人类健康

气候变暖有可能加大疾病危险和死亡率，增加传染病。高温会给人类的循环系统增加负担，热浪会引起死亡率的增加。65 岁以上人群与高温相关的死亡率在 2000—2004 年和 2017—2021 年增加了约 85%。由于昆虫传播的疟疾及其他传染病与温度有很大的关系，随着温度升高，可能使许多国家疟疾、淋巴丝虫病、血吸虫病、黑热病、登革热、脑炎增加或再次发生。据估计，2030—2050 年，气候变化每年将使死于营养不良、疟疾、腹泻和单纯热应激的人数增加约 25 万人。

（五）气候变化及其对我国的影响

2022 年，共有 11 名中国专家参与的 IPCC 发布的最新报告中指出，在全球范围内，如不能削减温室气体排放，地球的热度和湿度将挑战人类忍受的极限，中国将是最受影响的区域之一，尤其是东部区域，湿球温度（wet-bulb temperatures，报告中引入的一种综合考虑湿度和温度的评估标准）或达至人类生存极限值。高温导致的死亡率将显著上升，即使全球升温不超过 1.5℃，高温相关的死亡率也会大幅增加，而目前，世界正走在导致全球升温 2.5～2.9℃的排放路径上。气候变化导致的水资源短缺与洪水泛滥将成为城市群发展的"瓶颈"，沿海城市如广州、上海面临巨大经济损失风险。农业生产受气候冲击，水稻、小麦等主要作物减产，渔业与水产养殖业也受波及，粮食安全受威胁。此外，气候变化将通过供应链、市场、金融等渠道间接影响中国经济，国内生产总值（GDP）潜在损失巨大。

由于大气中温室气体浓度具有边界效应，达到《京都议定书》的目标只是应对气候变化问题的第一步。过去的排放已经不可避免地导致了一定程度的全球气温上升和其他气候变化。据估计，即使将全球气温上升幅度控制在 1.5℃以内，也不能保证所有人的生命安全不受影响。同样，即使升温暂时性超过 1.5℃，也会导致严重、不可逆的影响，包括当地物种灭绝、盐沼完全淹没，甚至人类会因不断增强的极端高温丧生等。为了避免灾难性的健康影响并防止数百万例与气候变化有关的死亡，全球必须将气温上升限制在 1.5℃以内。

第三节 臭氧层破坏和损耗

一、臭氧层破坏

自然界中的臭氧有 90%都存在于距地球表面 10～50 km 的大气平流层中，其中距离地面 25 km 处的臭氧浓度最大，形成了一个约为 3 mm 厚（在标准条件压缩下）的臭氧集中层，这个集中层称为臭氧层。臭氧层可以吸收太阳紫外线，保护地球上的生命免遭过量紫外线伤害，并将能量储存在上层大气，起到调节气候的作用。臭氧层十分脆弱，当有一些对臭氧造成破坏的气体进入臭氧层，就会对其造成一定破坏。1985 年，英国科学家乔·法曼观测到南极上空出现臭氧层空洞，并证实其同氟利昂分解产生的氯原子有直接关系。国际社会采取了积极行动恢复臭氧层。1985 年，在联合国环境规划署（UNEP）的推动下，制定了《保护臭氧层维也纳公约》。1987 年，又制定和通过了《关于消耗臭氧层物质的蒙特利尔议定书》，对 8 种破坏臭氧层的物质提出了削减使用的时间要求。这项议定书得到了 163 个国家的批准。1995 年修改后的议定书中规定，发达国家在 1994 年 1 月停止使用哈龙，1996 年 1 月停止使用氟利昂、四氯化碳、甲基氯仿；发展中国家到 2010 年全部停止使用氟利昂、哈龙、四氯化碳、甲基氯仿。

从各项国际环境条约执行情况而言，这项议定书执行得是最好的。目前，向大气层排放的消耗臭氧层物质已经逐年减少，从 1994 年起，对流层中消耗臭氧层物质浓度开始下降。但是，由于氟利昂相当稳定，可以存在 50～100 年，即使议定书完全得到履行，臭氧层的耗损也只能在 2050 年以后才有可能完全复原。2023 年 1 月 9 日，由联合国支持的《关于消耗臭氧层物质的蒙特利尔议定书》科学评估小组发布了最新一期四年期报告。报告显示，平流层上层的臭氧层显著恢复，能够大大减少人类暴露于来自太阳的有害紫外射线。报告确认，从 2000 年起，南极洲上空的臭氧层空洞缓慢修复，自上次评估（2018 年）以来，长寿命消耗臭氧层物质在对流层的总量持续下降，如果维持当前政策不变，预计南极上空、北极上空、世界其他地区的臭氧层将分别于 2066 年前后、2045 年前后、2040 年前后恢复到 1980 年（臭氧洞显现之前）的水平。

二、臭氧层破坏的危害

臭氧层破坏的后果是很严重的。如果平流层的臭氧总量减少 1%，预计到达地面的有害紫外线将增加 2%。有害紫外线的增加，会产生以下一些危害：

（一）使皮肤癌和白内障患者增加，损坏人的免疫力，使传染病的发病率增加

阳光紫外线 UV-B 的增加对人类健康有严重的危害作用。据分析，平流层臭氧减少 1%，皮肤癌的发病率将提高 2%～4%，白内障的患者将增加 0.2%～0.6%。有一些初步证据表明，人体暴露于紫外线辐射强度增加的环境中，会导致细胞内的 DNA 改变，会使各种肤色的人们特别是儿童的免疫系统受到抑制。这将使许多发展中国家本来就不好的人体健康状况更加恶化，大量疾病的发病率和严重程度都会增加。

（二）破坏生态系统

对豌豆等豆类、南瓜等瓜类以及白菜科等农作物的研究表明，过量的紫外线辐射会使植物的生长和光合作用受到抑制，使农作物减产。有报告指出，由于臭氧层空洞的出现，南极海域的藻类生长已受到了很大影响。紫外线辐射也可能导致某些生物物种的突变。

（三）引起新的环境问题

过量的紫外线能使塑料等高分子材料更加容易老化和分解，结果又带来光化学大气污染。

第四节　酸雨污染

一、酸雨污染现状

酸雨通常指 pH 低于 5.6 的降水，但现在泛指酸性物质以湿沉降或干沉降的形式从大气转移到地面上。湿沉降是指酸性物质以雨、雪形式降落地面，干沉降是指酸性颗粒物以重力沉降、微粒碰撞和气体吸附等形式由大气转移到地面。酸雨中绝大部分是 H_2SO_4 和 HNO_3，主要来源于工业排放的 SO_2 和 NO_x。酸雨的长距离输送使酸雨污染发展成为区域环境问题和跨国污染问题。

世界最严重的酸雨区是欧洲西北部、北美地区和中国。欧洲北部的斯堪的纳维亚半岛是最早发现酸雨并引起注意的地区。20 世纪 70 年代，欧洲西北部的降水 pH 曾降至 4.0，还向海洋和欧洲东部不断扩展，北美的东部降水 pH 已降至 4.5，中国、日本以及其他一些亚非地区国家降水 pH 也在下降。我国于 1979 年 3 月首次在贵州的松桃和湖南的长沙、凤凰等地发现了酸雨。根据《2023 中国生态环境状况公报》，截至 2023 年，我国酸雨区面积约为 44.3 万 km^2，占陆域国土面积的 4.6%，较 2022 年下降 0.4%，其中较重酸雨区面积占国土面积的 0.04%，无重酸雨区。

二、酸雨的危害

酸雨有“空中死神”之称，危害极大，包括湖泊、河流等地表水的酸化以及对鱼类和其他水生生物的危害；森林生产力下降、土壤酸度增加；建筑物被腐蚀等。主要表现在以下几个方面：

（一）损害生物和自然生态系统以及人体健康

湖水或河水的 pH 降到 5 以下时，鱼的繁殖和发育会受到严重影响。土壤和底泥中的金属可被溶解到水中，毒害鱼类。水体酸化还可能改变水生生态系统，造成生物多样性减少。酸雨还损害植物的新生叶芽，从而影响其生长发育，导致森林生态系统的退化。

酸雨还会刺激人的眼睛，使眼睛红肿发炎。

（二）腐蚀建筑材料及金属结构等

酸雨腐蚀建筑材料、金属结构、油漆等。特别是许多以大理石和石灰石为材料的历史建筑物和艺术品，耐酸性差，容易受酸雨腐蚀和变色。

（三）破坏文物古迹

古代留下来的文物是不可再生的文化遗产，酸雨的浸蚀和风蚀已使许多文物古迹受到不同程度的危害，如我国著名的杭州灵隐寺的“摩崖石刻”近年经酸雨侵蚀，佛像的眼睛、鼻子、耳朵等剥蚀严重，面目皆非；我国故宫里的很多汉白玉石也不同程度遭受酸雨的侵蚀。

（四）湖泊酸化和土壤酸化

酸雨降落到地面后得不到中和，可使土壤、湖泊、河流酸化。水体的酸化会对水中生物的食物链产生影响，还会将多种有毒的金属元素迁移到水环境中。酸性降水会抑制土壤中有机物的分解和 N 的固定，淋洗土壤中 Ca、Mg、K 等营养因素，使土壤中的营养元素大量流失，导致土壤贫瘠化，降低生态系统的初级生产力。从欧美各国（地区）的情况来看，欧洲地区酸雨危害的范围较大。在欧洲北部，由于土壤自然酸度高，水体和土壤酸化都特别严重，特别是一些湖泊酸化导致鱼类灭绝。加拿大和美国的许多湖泊和河流也遭受着酸化危害。

酸雨是一个国际环境问题，只有各国共同采取行动，减少 SO_2 和 NO_x 的排放量，才能控制酸雨污染及其危害。1979 年 11 月，在日内瓦举行的联合国欧洲经济委员会的环境部长会议上，通过了《控制长距离越境空气污染公约》，1983 年，欧洲各国及北美洲的美国、加拿大等 32 个国家在公约上签字，公约生效。1985 年，联合国欧洲经济委员会的 21 个国家签署了赫尔辛基议定书，规定到 1993 年年底，各国需要将硫氧化物排放量削减到 1980 年排放量的 70%，即比 1980 年水平削减 30%，议定书于 1987 年生效。为了实现许诺，多数国家都已经采取了积极的对策，制定了减少致酸物排放量的法规。截至 2020 年，124 个国家制定了国家环境空气质量标准。

第五节 生物多样性锐减

一、生物多样性减少

人类的生存离不开其他生物。地球上多种多样的植物、动物和微生物为人类提供了不可缺少的食物、纤维、木材、药物和工业原料。它们与其物理环境之间相互作用所形成的生态系统，调节着地球上的能量流动，保证了物质循环，从而影响着大气构成，决定着土壤性质，控制着水文状况，构成了人类生存和发展所依赖的生命支持系统。

生物多样性锐减是全球普遍关注的重大生态环境问题。《地球生命力报告 2022》指出，自 1970 年以来，监测范围内包括哺乳动物、鸟类、两栖动物、爬行动物和鱼类在内的野生动物种群平均下降 69%。该报告显示，在世界范围内，导致野生动物种群数量下降的主要因素是栖息地的退化、开发、外来入侵物种、污染、气候变化和疾病，导致非洲野生动物数量下降 66%，亚太地区野生动物数量下降 55%。该报告此次发布的地球生命力指数监测对象包括 5 230 个物种的近 3.2 万个种群，为截至发布时间最大的监测数据规模。数据显示，热带地区野生脊椎动物种群数量正在以惊人的速度急剧下降。其中，1970—2018 年，拉丁美洲和加勒比地区监测范围内的野生动物种群数量平均下降 94%。此外，在所有监测物种种群中，淡水物种种群平均下降 83%，下降幅度最大。栖息地丧失和迁徙路线受阻是洄游鱼类物种面临的主要威胁。

对于拥有 50%以上地球物种的热带森林，据科学家估计，按照每年砍伐 1 700 万 hm^2 的速度，物种极其丰富的热带森林可能要毁在当代人手里，到 2040 年，5%～10%的热带森林物种可能面临灭绝。

二、生物多样性减少的原因

生物多样性减少既有自然因素的影响（即物种在进化过程中自然淘汰），也有人类的影响。当前大量物种灭绝或濒临灭绝，生物多样性不断减少的主要原因是人类各种活动。

（1）大面积森林受到采伐、火烧和农垦，草地遭受过度放牧和垦殖，导致了生存环境的大量丧失，保留下来的栖息地也支离破碎，对野生物种造成了毁灭性影响；

（2）对生物物种的高强度捕猎和采集等过度利用活动，使野生物种难以正常繁衍；

（3）工业化和城市化的发展，占用了大面积土地，破坏了大量天然植被，并造成大面积污染；

（4）外来物种的大量引入或侵入，大大改变了原有的生态系统，使原生的物种受到严重威胁；

（5）无控制的旅游，使一些尚未受到人类影响的自然生态系统受到破坏；

（6）土壤、水和空气污染，危害了森林，特别是给相对封闭的水生生态系统带来毁灭性影响；

（7）全球变暖，导致气候形态在比较短的时间内发生较大变化，使自然生态系统无法适应，可能改变生物群落的边界。

此外，氮沉积（化肥施用增加和化石燃料燃烧导致）、石油泄漏和非法贸易对生物多样性减少也产生较大的影响。尤其严重的是，各种破坏和干扰会累加起来，对生物物种造成更为严重的影响。

三、生物多样性锐减的后果与防治对策

物种的灭绝和遗传多样性的丧失，将使生物多样性不断减少，不仅会使人类丧失各种宝贵的生物资源，丧失它们在食物、医药等方面直接和潜在的利用价值，而且会造成生态系统的退化和瓦解，直接和间接威胁人类生存的基础。因此，国际上比较早地采取了行动，保护各种生物物种和资源，并逐渐形成了一个国际条约体系。如以野生动植物的国际贸易管理为对象的《华盛顿公约》，以湿地保护为对象的《拉姆萨尔公约》，以候鸟等迁徙性动物保护为对象的《波恩公约》，以世界自然和文化遗产保护为目的的《保护世界文化和自然遗产公约》以及 1992 年在联合国环境与发展大会上通过的《生物多样性公约》（CBD）等。2015 年，许多国家在《联合国气候变化框架公约》的框架下达成了具有历史意义的《巴黎协定》。2021 年 7 月，联合国《生物多样性公约》秘书处发布了《2020 年后全球生物多样性框架》的第一份正式草案，以指导到 2030 年全球如何为保育和保护自然及其为人类提供的基本服务而应采取的行动。2022 年 12 月 19 日，在加拿大蒙特利尔举行的《生物多样性公约》第十五次缔约方大会（COP15）第二阶段会议上，正式通过了《昆明-蒙特利尔全球生物多样性框架》（*Kunming-Montreal Global Biodiversity Framework*）。该框架为今后直至 2030 年乃至更长一段时间的全球生物多样性治理擘画了新的蓝图。

《生物多样性公约》
https://www.mee.gov.cn/ywgz/zrstbh/swdyxbh/202404/t20240410_1070353.shtml

《2020 年后全球生物多样性框架》
https://www.cbd.int/doc/c/9e0f/a29d/239fa63d18a9544caee005b5/wg2020-03-03-zh.pdf

《昆明-蒙特利尔全球生物多样性框架》
https://www.cbd.int/doc/c/24c4/f499/13be84eb1e7cce8a33613617/cop-15-l-25-zh.pdf

四、生物安全

（一）生物安全概述

生物安全（biosecurity）一般是指现代生物技术开发和应用对生态环境与人体健康造成的潜在威胁，及对其所采取的一系列有效预防和控制措施。中国共产党第二十次全国代表大会报告中提出要“加强生物安全管理”和“健全生物安全监管预警防控体系”，凸显了生物安全的重要性。

历史上，生物战与生物恐怖活动早有先例，如早在雅典与斯巴达的战争中，就用瘟疫杀死近 5 万名士兵；1346 年，在蒙古国与欧洲国家的战争中，由于带入了黑死病，造成 2 500 多万欧洲人死亡；在 16—17 世纪，西班牙、英国等将天花带入美洲，引发印加帝国人民和印第安人大规模死亡。第一次世界大战期间，德国大量培养人畜共患病原，造成西班牙流感（H1N1）广泛传播，引发世界近 5 000 万人死亡；第二次世界大战时，臭名昭著的日本“731”部队在我国实行生物战，仅鼠疫就造成我国超 40 万人死亡；同时期，英国、法国、苏联、美国都开始研究生物武器和防止生物战措施。

进入 21 世纪，生物安全事件频发，如美国炭疽事件、英国口蹄疫、非洲猪瘟及新冠疫情等，不仅造成巨大经济损失，更对全球公共卫生安全构成严峻挑战。特别是新冠疫情的暴发，让全球对生物安全有了更深刻的认识。为了构建生物安全管理体系，夯实国家生物安全的能力，2020 年 10 月 17 日，第十三届全国人民代表大会常务委员会第二十二次会议表决通过了《中华人民共和国生物安全法》。这部法律自 2021 年 4 月 15 日起施行。2022 年 5 月，加快建设生物安全保障体系，已列入《“十四五”生物经济发展规划》。

目前食品安全和转基因生物安全是世界关注的两大生物安全问题。

《中华人民共和国生物安全法》
https://www.mee.gov.cn/ywgz/fgbz/fl/202303/t20230314_1019536.shtml

（二）食品安全

食品安全和生物技术发展都是国之重器，食品领域的生物安全问题关系到人们身体健康和生命安全。近些年随着生态环境恶化、污染加剧，毒牛奶、地沟油、毒大米等问题层出不穷，食品安全问题触目惊心，这严重影响国民经济的健康发展、社会的和谐稳定。食品安全是一个综合的概念，包括食品数量安全、食品质量安全、食品可持续安全。食品数量安全是指食品是否有充足的供应，这关系到国家安全战略。食品质量安全是指食物中是否含有危害人类健康的急性或慢性危害物。食品可持续安全是指食品数量安全、质量安全在时间尺度上的可持续性。通常人们所理解的食品安全更多的是食品质量安全。

关于食品安全的介绍如下：

1. 食品污染

食品污染是指人类食用的粮食、水果、肉蛋奶类等食品在生产、运输、包装、贮存、销售、烹调过程中，混入有损人类健康的急性或慢性危害物。这些有毒有害物质就是食品污染物。根据食品污染物来源，食品污染可分为生物性污染、化学性污染和放射性污染三大类。

（1）生物性污染。

见第九章第六节生物污染及其防治。

（2）化学性污染。

化学性污染造成的食品安全问题主要是指在动植物生长过程中，环境中的各种化学污染物通过大气、水、土壤等途径进入并蓄积在动物和农作物体内造成的食品污染。工业活动、交通运输和日常生活带来的有机化学污染物对食品安全的影响越来越严重。例如，大气污染物中的二噁英在环境中有着极强的抗分解能力，其来源非常广泛，如汽车尾气、金属冶炼、废物焚烧、发电和供热、矿物产品的生产，杀虫剂、木材防腐剂、除草剂和油漆添加剂等含氯有机化合物以及纸浆漂白过程等，它以烟尘的形式排放到环境中。二噁英具有很高的环境滞留性，可以通过沉降作用降落到土壤和水体中，并借助水生和陆生食物链不断富集在食品原料中并最终进入人体。二噁英具有强烈的致癌、致畸和致突变性，它是全世界公认的头号致癌物质。

（3）放射性污染。

放射性污染是指环境中放射性物质、辐照对食品的污染。随着核工业的发展，放射性物质对环境的污染已越来越引起人们的关注。现代核工业的发展和人工核裂变及核元素的广泛应用，造成环境中放射性物质的污染增加，而存在于环境中的放射性物质绝大部分会沉降或直接排放到地面，并与土壤和水源发生作用而导致地表土壤和水源污染，然后通过作物、水产品、饲料、牧草等进入食品中，最终进入人体。其在人体内继续放射多种射线引起内照射，当达到一定浓度时，便会对人体造成严重危害，如引起恶性肿瘤、白血病或损坏其他器官。

2. 食品污染的途径

（1）原料污染。

食品加工的原料由于生产或采集不当而携带的有害物质、致病性微生物，或原料本身农药和重金属的富集与残留等，都可能导致食品污染。例如，种植业中化肥、农药、植物激素施用不当；养殖业中抗生素、动物激素、饲料添加剂等使用不合理；水产养殖过程中，水环境污染引起水产品污染。

（2）生产加工过程污染。

食品加工生产过程滥用、乱用添加剂，误用有毒有害物质，容器用具未清洗干净或使用不当，个人卫生及环境卫生不良均可导致食品污染。

（3）包装、储运、销售过程中污染。

食品包装材料中某些有毒有害成分转移至食品中造成食品污染。食物在储藏、运输的过程中还会与其他材料接触，如贮存食品的容器，输送食品的输送带、管道及交通工具，以及食用前用于盛装食品的容器等，如果这些材料中含有有毒有害物质，也可能通过化学迁移转移到食品中污染食物。不符合食品卫生要求的销售环境也会对食品造成污染。

（4）人为污染。

在经济利益驱使下，某些不良商贩在食品中违法添加各种有害人体健康的物质，例如，用工业拔染剂“吊白块”（甲醛次硫酸氢钠）漂白食品，在猪饲料中添加“瘦肉精”（盐酸克仑特罗）促进猪的生长，提高瘦肉率。以损害民众的身体健康和生命安全为代价最大限度地牟取利润。

（5）意外污染。

火灾、水灾、地震、核泄漏等意外事件也可能对食品造成污染。如 2011 年福岛核电站受到地震带来的海啸影响，发生核泄漏事故，附近地区所产鱼虾、农作物、牛奶、禽畜等均含有较高浓度的放射性物质。

3. 食品污染的防治措施

食品污染防治是一个系统工程，需要政府、企业、民众共同努力，齐心协力构建食品安全体系。具体措施如下。

（1）树立食品动态监管理念。

食品安全是一个动态的有机过程，对食品安全监管不能人为地割裂，应强调“从农田到餐桌”整个链条的综合管理理念，实现全程有效监控，并加强对可能带来食品安全的风险的预见和防范。当今世界的一些发达国家和地区（如美国、日本和欧盟等）已在食品生产中广泛采用危害分析关键控制点系统，并制定相应的法规强制执行。它是一种在食品生产过程中保证食品安全的系统操作指南，它以科学为基础对食品生产中每个环节、每项措施、每一个组分的危害风险进行鉴定、评估，找出关键点加以控制。

（2）建立健全相关法律。

食品在生产、加工、包装、运输、储藏及消费各个环节都有可能产生安全问题，因此对影响食品安全的每一个方面都需要建立相关法律法规，这涉及清洁生产、标准化、农药、食品添加剂、兽药、饲料添加剂、激素、包装材料、质量认证、产地环境认证及监管等诸多内容。这应当以“从农田到餐桌”的全程控制理念为指导，建立一个以食品安全基本法为纲、相关具体内容为体的法律法规体系。此外，政府还应当升级和更新食品安全标准。随着社会经济的发展，人们对食品安全的要求不断提高，从保护人民群众的健康考虑，对食品安全国家标准应做出相应的调整，对不适应现有和未来发展需要的食品安全标准应及时调整，对不利于保护民众健康的食品标准应重新制定。

（3）提高公众食品安全意识。

政府应充分利用现代教育技术和信息技术，通过各种渠道，对民众开展食品安全意识教育。以通俗易懂的方式宣传农药化肥的施用知识、农业生产基本知识，定期对农民组织相关免费技术培训，派专家亲临田间地头、饲养点进行相关技术指导，帮助农民树立食品安全意识，提高食品安全生产知识水平和技能。对食品生产企业应加强从业人员食品安全知识的普及，切实提高食品安全意识，做好个人日常卫生工作，严格遵守食品安全操作规程。此外，食品个体经营者应当加强行业自律，增强食品安全意识。推动民众积极学习食品安全相关的科学知识，树立食品安全意识、风险防范意识。

（4）清洁生产。

随着工业化发展，环境污染问题越来越严重，各种污染物在大气、水体和土壤环境中蓄积，对食品生产造成影响，因而从源头上解决食品安全问题，就应当防治农业生态环境的污染，推进清洁生产。清洁生产使资源和能源在工业生产中得到最合理和最大限度地利用，减少资源的利用量和废物的排放量，从而有效防止对农业生态环境的污染，减少食品安全的风险。

要时时牢记保障生物安全的各个环节，发现、归纳、总结生物安全领域出现的新技术、新发展、新问题，建立常规有度的保障体系，做好生物安全与食品安全防治体系的衔接，以有序应对无序，使食品安全成为生物安全保障集成体系中不可忽视的一环。

（三）转基因生物安全

1. 转基因生物安全概念

转基因生物技术是利用现代生物技术，将人们期望的目标性状基因进行人工克隆，通过转基因操作转移到受体生物，改良受体生物原有性状或赋予受体生物新的优良性状。目前，转基因生物技术在农业生产中得到迅速的推广和运用，在商业化生产上取得巨大成功，其产生的影响已涉及自然环境、经济生产、社会生活等诸多领域。由于转基因生物技术突破了传统育种的技术障碍，加快了生物新品种的培育，特别是抗病虫、抗逆、高产、高效的农作物和禽畜等新品种，促进了农业增效和农民增收。各国都在加速推进转基因生物技术的发展，与此同时，转基因生物安全问题也一直受到广泛关注，个别转基因生物引发的生物安全事件已演变为涉及政治、经济、贸易、社会和宗教伦理等多个领域的问题。

2. 转基因生物的安全隐患

生物技术或基因工程产品已深入日常，涵盖转基因食品、维生素、药物及服饰材料，还涉及酶制剂、添加剂、色素等工业用品，这些均体现了基因工程的影响。生物技术原本是人类同疾病较量的有力武器，是人类文明发展的推动力量，但其滥用造成的生物安全隐患随之显现，包括破坏生物多样性、违背生态伦理道德和社会伦理道德等。全球范围内，生物技术滥用导致心理恐慌、社会动荡，甚至人类灾难风险。转基因生物技术尤甚，虽可以改善作物品质与种植效率，却存在威胁生物多样性与环境安全的风险。此外，滥用还触及生态与社会伦理底线，如“克隆技术”“基因编辑胚胎”等生物技术的滥用，不仅在技术上存在催生生物安全危机的巨大风险，甚至会产生深刻影响人类文明进程的恶果，而且会给社会伦理道德带来巨大冲击，引发广泛的社会争议，给公众心理造成不安。

（1）转基因作物基因漂移。

基因漂移是指遗传物质（基因）从一个生物群体转移到另一个生物群体的过程，这是非常普遍的自然现象。随着转基因作物商业化推广，其种植面积不断扩大，转基因作物与非转基因作物或其近缘种之间遗传物质（基因）交流变得十分普遍，这造成了转基因作物中外源基因的扩散与逃逸。转基因植物通过基因漂移与周围野生近缘物种发生杂交，其外源基因性状也会在杂交物种上得以表现，随着时间推移，野生原生物种可能会慢慢消失，与之相关的生态系统中其他生物也会受到影响，进而打破原有生态平衡，带来不可逆转的后果。

（2）对非靶标生物的影响。

转基因生物放到环境中，会与环境中其他生物发生相互作用。为了增强转基因农作物的生存能力，提高其抗药性、耐寒性、耐旱性等，往往会植入具有相应表达性状的基因，结果给非靶标物种带来伤害。J.E.LoSy 等在实验室用含有转基因 *Bt* 玉米花粉的马利筋叶子来饲养黑脉金斑蝶幼虫，与用普通的马利筋叶子饲养的幼虫相比，前者幼虫的死亡率明显高于后者，并且前者幼虫发育缓慢，重量只有后者幼虫的一半。这一实验结果表明，转基因 *Bt* 玉米花粉影响黑脉金斑蝶幼虫的发育，进而威胁着黑脉金斑蝶物种的存在。

（3）靶标生物抗性进化。

随着抗虫、抗除草剂转基因作物商业种植的推广，某些靶标生物对转基因蛋白的抗性不断提高。中国转基因 *Bt* 抗虫棉经过多年商业种植以后，经南京农业大学、中国农业科学院植物保护研究所的多年检测表明，在大田水平上出现了某些靶标害虫（如棉铃虫和红铃虫）对 *Bt* 蛋白的抗性进化，在印度具有抗性的红铃虫种群抗性能力达到敏感种群的 40 多倍。

（4）对人体健康的潜在风险。

虽然现在还没有明确的证据表明已上市的转基因食品对人体健康会产生危害，但也没有明确证据表明其不会对人体健康产生危害。转基因技术潜在的风险也还不能被完全预测并加以控制。具有新性状特征的转基因生物在环境中与人类和其他生物相互作用机制、影响后果等还未被完全理解和掌握，科学界对转基因食品是否影响人类健康仍然存在争议。

3．转基因生物安全对策

（1）加强转基因生物安全的监测与监管。

加强监测与监管是转基因生物安全的重要保障。转基因生物在获准商业化应用之前，必须要根据转基因生物安全法规开展环境风险评估，对转基因食品要经过严格的包括营养学、毒理学、过敏性等方面食用安全性评估。鉴别重要生态功能区和生态脆弱区，建立转基因生物禁止释放区，保护重要生态区域的生物多样性。加强进口产品中转基因成分的管理，降低生物安全风险。

（2）加强转基因生物安全的教育与宣传。

公众知情权是转基因生物技术发展的重要基础之一。只有加强转基因生物安全的教育与宣传，才能够使公众对转基因技术有科学、全面的了解，才能够让民众以更开放的态度对待转基因产品。

（3）深入开展转基因生物安全的科学研究。

加强国内外合作，深入开展以转基因生物安全为主要内容的科学研究，具体包括研究转基因生物基因漂移对生物多样性的影响、转基因食品潜在风险、转基因生物环境监测技术、转基因生物安全风险监测等。

（4）加强转基因生物安全法律法规建设。

在转基因生物技术快速发展的背景下，以法律法规规范转基因技术开发、应用、管理是必要的管理手段。转基因生物安全法律法规建设应当以保障人体健康和动植物、微生物安全，保护生态系统为最终目的，以促进和完善转基因技术研究与应用，保障国家粮食安全、生态安全、公共安全为重要目标。

生物安全问题影响跨越国界，危害极大，它不仅关乎国家安全，也深刻影响人类健康、农业、生态等多个领域。1985 年由 UNEP、世界卫生组织（WHO）、联合国工业发展组织（UNIDO）及联合国粮食及农业组织（FAO）联合组成了一个非正式的关于生物技术安全的特设工作小组，开始关注生物安全问题。1992 年在里约热内卢召开的联合国环境与发展大会上签署的两个纲领性文件《21 世纪议程》和《生物多样性公约》均专门提到了生物技术安全问题。从 1994 年开始，UNEP 和《生物多样性公约》秘书处组织开展制定一个全面的《生物安全议定书》，经过多次讨论和修改，最终于 2000 年 5 月达成《〈生物多样性公约〉卡塔赫纳生物安全议定书》，2003 年 9 月 11 日生效。中国于 2000 年 8 月 8 日签署并于 2005 年 4 月 27 日核准议定书。截至 2024 年 4 月，该议定书共有 196 个缔约方。

《〈生物多样性公约〉卡塔赫纳生物安全议定书》
http://treaty.mfa.gov.cn/tykfiles/20180718/1531876075113.pdf

第六节　土地荒漠化

一、土地荒漠化的基本状况

土地荒漠化是指在干旱、半干旱和某些半湿润、湿润地区，由于气候变化和人类活动等各种因素所造成的土地退化，使生产性土壤退化，生物多样性、水域和植被丧失。

土地荒漠化是当今世界最严重的环境与社会经济问题。由于气候变化的影响，全球的荒漠化范围正不断扩大。根据联合国的最新数据（即 126 个会员国的 2022 年国家报告），全球 15.5%的土地已经退化，在过去几年中增加了 4%。根据世界经济论坛的 2024 年报告《量化气候变化对人类健康的影响》，非洲已经有约 4 000 万人生活在严重干旱的环境中。

在全球干旱和半干旱地区发生的土地荒漠化，不仅造成了长期的农业和生态退化，还曾引发过严重的环境灾难。20 世纪 80 年代非洲撒哈拉地区发生的大饥荒，就是荒漠化所引起的最引人注目的环境灾难之一，难民的悲惨景象震惊了全世界。事实上，历史上一些繁盛一时的文明的神秘消失，往往同土地荒漠化有着直接或间接的联系。

二、土地荒漠化的成因及危害

（一）土地荒漠化的成因

土地荒漠化的成因有很多，主要包括气候变化、毁林、过度放牧和不可持续的农业实践等，是自然因素和人为活动综合作用的结果。自然因素主要是指异常的气候条件如干旱、洪水和滑坡，特别是严重的干旱条件，会造成植被退化，风蚀加快，引起荒漠化。人为因素主要指过度放牧、乱砍滥伐、开垦草地并进行连续耕作等，造成植被破坏，地表裸露，加快风蚀或雨蚀。就全世界而言，过度放牧和不适当的旱作农业是干旱和半干旱地区发生荒漠化的主要原因。同样，干旱和半干旱地区用水管理不善，引起大面积土地盐碱化，也是一个十分严重的问题。从人类活动对土地退化的影响构成来看，非洲的情况与亚洲类似，过度放牧、过度耕作和大量砍伐森林是土地荒漠化的主要原因。

（二）土地荒漠化的危害

荒漠化的主要影响是土地生产力的下降和随之而来的农牧业减产，相应带来巨大的经济损失和一系列社会恶果，当食物的增长速度赶不上人口增长速度，会造成大量生态难民。根据《联合国防治荒漠化公约》的数据，约有 5 亿人生活在荒漠化地区。这些人可能面临贫困加剧、粮食安全不足、因营养不良和缺乏清洁水资源而健康状况不佳等问题。他们也更容易受到气候变化、自然灾害以及干旱等极端天气的影响。此外，由于生计受到威胁、更易为争夺日益减少的资源而爆发冲突，他们也面临被迫移民。中亚的阿拉尔库姆沙漠是荒漠化最突出的一个例子。20 世纪 60 年代，这一地区曾是世界第四大湖——咸海，湖水主要依赖阿姆河和锡尔河补充，土库曼斯坦建成卡拉库姆运河后，入咸海水量减少至 70 亿 m^3。咸海总面积曾超过 6.9 万 km^2，平均深度 16 m，哈萨克斯坦官方于 2023 年发布的调查数据显示，咸海表面积已不及原始面积的 10%，只剩下 3 个高度盐碱化的小湖泊。苏联时期，为了种植棉花，小湖泊的水用来灌溉半沙漠地区，导致水位下降。一段时间后，气候变化使干涸的水底进一步变成了盐覆盖的沙漠，渔船搁浅，生计摧毁。

为防治土地荒漠化，1977 年，联合国召开了防止荒漠化会议，制订和实施了防止荒漠化的行动计划。1992 年，联合国环境与发展大会把防治荒漠化列为国际社会采取行动的一个优先领域。1994 年 6 月，联合国通过了《联合国关于在发生严重干旱和/或荒漠化的国家特别是在非洲防治荒漠化的公约》，表明世界各国对防治土地荒漠化已达成广泛的共识。2024 年 5 月 24 日，新华通讯社与《联合国防治荒漠化公约》战略合作备忘录在北京签署，旨在促进共同防治荒漠化、土地退化与干旱，推动可持续性发展目标的实现。目前，防治荒漠化的行动已涉及流域治理、水土保持、沙丘固化、造林工程、洪涝治理、盐碱地改造、森林和牧地治理及土壤肥力修复等。

《联合国关于在发生严重干旱和/或荒漠化的国家特别是在非洲防治荒漠化的公约》
https://www.wipo.int/wipolex/zh/text/353703

《联合国防治荒漠化公约》
https://www.unccd.int/sites/default/files/relevant-links/2017-01/16add1chi.pdf

第七节　森林植被破坏

一、全球森林植被破坏状况

森林是陆地生态的主体，在维持全球生态平衡、调节气候、保持水土、保护生物多样性（作为动植物的栖息地、物种和基因资源）、减少洪涝等自然灾害方面，都有着极其重要的作用，各种林产品如工业木材、非木制森林产品，包括纤维、食品和药品，也有着广泛的经济用途。

在全球层次，1985—2020 年，全球森林损毁面积总量为 582.17 万 km^2。南美洲、亚洲、非洲、北美洲、欧洲和大洋洲的森林损毁面积分别为 140.91 万 km^2、136.11 万 km^2、115.46 万 km^2、105.91 万 km^2、56.97 万 km^2 和 26.81 万 km^2；六大洲森林损毁面积均持续增加，其中亚洲和非洲的森林损毁速率增长最快，2015 年后超过南美洲，居前两位。热带森林损毁面积最大，高达 330.61 万 km^2；其次分别是寒带、温带和亚热带森林，毁损面积分别为 94.99 万 km^2、80.19 万 km^2 和 76.38 万 km^2。森林损毁与森林恢复速率均呈加速态势，1985—2015 年森林面积的净减少速率持续增加，在 2010—2015 年达到峰值，约 9.21 万 km^2/a，其后略有下降。在 35 年间，全球森林恢复面积达 342.16 万 km^2，亚洲、非洲、北美洲和南美洲贡献了 84%，森林恢复在减缓森林面积减少的过程中发挥着重要作用。

但从全球来看，森林破坏仍然是许多发展中国家所面临的严重问题，所导致的一系列环境恶果引起了人们的高度关注。

二、森林减少的主要原因与危害

过去 30 年里人类的出现导致地球森林面积减少了将近 4.2 亿 hm^2，可以预见的是如果按照这样的趋势下去，人类未来会面临严重的森林资源缺乏危机。森林减少的主要原因包括砍伐林木、开垦林地、采集薪材、大规模放牧、酸雨等空气污染等。此外，森林火灾也是森林急剧减少的重要原因。

一个地区的森林覆盖率若高于 30%，而且分布均匀，就能相对有效地调节气候，减少自然灾害。破坏森林会产生一系列严重的后果，如气候异常、增加 CO_2 排放、物种灭绝和生物多样性减少、加剧水土侵蚀、减少水源涵养、加剧洪涝灾害等严重后果。

为保护森林，特别是保护热带雨林，在 1985 年，联合国粮食及农业组织制订了热带林行动计划。1992 年，联合国环境与发展大会通过了《关于森林的原则声明》。《国际热带木材协定》《濒危野生动植物种国际贸易公约》的制定对限制木材的国际贸易来控制森林破坏起着重要的作用。而森林认证标志着森林管理迈向了可持续发展，有助于消费者以较高的环境标准来鉴别森林产品，而植树造林在一定程度上增加了森林覆盖率。党的十八大以来的 10 年间，我国累计造林 9.6 亿亩[1]、森林抚育 12.4 亿亩，森林覆盖率提高至 24.02%，为全球贡献了约 1/4 的新增绿化面积，成为全球森林资源增长最快最多的国家。我国人工林保存面积达 13.14 亿亩，居世界首位。

《国际热带木材协定》
https://treaties.un.org/doc/source/RecentTexts/XIX_46_chinese.pdf

《濒危野生动植物种国际贸易公约》
http://cites.org.cn/citesgy/fl/201912/W020191212562432115513.pdf

① 1 亩≈666.67 m^2。

第八节 淡水资源危机和海洋资源破坏

随着全球经济的迅速发展，人类对全球淡水资源的需求也在不断增长，对陆地水域与海洋也施加了越来越大的环境压力。淡水短缺、水生资源破坏和陆地水域与海洋污染已成为国际社会当前所关注的重大环境问题。

一、淡水资源危机

淡水资源是人类生存和人类社会发展必不可少的基础性自然资源之一。随着地球上人口的激增和生产的迅速发展，人类对淡水资源的需求量急剧增加。同时，人类对淡水资源的严重污染和对水环境的严重破坏，使淡水资源的供应量不断减少。这两个方面的影响，导致淡水资源的供需关系日益紧张。淡水资源的这种紧张局面，已经造成一些河流和湖泊的萎缩、地下水的枯尽和湿地的消失，严重威胁到人类的生存安全，并导致一些其他生物的灭绝和生态环境的恶化。

水是世界上最常见的物质之一，总体积为 14.1 亿 km^3，总面积占地球表面积的 71%，然而其中只有 2.5%是淡水。淡水的 87%又被封冻在两极及高山的冰层和冰川中，难以利用。便于人类利用的淡水资源只有 20 万 km^3 左右，不足淡水资源总量的 1%，仅为地球上水资源总量的 0.01%。从地理环境和自然禀赋审视，除欧洲享有优越的地理环境及相对丰富的水资源外，其他各大洲均存在不同程度的严重缺水地区。非洲撒哈拉以南的内陆国家尤为突出，几乎无一幸免于严重缺水困境；亚洲亦面临相似挑战。我国东南水量丰富，西北则水资源缺乏。水资源在时空上分布不均，加上人类的不合理利用，使世界上许多地区面临着严重的水资源危机。

《2024 年联合国世界水发展报告》指出，世界上约有一半人口在一年之中至少有一部分时间面临严重的缺水问题。世界 1/4 的人口面临着极大的水资源短缺压力，这些区域的水资源利用率都超过了 80%。目前世界上的缺水国家和地区达 100 余个，其中 28 个被列为严重缺水国家和地区。大部分位于西亚和非洲。据预测，20～30 年后，世界上严重缺水的国家和地区将达 46～52 个，缺水人口将达 28 亿～33 亿人。

我国广大的北方和沿海地区水资源严重不足。据统计，我国北方缺水区总面积达 58 万 km^2。全国 500 多座城市有 300 多座城市缺水，每年缺水量达 58 亿 m^3。这些缺水城市主要集中于华北地区、沿海地带和省会城市、工业型城市，它们都是我国重要的经济中心和人口中心，在我国的经济活动中占有重要地位，对我国的社会和经济发展影响巨大。

二、海洋资源过度开发和环境污染

海洋环境和海洋生态系统在维持全球气候稳定和生态平衡方面起着极其重要的作用。

随着人类的陆地生存面临日益严重的危机，人类不断探索海洋生存的空间，给海洋生态带来越来越多的挑战。当前全球海洋生态安全面临海洋环境污染和海洋资源过度开发两大挑战。

随着人类经济活动强度不断加剧，每年都有大量未经妥善处理的污染物被直接排入海洋。塑料污染、石油泄漏、废水排放等对海洋生物和生态系统造成巨大威胁。除人类日常活动造成的持续排污外，意外事故排污也会在短时间内对海洋生态安全造成更加剧烈的冲击。2010 年墨西哥湾的“深水地平线”钻井平台发生井喷事故，三个月内共泄漏约 320 万桶原油，周边海域生态受到严重破坏。相较日常活动和意外事故，更令人担忧的是，为私利人为故意排放污染物。如日本一意孤行启动福岛核电站核污染水排海，完成现存核污染水排海至少需要 30 年时间，全球海洋生态面临前所未有的环境污染风险。海洋核污染较其他污染更具有致命性，轻则影响海洋产业的发展，重则影响人类社会未来发展。此外，海平面上升、海洋温度变化和海洋酸化等也对海洋生态系统造成不可忽视的影响。

除海洋环境污染外，人类对海洋资源的过度开发也会严重威胁海洋生态安全。随着人口增长和经济社会发展，人类社会对海洋资源需求的增长速度远远超出海洋资源的供给速度。为弥补海洋资源巨大的供需缺口，人类不断加大对海洋资源的开发力度，对海洋生态安全造成巨大的负面冲击。一方面，对海洋矿产资源的过度开发会严重干扰海洋生物的繁衍生息，可能引发海底滑坡、地震等地质灾害。另一方面，对海洋生物资源的过度开发也会使大量海洋生物种群面临衰退甚至灭绝危机。

三、控制国际水域和海洋环境污染的国际行动

在控制国际水域和海洋资源危机与环境污染方面，国际社会采取了大量行动，制定了大量双边和多边国际条约，详情可参阅第十章环境与法。

除上述问题外，国际社会关注的其他全球性环境问题还有有毒化学品污染和有害废物越境转移等，这些环境问题在发达国家和发展中国家的一些地区对人体健康和生态环境造成了极为严重的损害。现在，全世界每年产生的有毒有害化学废物达 3 亿～4 亿 t，其中对生态危害很大并在地球上扩散最广的是持久性有机污染物（POPs），最具代表性的是多氯联苯和滴滴涕。这类化学污染物从人类的工业和农业活动中释放，已广泛进入了空气、土地、河流和海洋。这类污染物能被海洋中微小的浮游生物吸收并积累，从而使其被浓缩上百万倍。海中的鱼吃下这些浮游生物，又能将其浓缩，于是浓度增大到上千万倍。当大型海洋动物吞食了这些鱼之后，会使污染毒素的浓缩系数增加到上亿倍。这是因为污染毒素聚集在动物的脂肪里而很难通过躯体排出体外。通过食物链，这些毒素对海洋生态系统产生了强烈的干扰，例如，多氯联苯的危害之一就是损害生殖系统。有人认为多氯联苯是导致波罗的海海豹出生率下降 60%～80%的罪魁祸首。这些毒素也会引起人体健康方面的严重问题。几年前科学家发现，生活在北极地区的因纽特人的母乳里含有高浓度的多氯联苯，而

鲸、海豹等海生动物正是因纽特人主要的蛋白质来源。当这些动物携带了很高的污染毒素时，因纽特人的生活不再安全。按同样的原理，持久性有机污染物对陆地生态系统也有很大的干扰和危害，因而成为目前全世界关注的重大环境问题之一。

进入20世纪80年代后，发达国家向非洲和拉丁美洲国家转移有害废物的事件引起了国际社会的关注。由于这些发展中国家往往没有处理有害废物的技术能力，转移来的废物对周围居民和环境构成严重的威胁，引起发展中国家的强烈抗议。在这种情况下，联合国于1989年通过了《控制有害废物越境转移及其处置巴塞尔公约》，对防止有毒有害废物从发达国家越境转移到发展中国家起着重要的作用。

第九节　当代中国的主要环境问题

目前，我国已经是世界上第二大经济体，由此而带来的资源消耗和污染排放规模在世界也是位居前列。我国经济的迅速发展对于全球环境与发展既有着积极的影响，也带来一定的压力。一方面，我国经济增长和财富积累为全球经济发展做出了积极的贡献，增加了全球财富总量，减少了世界贫困人口的数量；另一方面，我国经济发展对国内外能源和资源产生了巨大的需求，能源和资源消耗、温室气体排放不但对本国环境带来了压力，也对全球环境造成了一定的影响。

一、大气污染

细粒子是大气灰霾现象的重要诱因，霾是大量极细微的干尘粒等均匀地浮游在空中，使水平能见度小于10.0 km的空气普遍混浊现象。排入大气的SO_2和NO_x经化学转化形成的硫酸盐和硝酸盐粒子，还会引起区域范围的细颗粒物（$PM_{2.5}$）污染。

在雾霾天气中，霾的形成主要有三方面因素：一是水平方向静风频率高，不利于大气污染物的稀释扩散；二是垂直方向出现逆温，空气垂直运动受限，污染物难以向高空扩散，而阻滞在低空和近地面；三是气溶胶物质（空气中悬浮的液态或固态微粒）的增加。近年来，机动车尾气排放、城市扬尘污染、工业生产排放的二次污染物及冬季取暖排放的污染物等，对城市空气中$PM_{2.5}$的“贡献”较大。

雾霾天气现象会给气候、环境、健康、经济等方面造成显著的负面影响，导致大气能见度下降，阻碍空中、水面和陆面交通；提高死亡率、使慢性病加剧、使呼吸系统及心脏系统疾病恶化，改变肺功能及结构、影响生殖能力、改变人体的免疫结构等。

近年来，全国环境空气质量稳中向好。据《2023中国生态环境状况公报》，2023年全国339个地级及以上城市中，环境空气质量优良天数比例在16.7%～100%，平均为85.5%（扣除沙尘异常超标天后为86.8%）；平均超标天数比例为14.5%（沙尘天气导致的平均超标天数比例为 3.3%，重度及以上污染天数比例为 0.8%），以 O_3、$PM_{2.5}$、PM_{10} 和 NO_2 为首要污染物的超标天数分别占总超标天数的 40.1%、35.5%、24.3%和 0.2%，未出现以 SO_2 和 CO 为首要污染物的超标天。2016—2023 年，全国城市环境空气质量优良天数比例从 83.1%升至 85.5%，$PM_{2.5}$ 平均浓度从 42 μg/m³ 降至 30 μg/m³。

二、水污染

全国地表水环境质量持续向好。2016—2023 年，全国地表水Ⅰ～Ⅲ类水质断面比例由 67.8%升至 89.4%，劣Ⅴ类水质断面比例由 8.6%降至 0.7%。据《2023 中国生态环境状况公报》，2023 年长江、黄河、珠江、松花江、淮河、海河、辽河七大流域和浙闽片河流、西南诸河和西北诸河等主要江河监测的 3 119 个国控断面中，Ⅰ～Ⅲ类、Ⅳ～Ⅴ类和劣Ⅴ类水质的断面比例分别为 91.7%、7.9%和 0.4%，主要污染指标为化学需氧量、总磷和高锰酸盐指数。长江流域、黄河流域、珠江流域、浙闽片河流、西北诸河和西南诸河水质为优，淮河流域、海河流域和辽河流域水质良好，松花江流域为轻度污染。在 2023 年监测的 209 个重要湖泊（水库）中，Ⅰ～Ⅲ类水质湖泊（水库）占 74.6%，比 2022 年上升 0.8 个百分点，劣Ⅴ类水质湖泊（水库）占 4.8%，与 2022 年持平，主要污染指标为总磷、化学需氧量和高锰酸盐指数。开展营养状态监测的 205 个重要湖泊（水库）中，贫营养状态、中营养状态、轻度富营养状态和中度富营养状态的湖泊（水库）分别占 8.3%、64.4%、23.4%和 3.9%。

2023 年，全国监测的 1 888 个国家地下水环境质量考核点位中，Ⅰ～Ⅳ类水质点位占 77.8%，Ⅴ类占 22.2%，主要超标指标为铁、硫酸盐和氯化物。

2023 年，全国近岸海域优良（一类、二类）水质海域面积比例为 85.0%，劣四类水质海域面积比例为 7.9%，主要超标指标为无机氮和活性磷酸盐。

三、固体废物污染

固体废物污染日益突出，部分危险废物直接向环境排放，对环境和人民健康造成极大威胁。2023 年，全国一般工业固体废物产生量为 42.8 亿 t，综合利用量为 25.7 亿 t，处置量为 8.7 亿 t。

2023 年，全国城市生活垃圾无害化处理能力为 115.2 万 t/d，无害化处理量为 2.59 亿 t，生活垃圾无害化处理率为 99.9%。

2023 年，全国约有 7.7 万家单位危险废物年产量在 10 t 及以上，申报产生约 1.1 亿 t 危险废物。截至 2023 年年底，全国约 3 600 家危险废物集中利用处置单位，集中利用处置能力约 2.1 亿 t/a。

我国是世界上农膜产量和覆盖量最大的国家，塑料包装物和农膜导致的白色污染已蔓延至全国各地。2023 年，农膜回收率稳定在 80%以上，秸秆综合利用率稳定在 86%以上，畜禽粪污综合利用率超过 78%。

四、生态环境问题

我国是世界上生态环境脆弱的国家之一。由于气候与地理条件的原因，形成了生态脆弱区。在高强度的人类干扰下，生态系统退化严重，人与自然矛盾非常突出。全国生态环境高度敏感区域面积 390 万 km^2，占国土面积的 40.6%，而生态环境脆弱区面积占国土面积的 60%以上，西北干旱半干旱区、黄土高原区、西南山地区和青藏高寒区等地区尤为突出。《全国生态环境十年变化（2000—2010 年）调查评估报告》显示，全国生态系统质量低，森林与草地质量有所提高。生态系统质量为优等级的面积比例仅占森林、灌丛与草地生态系统总面积的 5.8%、11.7%和 5.4%。局部地区生态系统质量仍在下降，17.6%的森林与 34.7%的草地生态系统质量均有不同程度的下降。

21 世纪以来，我国实施了一系列生态修复工程，第六次全国荒漠化和沙化调查结果显示，我国首次实现了所有调查省份荒漠化和沙化土地“双逆转”，面积持续“双缩减”，程度持续“双减轻”，沙漠、沙地植被盖度和固碳能力持续“双提高”。但我国荒漠化治理依然任重道远，截至 2019 年，全国荒漠化土地面积 257.37 万 km^2，占国土面积的 26.81%；沙化土地面积 168.78 万 km^2，占国土面积的 17.58%；具有明显沙化趋势的土地面积 27.92 万 km^2，占国土面积的 2.91%。

《2023 中国生态环境状况公报》显示，全国自然生态状况总体稳定。2023 年，全国生态质量指数（EQI）为 59.6，生态质量为二类，与 2022 年相比无明显变化。生物多样性较丰富、自然生态系统覆盖比例较高、生态结构较完整、功能较完善。全国陆域生态保护红线面积约占陆地国土面积的 30%以上。

五、自然灾害频发

我国的自然灾害种类多，发生频率高，灾情严重。除现代火山活动导致的灾害外，几乎所有的自然灾害，如水灾、旱灾、地震、台风、风雹、雪灾、山体滑坡、泥石流、病虫害、森林火灾等，每年都有发生。东部、南部沿海地区以及部分内陆省份经常遭受热带气旋侵袭。东北、西北、华北等地区旱灾频发，西南、华南等地的严重干旱时有发生。各省（区、市）均发生过 5 级以上的破坏性地震。约占国土面积 69%的山地、高原区域因地质构造复杂，滑坡、泥石流、山体崩塌等地质灾害频繁发生。

我国受季风气候影响十分强烈，气象灾害频繁，局地性或区域性干旱灾害几乎每年都会出现，东部沿海地区平均每年约有 7 个热带气旋登陆。

我国位于欧亚、太平洋及印度洋三大板块交汇地带，新构造运动活跃，地震活动十分频繁，大陆地震数占全球陆地破坏性地震数的 1/3，是世界上大陆地震最多的国家之一。

随着国民经济持续高速发展、生产规模扩大和社会财富的积累，灾害损失呈日益加重的趋势。灾害已成为制约国民经济持续稳定发展的主要因素之一。2023 年，我国自然灾害以洪涝、台风、地震及其他地质灾害为主，干旱、风雹、低温冷冻和雪灾、沙尘暴和森林草原火灾等也有不同程度发生，全年因灾造成的直接经济损失达 3 454.5 亿元，与 2018—2023 年均值相比上升 12.6%。

六、“生态环境领域”主要研究前沿问题

2023 年 11 月，由中国科学院科技战略咨询研究院、中国科学院文献情报中心与科睿唯安共同发布了《2023 研究前沿》《2023 研究前沿热度指数》报告。报告显示，生态与环境科学领域的 Top 10 热点前沿主要分布在生态科学和环境科学两个子领域，针对新型环境问题、新型解决方案的研究方向是该年度的主要关注点。

具体来看，环境科学子领域的热点前沿主要涉及微塑料、气候变化、臭氧等新型环境问题，以及新型水体污染控制技术、废水流行病学等新型解决方案或新的研究方向。微塑料污染相关研究是近 10 年来在研究前沿报告中多次出现的重要前沿方向，相关主题在 2015—2017 年、2020 年、2022 年多次入选热点前沿。2023 年微塑料相关的热点前沿有两个，分别是“环境微塑料颗粒对污染物的吸附”和“土壤微塑料的环境归趋和生态毒理”。此外，气候变化是当前全球关注的重大环境问题，二氧化碳捕获、甲烷减排是温室气体减排的热点，2023 年的两个相关热点前沿分别是“二氧化碳直接空气捕获的技术经济评估”和“全球甲烷排放趋势及来源”。近年，我国大气污染防治已取得阶段性成效，$PM_{2.5}$浓度持续下降，然而大气臭氧污染呈现快速上升和蔓延态势，多次出现大范围长时间臭氧污染，形势严峻。因此应对这一问题的“中国臭氧污染状况及健康风险”也是 2023 年遴选出的热点前沿。利用过硫酸盐降解有机污染物相关研究曾在 2017 年、2018 年、2022 年分别入选热点前沿。2023 年的热点前沿“利用单原子催化剂活化过氧单硫酸盐”展现了具有超高性能、环境友好、结构/化学稳定、能最大化利用活性金属位点等优点的新兴单原子催化剂用于环境修复的高级氧化过程。“废水中新冠病毒的检测及基于废水的流行病学监测”连续两年入选热点前沿。在后疫情时代，基于废水监测的流行病学研究是监测药物、病毒、超级细菌及跟踪 COVID-19 暴发的新型、低成本解决方案。

生态科学子领域的热点前沿主要涉及生物多样性、生态治理两个方面，具体包括“昆虫衰退现状、灭绝危机与驱动因素”、“全球河流生物多样性危机及水坝对其的影响”及“‘基于自然的解决方案’的理论与应用”。其中，生物多样性相关研究持续多年成为研究热点，如“昆虫衰退现状、灭绝危机与驱动因素”连续 3 年入选热点前沿。“基于自然的解决方案”是一个综合利用生态系统多学科管理手段的新理念，其理论与方法研究及在众多领域的实践应用逐渐兴起。

思考题

1. 什么是全球环境问题？它的共同特点是什么？

2. 全球气候变暖、臭氧层破坏和酸雨蔓延是当今社会最主要的全球性大气环境问题，简述它们对人类的危害。

3. 生物多样性锐减、土地荒漠化和森林植被破坏不仅威胁着生物的生命，而且使人类的生存环境面临着危机。试阐述人类从哪些方面可以避免。

4. 如何缓解淡水资源危机和海洋资源破坏？

5. 当代中国的环境问题有哪些？

6. 什么是生物安全？如何应对生物安全风险？

7. 试述生态环境领域主要研究前沿问题。

参考文献

[1] 钱易，唐孝炎．环境保护与可持续发展[M]．2 版．北京：高等教育出版社，2018.
[2] 联合国环境规划署．全球环境展望 3[M]．北京：中国环境科学出版社，2002.
[3] 盛连喜．现代环境科学导论[M]．2 版．北京：化学工业出版社，2011.
[4] 郭怀成，等．环境科学基础教程[M]．4 版．北京：中国环境出版集团，2023.
[5] 许宁，等．环境管理[M]．4 版．北京：化学工业出版社，2021.
[6] 张慧敏，等．环境学概论[M]．北京：清华大学出版社，2022.
[7] 生态环境部．2023 中国生态环境状况公报[M]．北京：中国环境出版集团，2024.
[8] 中国气象局．2022 年中国温室气体公报[EB/OL].（2023-12-01）[2024-10-05]．https://www.cma.gov.cn/.
[9] 世界气象组织．2023 年全球气候状况报告[R]．2024-03-19.

第三章　自然资源的利用与保护

资源是人类赖以生存的物质条件。广义的资源应当包括自然资源和劳动创造的社会经济资源，一切土地、水、生物、空气、岩石、矿物及其群聚体，如森林、草地、矿产和海洋等自然物以及太阳能、生态系统的环境功能、地球物理化学的循环功能等，人类生产创造的物质要素，社会、经济、技术、信息等社会经济要素都是资源的范畴。人类为了生存、发展，不断地从环境中获取资源，在获取资源的同时，往往也因为资源的开发和利用不当而发生一系列的环境问题。

第一节　自然资源

一、自然资源概述

（一）自然资源的概念

所谓“自然资源”，是指自然界中能被人类用于生产和生活的物质与能量的总称，它是自然环境的重要组成部分。自然资源一般是指天然存在的自然物，不包括人类加工制造的原材料。自然界的任何部分，包括土壤、水、森林、野生动物、矿物，凡是人们可以利用来改善生产和生活状况的物质都可称为“自然资源”。

随着人类对自然界的认识不断深化，生产力的迅速发展和科学技术的不断进步，一方面有许多新的资源被逐步发现；另一方面，人类也将不断地扩大利用自然资源的范围和加深利用的程度。这样，自然资源的内涵将不断地扩大，人们对它的认识也将不断发展和完善。

（二）自然资源的分类

自然资源的种类繁多，由于对自然资源含义理解的差异，自然资源的分类也是多种多样的，大致有下列几种分类。

1. 按照自然因素在经济部门的地位来划分

这是自然资源传统的分类方法，其系统如下：

（1）农业自然资源。

主要包括：

土地资源——指在当前和将来的技术经济条件下能为人类所利用、能够创造财富和产生经济价值的那部分土地，如高原、山地、丘陵、盆地、平原；

气候资源——指广泛存在于大气圈中的光能、热能、降水、风能等可以为人们直接或间接利用，能够形成财富，具有使用价值的自然物质和能量，如空气、光、热、水、风力等；

生物资源——指生物圈中对人类具有实际或潜在用途或价值的生物组成部分，如植物、动物、微生物；

水资源——指在当前技术和经济条件下，易被人类利用且补给条件良好的淡水资源，包括冰川水、地表水、地下水等。

（2）工业自然资源。

主要包括：

矿产资源——指在地壳形成之后，经过一定的地质作用而形成的埋藏于地下或露出地表的具有利用价值的自然资源，如黑色金属矿产、有色金属矿产、动力矿产、化工矿产、建材原料；

能源资源——化石能源和可再生能源。化石能源主要包括煤炭、石油、天然气，是主要的能源来源，广泛应用于电力、交通、化工等领域。可再生能源，如水能、风能、太阳能、生物质能等，为能源可持续发展提供支撑。

2. 按照自然资源的生命性划分

可分为有机资源（又叫生物资源）和无机资源（又叫无生命资源）两类。前者包括动植物资源、微生物资源等；后者包括空气、水、土地、土壤、矿物燃料等。

3. 按照自然资源的有限性划分

可分为有限资源和无限资源两种类型。无限资源又称非耗竭资源，这类资源随着地球的形成及其运动而存在，基本上是持续稳定产生的，几乎不受人类活动的影响，也不会因人类的利用而枯竭，如潮汐能、风能和太阳能等。有限资源又称为可耗竭资源，这类资源是在地球演化过程中的特定阶段形成的，质与量有限定，空间分布不均匀。耗竭性资源可分为可再生资源和不可再生资源。

4. 按照自然资源的地貌类型划分

可分为陆地资源、海洋资源、大气资源等。

5. 按照自然资源的可再生性划分

可分为不可更新资源（又叫不可再生资源）和可更新资源（又叫可再生资源）两种。

可更新资源主要是指那些被人类开发利用后，能够依靠生态系统自身的运行力量得到恢复或再生的资源，例如，太阳能、大气、农作物、鱼类、野生动植物、森林等是可更新资源，扩展而言，也可包括社会资源、信息资源等。这类资源只要其消耗速度不大于它们的恢复速度，理论上讲是可以被人类持续利用的。但是多数可更新资源的持续利用受人类利用方式、利用力度等影响，只有在合理开发利用的情况下，资源才可以恢复、更新甚至增加，不合理开发、过度开发，会使更新过程受到破坏，使蕴藏量减少甚至耗竭。例如，鱼类等水产资源只要合理捕捞，资源总量可以维持平衡；过度捕捞，破坏鱼类繁殖周期，降低自然增长率，会使之逐步枯竭。不可更新资源是在漫长的地球演化过程中形成的，在对人类有意义的时间范围内，它们的储量是一定的，被人类开发利用之后会逐渐减少，资源储藏量不再增加。这些资源是亿万年的地质作用形成的，如铜、铁等金属矿产资源和石棉、云母、矿物质等这类资源是有限的，更新能力极弱、会慢慢枯竭殆尽。

6．按照自然资源的可回收性划分

可分为可回收性自然资源和不可回收性自然资源。如部分金属类和非金属类资源经人类加工成产品，当其丧失使用价值后，可回收原产品再使用或经加工后作为其他功能使用，属于可回收性自然资源。而像石油、煤、天然气等经燃烧后产生热能，其组分分解为二氧化碳和水，无法恢复到原有组分，使用过程不可逆，使用后不能恢复原状，属于不可回收性自然资源。

（三）自然资源的基本特征

不同类型的自然资源有不同的具体特性。但从总体上看，它们又有共同的特性。明确地认识这些特性，对人们合理有效地开发利用自然资源有重要意义。

1．整体性

自然资源是生态环境的重要组成部分。自然资源中的土地资源、生物资源、水资源、气候资源等，在生态系统中既相互联系，又相互制约，共同构成一个有机整体。人类活动对其中某一资源的开发和利用，都会引起其他资源的连锁反应，并使整个生态系统的结构发生变化。例如，森林的破坏会造成水土流失，从而又造成河流泛滥和水库淤塞，其后果又导致农业、渔业的减产。因此，资源的存在与发展表现出明显的整体性。在开发利用自然资源的过程中，要树立整体性观念，统筹规划，合理安排，对它进行整体性管理，以保持生态系统的平衡。如果脱离对资源的整体性考虑，只顾及某一特定资源合理利用与保护是难以达到目的的。资源的共生性与整体性决定了对资源合理利用管理的综合性。

2．区域性

自然资源的分布和组合有很强的区域性，不同区域中的自然资源，其结构、数量、质量、特性等都有很大差异。例如，我国的磷矿主要分布在南方的湖北、湖南、四川、云南等省；煤矿则主要集中在北方的山西、河北、内蒙古、山东等省（区）；而有色金属的锡、钨、锑等矿床主要集中在南方的云南、广东、广西、湖南等省（区）。自然资源的区域性特点是它们与生态环境相适应的产物，也是人们进行现代化建设和生产力布局的依据。因此，在人们开发利用自然资源时，必须按照其存在的区域性特点，与当地的具体经济条件结合起来，对资源的分布、数量、质量等情况进行全面调查和评价，因地制宜地规划和安排各种产业的生产，有效地发挥自然资源的优势和潜力。

3. 多用性

自然资源具有多种功能和多种用途，这是它的又一特点。例如，森林资源既可用作燃料、枕木、家具、建筑等，又可用来防风固沙、保持水土、涵养水源和绿化环境，还可为人类提供观光森林风景的森林公园，作为旅游场所。一条河流既是农业灌溉水源，又可作为电力部门的动力源，还可以是交通部门的运输线，当然也可以作为工业的水源以及供旅游所用等。随着科学技术的进步，自然资源的多用性特点越来越明显，并为人类综合利用资源提供了可能。但是，自然资源的多用性，又往往带来了利用上的复杂性。例如，一片土地既宜农、宜林，又宜牧，这就要求人们必须从经济效益、生态效益、社会效益等各方面进行综合研究，制定出最优方案，进行综合开发利用，特别是面对社会多种需求、资源广泛利用时，对土地资源的多宜性功能抉择更显重要。

4. 两重性

自然资源是人类社会生产和发展的物质基础。各种自然资源既是人类的生产资料和劳动对象，又是人类赖以生存的生态环境，对人类的生存和发展来说，这两方面缺一不可。自然资源一旦被破坏，也将使人类难以生存和发展。例如，森林作为一种自然资源，向人类提供木材和各种林产品，但它同时还是自然生态环境的一部分，具有涵养水源、调节气候、保护野生动植物等功能。由此可见，对待自然资源既要重视开发和利用，又要重视保护和管理。

5. 有限性

自然资源的有限性是指在一定的时间和空间内，自然资源可供人类开发和利用的数量是有限的。人类社会对自然资源需求的无限性和自然资源本身的有限性之间存在的尖锐矛盾，成了当今社会发展中普遍存在的客观现实，而且在科学技术飞速发展的当今世界，显得越来越突出。例如，对草场超载过牧，会造成草场产草量下降、草质变坏等退化现象，给牧业生产带来损失；地下水的过度超采，则会引起地下水位下降，甚至出现地面沉降等。因此，只有保护资源，合理地利用资源，科学地开发与管理资源，讲求资源利用的经济效益、生态效益和社会效益，才能保证人类永续不断地利用资源，才能使社会经济可持续发展。

6. 全球性

资源的全球性是资源系统的地域性与整体性在全球尺度上的具体体现。全球自然资源是一个整体系统，一个国家或地区的资源利用后果往往会超过其主权范围而波及世界其他地区。全球资源分布的地域性与不平衡性导致全球区域性的资源短缺与优势互补问题出现，有些资源是全球性共享资源，如公海中的自然资源、南极和北极的资源，以及界河、多国流域和迁移性资源等。因此，研究资源开发时，不仅要立足本国，还要放眼世界，资源开发利用必须以国际合作的方式进行。

7. 层次性

资源的开发利用具有明显的层次性特征。以生物资源为例，开发利用的可以是一种植物的有用化学成分或植物体部分，也可以是物种、种群甚至是生态系统。在空间范围上，对资源的开发可以是一个地块、一个小的自然区域（如小流域等）或经济区域，也可以是一个生态系统或大的经济区等，应根据资源开发所处的水平和等级，采取相应对策。

二、人类与自然资源的关系

人与资源是相互依存的。人类的生存和发展以自然资源为物质基础，而资源的认定则有赖于人类对它的用途和价值的认识。并且，资源的利用水平也反映了人类的生存和发展的水平。人类发展的全部历史，是人与自然结合的历史，实际上是人类对自然资源的开发利用史。在人类发展的不同时期，人类利用资源的方式及其相应的手段和规模是不同的。

（一）原始型——依附性利用

在整个远古时代，人类依靠狩猎和采集，以从周围环境中获取野生果实、块茎等食物为主，使用的生产工具是石器等。人与自然的关系表现为：人只能利用自然界中某些现存的自然生成物，而不能控制和掌握这些物质的产生与形成的过程。只能在偶然的机会中得到自然界的恩赐，而不能预定自己的收获。

（二）传统型——改造性利用

随着生产力的发展，人类同自身斗争的知识和经验的积累，人类开始了改造自然的漫长道路。从此，人类与自然的关系表现为：对于人类生存所需要的物质资料，不仅利用现成的自然生成物，而且可以控制、掌握和催化这些物质的自然生成过程。

（三）现代型——掠夺性利用

随着生产力的迅速发展，人类扩大了对自然资源的利用，促使人类两大物质生产部门——工业和农业取得了长足进步，特别是 19 世纪后半叶，社会生产力突飞猛进，人类开展了一系列征服自然的活动。人类对自然的改造性、适应性演化为对自然进行掠夺式利用，忽视了人与生态系统的和谐性和统一性，逐步酿成了一系列生态灾难，如耕地锐减、土地沙化、草原退化、森林破坏、物种灭绝、环境污染、气候恶化、能源危机等。

（四）未来型——协调性利用

对自然资源利用的未来方式，目前尚处于孕育或萌芽阶段。在这种方式中，人与自然的关系是相互协调的，其生存方式是综合利用自然资源。

三、合理利用自然资源与保护环境

合理开发、利用自然资源就是要尽可能地避免资源的退化和耗竭，并能以较少的自然资源为人类社会创造出较多的物质财富，获得较高的经济效益，同时又能很好地保持生态平衡，不断提高环境质量。为了达到这一目的，在资源开发、利用中，必须遵循以下两点要求：

（1）根据自然资源的有限性，对可再生性资源要保证其永续利用；对不可再生性资源应最大限度地做到循环利用或综合利用，以延缓其耗竭。

（2）根据自然资源的整体性和两重性，在开发和利用自然资源时要根据国家所制定的一系列的政策、法规和管理制度，避免开发、利用中的盲目性和无政府性。

总之，对自然资源合理的开发和利用，就是对环境的最好保护。探索合理开发利用自然资源的途径，是环境科学的核心问题和重要任务。

第二节　土地资源的利用和保护

土地是地球陆地表面人类生活和生产活动的主要空间场所。土地与土地资源的概念是有区别的，土地可被认为是纯粹的自然综合体，土地一旦与人类生产活动联系起来，它就不单是自然综合体了，而成为一种资源。也就是说，它经过人们投入，从土地上得到收益，产生了价值。我们所说的土地资源，就是指在一定技术条件和一定时间内可以被人类利用并产生经济价值的土地。

目前世界上土地资源的破坏和丧失是很严重的，其中与人类关系最大的是可耕土地。全世界适用发展农业的耕地约占陆地面积的 1/10，而且各国、各地区分配极不平衡。例如，丹麦的耕地面积占全国的 65%，英国为 30%，美国为 20%，中国只占 10.4%。而且沙漠化、风蚀和水的冲刷是丧失耕地、破坏农田的主要原因。如不加以控制，到 21 世纪末，全世界的可耕地将有 1/3 丧失掉，而工业城市的发展和地下资源的开采等也是土地面积缩小的重要因素。

一、土地及其类型

一般认为，土地是陆地圈、气圈和生物圈相互接触的边界。从广义上说，土地即地球上的陆地。

依据 1975 年 FAO 发表的《土地评价纲要》，可以给出土地的定义：一片土地是指地球表面的一个特定地区，它包含着地面以上和以下生物圈中所有一切比较稳定或周期性循环的要素，如大气、土壤、地质、水文、动植物密度、人类过去和现在的相互作用，而这些要素及相互作用对人类现在和将来利用土地都将产生深远的影响。通俗地说，土地就是地球的表层及其以上和以下的多种自然要素组成的地域综合体，土地是自然环境的组成基础，又是自然资源的重要组成部分，是人类赖以生存的最基本的物质基础和环境条件，也是人类从事一切社会实践的基础。

土地资源类型多样，既可以按照自然特征分类又可以按照与人的关系和对人类的作用分类，这里仅介绍一些常见的分类方法。

按地形地貌分为：山地、丘陵、盆地、平原、漫岗等。

按土地的基本自然特点分为：耕地资源、荒地资源、林地资源、草场资源、沼泽资源、水面资源、滩涂资源等。

按经济用途分为：耕地、园地、林地、牧草地、城镇村及工矿用地、交通用地、水域、未利用土地等八大类。

还可按生态系统类型分为沙漠、戈壁、冰川、永冻土地、热带雨林、湿地等。

二、土地资源利用概况

（一）世界土地资源利用概况

1．世界土地资源的特征

在地球 51 000 万 km^2 的总面积中，大陆和岛屿面积只有 14 940 万 km^2，占地球总面积的 29.3%，其中还包括南极大陆和其他大陆上高山冰川所覆盖的土地。如果减去这部分长年被冰雪覆盖的土地，则地球上无冰雪的陆地面积仅为 13 300 万 km^2。

如果考虑到土地质量的因素，则陆地面积中大约有 20%处于极地和各大陆的高寒地区，另有 20%属于干旱区，20%为山地的陡坡，还有 10%岩石裸露，缺乏土壤和植被。以上 4 项共占陆地面积的 70%，在土地利用上存在着不同的限制性因素，地理学家和生态学家称之为“限制性环境”。其余的 30%限制性较小，适于人类居住，称为“适居地”，包括可耕地和住宅、工矿、交通、文教与军事等用地。

2．世界土地资源开发利用中存在的问题

（1）城市化的加速使大量的良田被占用，变成建成区和水泥、沥青覆盖的地面。从历史发展上看，城市大多是在肥沃富庶的农业区中成长起来的，城市的扩展所占用的多是高产的良田。

（2）尽管人类日益紧迫地面临土地匮缺的问题，但是，人类在其经济、政治和军事活动中仍然在“无意地”伤害关系到人类衣食住行的土壤圈，造成土地退化。当前世界

上土地退化较严重的现象包括土壤侵蚀、土地沙化与荒漠化、盐渍化与水涝，以及土壤污染等。

（3）人类在生产与生活过程中产生许多废弃物，其最终归宿有三：一是被焚烧，使固态、液态以及一些气态的废弃物变成气体和较少的灰烬，这种方法常产生大气污染；二是倾倒入海洋中，包括直接倾倒入海和河流携入的废弃物，造成海洋污染；三是填埋在土地中，这是最方便、最便宜的方法，因而也是最广泛采用的方法，但是如果防渗漏措施不好，则会造成地下水污染。

（二）我国土地资源利用概况

1. 我国土地资源的特征

（1）土地类型复杂多样。

在我国，由于地带性和非地带性以及不同气候带的水、热条件及复杂的地形和地质条件，形成了多种多样的土地类型。我国土地总面积为 9.6 亿 hm^2，约占世界陆地面积的 6.5%，其中荒漠、永久积雪山地、冰川占 20.5%，城市占 7%，其余 72.5%的土地基本上属于已利用和可用于农林牧副渔业生产的土地资源。

（2）土地资源绝对数量大，人均相对数量小。

尽管我国土地总面积大，约占世界土地总面积的 6.5%，耕地面积占世界耕地总面积的 7%。但是，我国是世界上的人口大国，因此，人均占有的土地资源的相对数量少，为世界人均耕地面积的 1/4。据估计，到 21 世纪中叶，我国人均耕地将减少到国际公认的警戒线——500 m^2。

（3）山地多、平地少、耕地比重小。

我国是一个多山国家，山地、高原和丘陵的面积约占土地总面积的 69.27%，平原、盆地约占土地总面积的 30.73%，耕地总面积仅占土地总面积的 12.68%。与世界上领土较大的国家相比，如加拿大、美国、澳大利亚、巴西等，我国山地总面积比重最大。

（4）土地资源分布不平衡，土地生产力地区差异大。

我国土地资源不仅有限，而且分布不平衡，土地的水、热、肥等因素组合和土地生产能力在区间上有很大差别。爱辉—兰州—腾冲一线的东南部是湿润、半湿润地区，是我国的主要农业区，在占全国总面积约 48%的区域里集中了全国 93%的耕地，同时也是畜牧业比重较大的地区。区内不同的地区土地资源的性质和农业生产条件差别很大。

（5）难利用的土地多，耕地后备资源少。

目前，不易利用的土地如沙漠戈壁、石山裸地、冰川和永久积雪及海拔 3 000 m 以上的高寒土地比重很大，占国土总面积的 1/3 以上，对于发展农业及其他土地利用是一个十分不利的因素。除自然条件的一些不利因素外，我国的土地资源多年来还遭到了各种严重的破坏，因此，我国耕地后备资源少。

2. 我国土地资源开发利用中存在的问题

土地是人类生存的基础，是人类生活活动和生产活动必不可少的一种自然资源。然而，人们在长期的社会生产实践中，一方面不断总结积累了一些合理利用土地资源的丰富经验；另一方面，由于人们对自然规律认识不足，对土地任意开发利用，破坏生态平衡，使土地资源遭受严重破坏，给人类生存发展带来很大的困难和压力。

（1）土地沙漠化。

我国人口急剧增加造成的压力，迫使人们盲目开垦，过度利用耕地，过度放牧，破坏植被，使大量水土流失，以致土地不断沙化。截至 2019 年，我国荒漠化形势十分严峻，是世界上荒漠化严重的国家之一，我国荒漠化土地面积为 257.37 万 km^2，占国土面积的 26.81%，近 4 亿人口受到荒漠化的影响。

（2）土壤侵蚀加剧。

我国是世界上水土流失最严重的国家之一。由于人类对耕地的过度利用和森林植被的严重破坏，导致耕地表土侵蚀严重，肥力急剧下降。同时我国还是世界上土壤侵蚀最严重的国家之一，其范围遍及全国各地。土壤侵蚀的成因复杂，危害严重，主要侵蚀类型有水力侵蚀、风力侵蚀、重力侵蚀、冻融侵蚀和冰川侵蚀等。

（3）城镇建设对土地的侵占。

人口的急剧增加，住房、交通和其他基本建设都要占用大量的土地资源。据初步预测，到 2050 年，我国非农业建设用地将比现在增加 2.3×10^{11} m^2，其中需要占用耕地约为 1.3×10^{11} m^2。另外，由于经济高速发展，生产建设规模不断增大，对土地的损坏也日益严重。土地损坏随之而来的是生态环境恶化，居民点被迫迁移等严重后果。

（4）积水和盐渍化。

当用河水灌溉地下排水不充分的田地时，就往往发生积水和盐渍化现象。我国有次生盐渍化耕地 1 000 万 hm^2，主要是不合理灌溉造成的，盐渍化土地极易形成旱、涝等自然灾害，粮食产量下降。

（5）“三废”污染。

工业“三废”的排放和化学肥料、化学杀虫剂、除草剂的使用，使土壤中有毒物质剧增，从而破坏了土壤结构，造成肥力下降和严重的土壤污染，有的甚至被迫弃耕、撂荒，进一步使耕地面积减少。控制和消除“三废”排放需要遵循“减量化”“资源化”“无害化”的标准，控制污染物排放数量和浓度，使其符合国家制定的排放标准。

三、土地资源的保护和合理利用

（一）加强法制建设，强化土地管理

我国政府从土地国情出发，于 1986 年 6 月 25 日审议通过了《中华人民共和国土地管

理法》，此后历经 1988 年、1998 年、2004 年、2019 年 4 次修改。采取了世界上最为严格的土地管理、保护耕地资源的措施和管理办法，明确规定了国家实行土地用途管理制度、占用耕地补偿制度和基本农田保护制度。治理工作的相关部门，需畅通污染受害者诉求渠道，加强土壤环境应急和执法能力建设并规定严格的法律责任。健全不同土地利用方式的标准和各种土壤环境质量的指标，完善土壤污染评价、风险评估和土壤污染修复等标准体系。全面考察和分析各区域的主要污染物、土壤土质等，同时结合治理条例，建立健全防治制度。另外，各级生态环境部门需要将有关法律法规作为基础，监管和处罚违规企业，从技术上大力支持设备、技术配套不完善的企业，指导设备陈旧的企业积极更新，惩治存在违规情况的企业。同时，为了推动企业今后朝着更加环保的方向发展，生态环境部门应对企业进行全面、细致的调查，从而有效实施法律制度。

（二）加强生态建设

如前所述，耕地资源在开发利用过程中由于一些不合理因素，使部分耕地的肥力有所降低，为了使耕地保持较高的肥力，就必须注意水土保持工作，在水土流失的地区采用农田工程与生物工程相结合的办法，合理安排林带、草带，修筑梯田，严禁陡坡开垦和刀耕火种方式。各地区应因地制宜地发展生态农业，使农、林、牧、渔生态系统处于良性循环，物质流与能量流达到最大生态效益。应将不合理开垦且容易引起土壤肥力下降的耕地，退耕还林、退耕还牧。对已发生土地沙化、盐碱化的耕地，必须遵循科学规律，采取多种有效的措施，防止沙化与盐碱化的继续扩大。对已经沙化和盐碱化的耕地的改良，目前有不少地区已取得了较成功的经验。例如，我国黄淮海平原盐碱土改良已取得一定成效；“三北”防护林的营造，对北方土地沙漠化的控制将日益发挥其生态效益。

（三）综合防治土壤污染

实行污染物浓度和总量控制相结合的措施，尽可能地从源头上控制和消除土壤污染源。严格控制农药和化肥的施用，特别是对残留大、毒性大的农药，应控制施用范围、数量和频次；防止因过量施用化肥而造成土壤结构的破坏和土壤生态系统的损害，做到合理施肥。对已经受到污染的土壤，积极采用土壤生物修复措施，控制和消除土壤中的污染物。

第三节　水资源的利用与保护

人类与水的关系非常密切。水是地球上最丰富的自然资源，是可再生的，通过循环过程不断地复原。直到 20 世纪 20 年代，人类才意识到水资源并非取之不尽、用之不竭的。

随着人口增长和经济发展，水资源的需求与日俱增，人类社会正面临着水资源短缺的严重挑战。

一、水资源及其重要作用

（一）水资源

水是一种可以更新的自然资源。从广义上讲，水资源是指地球水圈中多个环节、多种形态（固态、液态、气态）的水。但目前人类开发利用和保护的水资源多指狭义的淡水资源。

地球上海洋、河流、湖泊、冰川水、地下水、大气水、土壤水和生物水，在地球周围形成一个紧密联系、相互作用，又相互不断交换的水圈，仅就水的贮量而言，地球上的水资源是守恒的，是取之不竭的无限资源。然而，就目前人类的使用状况而言，这种贮量无限的水资源绝大部分不能或不适于为人类所用，因为只有淡水才是人类的主要水资源。

（二）水资源的重要作用

由于水的存在，地球上才有生命。水是人类与其他生命系统不可缺少的一种宝贵的资源，是社会经济发展的基本支撑条件。

（1）水是生命之源。水既是人体组成的基础物质，又是新陈代谢的主要介质。

（2）水是农业的命脉。农业生产（包括种植业、林业、牧业和渔业）的对象是有生命的植物和动物，它们的生长都离不开水。

（3）水是工业的血液。任何工业生产过程都离不开水。按照水在生产过程中的作用，可将工业用水划分为冷却水、空调水和工艺水等。工业用水量约占全球用水量的 1/4。

（4）水是城市发展繁荣的基本条件。城市、乡镇的建立和发展都要依赖于水源条件。随着城市的发展、人口的增加、生活水平的提高，生活用水量会不断扩大，没有充足的水资源，各行各业发展就会受到制约。

（5）水对调节自然环境有特殊的作用。水是人类环境的重要因素之一，为了保护环境，维护生态平衡，必须保持江河湖泊一定的流量，以满足鱼类等水生生物的生长，利于冲刷泥沙、冲洗农田盐分入海，保持水体自净能力和旅游等需要。同时，水是自然界比热容较大的物质，它不但能吸收大量的热，而且散热过程也很慢，起到调节气温作用，使地球上大部分地区适于生物的生长。

二、世界水资源的利用概况

水资源的消耗主要有 3 个方面：生活用水、工业用水和农业用水。人类早期对水资源的利用，主要在农业、航运、水产养殖和水能利用等方面。20 世纪 40 年代以来，随着人口的增长和社会经济的发展，人类对水资源的需求量大幅增长。目前，世界上的水资源约70%用于农业，而农业用水从农田返回河流的水量常常只有原供水量的一半。占水资源30%的工业和居民生活用水中，有90%以上是可以重新利用的。因此，水资源的短缺问题主要集中在工业和人口集中的发展中地区。另外，随着大城市人口的迅速膨胀，城市生活用水相应地大幅度上升；随着工业的发展，工业用水量迅速增长，而且城市生活用水和工业用水都存在大量浪费，大量浪费的水作为废水排放，不仅浪费了水资源，而且水质被污染，可利用的水资源就相应减少了。事实上世界对淡水的使用量是逐年在增加的，联合国预计，如果目前的增长势头持续下去，工业用水在2025年将会翻番，将有2/3的人口面临严重缺水的局面。

三、我国水资源的利用概况

（一）水资源总量大

我国河流湖泊水库众多，流域面积在10万hm^2以上的河流有1 500多条，1万hm^2以上的河流约有5万条，绝大多数河流分布在东南部外流区。

（二）水资源的时空分布不均匀

我国水资源的地区分布与降水分布基本一致。截至2023年年底，我国水资源总量为2.578亿t，居世界第六位，但人均占有地表径流量反而为世界人均量的1/4，平均每公顷占有地表径流量只相当于世界平均水平的1/2，因此，我国是全球13个人均水资源最贫乏的国家之一，每年全国缺水量达500亿m^3左右。我国水资源分布特点是东南多、西北少，由东南沿海地区向西北内陆递减，分布很不均匀。从这一角度来看，我国属于贫水国家。

（三）我国水资源开发利用各地不平衡

在南方多水地区，水的利用程度较低，长江只有18%、珠江15%、浙闽诸河不到4%、西南诸河不到1%；在北方少水地区，地表水开发利用程度都比较高，如海河流域67%、辽河流域68%、淮河73%、黄河39%、内陆河32%。地下水的开发利用程度也是北方高于南方。这对北方地区的工农业发展和城市建设起到了重要作用。

（四）水资源利用率低，浪费严重，供需矛盾尖锐

农业用水量大，由于大部分农业用水仍采用落后的漫灌、串灌等方式，水利工程、渠系不配套，渗漏现象严重，造成了水资源的严重浪费。可见，节约农业用水量具有举足轻重的作用，是使水资源由紧张趋向缓解的重要对策。城市地下水供水管道漏失严重，也造

成大量水资源被浪费。

四、水资源的保护和合理开发

（一）我国淡水资源利用面临的问题

随着人口的增加、经济社会的发展，我国未来水资源的形势十分严峻；而水质性缺水、严重且普遍的水污染，更加剧了水资源的短缺。主要表现在以下几个方面：

1．供需矛盾尖锐

我国属于贫水国，水资源相当紧缺。首先是农业干旱缺水，北方地区尤其严重。其次是城市缺水，全国600多个城市有400多个供水不足，其中严重缺水的城市有110座；全国农村上千万人和数千万头牲畜饮水困难。

2．用水严重浪费

在我国，农业灌溉工程不配套，大部分灌溉渠道没有防渗措施，农业用水浪费最严重，简陋的土渠灌溉系统严重渗漏。工业用水严重浪费，技术设备和生产工艺落后。城市用水一方面是供水严重不足，另一方面是浪费严重。

3．水污染形势严峻

我国十大水系普遍受到污染，辽河、海河、淮河等污染十分严重，全国地表水总体仍为轻度污染，湖泊（水库）富营养化问题仍突出。

（二）水资源的保护措施

水是生命之源，水资源短缺和污染等问题已成为我国21世纪经济发展的主要制约条件之一，保护、合理开发、调配水资源是当务之急。根据目前国内外的经验教训，主要采取下列措施。

1．制定科学的水资源管理政策

制定科学的水资源管理政策，加强对水资源的评价、规划、控制和管理，设立管理机构，制定合理利用水资源和防止污染的法律，节约用水，保护水资源，杜绝水污染是解决水资源危机的根本措施。具体包括：

（1）降低工农业用水量；

（2）压缩排污量；

（3）重复利用城市污水，开辟第二水源，因地制宜建立城市污水处理系统。

2．增加可靠的供水

（1）在流域内建造水库。调节河水流量，可将丰水期多余水量储存于库内，补充枯水期流量的不足，不仅可提高水源供水能力，还有防洪、发电、发展水产等多种用途。

（2）跨流域调水。它可以解决地域（空间）上水资源分布不均的问题，不过，以上这两种方法都需建一定规模的工程，这些工程会对生态环境产生影响，因此，要做好环境影响评价工作，以免造成生态环境的破坏。

（3）地下蓄水。我国地下水源比较丰富，以北京为例，地下水的可恢复储量约占可利用总水量的 60%。因此，地下水的利用和保护对工农业发展和城市建设具有重要意义。

（4）海水淡化。开发海水使其淡化，是增加淡水资源、解决“水荒”的又一条渠道。

第四节　森林资源的利用和保护

森林是人类最宝贵的资源之一，发达国家林业已成为国家富足、民族繁荣、社会文明的标志。森林资源现在有两种形式：一种是原始森林，它是指从未（或极少）受到人类行为影响的原始状态森林；另一种是被人类采伐甚至完全毁坏之后人类重新栽植的人工林。从生态学角度说，对地球生态环境影响最大的是原始森林。

森林不仅是极其重要的植物资源，也是陆地生态系统的重要组成部分，它涵养水源、保持水土、防风固沙、保护农田、净化大气、防止污染，同人类的生活及经济建设都有着极其密切的关系。在生态环境中的森林资源被喻为人类的“摇篮”，森林与人类建立了极其密切的共存关系，保护森林、开发森林资源，这无疑应当是人类保护其生存环境所要做的头等大事。

一、森林与森林生态系统

从生态学的观点看，森林是地球上比较复杂的蕴藏着丰富的生物资源和基因库资源的一种自然生态系统。森林生态系统是由森林生物群落（森林植物群落、动物群落）及其所在的生态环境（土壤环境、气候环境）所构成，是两者相互作用所形成的一个相对稳定的系统。

（一）森林生态系统的结构

森林生态系统的结构是陆地生态系统中最为复杂的一种，其中一般存在乔土层、灌木层、草木层、地被植物 4 个层次，有时还有藤本、寄生植物等层间植物。在各植物层次内，具有多样性的生态环境，相应地为多种动物和微生物提供了良好的生活环境，这种复杂性加强了系统的自我调节能力。因此，森林生态系统的相对稳定性较强。

（二）森林生态系统的功能

森林生态系统是大陆上最庞大的生态系统，它在生物圈的能量转化和物质循环中起着关键作用。可以说森林是整个生态系统的主体，具有吸收转化太阳能、积累有机物、释放氧气的强大能力。陆地动物所消费的有机物质约 2/3 是靠森林提供的。森林还是维持生物圈物质循环，形成区域性气候、水文条件和地理景观的重要因素，在维持陆地生态平衡、保护人类生态环境中起着关键作用。

（三）森林对气候的影响

全世界森林吸收 CO_2 放出的 O_2 超过世界人口呼吸所需 O_2 的近 10 倍。森林对大气水的循环也有重要作用，以热带雨林为例，每亩热带雨林每年蒸腾 500 多吨水，大量水蒸气进入大气形成降水，一般在这些地区 1/4～1/3 的降水来自蒸腾作用，有的地区甚至高达 1/2。地区性的森林大面积消长对该地区气候影响很大。

（四）森林涵养水源的功能

从水文资料分析证明，森林破坏后河川的洪枯变幅增大，汛期洪峰增大，枯水期水量减少，加重旱灾。另有资料表明，森林遭破坏后减少涵养水源的总量与年径流增加量大体相当。

（五）森林保持水土的功能

森林具有强大的保持水土功能。林冠截留降水，减少雨滴冲击地表并延缓降水落地时间。枯枝落叶层可吸收储存水分、过滤和净化水质、保护土壤结构。树木根系深入土壤加固土壤，改善土壤物理性质，防止滑坡崩塌。森林还能调节地表径流，削减洪峰流量，增加枯水期流量。森林通过多种方式共同作用，有效保持水土，对维护生态平衡、保护水资源、防止土壤侵蚀等起着至关重要的作用。

（六）森林生态系统对环境的保护功能

森林具有优良的防风固沙功能，在风沙严重的地区，天然林或农田防护林可降低风速，稳定流沙，从而保护农田，改善气候。森林生态系统是一个庞大的大气净化器，通过森林的光合作用，吸收大量的 CO_2，产生 O_2，增加空气的清新度。森林还有过滤灰尘、杀死病菌、减弱噪声等功能。工矿和交通车辆不断向大气排出大量有毒有害气体和粉尘，通过森林的吸收、阻滞和过滤，可以净化空气，有些树木还能分泌杀菌素，杀死某些有害微生物。

（七）维持全球生态平衡，保护物种多样性

森林大面积减少将极大地影响全球的生态平衡。此外，森林作为大量的多样性物种的保存地，成为人类的基因库资源，森林的破坏将使地球物种的多样性受到威胁。森林的锐减已使全球物种减少的速度增加，因此，保护森林也就为保护全球物种的多样性做出贡献。

二、世界森林资源状况

世界上的森林资源一直在不断地发生着量变和质变，有人工的造林和砍伐，也有森林的自然生长、演替、衰老和退化，由于森林资源分布范围广，面积大，清查非常困难，再加上世界各国森林资源的清查方法和技术水平各异，至今，世界森林资源尚没有一个精确的数字。

FAO 2020 年全球森林资源评估结果显示，全球森林面积共 40.6 亿 hm^2，约占全球陆地面积的 31%。从分布上看，25% 的森林分布在欧洲（含俄罗斯全境）、21%在南美、19% 在北美和中美、16% 在非洲、14% 在亚洲、5% 在大洋洲。俄罗斯、巴西、加拿大、美国和中国五国的森林面积之和占到全球的 54%。全球森林碳贮量高达 6 620 亿 t，全球森林的碳贮量约占全球植被碳贮量的 77%，森林土壤的碳贮量约占全球土壤碳贮量的 39%。

三、我国森林资源状况

2019 年初国家林业和草原局公布了第九次全国森林资源清查结果，截至 2018 年年底，全国森林面积 2.2 亿 hm^2，森林覆盖率 21.63%。天然林面积 13 867.77 万 hm^2，占林地面积的 63.04%；蓄积量 1 367 059.63 万 m^3，占森林蓄积量的 80.14%。天然林面积按林种分，防护林占 55.06%，特用林占 14.98%，用材林占 28.68%，薪炭林占 0.76%，经济林占 0.52%。天然乔木林按龄组分，中幼龄林面积占 60.94%，蓄积量占 38.49%；近熟林面积占 16.72%，蓄积量占 20.42%；成过熟林面积占 22.34%，蓄积量占 41.09%。

据 FAO 在 2022 年公布的世界森林资源评估报告，我国森林面积为 34.65 亿亩（2.31 亿 hm^2），占世界森林总面积的 5%，居世界第 5 位，而人均森林面积仅为世界平均水平的 1/7。我国目前森林覆盖率达 24.02%，森林总蓄积量 194.93 亿 m^3，居世界第 6 位。但我国人均森林蓄积量仅为 12.35 m^3，为世界人均的 1/6。

我国古代曾经是森林覆盖广阔之地，但现在留下的原始森林极少，只有真正人迹罕至的地方还留下局部的原始森林。保护这些原始森林已成为当务之急。

综上所述，我国森林资源有如下特点：

（1）我国森林资源不足，覆盖率低，按人均水平更低。

世界森林覆盖率为 31%（FAO 2020 年数据），而我国只有 21.63%（第九次全国森林资源清查结果），森林面积按人均计，世界为 0.56 hm^2/人，而我国只有 0.164 hm^2/人，可见，我国是森林资源较少的国家之一。

（2）森林资源分布不均，可及率低。

我国森林资源主要集中于较为偏远的东北和西南地区。由于森林分布的不均匀，加剧了森林资源匮乏所造成的矛盾。此外，我国森林可及率低，不到 33%，而一般林业发达的国家森林可及率在 80%以上，造成我国成熟林和过熟林枯损率偏高。

（3）森林资源结构失调，可采资源继续减少。

表现为林种结构和林龄结构不合理。林种结构中用材林面积过大，防护林和经济林面积偏小，不利于发挥森林的生态效益和经济效益。在林龄结构上，由于长期大量采伐成熟林，而对后续的中龄林和幼龄林培育跟不上，林龄结构失调。

（4）防护功能减弱。

由于我国商用木材 80%以上来源于江河上游的天然林，长期掠夺性采伐，造成森林植被被破坏、水土流失加剧等灾难，使其防护功能减弱。

（5）森林质量不高。

我国森林质量存在明显短板。单位面积蓄积量低，中幼龄林占比大，成熟林和过熟林少。树种结构单一，稳定性和抗病虫害能力弱。林分质量不高，林木生长状况欠佳。生态功能有待提升，不能完全满足生态修复和服务需求。需通过科学规划、精细化管理、加大投入等措施，提升森林质量，发挥其更大的生态和经济价值。

四、我国森林资源开发利用中存在的主要问题

（一）毁林开荒和滥伐现象极其严重

20 世纪全国范围内进行了大面积毁林开荒，主要开荒对象是林地，从而毁掉大量林木，对森林资源的破坏其结果是森林资源锐减，导致生态失调、自然灾害加剧，许多珍稀野生动植物面临灭绝的危险，严重影响农牧业生产的发展和人民生活的正常需要。

（二）缺乏科学管理，资源浪费严重

全国还有相当一部分林区，因为没有道路，仍处于原始的自生自灭状态，即使在已设立了林草局和林场的地方，也因为投资少，人力不足，有一部分森林不能进行正常的经营管理。此外，在选材、制材、制作成品等过程中，丢弃了大量的加工剩余物（如树桩、梢头、树皮等），占原有材料的一半以上，造成森林资源的大量浪费。

（三）森林火灾及病虫害造成损失严重

由于护林、防灾规章制度和组织系统不健全，科学技术跟不上，常引起大面积森林火灾，对于火灾隐患不能及时发现排除，往往造成很大的损失。

我国是林业有害生物发生、危害最为严重的国家之一。我国森林有害昆虫 5 020 种，病害 2 918 种，鼠类 160 余种。危害我国森林的害虫主要有松毛虫，遍布全国，每年松毛虫成灾面积约 2 000 万亩，减少松树生产量 200 万 m^3。近年来，我国林业有害生物发生形势严峻，发生面积维持在 1.8 亿亩左右。其中，松材线虫病、美国白蛾等外来林业有害生物造成的危害和损失尤为严重，年均发生面积 4 200 多万亩，对我国森林生态系统安全构

成了严重威胁。

五、森林资源的保护

（一）经营和管理好现有森林资源

加强森林资源管理，加大退耕还林的力度，实现采伐迹地及时更新，加速中幼龄林抚育，努力改造低产林，提高森林防火综合能力，积极防治森林病虫害，进一步建设好森林资源自然保护区，保护珍稀树种和野生动物资源；完善林政法制体系，严禁乱砍滥伐；在部分山区通过环境移民，实现对森林资源的培育与保护。

（二）大力植树造林，提高森林覆盖率

我国是森林资源贫乏的国家，随着国民经济的发展、社会的进步和人口的增长，对木材和林产品的需求量越来越大，对生态环境要求越来越高。现有森林资源难以承受这种日益增长的双重需求压力。解决这一问题的最根本的出路是大力提倡植树造林，不断扩大森林资源，提高森林的覆盖率。

（三）积极建设防护林体系

我国干旱、洪涝、水土流失、风沙等灾害频繁，要重视森林的环保作用，发挥森林的环保功能，积极发展各种防护林，提高防护林在整体中的比重，调整林种结构。从总体上看，重点建设五大防护林工程，即“三北”、长江中上游、沿海防护林体系工程以及太行山地区绿化工程和平原农田防护林工程。

（四）积极发展经济林

经济林包括木本粮食、油料林，果树林和特种经济树。目前我国经济林种植面积占有林地面积比例较低，应该有较大发展，利用经济林生产周期短的特点，弥补用材林生产周期长的不足，长短结合，以短养长；发展经济林可为扩大再生产积累资金，以促进用材林的幼林抚育，还可繁荣山区经济。

（五）适当发展薪炭林

广大农村的能源主要来自薪炭林，农村这种以薪柴为主的耗能状态在较长时间内仍不会有大的改变。当人们对薪柴的需要满足不了时，必然要向其他林种索取而毁坏森林。因此，发展薪炭林木既是满足农村能源的需要，也是在保护森林资源，还可提供其他林产品，生产绿肥、饲料，提高森林覆盖率，维护生态平衡。

（六）依靠科技进步，加强科学管理，促进森林资源的保护与发展

森林再生产周期长，破坏容易恢复难，社会生态效应影响广泛，为此，应在加强森林资源调查规划工作的基础上，建立和完善林业决策程序和体系，强化林政管理。依靠科技进步，保护和扩大森林资源。健全林业科研和科技推广体系，促进科研成果和先进技术尽快转化为生产力；加强林业的对外科技合作，学习和引进国外保护和建设林业资源的先进技术和现代化管理方法。

第五节　生物多样性的利用与保护

人类诞生以后，人类的行为成为影响生物多样性的重要因素。人类为了自身的生存和发展而占据了大量资源，包括森林、土地、草原、地表河流、湖泊等，导致大量物种永远失去其生存基础，或数量锐减，或物种灭绝。

现在人类认识到物种灭绝、生物多样性消失是对地球生态系统的严重威胁，也是对人类自身可持续发展的严重威胁。保护生物多样性主要是对人类行为进行检讨和规范，在合理利用和加紧保护的矛盾中取得平衡。

一、物种资源

（一）生物多样性

生物多样性是指在一定空间（或地域）、一定时间内所有生物物种及其变异和其生态系统组成的丰富程度，即地球上所有的生物——植物、动物和微生物及其所构成的综合体的丰富程度。物种多样性是指动物、植物及微生物种类的丰富性。其中，物种的多样性是生物多样性的关键，它既体现了生物之间及环境之间的复杂关系，又体现了生物资源的丰富性。

（二）我国的物种资源

我国生物多样性的特点有：物种高度丰富；物种起源古老，特有属、种繁多，生物区系起源古老，成分复杂，拥有大量的特有物种和孑遗物种；驯化物种种类资源丰富，我国有七千年以上的农业开垦历史，很早就开发利用、培育繁殖自然环境中的遗传资源，因此我国的栽培植物和家养动物的丰富程度是世界最高的；生态系统类型多样，拥有生态系统38 个大类，600 多个类型，按照不同的气候、土壤条件，又分各种亚类约 600 种。

二、生物多样性锐减

自从地球上出现生命以来，就不断地有物种自然产生和灭绝。在生物界漫长的进化过程中，物种形成和灭绝的速率相差不多。然而，现在物种形成的速率在下降，而物种的灭绝过程在加速。近 50 年来，我国仅动物灭绝就达数十种，另外尚有数百种面临濒危灭绝的境地。我国植物中的珍稀和特有种类也有数十种灭绝。

物种资源和生物多样性受到威胁的原因主要有：

（一）生境交替

从一个高度多样化的自然生态系统到单一的生态系统，这种变化可使物种种群减少，物种丧失。

（二）过度收捕

过度的收捕使收捕率高于物种种群的自然生殖能力，导致物种濒临灭绝。例如，由于乱捕滥杀和环境污染，海南省珊瑚礁区域的海洋生物多样性呈指数下降。

（三）化学污染

化学污染如酸雨沉降、杀虫剂的过度使用、重金属化合物以及其他有毒有害物质的释放，影响了陆地、淡水和近海的生物。

（四）气候变化

气候变化如全球 CO_2 的累积、臭氧层的破坏等，可能改变世界上生物群落的边界。在全球变暖的极端影响下，物种灭绝的可能性及速度将远远高于以往。已有大量证据证明，随着全球气候的变化，在温带地区，全球温度上升 3℃则会使许多物种在纬度方向的移动至少达 300 km，这个速度远远大于物种的天然迁徙速度。如果某物种迁徙的速度跟不上环境的变化速度，这个物种就有灭绝的危险。

（五）人口增长与经济发展

人口增长和经济发展，对自然资源需求加大，森林超量砍伐、草原开垦、过度放牧、不合理围湖造田、开垦沼泽、过度利用土地和水资源，导致生物生存环境破坏，甚至消失，影响物种的正常生存。

三、物种资源保护的重要性

为了保护自然资源，特别是保护珍贵稀有动植物资源，保护代表不同自然地带的自然环境和生态系统，而划出一定的区域加以保护，这就叫自然保护区。它能够保存各种野生生物及其赖以生存的独特环境条件，成为人类天长日久的“基因库”。实践证明，这是一种保护野生物种的有效办法。

1971 年，由联合国教科文组织发起的“人与生物圈”（MAB）计划，即建立世界生物圈保护区网络的计划，取得了很大成绩。截至 2023 年，世界生物圈保护区网络已在 134 个国家拥有 738 个生物圈保护区。这些保护区涵盖了各种生态系统类型，如森林、草原、湿地、海洋等，为生物多样性的保护提供了重要的基础。

我国自 1973 年加入 MAB 计划以来，成功申报了 34 个世界生物圈保护区，位居世界第四（前三名分别为：西班牙 53 个、俄罗斯 48 个、美国 42 个）。这些保护区在保护生物多样性、可持续利用自然资源、推进生态文明建设等方面取得了显著成效。

从我国自然保护区的类型来看，包括草地、荒漠、高山、高原、湿地、海洋、海岛、水生生物、地质地貌、森林植被以及陆生野生动物等多种形式，其中森林和陆生野生动物类型的自然保护区约占 80%。

随着社会经济的不断发展和人口的持续增长，人口、资源、环境与持续发展面临更大的压力和尖锐的矛盾。生态破坏、环境污染加剧，加之技术革新、社会经济变革等因素，致使许多物种、生境、遗传资源遭到破坏，受到威胁或濒临灭绝，生物多样性保护任重道远。

第六节 能源的利用与保护

一、能源及其分类

能源是指可以为人类利用以获得有用能量的各种来源，如太阳能、风力、水力、蒸汽、化石燃料及核能、潮汐能等均可称为能源。从广义上讲，自然界中有一些自然资源本身就拥有某种形式的能量，它们在一定条件下能够转换成人们所需的能量形式，这种自然资源显然就是能源。但在生产和生活过程中，由于需要或为便于运输和使用，常将上述能源经过一定的加工、转换，使之成为更符合使用要求的能量来源，如煤气、电力、焦炭、蒸汽、沼气和氢能等，它们也被称为能源，因为它们同样能为人们提供所需的能量。

人们从不同的角度对能源进行了多种多样的分类，如一次能源和二次能源、常规能源和新能源、可再生能源和不可再生能源等（图 3-1）。

根据能源消费后是否造成环境污染，又可分为污染型能源和清洁型能源。煤炭和石油类能源等是污染型能源；水力、电力和太阳能等则是清洁型能源。

- 能源
  - 一次能源
    - 常规能源
      - 可再生能源：水力
      - 不可再生能源：煤炭、石油、天然气
    - 新能源
      - 可再生能源：太阳能、生物质能、风能、地热能、海洋能
      - 不可再生能源：核燃料
  - 二次能源：电力、焦炭、煤气、沼气、蒸汽、汽油、柴油、重油、氢、激光

图 3-1 能源的分类

二、世界能源状况与前景

自 20 世纪 50 年代以来，随着工农业的迅速发展和交通工具数量的增加，世界能源消耗速度急剧增加。目前世界上消耗最多的能源是石油。由于发达国家工业发展很快，石油消耗量很大，致使石油消耗的比例增加，然而，发展中国家如中国、印度的能源还是以煤炭为主，如 2022 年我国煤炭消耗占总能耗的 56.2%。由于天然气使用方便，对环境污染也较小，其所占比例在不断增加，到 2022 年，天然气在一次能源消费总量中占比 8.4%。

2023 年全球天然气已探明储量为 7 456 万亿立方英尺①，具有广阔的利用前景。此外，可再生能源的消费占比在近年来呈现逐渐上升的趋势，欧洲部分国家太阳能和风能发电已经在其电力供应中占据相当比例，我国在水电领域也拥有世界领先的装机容量和发电量。除了可再生能源，核能作为一种低碳能源，也有可能在未来能源结构中占据一席之地。尽管核能存在一定的安全风险，但随着新一代核反应堆技术的研发和改进，其安全性和可靠性有望得到进一步提高。

三、我国能源状况与趋势

（一）我国能源状况介绍

我国能源资源丰富，是世界上以煤为主要能源的少数国家之一，目前煤炭消费量占能源消费总量的 56%左右，这是我国能源消费结构不同于世界主要工业国家的特点之一，也是我国大气污染的主要原因之一。在目前的能源消费结构中，能源消费品种仍以煤炭为主，它的燃烧对环境产生巨大的压力，直接影响国民经济的可持续发展和人民的身体健康。2021 年，据国家统计局统计，我国能源结构中，煤炭占比达 56%，石油占比达 18.5%，天然气占比为 8.9%，一次电力及其他能源占比为 16.6%。

① 1 立方英尺≈0.028 3 m^3。

（二）我国的能源储量

我国的能源储量和潜力较大。一次能源煤炭储量丰富，是主要产煤大国之一。截至2021年年底，我国煤炭资源储量为2 078.85亿t。到2023年年底，全国累计发电装机容量约29.2亿kW，发电量为80 732亿kW·h，居世界首位。此外，我国拥有丰富的新能源和可再生能源。每年接收的太阳辐射总量相当于24 000亿t标准煤，可供开发的水能源3.79亿kW，可供开发利用的风能资源为2.54亿kW，已探明的地热资源相当于超4 600亿t标准煤，可开发的潮汐能在2 000万kW以上。同时，还有丰富的生物能源，包括农作物秸秆、薪柴、沼气及其有机废物的综合利用。

（三）能源生产与消费

能源生产与消费出现负增长，供大于求的矛盾得到一定程度缓解。近年来，由于国家采取经济结构调整，实行能源生产总量控制政策，高耗能工业生产比重下降，能源生产总量和消费总量连续三年出现负增长。原煤产量特别是乡镇煤矿的产量大幅下降，实现了限产关井总量控制的目标，使近年来煤炭生产总量严重过剩、市场供大于求的情况得到一定程度的缓解。

能源结构仍以煤炭为主，石油、天然气的比重有所增加。2022年，一次能源生产总量46.6亿t标准煤，同比增长9.2%。原煤产量45.6亿t，同比增长10.5%。原油产量20 472.2万t，同比增长2.9%。天然气产量2 201.1亿m^3，同比增长6.0%。发电量88 487.1亿kW·h，同比增长3.7%。

2022年全国能源消费总量54.1亿t标准煤，比上年增长2.9%。煤炭消费量增长4.3%，原油消费量下降3.1%，天然气消费量下降1.2%，电力消费量增长3.6%。煤炭消费量占能源消费总量的56.2%，比上年上升0.3个百分点；天然气、水电、核电、风电、太阳能发电等清洁能源消费量占能源消费总量的25.9%，上升0.4个百分点。2013年以来，我国能源消费总量处于低速增长态势，以较低的能源消费增速支撑着经济的中高速发展。

1. 煤炭工业

近年来，我国煤炭消费比重连续下降，但煤炭作为我国能源的支柱，煤炭生产和消费的总量仍持续增加。因此，目前煤炭工业的发展，一方面，继续推进能源结构的调整，保证经济发展对煤炭的需求，另一方面，在煤品质量上，特别是降低煤的硫分、灰分等，提高燃用效率，降低对大气环境所造成的危害。

2. 石油天然气

我国石油天然气工业持续稳定发展。2023年原油产量达2.08亿t，同比增长300万t以上。天然气产量达2 324亿m^3，连续7年增产超百亿立方米。能源结构的变化，特别是原油、天然气的增长将对节约能源和改善环境有积极的作用。

3．电力工业

我国近年来电力工业稳步发展。2020 年，我国的发电量仍以火电为主，高达 69%。而且在一定时期内电力工业对煤炭的消耗不会减少，反而会不断增长。电力工业面临的环境压力也越来越大。主要是火电发电排放 SO_2 没有得到有效的控制，在火电厂安装脱硫装置处于起步阶段。

4．生物质能源

生物质能源是仅次于煤炭、石油和天然气的世界第四大能源，地球陆地和海洋每年分别生产 1 000 亿～1 250 亿 t 和 500 亿 t 生物质。生物质能源的年生产量相当于目前世界能源总能耗的 10 倍左右，因而生物质能源的发展潜力巨大。

全国农村可再生能源综合开发和利用工作取得了巨大成效，有力地促进了生态环境保护和农业可持续发展。生物质能源属于低污染可再生的清洁能源，可以改善和保护环境，减少温室气体的净排放量，提高土地资源的利用效率，降低石油进口的依存度，保障能源安全，发展农村经济，增加农民收入，优化农林业结构以及促进社会和谐等。

5．新能源

新能源是传统能源之外的新兴能源形式，在全球能源转型中发挥着关键作用。在太阳能方面，光伏发电技术不断进步，光电转换效率提升且成本降低，大型光伏电站和分布式光伏发电广泛应用。光热发电则实现稳定电力输出，与光伏发电互补。在风能领域，风力发电机组单机容量增大，海上风电迅速发展，为全球提供大量清洁电力。分散式风电也在特定地区发挥作用。在水能领域，抽水蓄能电站调节电力供需平衡，小水电适合河流丰富地区，为偏远地区供电。在生物质领域，通过生物质发电和生物燃料利用农作物秸秆等资源，实现废物利用。在核能领域，在确保安全的前提下推进核电站建设，如中国"华龙一号"，同时探索核能综合利用。氢能的氢燃料电池汽车零排放且高效，加氢站建设逐步推进，可再生能源制氢技术发展为大规模生产氢气提供可能。地热能在冰岛、新西兰等地热资源丰富地区用于发电和供暖，我国部分地区也积极开发。海洋能中的潮汐能、波浪能、海流能虽处于发展初期，但首个潮汐能发电场已见成效，波浪能发电装置有望商业化。

新能源的发展不仅可以减少对传统能源的依赖，降低环境污染，还为全球可持续发展提供了新动力。各国积极出台政策支持新能源产业发展，加大技术研发投入，推动基础设施建设。随着技术不断创新，新能源将在未来能源结构中占据更大比重，为人类创造更加清洁、高效、可持续的能源未来。

四、能源开发利用中存在的主要问题

（一）开采过程的环境影响

最典型的是采煤过程中的环境影响。它包括两方面的内容，即开采工人的事故与职业性伤亡，以及地面或地面生态系统破坏。前者以井下采煤最为严重，后者则以露天采矿最为明显。

原油开采过程中钻井泥浆内加入的烧碱、铁铬盐和盐酸等化学试剂会对井场周围水域和农田造成不良影响，同时原油开采过程中井喷事故不仅会造成人员伤亡和原油损失，还会污染大片农田或海域，破坏生态平衡。此外，天然气开采过程中易产生污染大气的硫化氢和污染河流的伴生盐水。

（二）运输过程的环境影响

煤炭运输过程不仅需要消耗大量能源，而且在堆存和卸装过程中还会发生自燃或扬尘污染大气环境，并由于浸出水的流失而污染周围水系。石油运输对环境的影响更为严重，随着石油海运量的增加，因油船事故和油船外排洗舱水而进入海洋的石油量已显著增加，并对海洋造成严重污染。

（三）加工过程中的环境影响

煤在加工过程中对环境的影响很大，不但在洗选时排出大量洗煤水和干燥时产生灰尘、NO_x 和 SO_x，而且在它的气化和液化过程中还会排出大量污染物。

石油加工过程或炼油厂运转过程中排放的废物更多，其中污染物数量甚至比煤气化和液化排放的高 10 倍以上。

（四）利用过程中的环境污染

目前化石能源除少数用作化工原料外，基本上都用作燃料。化石燃料在燃烧时产生的污染物对环境造成的影响主要表现在以下几方面。

1. 全球气候变化

化石能源燃烧的基本反应如下：

$$C + O_2 \longrightarrow CO_2 + \text{热}$$

即燃料中的碳转变为 CO_2 而进入大气，同时产生热能供人们使用。近百年来，由于生产和生活上燃料耗用量的激增和森林的大量破坏，使大气中 CO_2 的浓度以每年 0.7～0.8 mg/L 的速度递增，预测至 2030 年将达到 450 mg/L，从而导致温室效应，改变全球的气候，危害生态系统。

2. 热污染

热污染首先使水体各类无机氮含量都增加，原因是水温升高使藻类的繁殖加快和固氮藻的固氮速率增大。其次，水温升高使藻类种群结构发生改变。再次，水体温度的增加也影响浮游动物的生存。最后，在强增温区，底栖生物的增加也十分突出。

3. 其他污染物

燃烧除对环境造成上述影响外，还向环境排放大量颗粒灰尘、SO_x、NO_x、CO、烃类和其他有机化合物等空气污染物，含有悬浮固体硫酸、氟化物、磷酸盐、硼化物、铬酸盐和有机物等的废水，以及炉渣等固体废物。

以化石燃料为主要能源的局面在近几十年内不会有根本的改变，而大气污染的范围又不受国界约束，因此为解决温室效应、酸雨及臭氧层破坏等环境问题，必须采取大量的管理、研究和治理工作。一方面，要求有关国家各自行动起来采取必要的措施；另一方面，必须进行国际协作，互相帮助、互相监督。

五、节能降碳

节能降碳是当今社会应对气候变化、实现可持续发展的重要举措。

（一）节能降碳的重要意义

1. 应对气候变化

燃烧化石燃料产生大量二氧化碳等温室气体，是全球气候变暖的主要原因。节能降碳可以减少温室气体排放，缓解气候变化的影响，降低极端天气事件的发生频率和强度。

2. 节约能源资源

能源是人类社会发展的重要物质基础，但能源资源并非取之不尽、用之不竭。通过节能降碳，可以提高能源利用效率，减少能源消耗，延长能源资源的使用年限，保障国家能源安全。

3. 促进经济可持续发展

节能降碳产业的发展可以带动相关技术创新和产业升级，创造新的经济增长点和就业机会。同时，降低能源成本也有助于提高企业竞争力，促进经济的可持续发展。

（二）节能降碳的主要措施

1. 工业领域

推广节能技术和设备：采用先进的节能工艺和设备，如高效电机、节能变压器、余热余压回收利用装置等，可以显著降低工业企业的能源消耗。

优化产业结构：加快淘汰落后产能，发展高附加值、低能耗的新兴产业，提高产业整体能效水平。

加强能源管理：建立健全能源管理体系，开展能源审计和节能诊断，制定科学合理的节能措施，提高能源管理水平。

2. 建筑领域

推广绿色建筑：采用节能环保的建筑材料和技术，如太阳能热水器、地源热泵、节能门窗等，提高建筑的能源利用效率。

加强建筑节能管理：制定建筑节能标准，对新建建筑进行严格的节能审查，对既有建筑进行节能改造，提高建筑的保温隔热性能。

3. 交通领域

发展绿色交通：推广新能源汽车、公共交通、共享单车等绿色出行方式，减少私人汽车的使用，降低交通领域的能源消耗和碳排放。

优化交通结构：加强交通规划，合理布局交通设施，提高交通运输效率，减少交通拥堵和能源浪费。

4. 生活领域

倡导绿色生活方式：鼓励居民节约用电、用水、用气，减少一次性用品的使用，开展垃圾分类，提高资源回收利用率。

推广节能家电：购买和使用能效标识高的家电产品，如节能冰箱、空调、电视机等，降低家庭能源消耗。

（三）节能降碳的未来潜力

随着全球对气候变化问题的日益关注和能源资源的日益紧张，节能降碳将成为未来社会发展的必然趋势。未来可以期待以下方面的发展：

1. 技术创新

不断研发和推广更加先进的节能降碳技术，如新型储能技术、碳捕获与封存技术、智能能源管理系统等，为实现深度节能降碳提供技术支持。

2. 政策支持

各国政府将进一步加大对节能降碳的政策支持力度，出台更加严格的节能减排法规和标准，鼓励企业和居民积极参与节能降碳行动。

3. 国际合作

加强国际合作与交流，共同应对全球气候变化挑战，分享节能降碳的经验和技术，推动全球可持续发展。

第七节　矿产资源的利用与保护

矿产是指由地质作用所形成的贮存于地表或地壳中的能为国民经济发展所利用的矿物资源。矿产是一种重要的生产资料和劳动对象，是冶金、机械、电力、化工、轻工、建材、国防、农业及人们的衣食住行等各方面的重要资源。

一般将矿产资源视为不可更新资源，可分为矿物燃料（化石燃料）资源、金属矿物和非金属矿物。非金属矿物包括的种类十分广泛，按重量计，最大量的一类是岩石、沙砾石、石膏和黏土类矿物，多作为建筑材料，资源较丰富。非金属矿物还包括含有氮、磷、钾 3 种元素的肥料矿物，对发展农业生产极为重要。金属矿物包括黑色金属及有色金属、稀土金属等。

一、矿产资源基本特征

（一）矿产资源的有限性

矿物元素聚集成具有工业利用价值的矿床，是一个漫长的地质历史过程。与此相反，人类开采、消耗矿物却十分迅速，一个矿区开采期仅为百年、数十年，甚至几年，因此，从人类世纪的角度看，矿产资源是不可再生的。而且，一种矿物要具有工业利用价值，还需要有一定的品位。

（二）矿产资源具有共生性、伴生性

大多数矿物都是和多种矿物相伴出现的。其原因如下：一是成矿元素具有近似的地球化学性质，使之在成矿过程中相聚在一起；二是多元成矿条件相互叠加，使不同来源的成矿物质集合形成多组分的综合性矿床。我国著名的白云鄂博含稀土矿物的铁矿就是多次成矿作用叠加在一起形成的，江西著名的铜矿基地的矿床内，除铜外还伴有大量的金、银、钼、硫等。

（三）分布不均匀性

不同的地质构造地区有不同优势的矿床，在太古时代、远古时代，地壳很不稳定，岩浆活动，特别是基性、超基性岩浆活动频繁，形成的矿床以内生矿床，特别是以铁为主的黑色金属矿床为主；矿产资源的不均匀性还表现在地区范围内的不均匀性，一般表现是某种矿产资源较集中分布在某些国家和地区。如铝主要分布在澳大利亚、几内亚和牙买加。钨、锡、钼主要分布在中国、泰国、马来西亚。

二、世界矿产资源的储量

对于矿产资源的储量，有两个不同的概念：一个是已探明储量，即为人类所确知的矿产资源的数量；另一个是估计储量，即专家们根据各种资料对矿产资源总量的估计。不同专家的估计差距很大。目前全球已发现 200 多种矿产，其中 150 多种可以被人们利用，世界主要矿产的探明储量参见表 3-1（截至 2023 年）。

表 3-1　世界主要矿产的探明储量

矿种	世界储量	资源量	矿种	世界储量	资源量
铁	1 643 亿 t	5 828 亿 t	锡	327 万 t	1 002 万 t
铜	82 163 万 t	191 961 万 t	锂（碳酸锂当量）	13 488 万 t	38 852 万 t
铅	7 547 万 t	27 466 万 t	磷	340 亿 t	1 068 亿 t
锌	22 567 万 t	63 578 万 t	钴	668 万 t	2 780 万 t
铝	153 亿 t	432 亿 t	钾盐（氯化钾当量）	149 亿 t	690 亿 t
铬铁	20.42 亿 t	43.01 亿 t	镍	9 414 万 t	28 063 万 t
锰	20.34 亿 t	80.73 亿 t			

三、我国矿产资源概况

（一）矿产资源总量多，人均占有量少

我国已发现的矿产资源种类比较齐全，配套程度高，总量较丰富，居世界前列。根据《各国矿产储量潜在总值》的估算，我国矿产资源储量潜在总值为 16.56 万亿美元，居世界第三。但人均占有量不足世界平均水平的 58%，居世界第 53 位。

（二）矿产资源有丰有歉，储量充足的矿产多半用量不大，大宗急需矿产又多半储量不足

从已探明的矿种来看，储量具有优势的矿产，除煤外，绝大部分是用量不大的矿产，如稀土、钨、锑、钼、汞等；消耗量大的矿产，如铁、铜、铝、石油、天然气等，储量大多都不足。我国已发现矿种 173 个，可分为能源矿产（如煤、石油、地热）、金属矿产（如铁、锰、铜）、非金属矿产（如金刚石、石灰岩、黏土）和水气矿产（如地下水、矿泉水、二氧化碳气）四大类。

（三）大宗矿产贫矿多、富矿少

现在虽已发现不少富矿，但对经济建设有重要意义的许多矿产资源，如铁、锰、铝、铜等以贫矿居多。如截至 2021 年，已查明的铁矿资源储量 161.2 亿 t，但其中绝大部分矿石品位较低。

（四）矿床规模有大有小，中小型矿床多，大型、超大型矿床少，且共生、伴生矿床多，单一矿种少

截至 2023 年，我国已探明的矿床、矿点有 20 万多个，多为中小型矿床，大型矿床占 4%左右，具有明显的大型矿床少、中小型矿床多的特点。我国可露天开采的煤炭量仅占总储量的 7%，而美国和澳大利亚则分别为 60%和 70%。

（五）矿产资源分布面广但不均衡，一些重要矿产的分布具有明显的地区差异

我国铁矿主要分布在鞍本、冀东及攀西地区，占总储量的 50%，而西北较少；煤矿储量的 80%集中分布在山西、内蒙古、陕西、新疆、贵州等省（区），而东南沿海各省则很少。

四、我国矿产资源开发利用中存在的主要问题

（一）矿产资源需求压力大

我国从现在起到下个世纪初，还将处于矿产资源消耗量增长最快的时期，工业、人口的增长，对矿产资源构成强劲的需求压力，并成为诱发生态环境问题的重要社会根源。我国承受严重的矿产资源的需求压力，资源利用效率低、效益差，与国际先进水平相比仍存在很大差距。

（二）资源浪费严重

（1）一些地区乱采滥挖，采富矿弃贫矿现象严重存在，破坏矿产资源的埋藏条件，不断流失大量矿产资源，使许多矿山的开采寿命急剧缩短。

（2）矿产采掘回收率普遍很低，矿产资源总回收率仅为 30%，大量资源在开采和使用过程中被浪费。

（3）矿产资源综合利用率低，许多共生、伴生矿产资源白白流失，无回收。

（三）环境污染严重

矿产资源在开采、加工等过程中大量流失，多以“三废”形式排入环境，造成严重的污染。主要表现在以下几个方面：

（1）水污染。采矿、选矿活动使地表或地下水含有酸性物质、重金属或有毒元素，这种污染的矿山水称为矿山污水。矿山污水危及矿区周围河道、土壤，甚至破坏整个水系，影响生活用水、工农业用水，有毒物质的排放给人类健康带来了潜在的威胁。

（2）大气污染。露天矿的开采，矿井下的穿孔、爆破以及矿石、废石的装载、运输过程中产生的粉尘，废石场废石氧化和自燃释放出大量有害气体，造成区域环境的大气污染。废气引起的酸雨，使我国每年粮食减收 10%，约合 1.5 亿人每年的口粮。

（3）土地破坏和土壤污染。矿山开采，特别是露天开采造成大面积的土地遭受破坏或侵占。废弃矿砂、粉尘使矿区周围土壤变性，各种有害成分使土壤污染。

五、矿产资源的保护

矿产资源作为大自然赋予人类的宝贵财富，在经济发展、工业生产以及社会生活的方

方面面都发挥着极为重要的作用。然而，随着全球经济的快速发展和人类对资源需求的不断攀升，矿产资源正面临着严峻的挑战。因此，对矿产资源进行有效的保护已刻不容缓，这涉及多个重要方面。

（一）合理规划与开采管控

政府相关部门需要依据矿产资源的分布、储量、开采难度以及市场需求等多方面因素，制定全面且科学合理的矿产资源开发规划。明确不同区域、不同矿种的开采顺序、规模限制等，确保开采活动有序进行，避免盲目开发导致资源浪费和生态破坏。对各类矿产资源设定年度或一定时期内的开采总量指标，并严格按照指标进行管控。通过许可证发放、开采配额分配等方式，约束企业的开采行为，防止过度开采使资源过早枯竭，保障矿产资源的可持续利用。另外，要推广先进且环保的开采技术和方法，鼓励企业采用高效、低耗、少污染的开采工艺。例如，在煤炭开采中，尽量采用大型机械化综采设备，提高开采效率的同时减少对煤层的破坏和煤炭资源的损失；对于一些稀有金属矿产，采用精细化开采技术，提高矿石回收率。

（二）资源综合利用

加强对共伴生矿的综合勘查、评价和开发利用。矿产开采和选冶过程中会产生大量尾矿，这些尾矿中其实仍含有一定量的有用矿物以及可用于其他产业的物质。开展尾矿资源再利用研究和实践，如利用尾矿制作建筑材料（如砖、水泥添加料等）、将尾矿用于土壤改良、提取尾矿中剩余的稀有金属等，变废为宝，提高矿产资源的整体利用效率。

（三）加强监管执法

建立健全从矿产资源勘查、开采许可审批到开采过程监督、闭坑管理等全链条的监管体系。明确各监管环节的责任主体、监管内容和标准，确保监管工作无死角。加大对违法违规开采行为的打击力度，对无证开采、越界开采、超量开采、破坏环境等违法行为依法予以严惩。提高违法成本，使企业不敢轻易触碰法律红线。同时，加强执法队伍建设，提高执法人员的专业素质和执法能力，确保执法的公正性和有效性。

（四）科技创新与人才培养

持续投入科研资源，鼓励科研机构和企业开展矿产资源保护相关技术研发。通过科技创新为矿产资源保护提供强有力的技术支撑。重视矿产资源领域专业人才的培养，培养涵盖地质勘查、采矿工程、矿物加工、资源环境管理等多方面的专业人才。同时，通过在职培训、学术交流等方式，不断提升现有从业人员的专业水平，为矿产资源保护工作提供充足的人才保障。

（五）公众意识与教育

开展广泛的矿产资源保护宣传教育活动，通过媒体、学校、社区等多种渠道，向公众普及矿产资源的重要性、稀缺性以及保护的必要性。鼓励公众参与矿产资源保护工作，建立公众举报机制，对发现的违法违规开采行为，公众可以及时向相关部门举报。同时，在一些涉及矿产资源开发的重大决策中，征求公众意见，让公众能够参与资源保护的过程中来，形成全社会共同保护矿产资源的良好氛围。

第八节　海洋资源的利用与保护

海洋资源是指赋存于海洋环境中可以被人类利用的物质和能量以及与海洋开发有关的海洋空间。海洋资源按其属性可分为海洋生物资源、海洋矿产资源、海水资源、海洋能与海洋空间资源。

在人类赖以生存的地球面临人口膨胀、环境恶化、资源枯竭等严峻挑战时，人们都不约而同地将目光投向海洋，21 世纪必将是海洋世纪，海洋将成为人类生存和发展的另一个主要空间，提供给人类所必需的食物、工业原料和能源。

一、海洋资源的概况

海洋占地球表面积的 70.8%，辽阔的海洋是人类最巨大的“聚宝盆”。

海洋中埋藏着丰富的矿产资源，地球上 1/3 的石油埋藏于海洋下。此外，溶解于海水中的多种化学元素和它们的化合物约有 4×10^{161} t，是一项巨大的化学资源。

海洋不仅为人类提供廉价的航运，还有可能以潮汐能、海流能、波浪能等形式向人类提供取之不尽的清洁能源。由此观之，人类充分利用和切实保护好海洋这个最巨大的“聚宝盆”，也就是保证自身的延续和发展。因此不少专家认为，人类未来的希望在海洋，开发海洋资源具有很高的经济价值和战略意义。因此，拥有海洋的国家无不把海洋利益的占有和海洋的开发列为国家发展战略的基本内容，并且十分重视海洋资源的管理。

二、我国的海洋资源与开发

（一）我国的海洋资源

我国拥有 18 000 余千米的大陆海岸线，属于我国管辖的海域面积约 473 万 km^2。在我国的海域中，面积在 500 km^2 以上的岛屿有 7 372 个，大陆架面积居世界第五。我国海洋资源极其丰富，凡世界大洋中具有的资源，我国近海海域内大多具有。油气资源沉积盆地约 70 万 km^2，石油资源量超 240 亿 t，天然气资源量超 16 万亿 m^3，还有大量的天然气水合物资源。海洋生物资源、海底矿产资源、海水化学资源和海洋动力资源的蕴藏量都很丰富。

1. 海洋生物资源

我国近海大多是生物生产力高的水域，海洋生物物种繁多，已鉴定的达 20 278 万种，浅海滩涂生物约 2 600 种。我国近海有 1 600 万 hm^2 浅海，海域渔场面积广阔，最大持续渔获量和最佳渔业资源可捕量分别约为 470 万 t 和 300 万 t。截至 2022 年年底，我国海洋水产品总量达 3 416.30 万 t，居世界第一。

2. 海底矿产资源

我国海域有 30 多个沉积盆地，面积近 70 万 km^2，海底矿产资源极其丰富。根据第三次全国石油资源评价结果，我国海洋石油资源量超 240 亿 t，约占全国资源总量的 23%；海洋天然气资源量超 16 万亿 m^3，约占总量的 30%。还有大量的天然气水合物资源，即最有希望在 21 世纪成为油气替代能源的“可燃冰”。

3. 海水化学资源和海洋动力资源

据初步估计，我国海洋动力资源总蕴藏量约为 $6.108\,7\times10^{11}$ kW。海水本身也是取之不尽、用之不竭的资源。海水除可供制盐外，还可提取镁（Mg）、钾（K）、溴（Br）、铀（U）等化学物质。对海水进行淡化，则可弥补沿海城市及海洋岛屿淡水资源的不足。

（二）我国的海洋开发

近 20 年，我国在海洋开发方面取得了重大进展，特别是在深海开发方面。另外，我国海域的浅海石油开发正在蓬勃展开。但是，我国海域污染严重和过度捕鱼，致使海洋渔业资源急剧萎缩。其中渤海污染最为严重，造成部分海域渔场外延，鱼群死亡，滩涂养殖场荒废，一些珍贵的海生资源正在消失。对此，绝不容轻视。我们应当立即行动，保护我们的海洋，具体行动就是减少陆地向大海排污和合理捕鱼。

三、我国海洋开发存在的主要问题

（一）沿海水域开发落后

我国是个海洋大国，有着 473 万 km^2（4.73 亿 hm^2）的海洋国土，然而我国的海洋开发却远远落后于美国、日本、英国、法国等。

（二）海洋渔业面临危机

由于缺乏规划管理，捕捞失控，导致传统渔业资源衰竭。海洋环境污染来自陆源和海洋工程，破坏了生态。栖息地破坏与生物多样性减少也很突出，如红树林、珊瑚礁受损。

同时，气候变化带来海平面上升和海洋酸化影响。此外，管理体制不完善，多头管理、法律法规不健全、执法力度不足。

（三）海洋生物资源遭到严重的破坏

乱捕滥杀以及海洋环境污染加剧，致使海洋生物资源遭到严重的破坏。石油污染不仅能使鱼、虾、贝类等海味变味，严重时还能产生毒性效应。重金属易在底质中蓄积，不易降解，往往被生物富集，对人体健康具有潜在的威胁。

（四）近海遭到不同程度的污染

我国近海受到工业废水、生活污水以及海港、船舶和海上石油平台作业或事故排污的污染。从陆地上来的大量含有无机氮、磷酸盐、石油类、有机物和重金属的污染物泄入大海，并逐年上升。

（五）岛屿生态环境恶化

很多岛屿上的天然林和海岸红树林破坏严重，开采鸟粪、过量捕鸟、过分采石和工业废物的倾倒使岛屿生态环境恶化。

四、海洋资源的保护

海洋资源对于人类社会的发展至关重要，其保护与合理开发利用需要多方面协同推进。

（一）开发利用层面

在确保海洋资源可持续利用这一基本前提之下，应着力拓展开发的深度与广度，积极提升开发过程中的科技含量，持续提高海洋开发以及海洋服务领域的技术水准，加速先进适用技术的推广与应用，以此全力争取海洋经济增加值能够实现最大化。与此同时，要对海洋资源展开综合开发利用，致力于提高资源的利用效率，不断探寻新的资源种类，并借助新技术来催生和发展海洋新产业，进而推动海洋经济实现持续、快速且健康的发展态势。

对于海洋可再生资源而言，关键在于改善对其的利用效率，既要充分挖掘其利用潜力，尽可能多地加以利用，又要注重保持生态系统使其具备较强的恢复能力以及维持其可持续再生产的能力；而针对海洋不可再生资源，则需秉持有计划、适度开发的原则，切不可因当下的开发行为而影响后代人的利益，要确保资源的代际公平。此外，要注重对海洋资源的优化配置，促使其各项功能得以充分发挥，让海洋资源在经济发展、生态维护等诸多方面释放出最大效能。

（二）保护措施层面

鉴于不断涌现的实时海洋生态环境问题，持续完善《中华人民共和国海洋环境保护法》显得尤为必要，要及时弥补在海岸带管理方面存在的某些空白之处。唯有不断地完善并强化法治建设，加大执法力度，严格依照相关制度处理各类问题，才能够为我国海洋保护提供更为坚实的依据，使保护海洋具有更强的可协调性，从而为海洋生态系统的保护筑牢坚实的后盾。

此外，加强海洋环境监测同样不可或缺。要将全方位海域监测和部分区域监测有机结合起来，充分利用人工定点监测和遥感卫星总体监测等多种方法，及时察觉污染源或不合理的海洋资源利用项目，做到一旦发现问题便及时治理，将污染源扼杀在萌芽状态，以此减少经济损失。尤其要进一步加大对入海排污口、近海旅游度假区和典型海洋生态脆弱区的监测力度，从根本上杜绝一切不利于海洋生态环境的状况发生，切实有效地保护海洋环境。

最后，确保海洋资源的合理开发。对于那些可能对海洋生态系统产生不利影响的项目工程，应当谨慎对待，能少开发就少开发，甚至不开发，要通过科学的论证来评判海域使用的合理性，从源头上严格审批海洋资源利用的方案，并且对于正在进行的可能污染和破坏海洋生态系统的项目要加大监管力度，如此方能有效保护海洋环境。

（三）公众意识层面

提高公民保护海洋意识也是极为重要的一环。通过普及海洋知识，举办海洋保护专题讲座，印发海洋保护宣传册等多种方式，将最为切实的海洋环境问题传递给广大公众，从而提高公民保护海洋生态系统的自觉性。毕竟，只有当公众从思想上真正重视起来，才能够在行动上自觉地对自身行为加以制约，形成全社会共同保护海洋的良好氛围。

同时，还应通过多种方式来保护海洋资源，如建立海洋保护区，涵盖海洋生态系统保护区、濒危珍稀物种保护区等不同类型，以此保存自然环境和自然资源，保护生物多样性，减少人为不利影响；规范捕捞制度，严格控制渔业捕捞强度，建立渔业资源保护区，确保资源可持续利用；建立海洋管理试验区，合理规划布局开发利用海洋资源并加强生态环境评价和海域监督管理；加强自然保护区建设，确保稀有物种繁殖及生物多样性不减少；开展防护林建设和赤潮防治监测，改善生态环境等。通过这些综合举措，全方位地实现海洋资源的保护与合理开发利用，维护海洋生态平衡，推动海洋经济与沿海地区经济的协同发展。

延伸阅读

【生态学基础】

思考题

1. 从全球角度考虑，土地还是一种丰富的资源吗？
2. 试述如何合理利用和保护水资源。
3. 试以一次性用品——竹制或木制筷子为例，全面分析资源利用与环境保护的关系。
4. 有哪些途径可以解决我国的能源问题？
5. 试述当前世界和我国土地资源、森林资源和矿产资源的利用与保护情况。

参考文献

[1] 付保荣，等．环境生物资源与应用[M]．北京：化学工业出版社，2017.

[2] 魏天兴．自然资源学导论[M]．北京：中国林业出版社，2020.

[3] 郭怀成，刘永．环境科学基础教程[M]．4 版．北京：中国环境出版集团，2023.

[4] 王焕校，常学秀，等．环境与发展[M]．2 版．北京：高等教育出版社，2022.

[5] 农业农村部农业生态与资源保护总站．农业资源环境保护与农村能源发展报告[M]．北京：中国农业出版社，2023.

[6] 李北罡，付渊．资源环境学[M]．武汉：武汉大学出版社，2016.

[7] 苏志华．环境学概论[M]．北京：科学出版社，2018.

[8] 刘芃岩．环境保护概论[M]．北京：化学工业出版社，2018.

[9] 郝吉明，马广大．大气污染控制工程[M]．4 版．北京：高等教育出版社，2021.

[10] 阎其华．自然资源法[M]．北京：中国政法大学出版社，2021.

[11] 王向飞，时秀梅，孙旭，等．水资源规划及利用[M]．北京：中国华侨出版社，2020.

[12] 杨艺凝．可持续发展视域下我国海洋资源现状初探[J]．国土与自然资源研究，2020：37-38.

[13] 杨晓占，冯文林，冉秀芝．新能源与可持续发展概论[M]．重庆：重庆大学出版社，2019.

[14] 颜伟，谭靖，彭松，等．森林资源管理信息技术应用与实践[M]．北京：电子工业出版社，2018.

[15] 彭文英，单吉堃，符素华，等．资源环境保护与可持续发展[M]．北京：中国人民大学出版社，2015.

[16] 周毅．中国矿产资源可持续发展战略研究[M]．北京：新华出版社，2015.

第四章　水污染及其控制

水是人类生活和生产活动中不可缺少的物质资源，水资源对于社会可持续发展具有重要的影响。水资源开采速度远远跟不上人们的用水速度。我国水污染问题日益突出，很多水体遭到污染，使水体无法达到被人类利用的标准，已经成为制约我国社会和经济发展的重大问题，积极开展水污染控制技术研究，对于推动我国水污染控制技术的跨越发展，控制水污染，改善水环境，确保水安全以及促进社会、经济和环境的协调发展具有重要意义。本章比较系统地介绍水体污染的污染源和污染物、水质指标和水质标准、水污染产生的原因和危害、水体的污染特点和自净规律，重点介绍水污染的控制技术。

第一节　天然水的组成、性质

一、天然水的组成

在自然界中，完全纯净的水是不存在的。天然水与周围的物质接触而发生相互作用，许多物质可以通过溶解等途径进入水体。在复杂的循环过程中，进入水体的各种物质会有部分离开水体，因此，天然水实际上是一种成分极为复杂的溶液。

除水本身外，天然水中的物质组成主要包括溶解的气体、各种离子、微量元素、生源物质、胶体物质以及悬浮颗粒等。

（一）主要气体

水中溶解的主要气体是氮气（N_2）、氧气（O_2）、二氧化碳（CO_2）等。还有甲烷（CH_4）、氢气（H_2）、硫化氢（H_2S）等微量气体。这些气体来自大气中各种气体的溶解、水生动植物的活动、化学反应等。

（二）主要离子

水中溶解的主要有 9 种离子：钾离子（K^+）、钠离子（Na^+）、钙离子（Ca^{2+}）、镁离子（Mg^{2+}）、铁离子（Fe^{3+}）、氯离子（$C1^-$）、硫酸根离子（SO_4^{2-}）、碳酸氢根离子（HCO_3^-）、

碳酸根离子（CO_3^{2-}）等。这 9 种离子可占水中溶解固体总量的 95%～99%，这些主要离子，常用来作为表征水体主要化学特征性指标。天然水中常见主要离子总量可以粗略地表示为水的总含盐量（TDS），通常情况下，淡水的总含盐量一般不超过 0.5 g/L。

天然水中氢离子（H^+）在水中含量较低，大多数天然水的 pH 在 6.8～8.5。

（三）微量元素

天然水中的微量元素有溴（Br）、碘（I）、氟（F）以及含量极微的铜（Cu）、钴（Co）、镍（Ni）、铬（Cr）、砷（As）、汞（Hg）、钒（V）、锰（Mn）、锌（Zn）、钼（Mo）、银（Ag）、镉（Cd）、硼（B）、锶（Sr）、钡（Ba）、铝（Al）、金（Au）、铍（Be）、硒（Se）等元素及放射性元素如镭（Ra）、氡（Rn）等。如天然水中 Hg 的含量为 0.001～0.1 mg/L，Cr 含量小于 0.01 mg/L，在河流和淡水湖中 Cu 的含量平均为 0.02 mg/L，Co 为 0.004 3 mg/L，Ni 为 0.001 mg/L。

（四）生源物质

天然水中有磷酸根（PO_4^{3-}）、硝酸盐（NO_3^-）、亚硝酸盐（NO_2^-）、铵盐（NH_4^+）等水生植物必需的养分，其中含 N 离子在一定条件下可以相互转化。N、P 等离子物质可以作为水中一些自养水生生物（如藻类）的营养物质来合成自身有机物。

（五）胶体

天然水中还存在着主要由动植物残骸分解产生的有机物质和从土壤中进入水体的富敏酸、胡里素等，它们多数以胶体状态存在，少数溶解在水中，其成分非常复杂。

（六）悬浮物质

水中的悬浮颗粒主要是沙粒、黏土等，也包括浮游动物和浮游植物，各种细菌类等。

人类活动影响的水体，其水中所含的物质种类、数量、结构均与天然水质有所不同。以天然水中所含的物质含量作为背景值，可以判断人类活动对水体的影响程度，以便及时采取措施，提高水体水质，使之朝着有益于人类的方向发展。

二、各类天然水的水质特点

（一）大气降水

大气降水由海洋和陆地蒸发的水蒸气凝结而成，以雨、雪等形式降落地面。它的组成很大程度上取决于地区条件，如靠近海岸处的降水可能混入风卷入的海水飞沫，其中 Na^+、$C1^-$含量较高；内陆降水可混入大气中的灰尘、细菌以及各种污染物质。大气降水是杂质很少且矿化度很低的软水。一般在大气中存在的微量物质，在降水物中几乎都有，因此降水过程对于对流层空气的净化有着重要的作用。

（二）河水

河水的化学成分受多种因素的影响，例如，河流集水面积内被侵蚀的岩石性质、流动过程中补给水源的成分、流域面积内的气候条件以及水生生物活动等。河水中的溶解氧通常呈饱和状态，但当河水受到有机物和无机还原性物质的污染时会出现缺氧，这些污染物被氧化分解后又可恢复正常。当河水用于某一特殊目的或发生偶然事件时，需要在天然水评价指标基础上新增测定项目，如进行水工建筑物修建时，必须测定河水的侵蚀性；当发生人、畜流行病时，必须测定河水中病原菌；当河水受到严重污染时，必须对某些特定污染物进行测定等。

（三）湖泊水

湖泊是由河流和地下水补给而形成的，水的组成成分与湖泊所处的水文、气候、地质、生物等条件密切相关。湖水中的生物营养元素 N、P 非常重要，过多的排入 N、P 会造成湖泊的富营养化，使藻类大量繁殖，藻类死亡分解要消耗大量溶解氧，使湖泊水质恶化。富营养化严重时发生“水华”并产生藻毒素，给水资源的利用造成破坏，给湖泊水环境及生态系统带来严重的不良后果。

（四）地下水

地下水是以滴状液体充填于构成地壳的岩石及沉积物空隙中的水，是降水经过土壤和地层的渗流而成的。部分河水和湖水也会通过河床和湖床的渗流而成为地下水的一个来源。全世界的地下水总量多达 1.5 亿 km^3，几乎占地球总水量的 1/10，比整个大西洋的水量还要多。

地下水经过土壤和地层的渗透、过滤，几乎全部去除了从空气和地面带来的颗粒杂质，因此，地下水是比较透明、无色的，有极少悬浮物质、极少细菌，温度较低且变化幅度小。此外，水中原有的溶解氧常在地层下被有机物氧化所耗尽，故地下水往往缺少溶解氧。

三、天然水的性质

（一）碳酸平衡

CO_2 在水中形成酸，可与岩石中的碱性物质发生反应，并可通过沉淀反应变为沉积物而从水中除去。在水和生物体之间的生物化学交换中，CO_2 占有独特的地位，溶解的碳酸盐化合态与岩石圈、大气圈进行均相、多相的酸碱反应和交换反应，对于调节天然水的 pH

和组成起着重要作用。

在水体中存在着 CO_2、H_2CO_3、HCO_3^-和 CO_3^{2-}等 4 种化合态。因此，水中 $H_2CO_3^*$—HCO_3^-—CO_3^{2-}体系可用下面的反应表示：

$$CO_2 + H_2O \rightleftharpoons H_2CO_3^*$$

$$H_2CO_3^* \rightleftharpoons HCO_3^- + H^+$$

$$HCO_3^- \rightleftharpoons CO_3^{2-} + H^+$$

（二）天然水中的碱度和酸度

碱度是指水中能与强酸发生中和作用的全部物质，亦即能接受质子 H^+的物质总量。水中碱度的物质可以归纳为 3 类：①强碱，如 NaOH、$Ca(OH)_2$ 等，在溶液中全部电离生成 OH^-离子；②弱碱，如 NH_3、$C_6H_5NH_2$ 等，在水中部分发生反应生成 OH^-离子；③强碱弱酸盐，如各种碳酸盐、重碳酸盐、硅酸盐、磷酸盐、硫化物和腐殖酸盐等，它们水解时生成 OH^-或者直接接受质子 H^+。弱碱及强碱弱酸盐在中和过程中不断继续产生 OH^-离子，直到全部中和完毕。

和碱相反，酸度是指水中能与强碱发生中和作用的全部物质，亦即放出 H^+或经过水解能产生 H^+的物质总量。水中酸度的物质也可归纳为 3 类：①强酸，如 HCl、H_2SO_4、HNO_3 等；②弱酸，如 CO_2、H_2CO_3、H_2S、蛋白质以及各种有机酸类；③强酸弱碱盐，如 $FeCl_3$、$A1_2(SO_4)_3$ 等。

（三）天然水体的缓冲能力

天然水体的 pH 一般在 6～9，而且对某一水体，其 pH 几乎保持不变，这表明天然水体具有一定的缓冲能力，是一个缓冲体系。一般认为，各种碳酸化合物是控制水体 pH 的主要因素，并使水体具有缓冲作用。大部分地区地下水水源和地表水水源水离子组成比例相近，其中 HCO_3^- 为主要的阴离子之一。但无论如何，碳酸化合物仍是水体缓冲作用的重要因素。因而，人们时常根据它的存在情况来估算水体的缓冲能力。

【纯净水、矿泉水、矿物质水、天然水的区别】

第二节　水质指标与水环境质量标准

一、水体概念

水体有两个含义：一般是指河流、湖泊、沼泽、水库、地下水、海洋的总称，在环境学领域中则把水体当作包括水中的悬浮物、溶解物质、底泥和水生生物等完整的生态系统或完整的综合自然体来看。

水体还可按类型和区域划分。

按类型可分为：①海洋水体，包括海和洋；②陆地水体，包括地表水体（河流、湖泊等）和地下水体。

在水环境污染的研究中，区分“水”与“水体”的概念十分重要。例如，重金属污染物易于从水中转移到底泥中，水中重金属的含量一般都不高，若着眼于水，似乎未受污染，但从水体看，可能受到较严重的污染，使该水体成为长期的初生污染源。

二、水质指标

水质指标是指水与其所含杂质共同表现出来的物理学、化学和生物学的综合特性。水体污染有时可以直接地被察觉到，通常采用水质指标来衡量水质的好坏和水体被污染的程度。水质指标项目繁多，可以分为三大类：

第一类，物理性水质指标，包括：①感官物理性状指标，如温度、色度、嗅和味、浑浊度、透明度等。②其他物理性状指标，如总固体（Total Solid，TS）、悬浮物（Suspended Solid，SS）、电导率等。

第二类，化学性水质指标，包括：①一般的化学性水质指标，如 pH、碱度、硬度、各种阳离子、各种阴离子、总含盐量、一般有机物质等。②有毒的化学性水质指标，如重金属、氰化物、多环芳烃、各种农药等。③有关氧平衡的水质指标，如溶解氧（Dissolved Oxygen，DO）、化学需氧量（Chemical Oxygen Demand，COD）、生化需氧量（Bio-chemical Oxygen Demand，BOD）、总需氧量（Total Oxygen Demand，TOD）、总有机碳（Total Organic Carbon，TOC）等。

第三类，生物学水质指标，包括细菌总数、总大肠菌群数以及病毒等。

以下是对污染防治工作中常用的一些水质指标的简要说明。

（一）悬浮物（SS）

它是指 1 L 水中不能通过特定滤膜的、非溶解性固体物重量，如难溶于水的淤泥、黏土、有机物、藻类和微生物等，单位为 mg/L。悬浮物的多少与水体的浑浊度直接相关，也与水体的用途关系密切，是衡量水污染程度的指标之一，如自来水厂取水口等对此指标十分关注，而在造纸废水、皮革废水、选矿废水等工业废水中，悬浮物指标均较高，大量排放会造成水体污染。

（二）“三氧”

水体中有机物种类繁多，组成复杂，难以分别对其进行定量、定性分析，通常以 TOC 表示。在实际工作中，常用下列指标来表示水中有机物和部分无机物的含量，即 COD、BOD、TOC 和 TOD。除 TOD 外，常把 COD、BOD 和 TOC 称为“三氧”。

1. 化学需氧量（COD）

COD 指用化学氧化剂氧化水中有机污染物和无机物时所需的氧量，以每升水消耗氧的毫克数表示（mg/L）。COD 值越高，表示水中有机污染物污染越重。目前常用的氧化剂主要是高锰酸钾和重铬酸钾。高锰酸钾法（简记 COD_{Mn}），适用于测定一般地表水。重铬酸钾法（简记 COD_{Cr}）氧化能力较强，对有机物反应较完全，适用于分析污染较严重的水样。一般地，化学需氧量指 COD_{Cr}，而称 COD_{Mn} 为高锰酸盐指数。

2. 生物化学需氧量（BOD）

BOD，简称生化需氧量，表示水中有机物经微生物分解时所需的氧量，用单位体积的污水所消耗的氧量（mg/L）表示。BOD 越高，表示水中需氧有机物质越多。因为微生物的活动与温度有关，一般以 20℃作为测定的标准温度。当温度为 20℃时，一般生活污水中的有机物需要 20 天左右才能完成第一阶段的氧化分解过程，在实际工作中是有困难的。为了使测定结果有可比性，通常采用在 20℃的条件下培养 5 天，作为测定生化需氧量的标准时间，测定结果简称五日生化需氧量，用 BOD_5 表示。目前已颁布了微生传感器快速测定法（HJ/T 86—2002），此时以 BOD 表示，而不使用 BOD_5。

3. 总有机碳（TOC）和总需氧量（TOD）

TOD 是指水中被氧化的物质（主要是有机碳氢化合物，含 S、含 N、含 P 等化合物）燃烧变成稳定的氧化物所需的氧量。TOC 是指水中所有有机污染物质中的碳含量，耗氧过程是高温燃烧氧化过程，即把有机碳氧化成 CO_2，然后测得所产生 CO_2 的量，就可计算出污水中有机碳的量。在水质状况基本相同的情况下，特定水质 BOD 与 TOC 或 TOD 之间存在一定的相关关系。特别是 TOC 和 TOD 与 BOD 之间，通过实验建立相关系数，则可快速测定出 TOC，从而推算出 BOD 或 COD 指标。

（三）溶解氧（DO）

水中的溶解氧是水生生物生存的基本条件，一般含量低于 2～3 mg/L（与水温有关）时鱼类就会窒息死亡。溶解氧高，适于微生物生长，水体自净能力强。水中缺乏溶解氧时，厌氧细菌繁殖，水体发臭。有时溶解氧是判断水体是否污染和污染程度的重要指标。影响溶解氧的因素很多，如水温、气压、水气接触面积等，但对于某一特定的水体在一定时间内，上述影响因素是相对稳定的，影响水中溶解氧含量的因素主要是水中的光合作用、曝气作用等，这些因素会增加溶解氧；呼吸作用、有机物分解耗氧等又可减少溶解氧。两方面作用的平衡，决定了水中溶解氧的多少。

（四）pH

污水的 pH 对污水处理及综合利用、水中生物的生长繁殖等都有很大影响，所以被列为检验污水水质的重要指标之一。排水管道等中的生活污水 pH 为 7.2～7.6；工业废水的 pH 就较复杂，变化较大。雨水的正常 pH 一般为 5.6；干净的河水一般呈弱酸性。

（五）污水的细菌污染指标

1 mL 污水中的细菌数要以千万计。其中一部分是寄生在已丧失生活机能的机体上，这些细菌是无害的；另一部分细菌，如霍乱菌、伤寒菌、痢疾菌等则寄生在有生活机能的活的有机体上，它们对人、畜是有害的。此外，病毒也是水体中的生物指标之一，它是一类颗粒很小、以纳米为测量单位、结构简单、寄生性严格、以复制进行繁殖的非细胞型微生物。病毒是比细菌还小、没有细胞结构、只能在细胞中增殖的微生物。病毒由蛋白质和核酸组成。多数要用电子显微镜才能观察到。对污水进行细菌分析是一项很复杂的工作，在水处理工程中，用两种指标表示水体被细菌污染的程度：1 mL 水中细菌（杂菌）的总数与水中大肠菌的多少。水中含有大肠菌，即说明已被污染。病毒可通过数量测定法和蚀斑测定法测定。目前污水中已经被检测出来的病毒多达 100 多种。

（六）有毒物质指标

我国已制定了“地表水中有害物质的最高允许浓度”的标准，列出 Hg、Cd、铅（Pb）、Cr、Cu、Zn、Ni、As、氰化物、硫化物、氟化物、挥发性酚、石油类、六六六、滴滴涕（DDT）等 40 种有毒物质。在《地表水环境质量标准》（GB 3838—2002）中，又增加了 80 种有毒物质的水环境质量标准。

以上 6 个指标是表示水体污染情况的重要指标。此外，还有温度、颜色、放射性物质浓度等，也是反映水体污染情况的指标。

三、水环境质量标准

水的用途很广，在生活、工业、农业、渔业和环境（如景观用水）等各个方面都要使用大量的水。世界各国针对不同的用途，对用水的水质建立起相应的物理、化学和生物学的质量标准。保护地面水体免受污染是环境保护的重要任务之一，它直接影响水资源的合理开发和有效利用。这就要求一方面要制定水体的环境质量标准，以便保护水体并合理安全开发水资源，另一方面要制定污水的排放标准，控制污水排放，保护水体。

（一）地表水环境质量标准

我国已有的水环境质量标准有《地表水环境质量标准》（GB 3838—2002）、《海水水质标准》（GB 3097—1997）、《地下水质量标准》（GB/T 14848—2017）、《渔业水质标准》（GB 11607—89）、《农业灌溉水质标准》（GB 5084—2021）、《生活饮用水卫生标准》（GB 5749—2022）、《城市供水水质标准》（CJ/T 206—2005）等。这些标准详细说明了各类水体中污染物的允许最高含量。

《地表水环境质量标准》按照地表水环境功能分类和保护目标规定了水环境质量应控制的项目及限值，以及水质评价、水质项目的分析方法和标准的实施与监督。该标准适用于我国领域内江河、湖泊、运河、渠道、水库等具有使用功能的地表水水域。根据地表水水域使用的目的和保护目标，我国将地表水划分为 5 类：

Ⅰ类　主要适用于源头水、国家自然保护区；

Ⅱ类　主要适用于集中式生活饮用水、地表水水源地一级保护区、珍稀水生生物栖息地、鱼虾类产卵场、仔稚幼鱼的索饵场等；

Ⅲ类　主要适用于集中式生活饮用水、地表水水源地二级保护区、鱼虾类越冬场、洄游通道、水产养殖区等渔业水域及游泳区；

Ⅳ类　主要适用于一般工业用水区及人体非直接接触的娱乐用水区；

Ⅴ类　主要适用于农业用水区及一般景观要求水域。

其中Ⅰ类水域的水质良好，地下水只需消毒处理，地表水经简易净化处理（如过滤）、消毒后即可供生活饮用；Ⅱ类水质受轻度污染，经常规净化处理（如絮凝、沉淀、过滤、消毒等），其水质即可供生活饮用；超过Ⅴ类水质标准的水体基本上已无使用功能。

对应地表水上述五类水域功能，将地表水环境质量标准基本项目标准值分为五类，不同功能类别分别执行相应类别的标准值。水域功能类别高的标准值严于水域功能类别低的标准值。同一水域兼有多类使用功能的，执行最高功能类别对应的标准值。表 4-1 列出了地表水环境质量标准基本项目的标准限值。

表 4-1　地表水环境质量标准基本项目标准　　单位：mg/L

序号	项　目		标准值				
			Ⅰ类	Ⅱ类	Ⅲ类	Ⅳ类	Ⅴ类
1	水温/℃		人为造成的环境水温变化应限制在：周平均最大温升≤1，周平均最大温降≤2				
2	pH（量纲一）		6～9				
3	溶解氧	≥	饱和率 90%（或 7.5）	6	5	3	2
4	高锰酸盐指数	≤	2	4	6	10	15
5	化学需氧量（COD）	≤	15	15	20	30	40

序号	项　　目		标准值				
			Ⅰ类	Ⅱ类	Ⅲ类	Ⅳ类	Ⅴ类
6	五日生化需氧量（BOD_5）	≤	3	3	34	6	10
7	氨氮（NH_3-N）	≤	0.15	0.5	1.0	1.5	2.0
8	总磷（以 P 计）	≤	0.02	0.1	0.2	0.3	0.4
9	总氮（湖、库，以 N 计）	≤	0.2	0.5	1.0	1.5	2.0
10	铜	≤	0.1	1.0	1.0	1.0	1.0
11	锌	≤	0.05	1.0	1.0	2.0	2.0
12	氟化物（以 F^-计）	≤	1.0	1.0	1.0	1.5	1.5
13	硒	≤	0.01	0.01	0.01	0.02	0.02
14	砷	≤	0.05	0.05	0.05	0.1	0.1
15	汞	≤	0.000 05	0.000 05	0.000 1	0.001	0.001
16	镉	≤	0.001	0.005	0.005	0.005	0.01
17	铬（六价）	≤	0.01	0.05	0.05	0.05	0.1
18	铅	≤	0.01	0.01	0.05	0.05	0.1
19	氰化物	≤	0.005	0.05	0.2	0.2	0.2
20	挥发酚	≤	0.002	0.002	0.005	0.01	0.1
21	石油类	≤	0.05	0.05	0.05	0.5	1.0
22	阴离子表面活性剂	≤	0.2	0.2	0.2	0.3	0.3
23	硫化物	≤	0.05	0.1	0.2	0.5	1.0
24	粪大肠菌群/（个/L）	≤	200	2 000	10 000	20 000	40 000

（二）污水排放标准

为了控制水体污染，保护江河、湖泊、运河、渠道、水库和海洋等地面水体以及地下水体水质的良好状态，必须严格控制污水排放。我国目前颁布的污水排放标准有《污水综合排放标准》（GB 8978—96）、《农用污泥污染物控制标准》（GB 4284—2018）等。

《污水综合排放标准》分年限规定了 69 种水污染物最高允许排放浓度及部分行业最高允许排水量，适用于排放污水和废水的一切企事业单位，并将排放的污染物按其性质分为两类。

第一类污染物是指能在环境或动植物体内积累，对人体健康产生长远不良影响者，含有此类有害污染物的污水，一律在车间或车间处理设施排出口取样，其最高允许排放浓度必须符合排放标准，且不得用稀释的方法代替必要的处理。该类污染物最高允许排放浓度见表 4-2。

第二类污染物是指长远影响小于第一类的污染物质，这些物质包括石油类、挥发酚、氰化物、硫化物、甲醛、苯胺类、硝基苯类等，同时还有 BOD、COD 等综合性指标。在排污单位排出口取样，其最高允许排放浓度必须符合排放标准的规定。对此类污染物要求较松，可用稀释法，最后用于农业灌溉、景观用水以及工业回用等。

当废水用于灌溉农田时，应持积极慎重的态度，废水水质应符合《农田灌溉水质标准》；废水排向渔业水体或海洋时，水质应符合《渔业水质标准》及《海水水质标准》。需要指出的是，我国除实行上述对污水排放的浓度控制外，还要实施污染物排放总量的控制。

表 4-2 第一类污染物最高允许排放浓度 单位：mg/L

序号	污染物	最高允许排放浓度	序号	污染物	最高允许排放浓度
1	总汞	0.05	8	总镍	1.0
2	烷基汞	不得检出	9	苯并[*a*]芘	0.000 03
3	总镉	0.1	10	总铍	0.005
4	总铬	1.5	11	总银	0.5
5	六价铬	0.5	12	总 α 放射线	1 Bq/L
6	总砷	0.5	13	总 β 放射线	10 Bq/L
7	总铅	1.0			

第三节 水环境污染、污染危害及污染源

一、水环境污染及污染物

水环境污染是指排入水体的污染物在数量上超过了该物质在水体中的本底含量和水体的环境容量，从而导致水体的物理特征、化学特征和生物特征发生不良变化，破坏了水中固有的生态系统，破坏了水体的功能及其在经济发展和人民生活中的作用。根据污染物的性质，将水体污染分为三大类，即化学性污染、物理性污染、生物性污染。

（一）化学性污染

常见的化学性污染有酸碱污染、重金属污染、非金属毒物污染、需氧性有机物污染和营养物质污染等。

1. 酸碱污染

工业废水排放的酸、碱及降水淋洗受污染空气中的二氧化硫、氮氧化物所产生的酸雨都会使水体受到酸、碱污染。污染水体中的酸主要来源于矿山排水及许多工业废水，如化肥、农药、黏胶纤维、酸法造纸等工业的废水。水体的酸、碱污染往往伴随无机盐污染。如美国水体中的酸 70%来自矿山排水，主要由硫化矿物的氧化作用产生：

$$4FeS_2 + 15O_2 + 14H_2O = 8H_2SO_4 + 4Fe(OH)_3\downarrow$$

碱性废水主要来自碱法造纸、化学纤维制造、制碱、制革等工业的废水。

酸碱污染会改变水体的 pH，抑制细菌和其他微生物的生长，影响水体的生物自净作用，还会腐蚀船舶和水下建筑物，影响渔业，破坏生态平衡，并使水体不适于作饮用水水源或其他工、农业用水。在酸性条件下，氰化物、硫化物毒性加大；在碱性条件下，氨的毒性增加。

2. 重金属污染

重金属是构成地壳的物质，在自然界分布非常广泛，是指比重大于或等于 5.0 的金属。重金属在自然环境的各部分均存在着本底含量，在正常的天然水中含量均很低。在环境污染方面所说的重金属主要指 Hg、Cd、Pb、Cr 等生物毒性显著的重元素，还包括具有重金属特性的 Zn、Cu、Co、Ni、锡（Sn）等。

重金属对人体健康及生态环境的危害极大，重金属污染主要表现在水污染中，还有一部分是在大气和固体废物中。重金属污染物最主要的特性是：不能被生物降解，有时还可能被生物转化为毒性更大的物质（如无机汞被转化成甲基汞）；能被生物富集于体内，既危害生物，又能通过食物链，成千上万倍地富集，而达到对人体相当高的危害程度。

（1）汞（Hg） Hg 对人的致死剂量为 1～2 g。Hg 浓度为 0.006～0.01 mg/L 时可使鱼类或其他水生动物死亡，浓度为 0.01 mg/L 时可抑制水体的自净作用。甲基汞能大量积累于脑中，引起乏力、动作失调、精神错乱甚至死亡。最著名的例子就是日本水俣病事件。水体 Hg 的污染主要来自生产 Hg 的厂矿、有色金属冶炼以及使用 Hg 的生产部门排出的工业废水，尤以化工生产中 Hg 的排放为主要污染来源。《地表水环境质量标准》（GB 3838—2002）规定，总汞≤0.000 05～0.001 mg/L（取决于水域功能分类）。

（2）镉（Cd） Cd 是一种积累富集型毒物，进入人体后，主要累积于肝、肾内和骨骼中。能引起骨节变形，自然骨折，腰关节受损，有时还引起心血管病。这种病潜伏期 10 多年，发病后难以治疗。Cd 浓度为 0.2～1.1 mg/L 时可使鱼类死亡，浓度为 0.1 mg/L 时对水体的自净作用有害，如日本富山事件。

工业含 Cd 废水的排放，大气 Cd 尘的沉降和雨水对地面的冲刷，都可使 Cd 进入水体。Cd 是水迁移性元素，除 CdS 外，其他 Cd 的化合物均能溶于水。进入水体的 Cd 还可与无机和有机配位体生成多种可溶性配合物。《地表水环境质量标准》（GB 3838—2002）规定，总镉≤0.001～0.01 mg/L（取决于水域功能分类）。

（3）铬（Cr） Cr 在水体中以六价铬和三价铬的形态存在，二者对人体健康均有致癌作用。一般认为六价铬的毒性强，容易被人体吸收，而且可在体内蓄积。六价铬的毒性比三价铬要高 100 倍，是强致突变物质，可诱发肺癌和鼻咽癌，三价铬有致畸作用。

我国规定生活饮用水中六价铬的浓度应低于 0.05 mg/L；地表水中 Cr 的最高容许浓度为 0.5 mg/L（三价铬）和 0.05 mg/L（六价铬）；工业废水中六价铬及其化合物最高容许排放标准为 0.5 mg/L（按六价铬计）；渔业用水中 Cr 最高容许浓度为 0.5 mg/L（三价铬）和

0.05 mg/L（六价铬）。

（4）铅（Pb） Pb也是一种积累富集型毒物，如摄取Pb量每日超过1.0 mg，就可在人体内积累，引起贫血、肾炎、神经炎等症状。Pb对鱼类的致死浓度为0.1～0.3 mg/L，Pb浓度为0.1 mg/L时，可破坏水体自净作用。

由于人类活动及工业的发展，几乎在地球上每个角落都能检测出Pb。矿山开采、金属冶炼、汽车废气、燃煤、油漆、涂料等都是环境中Pb的主要来源。岩石风化及人类的生产活动，使Pb不断由岩石向大气、水、土壤、生物转移，从而对人体的健康构成潜在威胁。

3．非金属毒物污染

非金属毒物污染主要是指一些非金属元素或化合物对水体造成的污染危害。常见的非金属毒物包括As、Se、F、氰化物等。这些物质可能来源于工业废水排放、农药和化肥的施用、矿山开采等人类活动。例如，含As的废水排入水体后，可能会对水生生物造成毒害，影响鱼类、贝类等的生长和繁殖，同时也会通过食物链传递，对人类健康产生潜在威胁。氟化物超标可能会导致饮用水中氟含量过高，引发氟斑牙、氟骨症等疾病。非金属毒物污染会破坏水体生态平衡，降低水体自净能力，影响水资源的可持续利用。这类物质包括毒性很强且危害甚大的氰化物、As、有机氯农药、酚类化合物、多环芳烃等。

（1）氰化物 氰化物是剧毒物质，一般人只要误服0.1 g左右的KCN或NaCN便立即死亡。含氰废水对鱼类有很大毒性，当水中CN^-含量达0.3～0.5 mg/L时，鱼可死亡，世界卫生组织制定的鱼的中毒限量为游离氰0.03 mg/L；生活饮水中氰化物不许超过0.05 mg/L；地表水中最高容许浓度为0.1 mg/L。

水体中的氰化物主要来源于工业企业排放的含氰废水，如电镀废水、焦炉和高炉的煤气洗涤冷却水、化工厂的含氰废水，以及选矿废水等。

（2）砷（As） As是传统的剧毒物，As_2O_3即砒霜，对人体有很大毒性。长期饮用含As的水会慢性中毒，主要表现是神经衰弱、腹痛、呕吐、肝痛、肝大等消化系统障碍。并常伴有皮肤癌、肝癌、肾癌、肺癌等发病率增高现象。As和砷化物一般可通过水、大气和食物等途径进入人体，造成危害。元素As的毒性极低，砷化物均有毒性，三价砷化合物比其他砷化合物毒性更强。岩石风化、土壤侵蚀、火山作用以及化工、有色冶金、炼焦、造纸等工业废水排放都能使As进入天然水中。

（3）酚类化合物 水体遭受酚污染后严重影响水产品的产量和质量。水体中的酚浓度低时能影响鱼类的繁殖，酚浓度为0.1～0.2 mg/L时鱼肉有酚味，浓度高时引起鱼类大量死亡，甚至绝迹，酚有毒性，但人体有一定解毒能力。

根据水中酚对人的感官的影响，一般规定饮用水挥发酚浓度为0.001 mg/L，水源的水中最大允许浓度可以是0.002 mg/L，地表水最高容许浓度为0.01 mg/L。酚类属于可被天然分解的有机物，其中挥发性酚易被分解为无毒化合物。

水体中酚的来源主要是冶金、煤气、炼焦、石油化工、塑料等工业排放的含酚废水。

4．需氧性有机物污染（耗氧性有机物污染）

有机物可分为自然生成的有机物和人工合成的有机物两类。自然形成的有机物如碳水化合物、蛋白质、脂肪等，它们的特征是极不稳定，易于被生物降解，向稳定的无机物转化。

在有氧条件下，好氧微生物可将有机物转化为 CO_2、H_2O 等稳定物质；在无氧条件下，厌氧微生物会将有机物转化为 CH_4、CO_2、H_2O、H_2S、NH_3 等，这些产物不仅有毒害作用，还伴有恶臭味，严重危害环境卫生，易引发公害。生活污水和很多工业废水，如食品工业、石油化工工业、制革工业、焦化工业等废水中都含有这类有机物。

大量需氧性有机物排入水体，会引起微生物繁殖和溶解氧的消耗。当水中溶解氧降低至 4 mg/L 以下时，鱼类和水生生物将不能在水中生存。水中的溶解氧耗尽后，有机物降解，由于厌氧微生物的作用而发酵，生成大量 H_2S、NH_3、硫醇等带恶臭的气体，使水质变黑发臭，造成水环境严重恶化。需氧性有机物污染是水体污染中最常见的一种污染。

5．营养物质污染

植物营养素主要指 N、P 等物质，它们是植物生长发育所需的养料。但是这类营养物质过量排入湖泊、水库、港湾、内海等水流缓慢的水体，会造成藻类大量繁殖，这种现象被称为“富营养化”，又称富营养污染。富营养化对湖泊、水库、港湾等水域影响较大，造成水质恶化，对鱼类和人体健康的危害也相当严重。大量藻类的生长覆盖了大片水面，减少了鱼类的生存空间，藻类死亡腐败后会消耗溶解氧，并释放出更多的营养物质，促使藻类进一步发展。如此周而复始，恶性循环，最终将导致水质恶化。另外，硝酸盐超过一定量时有毒性，当亚硝酸盐进入人体后，有致畸、致癌的危险。日本濑户内海频繁发生“赤潮”，造成鱼类大量死亡。1972 年 8 月 17—21 日，日本发生了一次严重的“赤潮”，死鱼达 1 420 万尾，损失达 71 亿日元。我国武汉东湖、杭州西湖、南京玄武湖、昆明滇池等湖泊也出现过富营养污染，渤海湾、珠江口附近的海域，时有“赤潮”发生。

水体中 N、P 营养物质的最主要来源有：①雨水。众多统计资料表明，雨水中的硝酸盐氮含量在 0.16～1.06 mg/L，氨氮含量在 0.04～1.70 mg/L，P 含量在 0.10 mg/L 至不可检测的范围间。由此可见，大面积湖体或水库中，从雨水受纳氮营养物质的数量还是相当大的。②农业排水。首先是天然固氨作用和农用 N、P 肥的作用，使在土壤中累积了相当数量营养物质，它们可随农田排水流入邻近的水体。当庄稼生长期很短而没有充分吸取农田中的肥料或农田有很大坡度时，这种流失就更为严重。此外，饲养家畜过程所产生的废物中也含有相当高浓度和相当数量的营养物质，有可能通过排水进入邻近水体。③生活污水。生活污水含有丰富的 N、P 等营养物质，经济发达国家的调查表明，每人每天排入生活污水的 P、N 量分别为 1.3～5.0 g 和 12～14 g。④工业废水。某些工业废水，如化肥、制革、造纸等工业废水中常含有一定数量的 N、P 等营养物质。

（二）物理性污染

水体的物理性污染是指水体温度、色度、臭味等物理因素导致的水体污染。这种污染可以被人们的感官察觉，且会引发人们感官上的不舒适。常见的物理性污染有：悬浮物污染、热污染、放射性污染等。

1. 悬浮物污染

悬浮物是水体主要污染物之一。各类废水中均有悬浮杂质，排入水体后影响水体外观和透明度，降低水中藻类的光合作用，对水生生物生长不利。悬浮物还有吸附凝聚重金属及有毒物质的能力。

水体被悬浮物污染，造成的危害主要有以下几个方面：

（1）漂浮在水面上的悬浮物不仅破坏了水的外观，而且会对水体复氧产生很大影响。悬浮物提高了水的浊度，增加了给水净化工艺的复杂性。

（2）降低了光的穿透能力，减少了水的光合作用，也妨碍了水体的自净作用。

（3）水中悬浮物，可能堵塞鱼鳃，导致鱼的死亡。

（4）沉于河底的悬浮固体形成污泥层，会危害底栖生物的繁殖，影响渔业生产。污泥层主要由有机物组成，则易出现厌氧状态，恶化环境。

（5）水中的悬浮物可能成为各种污染物的载体，吸附水中的污染物并随水漂流迁移，扩大了污染区域。

2. 热污染

热污染主要来源于工矿企业向江河排放的冷却水，当温度升高后的水排入水体时，将引起水体水温升高，热污染是指高温度的水，如温度超过 60℃的工业废水（直接冷却水），排入水体后，使水体水温升高，溶解氧含量下降，微生物活动加强，某些有毒物质的毒性作用增加等，对鱼类及水生生物的生长有不利的影响，危害水生动植物的繁殖与生长。

热污染对水体的危害：①加快藻类的繁殖，使水体的富营养化加剧；②水体的饱和溶解氧浓度和水体温度成反比关系，温度升高使水体溶解氧浓度降低，从而对原有水生生物的繁殖和生长产生不良影响；③温度升高，使水体中化学反应速率加快，从而引发水体物理化学性质发生变化，如溶解度、离子浓度变化，水体臭味加剧。

3. 放射性污染

放射性物质主要指正常运行的核单位排放的放射性废物和核事件（包括大气层内核试验落下的灰和核事故等）产生的放射性残余物，主要污染物是 ^{131}I（碘-131）、^{90}Sr（锶-90）、^{137}Cs（铯-137）、^{60}Co（钴-60）、^{235}U（铀-235）等。这类物质通过自身的衰变而放射具有一定能量的射线，如 α、β 和 γ 射线，能使生物和人体组织因电离而受到损伤，某些放射元素还可被水生生物浓缩，通过食物链进入人体，使人体受到内照射损伤，导致贫血等疾病的产生，甚至会造成癌症和遗传变异。

放射性污染主要来源于原子能工业和反应堆设施的废水、核武器制造和核武器的污染、放射性同位素应用产生的废水、天然铀矿开采和选矿、精炼厂的废水等。

（三）生物性污染

生物性污染主要指致病病菌及病毒的污染。生活污水，特别是医院污水和某些工业（如生物制品、制革、酿造、屠宰等）废水污染水体，往往可带入一些病原微生物，它们包括致病细菌、寄生虫和病毒。常见的致病细菌是肠道传染病菌，如伤寒、霍乱和细菌性疾病等，它们可以通过人畜粪便的污染而进入水体，随水流而传播。一些病毒（常见的有肠道病毒和肝炎病毒等）及某些寄生虫（如血吸虫、蛔虫等）也可通过水流传播。

水体生物性污染的危害主要有：①最常见的危害是居民通过饮用、接触等途径而引起介水传染病的暴发流行，对人体健康造成危害。这类疾病包括霍乱、伤寒、痢疾、肝炎等肠道传染病及血吸虫病、贾第虫病等寄生虫病以及钩端螺旋体病等；②外来入侵植物如凤眼莲，对其生活的水面采取了野蛮的封锁策略，挡住阳光，导致水下植物得不到足够光照而死亡，破坏水下动物的食物链，导致水生动物死亡，凤眼莲死后腐烂体沉入水底形成重金属高含量层，直接杀伤底栖生物；③在富营养化水体中藻类大量繁殖聚集成团块，漂浮于水面影响水的感官性状。有些藻类能产生毒素，如麻痹性贝毒、腹泻性贝毒、神经性贝毒等，而贝类能富集此类毒素，人食用了毒化的贝类后可发生中毒甚至死亡。藻类毒素一旦进入水中，一般供水净化处理和家庭煮沸不能使之全部失活。

二、水环境污染的危害

水环境污染的危害是多方面的：

（一）严重影响人的健康

污染水对人体的危害一般有两类：一类是污水中的致病性微生物、病毒等引起传染性疾病；另一类是污水中含有的有毒物质（如重金属）和致癌物质导致人中毒或死亡。据世界卫生组织（WHO）调查，80%的疾病和50%的儿童死亡与水污染及饮水不当有关。

（二）水污染造成水生态系统破坏

水环境的恶化破坏了水体的水生生态环境，导致水生生物资源的减少或绝迹。水污染恶化了水域原有的清洁的自然生态环境。水质恶化使许多江河湖泊水体浑浊，气味变臭，尤其是富营养化加速了湖泊衰亡。

（三）水污染加剧了缺水状况

我国是一个缺水的国家，人均占有水资源仅为2 200 m^3，相当于世界人均拥有量的1/4。

随着经济发展和人口的增加，对水的需求将更为迫切。水污染实际上减少了可用水资源量，使我国面临的缺水问题更为严峻。在城市地区，这一问题尤为突出，目前，我国缺水城市有 300 多个。南方城市因水污染导致的缺水占这些城市总缺水量的 60%～70%。北方和沿海城市缺水则更为严重。显然，如果对水污染趋势不加以控制，我国今后的缺水状况将更加严重。

（四）水污染对农作物的危害

我国是农业大国，农业灌溉用水量超过全国总用水量的 3/4。目前，引用污染水灌溉农田而危害农作物的情况不容忽视。如果灌溉水中的污染物质浓度过高会杀死农作物；而有些污染物又会引起农作物变种，如只开花不结果，或者只长秆不结籽等，结果引起减产。

三、水体污染源

向水体排放或释放污染物的场所、设备和装置等都称为水体污染源。各种水体及其循环过程中几乎涉及各种污染源。污染源的类型很多，从环境保护角度可将水体污染源分为天然污染源和人为污染源。水体天然污染源是指自然界自行向水体释放有害物质或造成有害影响的过程。如岩石和矿物的风化和水解、火山喷发、水流冲蚀地面等。水体人为污染源是指人类活动形成的污染源，按污染物进入水体的途径，可以分为点源和非点源（或面源）。

在当前的条件下，工业、农业和交通运输业高度发展，人口日益增多并大量集中于城市，水体污染主要是人类的生产和生活活动造成的，因此，水体人为污染是环境保护研究和水污染防治的主要对象。

（一）点源

点源污染是指有固定排放点的污染源，污染物由排水沟、渠、管道进入水体，主要指工业废水和生活污水，其变化规律服从工业生产废水和城镇生活污水的排放规律，即季节性和随机性。由于在数学模型中，该类污染源可被近似视为一点以简化计算，因此被称为点源。点源污染的特点是污染集中，污染性大，破坏性强，相对比较容易控制。

1. 工业废水

工业废水是水体最重要的污染源。它量大、面广、含污染物多，成分复杂，在水中不易净化，处理也比较困难。不经处理的水具有下列特性：

（1）悬浮物质含量高，最高可达 3 000 mg/L。

（2）需氧量高，有机物一般难以降解。对微生物起毒害作用。COD 浓度为 400～10 000 mg/L，BOD 浓度为 200～5 000 mg/L。

（3）pH 变化幅度大，pH 为 2～13。

（4）温度较高，排入水体可引起热污染。

（5）易燃，常含有低燃点的挥发性液体如汽油、苯、甲醇、酒精、石油等。

（6）含多种多样的有害成分：硫化物、氟化物、Hg、Cd、Cr、As 等。

2．生活污水

生活污水是指居民在日常生活活动中所产生的废水，它包括由厨房、浴室、厕所等场所排出的污水和污物。其中，99%以上是水，固体物质不到 1%，多为无毒的无机盐类（如氯化物，硫酸盐，磷酸和 Na、K、Ca、Mg 等重碳酸盐）、需氧有机物（如纤维素、淀粉、糖类、脂肪、蛋白质和尿素等）、各种微量金属（如 Zn、Cu、Cr、Mn、Ni、Pb 等）、病原微生物及各种洗涤剂。城市和人口密集的居住区是生活污水的主要来源。

生活污水的水质成分呈较规律的日变化，其水量则呈较规律的季节变化。不经处理的生活污水一般具有以下性质：

（1）悬浮物质较低，一般为 200～500 mg/L。资料表明，每人每日所排悬浮固体平均为 30～50 g。

（2）属于低浓度有机废水，一般其生化需氧量（BOD）为 210～600 mg/L。资料表明，平均每人每日所排 BOD 为 20～35 g。

（3）呈弱碱性，一般 pH 为 7.2～7.6。

（4）含 N、P 等营养物质较多。

（5）含有多种微生物，含有大量细菌，包括病原菌。

（二）非点源

水污染非点源，在我国多称为水污染面源。污染物无固定出口，是以较大范围形式通过降水、地面径流的途径进入水体。面源污染主要指农田径流排水，具有面广、分散、难于收集、难以治理的特点。面源污染对水体环境影响时间长，后期破坏尤其严重。据统计，农业灌溉用水量约占全球总用水量的 70%。随着农药和化肥的大量施用，农田径流排水已成为天然水体的主要污染来源之一。

施用于农田的农药和化肥除一部分被农作物吸收外，其余都残留在土壤和飘浮于大气中，经过降水的淋洗和冲刷，尤其是农田灌溉的排水，这些残留的农药（杀虫剂、除草剂、植物生长调节剂等）和化肥（N、P 等）会随着降水与灌溉排水的径流和渗流汇入地表水和地下水中。有的农药难以降解，在自然界残存相当长的时间，对环境造成严重危害。面源污染的变化规律主要与农作物的分布和管理水平有关。现在，点源污染已得到很好的控制。面源污染相对于点源污染来说较难控制和管理，会逐渐成为影响水体环境的主要污染形式。

第四节　水体自净及污染物在水体中的迁移、转化

一、水体自净

一切生态系统都是一个动态平衡系统，水体环境也是一个具有自我调节、自我平衡能力的系统。污染物质进入天然水体后，污染物参与水体中物质转化和循环过程，通过一系列物理、化学和生物因素的共同作用，将其分离或分解，使排入的污染物质的浓度和毒性自然降低，使水体基本上或完全地恢复到原来的状态，恢复原有的生态平衡，这种现象称为水体的自净。但是在一定的时间和空间范围内，如果污染物质大量排入天然水体并超过了水体的自净能力，就会造成水体污染。

水体自净过程很复杂，按其作用的机制可分为 3 类：①物理净化：污染物通过稀释、扩散、混合、沉淀和挥发等作用，使浓度降低；②化学净化：通过水体的氧化还原、酸碱反应、分解化合、吸附与凝聚（属物理化学作用）等作用，使污染物质的存在形态发生变化和浓度降低；③生物净化：通过水体中的水生生物、微生物的生命活动，使污染物质的存在状态发生变化，污染物总量和浓度降低。

（一）物理净化作用

物理净化只能降低污染物在水中的浓度，而不能减少污染物质的总量。物理自净对海洋和容量大的河段等水体的自净起着重要的作用。物理自净能力的强弱取决于水体的物理条件如温度、流速、流量等，以及污染物自身的物理性质如密度、形态、粒度等。物理净化作用过程见图 4-1。

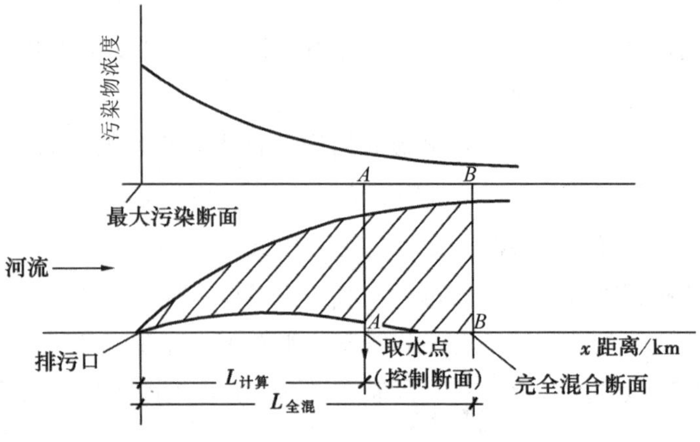

图 4-1　水体物理净化作用过程

1. 稀释与扩散

（1）污染物进入天然水体后，被水体混合，使浓度降低称为稀释。稀释作用是一项重要的物理净化过程，如图 4-1 所示，污染物进入水体后，在水流动的过程中，逐渐被河水稀释，然后在下游某个断面处，与河水完全混合，该断面称为完全混合断面（B-B 断面），在该断面处，污染物浓度分布均匀且远低于排污口处的浓度。大江、大河因宽度大，污水只能与一部分河水混合，因此可能不易出现完全混合断面，而在排污口一侧下游形成稳定的污染带。稀释效果受到对流与扩散这两种运动形式的影响。污染物随水流方向即纵向 x 运动称为对流。扩散是沿纵向 x、横向 y 和深度方向 z 运动的统称。

（2）污染物进入水体后，在水体中产生浓度梯度场，污染物由高浓度区向低浓度区迁移，这种运动称为扩散。扩散有 3 种方式：第一种方式是由于污染物分子的布朗运动引起的物质分子扩散，使浓度降低，称为分子扩散；第二种方式是由于水体的紊流造成的污染物浓度降低，称为紊流扩散；第三种方式是由于水体各水层之间的流速不同，使污染物浓度分散，称为弥散。对于湖泊、水库等静水体，在没有风生流、异重流（由浓度差、温度差引起）、行船等产生的紊动作用影响时，扩散的主要方式是分子扩散。而流动水体的扩散方式主要是紊流扩散和弥散。分子扩散能力远小于紊流扩散，故分子扩散常忽略不计。污水与水体水混合后，污染物浓度降低。河流的混合稀释效果取决于混合系数。混合系数受河流形状、污水排污口形式等因素的影响。

2. 沉淀

沉淀使水体中的污染物浓度降低，但增加了水体底泥的浓度，如果长期沉淀积累，一旦受到暴雨冲刷，可造成对河水的二次污染，故需慎重对待沉淀作用。如果污染物属于挥发性物质，可通过挥发作用而使水体中的污染物浓度降低。

（二）化学净化作用

化学净化是指污染物在水体中以简单或复杂的离子或分子状态迁移，并发生了化学性质或形态、价态上的转化，使水质也发生了化学性质的变化，但未参与生物作用。这些过程能改变污染物在水体中的迁移能力和毒性大小，也能改变水环境化学反应条件。影响化学自净的环境条件有酸碱度、氧化还原电势、温度、化学组分等。污染物自身的形态和化学性质对化学自净也有很大影响。在天然水体中，净化的主要作用是物理作用与化学作用，生物化学作用较少。

1. 氧化还原作用

这是水体自净的主要化学作用。水体中的溶解氧可与污染物发生激烈的氧化反应，使水中某些重金属离子被氧化成难溶物而沉淀（如铁、锰等被氧化成氢氧化铁、氢氧化锰而沉淀），有些被氧化成各种酸根而随水迁移（如硫离子被氧化成硫酸根离子等）。还原反应也对水体起着净化作用，但多数情况下是由微生物作用进行的。

2．酸碱反应

天然水体由于含有多种物质，故不呈中性，pH 在 6～8。当含酸或含碱污水排入后，pH 发生变化，引起对污染物的净化作用，如在碱性的条件下，已沉淀于底泥的三价铬可氧化为六价铬。又如硫化砷在酸性或中性的天然水中是难溶性物质，沉淀到底泥中，在碱性天然水中能够生成硫代亚砷酸盐成为溶解性物质。水体中存在的地表矿物质及游离二氧化碳等对排入水体的酸碱有一定的缓冲能力，可使水体的 pH 保持稳定。但是当排入的酸碱量超过其缓冲能力后，水体的 pH 就会发生变化。如果水体变为偏碱性，则会引起某些物质的逆向反应。

3．吸附与凝聚

吸附与凝聚属于物理化学作用，产生这种净化作用的原因在于天然水中存在着大量具有很大表面能并带电荷的胶体微粒，胶体微粒有使能量变为最小及同性相斥、异性相吸的物理现象，它们将吸附和凝聚水体中各种阴、阳离子，然后扩散或沉降，达到净化的目的。

（三）生物化学净化作用

物理净化作用与化学净化作用，只能使污染物的存在场所与存在形态发生变化，使水体中的存在浓度降低，但不减少污染物的总量。而生物化学净化可使污染物的总量降低，使水体得到真正的净化，如图 4-2 所示。

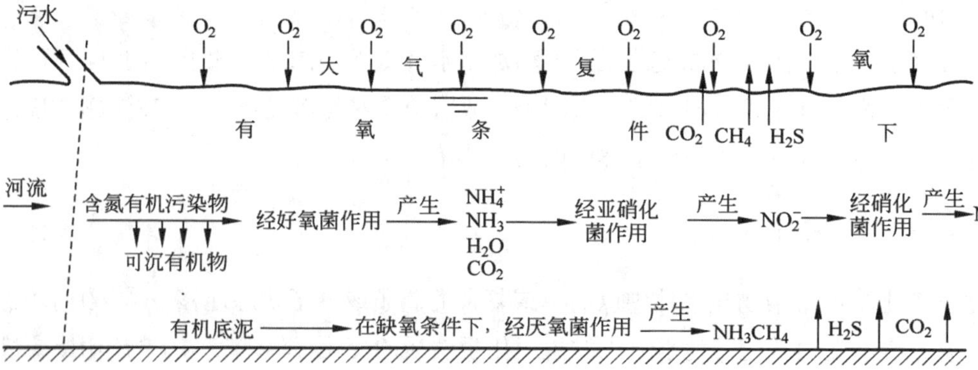

图 4-2　天然水体生物化学净化示意

生物化学自净是指水体中的污染物经生物吸收、降解作用，使有机污染物向无机物转化，由有害物向无害物转化的过程。如污染物的生物分解、生物转化和生物富集等作用。水体生物自净作用也称为狭义的自净作用。淡水生态系统中的生物净化以细菌为主。需氧微生物在溶解氧充足时，能将悬浮和溶解在水中的有机物分解成简单、稳定的无机物 CO_2、H_2O、硝酸盐和磷酸盐等，使水体得到自净。水中一些特殊的微生物种群和高等水生植物如浮萍、凤眼莲、水花生等，能吸收并浓缩水中的 Hg、Cd 等重金属元素或难降解的人工合成有机物，使水逐渐得到净化。

影响水体生物净化作用的主要因素是水中的溶解氧含量、温度和营养物质的碳氮比例。水中溶解氧是维持水生生物生存和净化能力的基本条件，因此，它是衡量水体自净能力的主要指标。

二、污染物在水体中的迁移、转化

污染物进入水体后发生各种反应，根据污染物的不同性质可产生不同的污染过程。有机物在水体中经微生物的生物化学作用可逐步降解使其无机化，从而消耗水中的溶解氧，一些难降解的人工合成有机物则形成水体特殊污染问题；一些重金属污染物在水体中可发生形态或状态的迁移转化。

（一）水体富营养化过程

造成水体“富营养化”最直观的表现是藻类的数量的增多和种类的变化，藻类的变化是由于 N、P 等含量过多引起的，这些植物营养物质进入水体，刺激藻类增殖，最终导致恶化。现代湖沼学把这一现象当作湖泊演化过程中逐渐衰亡的一种标志。

天然水体中藻类合成的基本反应式可写为：

$$106CO_2+16NO_3^-+HPO_4^{2-}+122H_2O+18H^++\text{微量元素}\xrightarrow{\text{光}}\underset{\text{（藻类分子式）}}{C_{106}H_{263}O_{110}N_{16}P}+138O_2$$

1. 含 N 化合物在水体中的转化

含 N 化合物在水体中的转化分两步进行，第一步是含 N 化合物如蛋白质、多肽、氨基酸和尿素等有机氮转化为无机氮中的氨氮；第二步则是氨氮的亚硝化和硝化，使无机氮进一步转化。这两步转化反应都是在微生物作用下进行的。在缺氧的水体中，硝化反应不能进行，却可能在反硝化细菌的作用下，产生反硝化作用，而形成 N_2，返回到大气中，这就是所谓的反硝化。

2. 含 P 化合物在水体中的转化

废水中的 P 根据废水的类型而以不同的形式存在，最常见的有磷酸盐、聚磷酸盐和有机磷。生活污水中的 P 70%是可溶性的。P 在水体中的转化只能进行固、液之间的循环。水体中的可溶性 P 很容易与 Ca^{2+}、Fe^{3+}、Al^{3+}等离子生成难溶性沉淀物而沉积于水体底泥中。沉积物中的 P，通过湍流扩散再度释放到上层水体中去。或者当沉积物中的可溶性 P 大大超过水中 P 的浓度时，则可能再次释放到水层中去，这些 P 又会被各种水生生物加以利用。

国内外的大多数研究结果认为，在湖泊水体中 P 的含量超出 0.05 mg/L 时，就会出现藻类迅速增殖现象。若要防止湖泊水体发生富营养化，水中 P 的含量应控制在 0.02 mg/L 以下，无机氮含量应控制在 0.3 mg/L 以下。

（二）重金属在水体中的迁移转化规律

重金属在水体中不能为微生物所降解，只能产生各种形态之间的相互转化以及分散和富集，这种过程被称为重金属的迁移。重金属在水环境中的迁移，按照物质运动的形式，可分为机械迁移、物理化学迁移和生物迁移 3 种基本类型。

机械迁移是指重金属离子以溶解态或颗粒态的形式被水流机械搬运，迁移过程服从水力学。

物理化学迁移是指重金属以简单离子、配离子或可溶性分子形式，在环境中通过一系列物理化学作用（水解、氧化、还原、沉淀、溶解、吸附作用等）所实现的迁移与转化过程。

生物迁移是指重金属通过生物体的新陈代谢、生长、死亡等过程所进行的迁移。这种迁移过程比较复杂，它既是物理化学问题，也服从生物学规律。所有重金属都能通过生物体迁移，并由此使重金属在某些有机体中富集起来，经食物链的放大作用，构成对人体的危害。

（三）有机物在水体中的转化

有机污染物在水中好氧微生物的作用下氧化分解。微生物利用氧化分解的产物作为养料能量繁殖生长。于是，氧化分解使一部分有机物转变为活的细菌机体；另一部分转变为无机物，有机物得到降解。

有机物是水体重要的污染物质。它对于水体的影响与水体中的溶解氧（DO）含量有关，保持一定的溶解氧含量是使水体中生态系统保持自然平衡的主要因素之一。溶解氧完全消失或其含量低于某一限值时，有机物对水体的污染是严重的。

图 4-3 是接纳大量生活污水的河流的 DO 和 BOD 变化曲线。

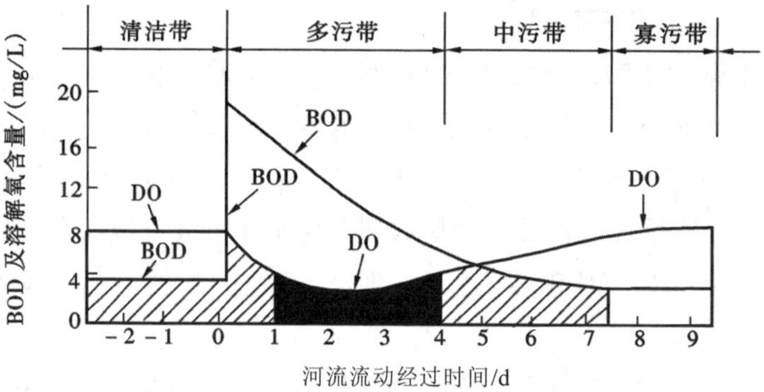

图 4-3 DO 与 BOD 的变化曲线

污水集中于 0 点排放，假定排放后立即与河水完全混合。在排放前，河水中的溶解氧接近饱和（8 mg/L），BOD 值处于正常状态，即低于 4 mg/L，水温为 25℃。

（1）BOD 变化曲线。污水排放，在 0 点处 BOD 值急剧上升，高达 20 mg/L，随着河水流动，有机污染物被分解，BOD 值逐渐降低，经过 7.5 d 后，又恢复到原来状态。

（2）DO 变化曲线。污水排放后，河水中的溶解氧随着有机物的降解逐渐下降，并从流入的第一天开始，含量即低于地表水最低允许含量的 4 mg/L，在流动的 2.5 d 处，降至最低点，以后虽逐渐回升，但在流动的 4 d 前，DO 含量都低于地面水的最低允许含量（涂黑部分），此后逐渐回升，在流动的 7.5 d 后，才恢复到原有状态。

人们将接纳大量有机污水的河流，从污水排放后，按 BOD 及 DO 变化曲线，划分为 3 个相接连的河段（带）：严重污染的多污带、污染较轻的中污带（中污带又可分为强、弱两带）和污染不重的寡污带。每一带除有各自的物理化学特点外，还有各自的生物学特点。各污染带特征见表 4-3。

表 4-3 各污染带特征

项　目	多污带	强中污带	弱中污带	寡污带
有机物	水中含有大量有机污染物，多是未分解的蛋白质和碳水化合物	由于蛋白质等有机物的分解，形成了氨基酸和氨	由于氨的进一步分解，出现亚硝酸和硝酸，有机物含量很少	沉淀的污泥也进行分解，形成硝酸盐，水中残余的有机物极少
溶解氧	极少或全无，处于厌氧状态	少量（兼性）	多（好氧）	很多（好氧）
BOD_5	很高	高	低	很低
生物种属	很少	少	多	很多
细菌数/（个/mL）	数十万～数百万	数十万	数万	数百～数十
主要生物群	细菌、纤毛虫	细菌、真菌、绿藻、蓝藻、纤毛虫、轮虫	蓝藻、硅藻、绿藻、软体动物、甲壳动物、鱼类	硅藻、绿藻、软体动物、甲壳动物、鱼类、水昆虫

从表 4-3 可以看到，多污带耗氧有机物污染严重，完全没有溶解氧，生物种类单调，主要是细菌，个体数极多，有时每毫升水中细菌数可达几亿之多。

强中污带开始有一些溶解氧，但生物种类仍然不多，主要是细菌，每毫升水中可达数十万个，但已出现吞食细菌的纤毛虫和轮虫类。

弱中污带由于产生了硝酸盐，使藻类大量出现，溶解氧逐步回升，生物种类开始丰富起来，主要是各种藻类（绿藻、硅藻、蓝藻）以及轮虫、甲壳动物，细菌数量显著减少，每毫升水中只有数万个，开始出现鱼类。

寡污带，耗氧有机物已完全分解，溶解氧已恢复为正常值，藻类的种类和数量增加，出现大量的昆虫，细菌数目已极少，鱼类逐渐增多，并出现多种维管束植物。

第五节　水污染控制技术

水污染控制技术，就是采用多种方法将污水中所含有的污染物质分离出来，或转化为稳定和无害的物质，使污水得到净化，满足我国污水排放标准，从而保护和改善水环境质量。

一、污水的处理方法分类与系统

（一）污水的处理方法分类

1. 按处理原理分类

现代污水处理技术，按原理可分为物理处理法、化学处理法、生物处理法和物理化学处理法 4 类。

（1）物理处理法。

物理处理法是通过物理作用，将废水中的悬浮物、油类、可溶性盐类以及其他不溶于水的固体物质分离出来，在处理过程中不改变其化学性质。物理处理法操作简单、经济，常采用的有重力分离法、截流法、离心分离法等。

（2）化学处理法。

化学处理法是向污水中投加化学试剂，利用化学反应来分离、回收污水中的污染物质，或将污染物质转化为无害的物质。常用的化学方法有混凝沉淀法、化学沉淀法、中和法和氧化还原法等。

（3）生物处理法。

生物处理的主要作用者是微生物，特别是其中的细菌。根据生化反应中 O_2 的需求与否，可把细菌分为好氧菌、兼性厌氧菌和厌氧菌。主要依赖好氧菌和兼性厌氧菌的生化作用来完成处理过程的工艺，称为好氧生物处理法；主要依赖厌氧菌和兼性厌氧菌的生化作用来完成处理过程的工艺，称为厌氧生物处理法。常用的生物处理法有活性污泥法、生物膜法、自然生物处理法等。

（4）物理化学处理法。

该方法是利用物理化学作用去除污染物质的方法。常用的方法有吸附法、膜分离法、离子交换法、汽提法、萃取法等。

2. 按处理程度分类

现代污水处理技术，按处理程度划分，可分为一级、二级和三级处理和再生水处理。

（1）一级处理，是二级处理的预处理，对废水进行初步处理，从而为二级处理提供适宜的水质条件。一级处理是去除废水中的漂浮物、悬浮物和其他固体物，调节废水的 pH，减轻废水的腐化和后续处理工艺的负荷。一般经过一级处理后，悬浮物固体的去除率为70%～80%，而 BOD_5 的去除率为 25%～40%。废水的净化程度不高，一般达不到排放标准。对于二级处理来说，一级处理就是预处理。强化一级处理是基于一级处理的基础上，通过物理、化学或者生物处理方法絮凝废水中的一些悬浮物和胶体物质从而更好地通过沉降从废水中去除。

（2）二级处理，可以大幅地去除废水中的悬浮物、有机污染物和部分金属污染物。长期以来，将生物处理作为污水二级处理的主体工艺。一般通过二级处理后，废水的 BOD_5 和 SS 的去除率分别为 90%和 88%以上，处理后 BOD_5 含量可以降到 20～30 mg/L。废水基本具备排放标准的要求。但还有部分微生物不能降解的有机物、N、P、病原体及一些无机盐等尚不能去除。

（3）三级处理，又称深度处理，是基于一级处理和二级处理之上进一步去除废水中大部分难降解的有机物、N、P 等可以引起水体富营养化的可溶无机物。三级处理的主要对象是营养物质（N、P）及其他溶解性物质，以防止受纳水体发生富营养化和受到难降解有毒化合物的污染。它是将二级处理未能去除的部分污染物进一步净化处理，常用超滤、活性炭吸附、离子交换、电渗析等方法。根据三级处理出水的具体去向和用途，其处理流程和组成单元有所不同。三级处理的基建费用和运行费用较为昂贵，因此其发展和推广应用受到一定的限制，目前仅适用于严重缺水的地区。

再生水处理是指废水经过一定处理后达到相应的国家规定的水质标准，从而被重复利用于满足某种要求，这样的水被称为再生水。再生水处理后的水可以用于农业灌溉、城市绿化、工业用水、景观娱乐等多种用途，从而实现水资源的循环利用。

（二）污水处理系统

污水的性质十分复杂，往往需要将几种单元处理操作联合成一个有机的整体，并合理配置其主次关系和前后次序，才能最经济有效地完成处理任务。这种由单元处理设备合理配置的整体，叫作污水处理系统，有时也称污水处理流程。

污水处理流程的组合，一般应遵循先易后难、先简后繁的规律，即首先去除大块垃圾和漂浮物质，然后再依次去除悬浮固体、胶体物质及溶解性物质。亦即首先使用物理处理法，然后再使用化学处理法和生物处理法。

对于某种污水、采用哪几种处理方法组成系统，要根据污水的水质、水量，回收其中有用物质的可能性、经济性、受纳水体的具体条件，并结合调查研究与经济技术比较后决定，必要时还需进行试验。城市污水处理的典型流程见图 4-4。

生产污水的处理流程，随工业性质、原料、成品及生产工艺的不同而不同，具体处理方法与流程应根据水质与水量及处理的对象，经调查研究或试验后决定。

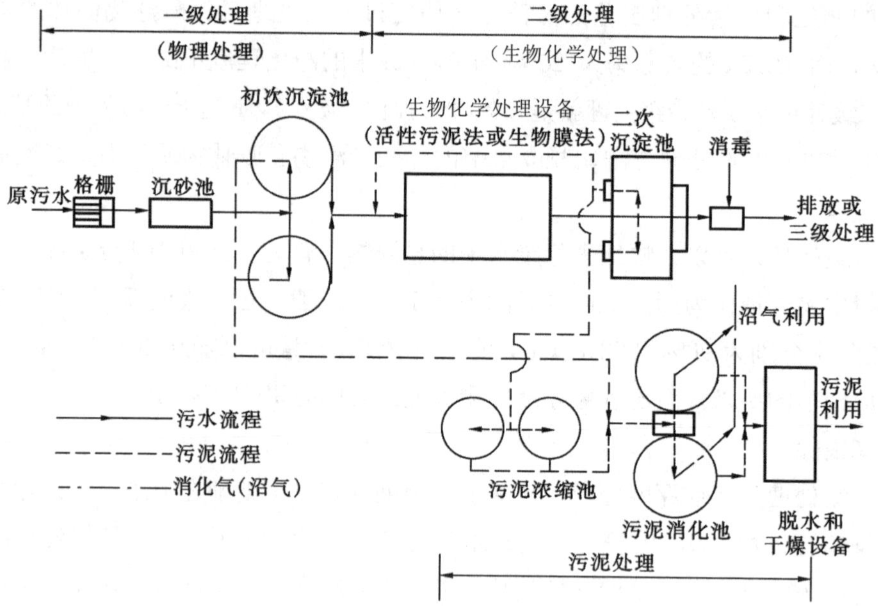

图 4-4　污水处理的典型流程

二、常用的物理处理方法简介

（一）截流法

截流法就是利用过滤介质截流污水中的悬浮物。过滤介质有钢条、筛网、砂布、塑料、微孔管等，常用的过滤方法有格栅、栅网、微滤机、砂滤机、真空滤机、压滤机等（后两种滤机多用于污泥脱水）。

格栅是常用的处理设施之一，是由一组平行的钢条组成，倾斜放置在污水进水渠道上，见图 4-5。其作用是拦截污水中粗大悬浮物和漂浮物，防止后续污水处理设施被堵塞并减少其处理负荷。格栅是由一组平行的金属栅条或筛网制成，安装在污水渠道、泵房集水井进口处或污水处理厂的端部。被格栅截留的物质称为栅渣。按格栅栅条的间距可分为粗格栅、中格栅、细格栅。粗格栅的间距为 50～100 mm，中格栅的间距为 10～40 mm，细格栅的间距为 3～10 mm。按清渣方式可分为人工清渣和机械清渣两种。人工清渣适用于小型污水处理厂。

筛网往往适用于需要从水中去除纤维、纸浆、藻类等稍小杂物的场景。针对不同情况，选择不同孔径的筛网。孔径为 10 mm 的筛网主要用于工业废水预处理。孔径小于 0.1 mm 的筛网用于处理后出水的最终处理或用于回用前的处理。筛网装置有转鼓式、旋转式、转盘式和振动筛网等。

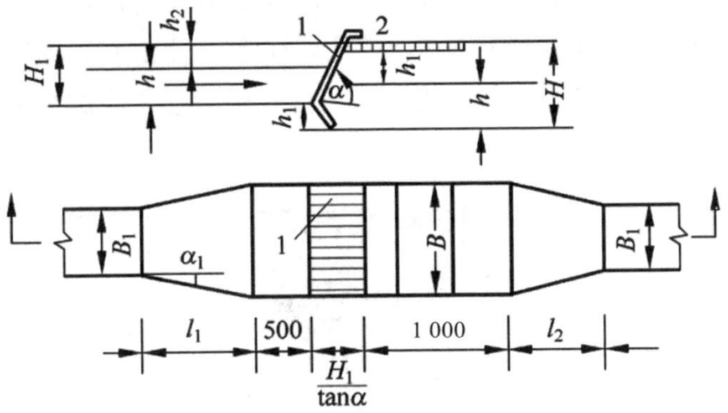

1-栅条；2-工作平台；B-栅槽宽度；B_1-进水渠道宽度；H-栅槽总高度；H_1-栅前槽高；h-栅前水深；h_1-过栅水头损失；h_2-栅前渠道超高；α-格栅倾角；l_1-进水渠道渐宽部分长度；l_2-栅槽与出水渠连接渠的渐缩长度；α_1-进水渠展开角，一般取 20°；单位：mm。

图 4-5 人工清渣的格栅示意

（二）重力分离（即沉淀）法

该方法利用污水中呈悬浮状的污染物和水比重不同的原理，借重力沉降（或上浮）作用，使水中悬浮物分离出来。密度大于水的颗粒将下沉，小于水的则上浮。沉淀法一般只适于去除 20～100 μm 的颗粒（与颗粒的性质和比重有关）。胶体不能用沉淀法去除，需经混凝处理后，使颗粒尺寸变大，才具有下沉速度。

沉淀法可去除水中的砂粒、化学沉淀物、混凝处理所形成的絮体和生物处理的污泥，也可用于浓缩沉淀污泥。根据悬浮物质的性质、浓度及絮凝性能，沉淀可以分为以下 4 类。

（1）自由沉淀：颗粒在沉淀过程中呈离散状态，其形状、尺寸、质量均不改变，下沉速度不受干扰。典型的例子是砂粒在沉砂池中的沉淀以及悬浮物质浓度较低的污水在初次沉淀池中的沉淀过程。自由沉淀过程可用牛顿第二定律及斯托克斯公式描述。

（2）絮凝沉淀：也可叫作干涉沉淀。当悬浮物质浓度为 50～500 mg/L 时，沉淀过程中，颗粒之间可能互相碰撞产生絮凝作用，其尺寸、质量均会随深度的增加而增大，沉淀速率也随深度而增加。故实际沉淀速率很难用理论公式计算，主要靠试验测定。典型的例子是活性污泥在二次沉淀池中的沉淀。

（3）拥挤沉淀：又称为分层沉淀或区域沉淀，当悬浮物质浓度大于 500 mg/L 时，沉淀过程中，相邻颗粒之间互相妨碍、干扰，沉速大的颗粒无法超越沉速小的颗粒，各自保持相对位置不变，并在聚合力作用下，颗粒群结合成一个整体向下沉淀，在清水与浑水之间形成明显的交界面，并逐渐向下移动。典型的例子是活性污泥在二次沉淀池下部的沉淀过程及浓缩池开始阶段。

（4）压缩沉淀：压缩沉淀是区域沉淀的继续，颗粒在水中的浓度增高到颗粒相互接触并部分地受到压缩物支撑，上层颗粒在重力作用下，挤出下层颗粒的间隙水，使污泥得到浓缩，该过程发生在沉淀池底部。典型的例子是活性污泥在二次沉淀池的污泥斗中及浓缩池中的浓缩过程。

【重力分离（即沉淀）法的原理】

沉降设施

沉淀处理的设备主要有沉砂池和沉淀池。沉砂池的作用是去除污水中比重较大的无机颗粒，如泥沙、煤渣等；沉砂池一般设置在泵站、倒虹管前，以便减轻无机颗粒对水泵、管道的磨损；也可设置在初沉池前，用来减轻沉淀池的负荷并且改善污泥处理构筑物的处理条件。沉淀池按工艺布置不同，分为初沉池和二沉池，初沉池是一级污水处理厂的主体处理构筑物，或者作为二级污水处理厂的预处理构筑物设置在生物处理前方；二沉池设置在生物处理构筑物后方，作用为通过沉淀去除活性污泥或腐殖污泥。沉砂池按水流流态不同分为平流沉砂池、竖流沉砂池、曝气沉砂池等；根据池内水流的方向不同，沉淀池的形式可以分为 5 种，即平流式沉淀池、竖流式沉淀池、辐流式沉淀池及斜管式沉淀池、斜板式沉淀池等。图 4-6 为平流式沉淀池，是采用最多的一种。

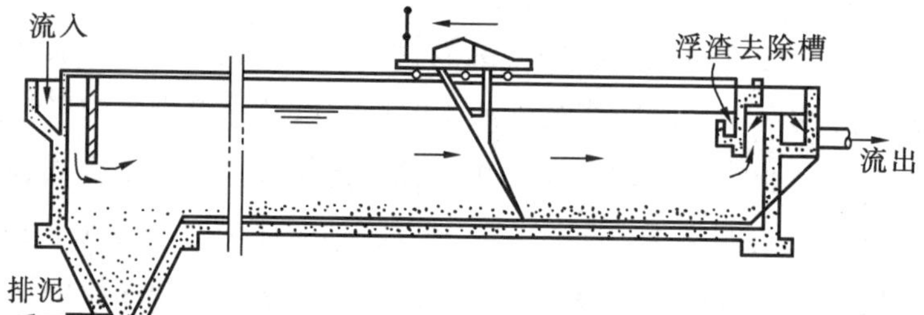

图 4-6　平流式沉淀池

平流式沉淀池为长方形，污水的流动方向是水平流动。它由入流装置、流出装置、沉淀区、缓冲层、污泥区及排泥装置构成。污水由入流口流入池中，进口之后设有一挡流板，用以降低水的流速，并使池中的水流均匀流动。排出口为锯齿形溢流堰，既可保证水流均匀，又可控制池中水位。溢流堰前设一浮渣挡板，用以阻拦水面浮渣，使其不流出沉淀池。

（三）气浮法

气浮法是指利用高度分散的微小气泡作为载体黏附于废水中污染物上，使其浮力大于重力和上浮阻力，从而使污染物上浮至水面，形成泡沫，然后用刮渣设备自水面刮除泡沫，实现固液或液液分离的过程。气浮过程的必要条件是：在被处理的废水中，应分布大量细微气泡，并使被处理的污染物呈悬浮状态，且悬浮颗粒表面应呈疏水性，易于黏附于气泡上而上浮。

气浮法的特点有：①气浮法对混凝沉淀未能去除的污染物具有较高的去除率，对悬浮物的处理效果良好，是对沉淀作用的进一步补充；②气浮过程增加了水中的溶解氧，对污水具有预曝气、脱色等作用，而且气浮渣中具有一定的含氧量，浮渣不易变质；③气浮法使污染物质浮在液体表面，有利于排渣，浮渣的含水率较低，可降低污泥体积，进而降低污泥处置费用；④气浮法所需构筑物占地面积小，一般是沉淀池面积的 1/8～1/2；⑤气浮法需要在废水中产生大量气泡，因此其耗电量较高，运行成本较高；⑥气浮法中的释放器在工作时易发生堵塞问题，而且气浮后澄清容易受天气影响；⑦某些污水处理过程中气浮也需要添加一些药剂，但其用量较低，反应时间也较短。

加压溶气气浮法是目前应用最广泛的一种气浮方法。空气在加压条件下溶于水中，再使压力降至常压，把溶解的过饱和空气以微气泡的形式释放出来。加压溶气气浮工艺由空气饱和设备、空气释放设备和气浮池等组成。其基本工艺流程有全溶气流程、部分溶气流程和回流加压溶气流程 3 种。全溶气流程是将全部废水通过加压溶气，再经减压释放装置进入气浮池进行固液分离，与其他两个流程相比，全溶气流程耗电量大，但由于不需要另外加入溶气水，气浮池的容积较小。部分溶气流程是将部分废水进行加压溶气，其余废水直接送入气浮池。其比全溶气流程省电，部分废水流经溶气罐，故溶气罐的容积较小。回流加压溶气流程将部分出水进行回流加压，废水直接送入气浮池，气浮池的容积比前两者要大，这种方法适用于含悬浮物浓度高的废水的固体分离。

（四）离心分离法

离心分离法是指物体高速旋转时会产生离心力场，利用离心力分离废水中杂质的处理方法。离心分离原理为废水做高速旋转时，由于悬浮固体和水的质量不同，所受的离心力也不相同，质量大的悬浮固体被抛向外侧，质量小的水被推向内层，这样悬浮固体和水从各自出口排除，从而使废水得到处理。按产生离心力的方式不同，离心分离设备可分为离心机和水力旋流器两类。离心机的特点是高速旋转的转鼓带动物料产生离心力。离心机是依靠一个可随转动轴旋转的转鼓，在外界传动设备的驱动下高速旋转，转鼓带动需进行分离的废水一起旋转，利用废水中不同密度的悬浮颗粒所受离心力不同进行分离的一种分离设备。离心机按分离因素大小可分为高速离心机、中速离心机和低速离心机；按转鼓的几何形状不同，可分为转筒式、管式、盘式和板式离心机；按操作过程可分为间歇式和连续式离心机；按转鼓的安装角度可分为立式和卧式离心机。水力旋流器的特点是器体固定不动，由沿切向高速进入器体内的物料产生离心力。水力旋流器有压力式和重力式两种。

三、常用的化学处理方法简介

（一）混凝沉淀法

混凝沉淀法是污水深度处理常用的一种技术。混凝沉淀工艺去除的对象是污水中呈胶体和微小悬浮状态的有机与无机污染物。从表观而言，就是去除污水的色度和浊度。混凝沉淀法还可以去除污水中的某些溶解性物质，如 As、Hg 等。也能够有效地去除能够导致缓流水体富营养化的 N、P 等。与其他处理方法相比，混凝沉淀法设备简单，处理效果较好，但运行费用高，沉渣量大。

混凝沉淀法具体技术就是将与作用机理相适应数量的混凝剂投入污水中，经过充分混合、反应，使污水中呈微小悬浮颗粒和胶体颗粒互相产生凝聚作用，成为颗粒较大，而且易于沉淀的絮凝体（颗粒粒径＞20 μm），再经过沉淀加以去除。

混凝及相关机理简介

（二）化学沉淀法

向污水中投加某种化学物质，使它与污水中的溶解性物质发生互换反应，生成难溶于水的沉淀物，以降低污水中溶解物质的方法。

化学沉淀法的处理对象：①废水中重金属离子及放射性元素，如 Cr^{3+}、Cd^{3+}、Hg^{2+}、Zn^{2+}、Ni^{2+}等；②给水处理中去除钙、镁硬度；③某些非金属元素，如 S^{2-}、F^{-}、P 等；④某些有机污染物。

化学沉淀法的工艺过程为：①投加化学沉淀剂，生成难溶于水的化学物质，使污染物沉淀析出；②通过凝聚、沉降、浮选、过滤、离心、吸附等方法，进行固液分离；③泥渣的处理和回收利用。

（三）中和法

中和法是利用化学酸碱中和的原理消除污水中过量的酸或碱，使其 pH 达到中性的过程。很多工业废水往往含酸或碱，根据我国工业废水和城市污水的排放标准，排放废水的 pH 应在 6.5～8.5。凡是废水含有酸碱而使 pH 超出规定范围的都应加以处理。

工业废水含酸、碱的量往往差别很大。对于废酸液，其酸浓度有的低于 1%，有的高于 10%；对于废碱液，其碱浓度有的低于 1%，有的高于 5%。废酸液和废碱液应尽量加以回收利用。低浓度的含酸废水和含碱废水，回收的价值不大，可采用中和法处理。如酸性废水中和处理可采用和碱性废水混合、投药（如氢氧化钙）中和与过滤中和等；碱性废水中和处理可采用鼓入酸性废气（如烟道气）、鼓入压缩 CO_2 气体、投入酸性废水等方式处理。

（四）氧化还原法

该方法是利用氧化还原反应，将水中的污染物转变为无毒或微毒的物质，从而达到处理废水的目的。水处理中常用的氧化剂有 O_2、Cl_2、O_3、$KMnO_4$ 和 ClO_2 等。常用的还原剂有亚铁盐、Fe（铁粉、铁屑）、Zn、SO_2 和亚硫酸盐等。

氧化还原法又可分为氧化法（如空气氧化、氯氧化法、臭氧氧化法、光氧化法）和还原法。

氯作为氧化剂可氧化废水中的氰、硫、酚、氨氮及去除某些染料而脱色等。

臭氧在水处理中有 3 个方面的应用：①消毒、污染水源水的净化和工业废水的氧化处理。消毒作用中主要是臭氧有很强的杀菌力，它不仅对一般的细菌，而且对病毒和芽孢等也有很强的杀伤作用。②在工业废水处理方面，臭氧已用于炼油废水酚类化合物的去除、电镀含氰废水的氧化。③含染料废水的脱色，洗涤剂的氧化，照片洗印漂洗氰化铁废液的回收与利用等。臭氧氧化法对于降低污水的 BOD 与 COD 等均有显著效果。

还原法目前主要用于含铬污水处理。

光氧化法的实质是利用光照强化氧化剂的氧化作用。光氧化法中常用的氧化剂有氯、次氯酸盐、过氧化氢、空气和臭氧等。光源多用紫外光，针对不同的污染物可选用不同波长的紫外线灯管，以便充分地发挥光氧化的作用。

采用光氧化法进行废水三级处理时，COD、BOD 可处理到接近于 0；对含表面活性剂的废水也有很好的处理效果；对去除色度、微量油、消毒和除臭等均有效。

使用氧化还原法时，选择处理药剂和方法应该遵循以下原则：①处理效果好，反应产物无毒无害，无须进行二次处理。②处理费用合理，所需药剂和材料易得。③操作特性好，在常温和较宽的 pH 范围内具有较快的反应速度；当提高反应温度和压力后，其处理效率和速度的提高能克服费用增加的不足；当负荷变化后，调整操作参数，可维持稳定的处理效果。④与前后处理工序的目标一致，搭配方便。

四、常用的生物处理方法简介

（一）好氧生物处理

好氧生物处理是利用好氧微生物（包括兼性微生物）在有氧气存在的条件下进行生物代谢以降解有机物，使其稳定、无害化的处理方法。在该过程中，污水中一部分有机物被微生物吸收，氧化分解成简单无机物（如有机物中的C被氧化成CO_2，H与O化合成H_2O，N被氧化成氨、亚硝酸盐和硝酸盐，P被氧化成磷酸盐，硫被氧化成硫酸盐等），同时释放出能量，作为微生物自身生命活动的能源，另一部分有机物则作为微生物生长繁殖所需要的构造物质，合成新的细胞物质。

好氧生物处理法由于其处理效率高，效果好，广泛用于处理城市污水及有机性生产污水。根据好氧微生物在处理系统中所呈现的状态不同，好氧生物处理又分为活性污泥法和生物膜法两大类。

1. 活性污泥法

向有机污水注入空气进行曝气，持续一段时间以后，污水中即生成一种絮凝体，这种絮凝体（称为活性污泥）主要是由大量繁殖的微生物群体所构成的。活性污泥法是使活性污泥在反应器（曝气池）中呈悬浮状态，充分与污水接触，污水中的有机污染物为活性污泥上的微生物所摄取氧化分解，从而使污水得到净化的方法。活性污泥法处理系统，实质上是自然界水体自净的人工模拟，不是简单的模拟，而是经过人工强化的模拟。

【活性污泥法相关工艺简介】

2. 生物膜法

生物膜法是利用附着生长于某些同体物表面的微生物（即生物膜）进行有机污水处理的方法。生物膜是由高度密集的好氧菌、厌氧菌、兼性菌、真菌、原生动物以及藻类等组成的生态系统，其附着的固体介质称为滤料或载体。污水与生物膜接触，污水中的有机污染物，作为营养物质，为生物膜上的微生物所摄取，污水得到净化，微生物自身也得到繁衍增殖。它与活性污泥法的不同之处在于，微生物是固着生长在介质滤料表面，又称为“固着生长法”，即在废水生物膜接触时，进行固、液相的物质交换，膜内微生物将有机物氧化，使废水获得净化，同时生物膜内微生物不断生长和繁殖。从填料上脱落下来的衰老生物膜随处理后的污水流入沉淀池，经沉淀，泥水分离。

污水的生物膜法既是古老的，又是发展中的污水生物处理技术。迄今为止，属于生物膜法的工艺有生物滤池（普通生物滤池、高负荷生物滤池、塔式生物滤池）、生物转盘、生物接触氧化设备和生物流化床等。生物滤池是早期出现、至今仍在发展中的污水生物处理技术，而后三者则是近 40 年来开发的新工艺。

【生物膜法相关工艺简介】

（二）厌氧生物处理

在厌氧条件下，依赖兼性厌氧菌和专性厌氧菌等多种微生物共同作用，对有机物进行生化降解生成 CH_4 和 CO_2 的过程，称为厌氧生物处理法。厌氧生物处理与好氧生物处理的显著差别在于：①无须供氧；②最终产物为热值很高的甲烷气体，可用作清洁能源；③特别适用于处理城市污水处理厂的污泥和高浓度有机工业废水。

厌氧生物处理法的处理对象是高浓度有机工业废水、城镇污水的污泥、动植物残体及粪便等。早期的处理构筑物有双层沉淀池、普通消化池和高速消化池。近年来又发展了一些新型的工艺，如厌氧接触系统、厌氧生物滤池、厌氧污泥床等。

1．厌氧生物滤池

厌氧生物滤池的构造类似于一个生物滤池，池内放置填料，但池顶密封。废水从池底进入，而从池顶排出。填料浸没在水中，微生物附着生长在填料上，滤池中的微生物量较高，平均停留时间可长达 100 d 左右，因此可达到较高的处理效果。

厌氧生物滤池的特点是：处理能力较高；滤池内可保持较高的微生物浓度而不需要搅拌设备；不需要另外的泥水分离器，出水 SS 较低；设备简单，操作方便；但滤料易堵塞。

2．厌氧接触法

对于含悬浮物较多的高浓度有机废水，可以采用厌氧接触法，见图 4-7。废水先进入混合接触池（消化池）与回流的厌氧污泥相混合，然后经真空脱气器而流入沉淀池。经过澄清后的处理水从沉淀池排出，而沉下的污泥大部分回流到混合接触池。

厌氧接触法对于含较多悬浮物的有机废水（如肉类加工废水等）效果很好，微生物可附着在悬浮颗粒上，使微生物与废水的接触表面积很大并能在沉淀池中很好沉淀。在混合接触池中，要进行适当搅拌以使污泥保持悬浮状态。

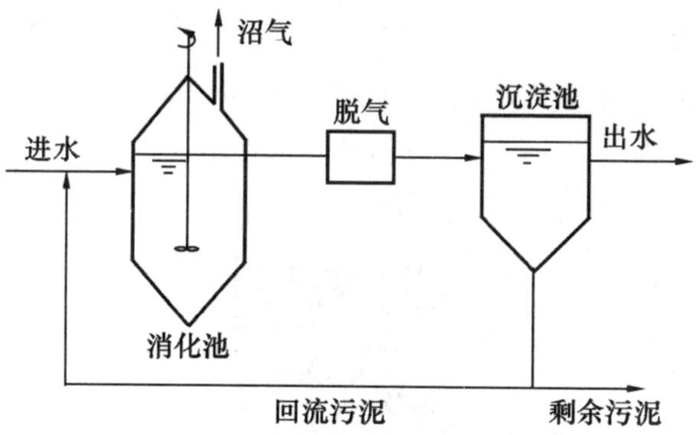

图 4-7 厌氧接触法的流程

五、常用的物理化学处理方法简介

（一）萃取法

萃取法是利用分配定律的原理，用一种与水不互溶，而对废水中某些污染物溶解度大的有机溶剂，从废水中分离除去污染物的方法。采用的溶剂称为萃取剂，被萃取的污染物称为溶质，萃取后的萃取剂称萃取液。要提高萃取速度，可采取增大两相的接触面积、增大传质系数和传质推动力的途径来达到。萃取法适用于：能形成共沸点的恒沸化合物，而不能用蒸馏、蒸发方法分离回收的废水组分；热敏感性物质，在蒸馏和蒸发的高温条件下，易发生化学变化或易燃易爆的物质；沸点非常接近，难以用蒸馏方法分离的废水组分；难挥发性物质，用蒸发法需要消耗大量热能或需要高真空蒸馏，如含乙酸、苯甲酸和多元酚的废水；对某些含金属离子的废水，如含铀和钒的洗矿水与含铜的冶炼废水，可以采取有机溶剂萃取、分离和回收。

（二）吸附法

吸附法是指利用多孔性固体吸附废水中的某种或几种污染物，从而使废水得到净化的方法。吸附是一种界面现象，其作用发生在两个相界面上。例如，活性炭与废水接触时废水中的污染物会从水中转移到活性炭的表面上，这就是吸附。具有吸附能力的多孔性固体物质称为吸附剂，水中被吸附的物质被称为吸附质。在水处理中，常用的吸附剂有活性炭、磺化煤、焦炭、木炭、泥煤、高岭土、硅藻土、硅胶、煤渣、木屑、金属（铁粉、锌粉、活性铝）以及其他合成吸附剂等。其中活性炭应用最为广泛。根据固体表面吸附力不同，吸附可分为物理吸附和化学吸附（表 4-4）。大多数吸附过程往往是几种吸附作用的综合结果。

表 4-4 物理吸附和化学吸附特征比较

吸附性能	物理吸附	化学吸附
作用力	分子引力（范德华力）	剩余化学价键力
选择性	一般没有选择性	有选择性
形成吸附层	单分子或多分子吸附层均可	只能形成单分子吸附层
吸附热	较小，一般在 41.9 kJ/mol 以下	较大
吸附速率	快，几乎不需要活化能	较慢，需要一定的活化能
温度	放热过程，低温有利于吸附	温度升高，吸附速率增加
可逆性	较易解吸	化学价键力大时，吸附不可逆

活性炭吸附法目前较多地应用于给水处理中去除微量有害物质、色度及臭味，城市污水及工业废水的深度处理，去除难以生物降解或化学氧化的少量有害物质，去除色素、杀虫剂以及重金属离子（如 Hg、Sb、Bi、Cd、Ag、Pb、Ni）等。吸附饱和后的吸附剂，经再生后可重复使用。

（三）离子交换法

离子交换法是借助离子交换剂中的交换离子同废水中的离子进行交换而去除废水中有害离子的方法。该方法的交换过程为：①被处理溶液中的某离子迁移到附着在离子交换剂颗粒表面的液膜中；②该离子通过液膜扩散（简称膜扩散）进入颗粒中，并在颗粒的孔道中扩散而到达离子交换剂交换基团的部位（简称颗粒内扩散）；③该离子同离子交换剂上的离子进行交换；④被交换下来的离子沿相反途径转移到被处理的溶液中。离子交换反应是瞬间完成的，而交换过程的速度主要取决于历时最长的膜扩散或颗粒内扩散。废水处理中使用的离子交换剂分无机离子交换剂和有机离子交换剂两大类。无机离子交换剂有天然沸石和合成沸石等。有机离子交换树脂的种类繁多，主要有强酸阳离子交换树脂、弱酸阳离子交换树脂、强碱阴离子交换树脂、弱碱阴离子交换树脂、重金属选择性螯合树脂和有机吸附树脂等。

（四）电渗析

电渗析是一种在电场作用下使溶液中离子通过膜进行传递的过程。根据所用膜的不同，电渗析可分为非选择性膜电渗析和选择性膜电渗析两类。离子交换膜是电渗析器的关键部件，它是一种具有选择透过性、带有活性离子基团的高分子薄膜。

其基本原理如图 4-8 所示。在容器两端水中插入电极，把阴、阳两种离子交换膜一片隔一片交替地装在两极之间，使阳极与阴极之间分隔成许多小室，互不相通。这种设备称为电渗析器。将被处理的水通入电渗析器内，在直流电压作用下，阴离子向阳极方向迁移，阴离子能通过阴离子交换膜，而通过阳离子交换膜时被阻挡；阳离子向阴极方向迁移，阳离子能通过阳离子交换膜，而通过阴离子交换膜时被阻挡，水分子则不能通过离子交换膜。

这样，在一部分小室（浓室）里，水中离子的浓度比被处理水浓，但体积是被处理水的 10%以上，而在另一部分小室（淡室）里，水中离子的浓度比被处理水稀，这就达到了净化的目的。

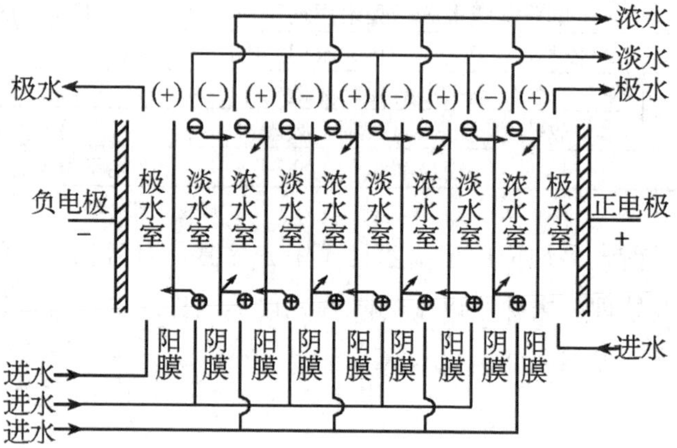

图 4-8　电渗析法基本原理

电渗析法的特点：电渗析只能将电解质从溶液中分离出去（脱盐），水中不解离及解离度小的物质难以用此方法分离除去；电渗析也不能去除有机物、胶体物质、微生物、细菌等；电渗析使用直流电，设备操作简单，不需酸、碱再生，有利于环保；电渗析靠水中的离子传递电流，因而无法全部去除水中离子，无法制取高纯水。

目前在废水处理中电渗析法用于以下几方面：生活污水和某些工业废水经三级处理后，再用电渗析除盐来制取再生水；从碱法造纸废水中可回收烧碱和木质素，回收率可达70%左右；从芒硝废水中回收硫酸和氢氧化钠；对电镀等工业废水用电渗析法，可达到闭路循环的目的。

【水处理技术的革新与挑战】

思考题

1. 影响水体净化作用的主要因素有哪些？
2. 重金属在水环境中的物理化学迁移主要包括哪几种作用？

3. 水质指标在实际工作中有何作用？水质指标有哪几类？水污染控制工程中常用哪些指标？

4. 水环境质量标准主要解决什么问题？水环境质量标准主要有哪几类？

5. 试述有机物、N、P对水体的危害，为什么说控制水体富营养化，最重要的是控制N、P污染物进入水体。

6. 为什么说重金属对人体健康及生态环境的危害极大，重金属污染物最主要的特性是什么？水体中的重金属污染物主要来源有哪些？

7. 污水的物理处理、生物处理、化学处理和物理化学处理在处理原理上有何不同？处理对象有何不同？

8. 污水的沉淀处理的基本原理是什么？影响沉淀效果的因素有哪些？

9. 试述活性污泥法的基本概念和基本流程。

10. 简要谈谈水污染控制技术的发展趋势。

参考文献

[1] 方淑荣，姚红编．环境科学概论[M]．3版．北京：清华大学出版社，2022.
[2] 左玉辉．环境学[M]．2版．北京：高等教育出版社，2010.
[3] 龙湘犁，何美琴．环境科学与环境工程概论[M]．北京：化学工业出版社，2019.
[4] 袁霄梅，张俊，张华．环境保护概论[M]．2版．北京：化学工业出版社，2020.
[5] 张自杰．排水工程（下册）[M]．北京：中国建筑工业出版社，2015.
[6] 徐慧，陈林著．环境科学概论[M]．北京：中国铁道出版社，2014.
[7] 张蕾，王栋，车鉴．废水生物处理新技术[M]．北京：化学工业出版社，2024.
[8] 杨宏伟，陈志文．工业用水处理技术[M]．北京：化学工业出版社，2024.
[9] 窦贻俭，朱继业．环境科学导论[M]．南京：南京大学出版社，2013.
[10] 高廷耀，顾国维，周琪．水污染控制工程[M]．北京：高等教育出版社，2015.
[11] 张文艺，毛林强，胡林潮，等．环境保护概论[M]．2版．北京：清华大学出版社，2021.
[12] 管华．环境学概论[M]．北京：科学出版社，2018.
[13] 全学军，徐云兰，程治良．难降解废水高级氧化技术[M]．北京：化学工业出版社，2018.
[14] 王敬国．环境学概论[M]．北京：中国农业大学出版社，2018.
[15] 苏玉萍．环境学[M]．北京：化学工业出版社，2020.
[16] 孟繁明，李花兵，高建强．环境概论[M]．北京：冶金工业出版社，2018.

第五章　常规大气污染及其控制

人类生活在地球的大气环境中，大气污染对人的健康直接产生危害，既有急性作用，又有慢性影响。大气污染还具有作用时间长、范围广（既有地域性的，也有全球性的影响）的特点。随着人口的增长和社会经济的发展，大气污染对人类社会的威胁日益突出，人们对其的关注也愈加紧密。本章拟对大气污染的产生、污染物质及其危害以及可行的对策及控制技术开展介绍。

第一节　大气与大气结构

一、大气组成

大气是人类赖以生存的最基本的环境要素，一切生命都离不开大气。它是指环绕地球的全部空气的总和，在自然地理学中被称为大气圈或大气层。从自然科学的观点来看，“空气”和“大气”两者并没有实质性的差别。但在研究近地层空气污染规律时，往往将室外空气称为“大气”，将室外地区性空气污染称为“大气污染”，而对室内或车间内的空气污染称“空气污染”。也有人将大气污染理解为这两种污染的总称。

自然状况下的大气由干燥清洁的空气、水蒸气和各种杂质组成。干洁空气的主要成分是氮气（N_2）、氧气（O_2）和氩气（Ar），三者共占干洁空气总体积的 99.9% 以上，其他成分如二氧化碳（CO_2）、氖气（Ne）、氦气（He）、臭氧（O_3）、氪气（Kr）等很少，干洁空气组成见表 5-1。

表 5-1　干洁空气组成

单位：%

气体成分	含量（体积分数）	气体成分	含量（体积分数）
氮（N_2）	78.09	氪（Kr）	1.0×10^{-4}
氧（O_2）	20.95	氢（H_2）	5×100^{-5}
氩（Ar）	0.93	氙（Xe）	8×10^{-6}
二氧化碳（CO_2）	0.03	臭氧（O_3）	1×10^{-6}
氖（Ne）	1.8×10^{-3}		
氦（He）	5.24×10^{-4}	干洁空气	100

大气的各种运动及分子扩散使不同高度和地区的大气得以交换和混合。因此干洁空气的组成在从地面到 85 km 高度的范围内是基本不变的，并且其物理性质基本稳定，可视为理想气体。干洁空气的平均分子量为 28.966，标准状态下的密度为 1.293 kg/m^3。

大气中分子态氮和惰性气体性质不活泼，不易与其他物质起化学作用，只有少量氮分子被土壤微生物所摄取，参加大气固氮作用。O_2 是地球上一切生命所必需的，它易与多种元素化合。CO_2 和 O_3 含量少但变化较大，对地表和大气温度有重要影响。

大气中的水蒸气含量随着时间、地点和气象条件等不同有较大变化，在 0.01%～4%。其含量虽不多，但对云、雾、雨、霜、露等天气现象起着重要作用，同时还导致大气中热能的输送和交换。

大气中的各种杂质是由于自然过程和人类活动排到大气中的各种悬浮微粒和气态物质形成的。悬浮微粒除水汽凝结物如水滴、云雾和冰晶等外，主要有尘粒、火山灰、烟尘等。气态物质主要有硫氧化物（SO_x）、氮氧化物（NO_x）、CO、CO_2、H_2S、NH_3、CH_4、恶臭气体等。大气中的杂质对辐射有吸收和散射作用，对大气中的各种光学现象及大气污染具有重要影响。

二、大气结构

根据大气在各个高度上的不同特征可将大气圈分为若干层次。如按压力特性可分为气压层和外气压层；按照分子组成可分为均质层和非均质层；按照大气的热状况分为对流层、平流层、中间层、暖层和散逸层，如图 5-1 所示。

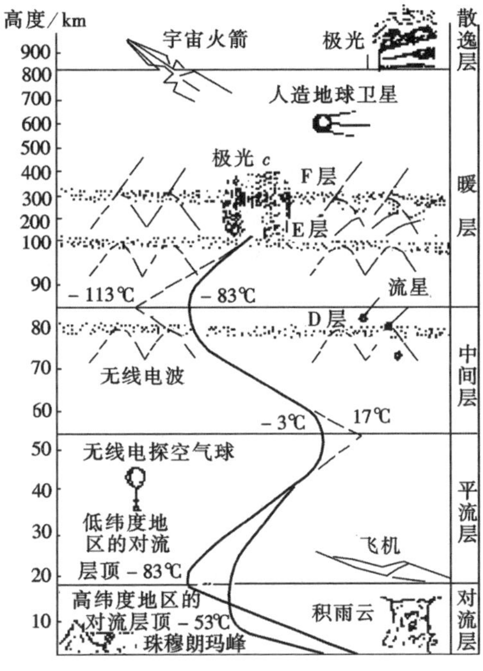

图 5-1　大气层垂直方向的分层

1. 对流层

对流层是大气的最低层，其厚度随纬度和季节而变化。在赤道低纬度区为 17～18 km；在中纬度地区为 10～12 km；两极附近高纬度地区为 8～9 km。夏季较厚，冬季较薄。以南京为例，夏季的对流层厚度达 17 km，而冬季只有 11 km，冬夏厚度之差达 6 km 之多。

这一层的显著特点：一是气温随高度升高而递减，大约每上升 100 m，温度降低 0.6℃。由于贴近地面的空气受地面辐射增温的影响而膨胀上升，上面冷空气下沉，故在垂直方向上形成强烈的对流；二是密度大，大气总质量的 3/4 以上集中在此层。

在对流层中，因受地表的影响不同，又可分为两层。在 1～2 km 以下，因受地表机械、热力强烈作用的影响，通称为摩擦层或边界层，亦称低层大气。排入大气的污染物绝大部分活动在此层。在 1～2 km 以上，受地表影响变小，称为自由大气层，主要天气过程如雨、雪、雹的形成均出现在此层。对流层和人类的关系最为密切。

2. 平流层

对流层顶到约 50 km 的大气层为平流层。在平流层下层，即 30～50 km 以下，温度随高度降低变化较小，气温趋于稳定，为 –55℃左右，所以又称同温层；在 30～35 km 以上，温度随高度升高而升高。这是因为平流层集中了大气中大部分 O_3，在 20～25 km 高度上达到最大值，形成臭氧层。因 O_3 具有吸收太阳光短波紫外线的能力，同时在紫外线的作用下可被分解为原子氧和分子氧。当它们重新化合生成 O_3 时，可以热的形式释放出大量的能量，使平流层的温度升高。在平流层中空气没有对流运动，平流运动占显著优势，空气比下层稀薄得多且干燥，水汽、尘埃的含量甚微，大气透明度高，很难出现云、雨等天气现象。

3. 中间层

从平流层顶到 80 km 高度这一层称为中间层。这一层大气中，几乎没有 O_3，来自太阳辐射的大量紫外线穿过这一层大气未被吸收，所以，气温随高度的增加下降得很快，到顶部气温已下降到 –83℃以下。由于下层气温比上层高，形成空气强烈的垂直对流运动，故又称为高空对流层或上对流层。中间层顶部尚有水汽存在，可出现很薄且发光的“夜光云”，在夏季的夜晚，高纬度地区偶尔能见到这种银白色的夜光云。

4. 暖层

从中间层顶部到高出海面 800 km 的高空称为暖层。该层的下部基本上是由分子氮所组成，而上部是由原子氧所组成。原子氧层可吸收太阳辐射出的紫外光，因而在这层中的气体温度随高度增加而迅速上升。据人造卫星观测，在 300 km 高度上，气温高达 1 000℃以上。由于太阳和宇宙射线的作用，该层大部分空气分子发生电离，使其具有较高密度的带电粒子，故又称为电离层。电离层能将电磁波反射回地球，故对全球性的无线电通信有重大意义。

5. 散逸层

暖层顶以上的大气统称为散逸层。这是大气圈的最外层，高度达 800 km 以上。这层空气在太阳紫外线和宇宙射线的作用下，大部分分子发生电离，使质子的含量大大超过中性氢原子的含量。散逸层空气极为稀薄，其密度几乎与太空密度相同。由于空气受地心引力极小，气体及微粒可以从这层被碰撞出地球重力场而进入太空散逸。对散逸层的高度还没有一致的看法，宇宙火箭探测资料表明，地球大气圈之外，还有一层极其稀薄的电离气体，其高度可伸延到 22 000 km 的高空，称之为地冕。地冕实际上是地球大气向宇宙空间的过渡区域。

第二节　大气污染及其危害

一、大气污染

大气污染，通常指由于人类活动和自然过程引起某些物质进入大气中，呈现出足够的浓度，达到了足够的时间，并因此而危害了人体的舒适、健康或危害了环境。自然过程包括火山活动、山林火灾、土壤岩石风化、动植物腐烂及大气圈中空气运动等。由于自然环境所具有的物理、化学和生物机能形成的自净作用，自然过程造成的大气污染经一定时间后会自动消除。一般来说，自然过程所造成的污染多为暂时的、局部的。平常所说的大气污染主要是人类活动造成的，污染延续的时间长、范围广。

大气污染类型主要取决于所用能源和污染物的化学特性，气象条件也起着重要作用。根据污染物的化学性质及其存在的大气环境状况可分类如下：

（一）还原型污染

这类污染常发生在以使用煤炭为主，同时也使用石油的地区。其主要污染物为 SO_2、CO 和颗粒物。在低温、高湿度且风速很小的阴天，并伴有逆温的情况下，一次污染物易在低空积聚，生成还原性烟雾。伦敦烟雾事件是其典型代表，故这类污染又称为伦敦雾型。

（二）氧化型污染

这类污染多发生在以使用石油为燃料的地区，主要污染源是汽车排气、燃油锅炉以及石油化工企业，主要的一次污染物是 CO、NO_x（尤其是 NO_2）和碳氢化合物。在阳光照射下它们能发生光化学反应，生成 O_3、醛类、过氧乙酰硝酸酯等二次污染物。这些物质具有极强的氧化性，对人的眼睛等黏膜有很强的刺激作用。洛杉矶光化学烟雾属于这类污染。

（三）石油型污染

石油型污染的主要污染物来自汽车排放、石油冶炼及石油化工厂的排放，主要包括NO_2、烯烃、炔烃、烷烃、醇、碳基等碳氢化合物，以及它们在大气中形成的O_3，各种自由基及其反应生成的一系列中间产物与最终产物。

（四）混合型污染

此种污染类型包括以煤炭为燃料的污染源排放的污染物，以及从各类工厂企业排出的各种化学物质等。在混合型工业城市，如日本的横滨、川崎，英国伦敦等地所发生的污染事件，就属于这种类型。

按大气污染的范围来说，大体可以分为4类：①局部地区大气污染，如某个工厂烟囱排气的直接影响；②区域性大气污染，如工矿区或其附近地区或整个城市大气受到污染；③广域性大气污染，涉及比一个地区或大城市更广泛区域的大气污染；④全球性大气污染，由于人类的活动，大气中SO_x、NO_x、CO_2、氯氟烃化合物和飘尘的不断增加，造成跨国界的酸性降雨、温室效应、臭氧层破坏。

二、大气污染源分类

一个能够释放污染物到大气中的装置（指排放大气污染物的设施或者排放大气污染物的建筑构造），称为大气污染源。按污染源存在的形式划分，污染源可以分为固定源和流动源两类。所谓固定源就是位置和地点固定不变的污染源。主要指工矿企业在生产中排放的大量污染物。如火电厂以燃煤为主，煤中含有较多的灰分和硫元素。在燃烧过程中有大量的粉尘、SO_2及NO_x等气体产生。据统计，全世界每年从火电厂排入大气中的废气多达几千万吨，占燃料质量的0.05%～1.5%，其中SO_2约占50%，粉尘约占17%，NO_x约占15%，CO_2约占5%，碳氢化合物约占1%。作为固定污染源，冶金、钢铁、建材工业对大气污染危害也很大。在钢铁工业中焦化、炼铁、轧钢等主要生产过程中，都有重大的大气污染源。流动源是指交通工具在行驶时向大气中排放的有害气体而形成的污染源。例如，汽车、火车、飞机、轮船、航天等。

按排放污染物的空间方式来划分，可分为点源、线源和面源三类。点源是指污染源集中在一点或相对于所考察的范围而言可以看作一个点的情况。如高的单个烟囱看成点源。线源是指流动源在一定路线上排污，使该线路成为一条线状污染源。如一条汽车来往频繁的公路就可以看作线源。面源是在一个较大范围内，较密集的排污点源连成一片，把整个区域可以看作一个污染源。如许多低矮烟囱集中看起来就构成了面源。

按污染物排放时间状况划分，可以将污染源分为连续源、间断源和瞬时源3类。钢铁厂的烟囱持续不断地向大气中排放污染物就是一种连续源；取暖锅炉的排烟具有一定时间间隔，因此属于间断源；而某些工厂发生事故时向大气中排放污染物，这种排放是突发性、暂时性的，并且一般排放时间也较短，因而属于瞬时源。

按人类社会活动功能划分，还可以分为工业污染源、农业污染源、交通运输污染源和生活污染源等。在工业较发达的美国，大气污染物主要来源是交通运输（其中主要是汽车尾气），约占全部大气污染物的 56%。

按污染物排放空间可划分为高架源和地面源。

三、大气污染物及其危害

大气污染物是指由于人类活动或自然过程排入大气的并对人和环境产生有害影响的那些物质。目前对环境和人类产生危害的大气污染物有 100 多种，其中挥发性有机物（VOCs）占绝大部分，影响范围广的污染物主要有颗粒物、SO_2、NO_x、CO_x、挥发性有机物等。

人类最初体验到的大气污染的危害主要是对人体健康的危害。据估计，全球有近 5%的各类疾病是室内和室外空气污染所致。空气污染会使哮喘和其他呼吸系统过敏症加重，甚至可能直接导致这些疾病的发生。随后逐步又发现了大气污染对工农业生产的各种危害，以及对天气和气候会产生不良影响。对大气污染物造成危害的机理、分布和规模等问题的深入研究，为控制和防治大气污染提供了必要的依据。

（一）对人体健康的危害

大气污染物对人体健康的侵害有直接和间接两个途径。污染物通过呼吸或皮肤毛孔进入人体造成直接危害，污染物溶入水体或降落在土壤中，通过生态系统食物链进入人体就造成间接危害。直接危害是主要形式。

1．硫氧化物（SO_x）

SO_x 主要是燃烧含 S 化石燃料（煤、石油）时产生的，是目前大气中数量较大的一种气态污染物，主要是 SO_2。排入大气中的 SO_2 在合适的氧化剂、催化剂存在时，发生化学反应生产 SO_3，当它们和空气中的水蒸气相遇，就变成了 H_2SO_4，随雨水降落就形成了酸雨。

SO_2 是一种无色的中等强度刺激性气体。低浓度 SO_2 的主要影响是造成呼吸道管腔缩小，呼吸加快，并且每次呼吸量减小。浓度高时会引起急性中毒，喉头感觉异常，并且出现咳嗽、喷嚏、胸闷、呼吸困难、呼吸道红肿等症状，造成支气管炎、哮喘病，严重的可引起肺气肿，甚至死亡。SO_3 或硫酸雾可以直接进入肺的深部，对人体损害更大。动物实验表明，硫酸雾引起的生理反应比 SO_2 气体强 4～20 倍。当 SO_2 浓度约为 8 mg/m^3，而硫酸雾的浓度小于 0.8 mg/m^3 时，人即不能忍受，易引起酸血症等疾病。

2. 氮氧化物（NO_x）

造成大气污染的 NO_x 主要是 NO 和 NO_2，其中 NO_2 的毒性比 NO 高 4～5 倍。NO 是无色、无刺激、不活泼的气体，能与血红蛋白作用，降低血液的输氧功能。在阳光照射下，并有 C_mH_n 存在时，NO 能被迅速氧化为 NO_2。NO_2 在阳光照射下又会分解成 NO 和 O_2。故大气中 NO 和 NO_2 以及 N_2O、N_2O_3、N_2O_5 等自成一个循环系统，并统称为 NO_x。NO_2 是一种毒性很强的棕红色气体，对呼吸器官有强烈的刺激作用，其急性接触可引起呼吸疾病，如果再加上 SO_2 的影响则可加重支气管炎、哮喘病和肺气肿。实验研究表明，当只有 NO_2 产生影响时，如果其体积浓度超过 3×10^{-7} mg/m^3 就可能恶化慢性支气管炎和哮喘病患者的肺功能。NO_2 损害器官内壁的黏膜纤毛系统，而这些纤毛是向口腔方向清除黏液和碎屑杂质的。NO_2 影响的典型结果是纤毛驱动碎屑杂质的“拍动”率下降，即 NO_2 的影响可使哮喘病患者对其他环境因子所引起的症状更加敏感。

3. 碳氧化合物（CO_x）

CO_x 主要有 CO 和 CO_2。城市空气中的 CO 大部分来自汽车尾气，主要是汽油不完全燃烧产生的。CO 对血液中的血色素亲和能力比氧大 210 倍，因此在有 CO 存在的情况下，会降低血液的载氧能力，致使机体细胞得到的氧较少。另外，血红蛋白同 CO 的结合还会减弱氧合血红蛋白（HbO_2）解离成血红蛋白和氧的过程，使血液中的氧不能提供给细胞。因此，即使血液中载有几倍于身体所需的氧，也可发生缺氧症，即煤气中毒。

4. 颗粒物质

大气颗粒物是指大气中除气体之外的各种各样的固体、液体和气溶胶。

总悬浮颗粒物（TSP）指能悬浮在空气中，空气动力学当量直径小于等于 100 μm 的颗粒物。

降尘指粒径大于 10 μm，在重力作用下可沉降的颗粒状物质，多产生于固体破碎、燃烧残余物，自然界的风沙等。

飘尘指粒径小于 10 μm 的煤烟、烟气和雾等颗粒状物质。这些物质粒径小、质量轻，在大气中呈悬浮状态，且分布极广。柴油发动机排出的颗粒物直径几乎都小于 10 μm。

颗粒物的粒径是影响人体健康的一个重要因素。其粒径越小，比表面积越大，物理、化学活性就越高，也就越容易被吸入人体，因此，大气颗粒物中飘尘的影响最大。国际标准化组织建议将悬浮在空气中，空气动力学当量直径小于等于 10 μm 的粒子定义为可吸入颗粒物（PM_{10}），我国和日本已采纳了这个建议。对巴西、智利和墨西哥的研究表明，空气中 PM_{10} 浓度上升 10 mg/m^3，64 岁以上老年人群死亡率上升 0.6%～1.3%。飘尘的危害主要是在呼吸系统各部位上的沉积。侵入的飘尘物理化学性质不同，粒径的大小也不同，因此在呼吸系统各部位的沉积率也不同。图 5-2 为不同粒径的飘尘在呼吸系统各部位上的沉积率。

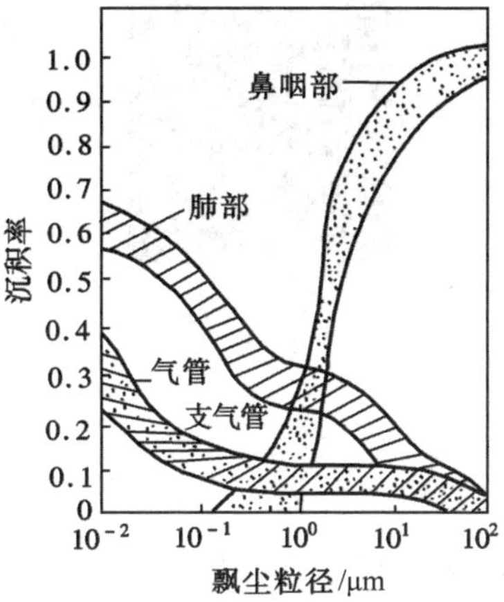

图 5-2 飘尘在呼吸系统各部位上的沉积率

从图 5-2 中可以看出，粒径大于 5 μm 的颗粒，绝大部分被阻留和黏附在鼻前庭的鼻毛、鼻腔和咽部的黏膜上的黏液中，一般不会构成对人体的损害；粒径小于 5 μm，尤其是在 1 μm 以下的细小飘尘能吸附一些有害化学物质，将它们一起带入肺部，进而造成更大的危害。例如，在粉尘严重的生产岗位，如采矿、金属碾磨和研磨料制造业，人体长期处于危险浓度的环境中，最终将导致各种肺部疾患，严重的有矽肺病（采矿时产生的石英粉引起的）、石棉肺（来自石棉纤维）、棉屑沉着病（来自棉尘）。根据尘粒的类型和吸入的浓度，对肺脏的影响有：炎症、过敏反应或组织创伤，典型患者表现为咳嗽、呼吸急促，最后导致肺炎、慢性支气管炎、肺气肿或肺癌。直接燃煤造成的污染源所排放的 SO_2 和飘尘，在冬季无风或微风、有雾和出现逆温等不利于大气污染物扩散和稀释的情况下，就会连续不断地累积起来形成烟，笼罩在城市的上空持续数日不散，从而造成危急性死亡事件。

环境空气中空气动力学当量直径小于等于 2.5 μm 的颗粒物（$PM_{2.5}$）能较长时间悬浮于空气中，其在空气中含量越高，就代表空气污染越严重。虽然 $PM_{2.5}$ 只是地球大气成分中含量很少的组分，但它对空气质量和能见度等有重要的影响。与较粗的大气颗粒物相比，$PM_{2.5}$ 粒径小，面积大，活性强，易附带有毒、有害物质（如重金属、微生物等），且在大气中的停留时间长、输送距离远，因而对人体健康和大气环境质量的影响更大。$PM_{2.5}$ 是形成雾霾天气的主要原因，在造成雾霾天气的情况下严重影响了出行能见度，能见度下降对地面交通安全和飞机的起飞、降落，都构成巨大威胁。$PM_{2.5}$ 对光的散射效应是能见度降低的最主要因素，由于部分入射辐射受颗粒散光的影响会反射到大气空间，从而使入射辐射的强度减弱。有学者认为，$PM_{2.5}$ 对光的吸收效应几乎全部由炭黑和含有炭黑的细颗粒造成，其引起的消光效应在某些地方甚至可以减少一半以上的能见度。

【$PM_{2.5}$的危害】

5. 挥发性有机物（VOCs）

挥发性有机物指的是一系列有机化合物，其中包括碳氢化合物（烷烃、烯烃和芳烃）、含氧有机物（醇、醛、酮、酸、醚）以及含有卤素的有机物（如甲基氯仿、三氯乙烯）。它们都是含碳的有机化合物，而且都极易挥发到大气中。挥发性有机物主要来自燃料的不完全燃烧、燃料泄漏，以及油漆、涂料、黏合剂挥发等。

碳氢化合物中的多环芳烃（PAHs）大多有致癌作用，其中苯并[*a*]芘是国际上公认的致癌能力很强的物质，并作为计量大气受 PAHs 污染的依据。大气中的苯并[*a*]芘主要通过呼吸道侵入肺部，并引起肺癌。有资料指出，空气中苯并[*a*]芘的浓度增加 1%，将使居民的癌症死亡率上升 5%。在我国北方煤烟型城市的采暖季节，这一问题十分严重。

二噁英类和多氯联苯，前者包括多氯二苯并二噁英和多氯二苯并呋喃，在垃圾焚烧、农作物秸秆田间焚烧、含氯漂白剂处理纸浆等过程中都会有排放，此外，电子产品、家用电器处理不当也会产生这类污染。这类污染物属于国际上严加控制的 POPs 类，除具有“三致”（致突变、致畸和致癌）性外，同时还影响人类和野生动物的繁衍，必须充分引起我们的重视。

日渐受到关注的室内空气污染其污染物的主要来源有：建筑及室内装饰材料、室外污染物、燃烧产物和人类本身活动。室内装饰材料及家具的污染是目前造成室内空气污染的主要方面，油漆、胶合板、刨花板、泡沫填料、内墙涂料、塑料贴面等材料中含 VOCs 高达 300 多种。室内有机物污染对人体健康的影响主要有 4 种：气味等感觉效应；急性毒性；黏膜刺激，如乙醛、丙烯醛、萘等；致癌性，如甲醛、二噁英等。

6. 光化学烟雾

光化学烟雾是特殊的混合物，主要是大气中的碳氢化合物和氮氧化合物等一次污染物在阳光作用下发生光化学反应，生成的 O_3、醛、酮及过氧乙酰硝酸酯（PAN）等二次污染物。1970 年，美国洛杉矶曾发生了举世瞩目的光化学烟雾事件，大约有一半居民患上红眼病。

光化学烟雾（又称洛杉矶型烟雾）常常是突然发生，来势迅猛，受侵害的多为在户外活动的人员，受害者主诉症状有流泪、眼睛刺痛、口渴、声音嘶哑、咳嗽、呼吸困难、眩晕、头痛、手足麻木和全身疲倦，重者还出现意识障碍。检诊时可见有微热、面部潮红、脉搏加快、心跳亢进、咽红、声门水肿等。一般 24 h 内恢复。但声门水肿、全身疲倦需要更长时间才能恢复。

造成这些危害的主要因素是光化学烟雾剂中的 O_3。当光化学烟雾产生时，大气中的 O_3 浓度大致在 0.15 ppm 左右，不同浓度的 O_3 对健康的影响也不同。

除 O_3 以外，光化学烟雾中的醛、过氧乙酰硝酸酯等污染物也都作为氧化剂而对人体具有刺激和强氧化作用。实际上，光化学烟雾对人体的危害是以上几种污染物协同作用的结果。光化学烟雾对健康还有远期危害。由于 O_3 等氧化剂损伤机体膜（包括各种器官组织和细胞膜），使膜中的脂肪酸被氧化，导致膜结构变形或破坏，进而损伤细胞里的线粒体、核仁和溶酶体，并释放出一种老化色素，使心脏功能衰退，从而促使机体提早衰老。

7. 其他大气污染物质

车辆使用含铅防爆剂配制的汽油，通过尾气排入大气中，其在人体内积累的速度比排出快，铅损害造血机能，使胃肠道中毒，严重时可使神经中枢中毒，铅还能损害心脏及肾脏的功能。据测定，当人体内的血铅浓度超过 30 μg /100 mL 时，就会出现头晕、肌肉关节痛、失眠、贫血、腹痛、月经不调等症状。大部分儿童多动症患者血铅浓度高于正常值。这一情况与近年来国内外有关报道中机体内铅增高可引起小儿神经、精神方面的异常，尤其是多动症的观点是一致的。但目前含铅防爆剂的替代物含苯系物往往超标。苯系物对人的“三致性”已成定论，这一问题也应引起关注。

另外，来自金属冶炼和加工、电池制造、垃圾焚烧、机动车辆、水泥和肥料生产等，以颗粒物形式存在的 As、Cr 和 Ni 都是致癌物质。

（二）对工农业生产的危害

大气污染对工农业生产的危害十分严重，这些危害可影响经济发展，造成大量人力、物力和财力的损失。

1. 大气污染对工业生产的危害

大气污染物对工业的危害主要有两种：一是大气中的酸性污染物和 SO_2、NO_2 等，对工业材料、设备和建筑设施的腐蚀；二是飘尘增多给精密仪器、设备的生产、安装、调试和使用带来的不利影响。大气污染对工业生产的危害，从经济角度来看就是增加了生产的费用，提高了成本，并缩短了产品的使用寿命。

造成金属腐蚀最为有害的污染物一般是 SO_2，已观察到城市大气中金属的腐蚀率是农村环境中腐蚀率的 1.5～5 倍。温度、相对湿度等皆显著影响着腐蚀速度。含硫物质或硫酸会侵蚀多种建筑材料，如石灰石、大理石、花岗岩、水泥砂浆等，这些建筑材料先形成较易溶解的硫酸盐，然后被雨水冲刷掉。据调查，南京和重庆的大气环境相似，但重庆与南京相比，大气中 SO_2 的浓度和降水的酸度要高得多，所以重庆暴露在室外的金属材料和建筑物的腐蚀速度要快得多。南京这些材料和建筑物的维修周期要比重庆长1～5倍。

2．大气污染对农业生产危害

大气污染主要通过3条途径危害植物的生存和发育：一是使植物中毒或枯竭死亡，二是减缓植物的正常发育，三是降低植物对病虫害的抗御能力。植物在生长期中长期接触大气污染物，损伤了叶面，减弱了光合作用，伤害了内部结构，使植物枯萎，直至死亡。各种有害气体中，SO_2、O_3、Cl_2和HF等对植物的危害最大。大气污染对动物的损害，主要是通过呼吸道感染和食用了被大气污染的食物。其中，以As、F、Pb、Mo等的危害最大。大气污染使动物体质变弱，以致死亡。据调研，汽车尾气中的二次污染物O_3、过氧乙酰硝酸酯，可使植物叶片出现坏死病斑和枯斑。乙烯可影响植物的开花结果。汽车尾气对甜菜、菠菜、西红柿、烟草的毒害更为严重；因此公路两侧的农作物减产与汽车尾气的污染分不开。

【酸雨对生态系统的危害】

（三）对天气和气候的影响

1．全球气候变暖

地球的温度是由太阳辐射照到地球表面的速率和吸热后的地球将红外辐射线散发到空间的速率决定的。从长期来看，地球从太阳吸收的能量必须同地球及大气层向外散发的辐射能相平衡。大气由氮、氧、氩等多种气体组成，当太阳透过空气时太阳辐射能受到它们不同程度的削弱，形成了目前这种平衡状态的地球气候系统，人类也已经适应了这种状态。但随着生产的发展，工业革命的到来，人类的种种活动引起空气中某些成分的变化，打破了这种平衡的状态。例如，CO_2、CH_4、N_2O、氟氯烃化合物、O_3，这些气体对于来自太阳的短波辐射几乎是透明的，但对于从地面射出的长波辐射有强烈的吸收作用，使地表辐射的热量留在了大气层内，起到类似暖房的玻璃罩或塑料大棚的作用，提高了地表的温度，通常称为"温室效应"，上述气体被称为"温室气体"（表5-2）。

表 5-2 几种主要温室气体的特性

温室气体	主要来源	环境中的去向	对气候的影响
CO_2	(1) 燃料 (2) 改变土地的使用(砍伐森林)	(1) 被海洋吸收 (2) 植物的光合作用	吸收红外线辐射，影响大气平流层中 O_3 的浓度
CH_4	(1) 生物体的燃烧 (2) 肠道发酵作用 (3) 水稻	(1) 和 OH^- 起化学作用 (2) 被土壤内的微生物吸取	吸收红外线辐射，影响对流层中 O_3 及 OH^- 的浓度，影响平流层中 O_3 和 H_2O 的浓度，产生 CO_2
一氧化二氮(N_2O)	(1) 生物体的燃烧 (2) 燃料 (3) 化肥	(1) 被土壤吸取 (2) 在大气平流层中被光线分解以及和 O_3 起化学作用	吸收红外线辐射，影响大气平流层中 O_3 的浓度
O_3	光线令 O_2 产生光化作用	与 NO_x、ClO_x 及 HO_x 等化合物的催化反应	吸收紫外光及红外线辐射
CO	(1) 植物排放 (2) 人工排放(交通运输和工业)	(1) 被土壤吸取 (2) 和 OH^- 起化学作用	影响平流层中 O_3 和 OH^- 的循环，产生 CO_2
氯氟碳化合物(CFCs)	工业生产	在对流层中不易被分解，但在平流层中会被光线分解和与 O_3 产生化学作用	吸收红外线辐射，影响平流层中 O_3 的浓度
SO_2	(1) 火山活动 (2) 煤及生物体的燃烧	(1) 干沉降和湿沉降 (2) 与 OH^- 产生化学作用	形成悬浮粒子而散射太阳辐射

地球表面温度受到地表接收太阳辐射能（称为太阳总辐射或直接辐射）和从地表向大气发出的长波辐射能（散射辐射）的共同影响。太阳辐射是最大波长为 400～800 nm 的可见光。在大气层中几乎没有吸收可见光的成分，因此，可见光除被云、大气中的尘埃、气溶胶等较大颗粒以及积雪等反射掉一部分（约 30%）外，大部分太阳辐射（约 70%）被地表下垫面所吸收。被吸收的太阳辐射除地表加热外，另一部分变成长波的红外线被反射出去（称红外线辐射）。红外线辐射的能量一部分被云、积雪等反射回地面，一部分被 CO_2、H_2O、CH_4、O_3、CFCs 等温室气体的分子吸收，其余部分返回到宇宙空间。也就是说，太阳光主要以可见光的形式到达地球表面，被吸收的能量以红外辐射的形式散射到大气，而温室气体的存在减少了红外辐射返回宇宙空间的比例。如果该成分在大气中增多，逸散的能量就减少，从而造成地表温度上升。

大气成分的变化将使全球的降水格局发生变化。低纬度地区的降水过程可能增加，而中纬度夏季降水将减少。气候变暖会打破原有的生态平衡。由气候带迁移引起植物带重新分布，从而导致赖以生存的动物灭绝。另外，一些害虫和有害真菌的致病力可能因气候变暖而得到加强。美国科学家认为，温室效应可使史前致命病毒威胁人类。由于全球气温上升令北极冰层融化，被冰封十几万年的史前致命病毒可能会重见天日，导致全球陷入疫症恐慌，人类生命受到严重威胁。

全球气候变暖主要是人类活动过多地排放温室效应气体、干扰地球大气的热量平衡造成的。因此，控制全球变暖主要从控制温室气体排放着眼。控制温室气体排放的途径主要有改变能源结构，控制化石燃料使用量，增加核能和可再生能源使用比例；提高工业生产、民用采暖和交通运输的能源使用效率等，由此来控制和减少 CO_2 等温室气体的排放量。据计算，今后要把 CO_2 浓度保持在目前水平，有必要把 CO_2 的排放量削减 60.5%，就意味着至少要削减 CO_2 约 30 亿 t。

控制温室气体还可从增加温室气体吸收入手，如植树造林和采用固碳技术等。由于森林破坏，换算成碳，每年有 10^5 万～2×10^5 万 t CO_2 排出。所以，一方面要防止森林破坏，另一方面要进行大规模植树造林。这一策略已经受到世界科学界和各国政府的普遍重视。固碳技术指把燃烧气体中的 CO_2 分离、回收，然后注入深海或地下，或者通过化学、物理以及生物方法固定。

2. 臭氧层破坏

大气中的 O_3 含量仅为 $1/10^8$ 质量分数，平流层中含有地球上 90%的 O_3。尽管在整个平流层中均可发现 O_3，但在距地面大约 25 km 的一个区域内 O_3 浓度最高，这一区域被称为“臭氧层”。

太阳辐射透过大气层射向地面时，臭氧层几乎全部吸收太阳辐射中波长 300 nm 以下的紫外线，保护地球上的生命免遭短波紫外线的伤害。所以，O_3 层犹如生物在地球上得以生存繁衍的保护伞。亿万年来，万物生灵已适应在这种保护条件的环境里生存了。

1950—1970 年的测试数据表明，O_3 水平约 20 年中处于稳定状态。20 世纪 70 年代以来，根据世界各地地面观测站对大气 O_3 总量的观测记录，全球 O_3 总量有逐渐减少的趋势，而且减少的趋势越来越明显，并推断这种减少主要发生在臭氧层。臭氧层减少的一个最明显的表现就是南极“臭氧层空洞”的观测。1985 年 2 月，英国南极考察队队长法曼（J.Farman）发表报道说，从 1977 年起就发现南极上空的 O_3 总量在每年 9 月下旬开始，迅速地减少一半左右，形成一个“臭氧层空洞”，持续到 11 月逐渐恢复。1987 年，“臭氧层空洞”的面积为南半球的 15%。1992 年的面积更大，使智利和阿根廷的南部处于“臭氧层空洞”内。

1989 年初，几个国家的 200 名科学家到北极进行考察探测，同样发现在北极的春天，臭氧层中 Cl^- 的浓度升高和 O_3 的浓度降低，两者之间有明显的对应关系。但没有形成像南极那样大的“臭氧层空洞”。

臭氧层耗损的直接结果是使到达地表的中波紫外线 UV-B 辐射增加。中波紫外线 UV-B 能破坏蛋白质的化学键，彻底杀死微生物，破坏动植物的个体细胞，损害其中的脱氧核糖核酸（DNA），引起传递遗传特性的因子变化，发生生物的变态反应。长期接受过量紫外线辐射，将引起细胞内的 DNA 改变，细胞的自身修复能力减弱，免疫机制减退，使皮肤发生弹性组织变性、角化以致皮肤癌变；诱发眼球晶体产生白内障等。过量的紫外辐射可使农作物如大豆、玉米、棉花、甜菜等的叶片受损，抑制其光合作用，导致减产，还能改变细胞内的遗传基因和再生能力，使农产品质量劣化。紫外辐射能穿透水下 10 m。过量的紫外线会杀死水中的微生物，削弱浮游植物的光合作用，破坏水生生物的食物链，引起水生生态系统发生变化，降低水体的自然净化能力，导致水生生物大批死亡。

【臭氧形成及破坏机理】

臭氧层损耗是能够被停止的，一旦平流层的消耗臭氧层物质减少，臭氧层可以进行自身恢复。只有将所有的消耗臭氧层物质完全限制以后，才能使其恢复到产生和消失的自然平衡状态。但臭氧层的恢复并不是一夜之间能完成的。消耗 O_3 的化学物质要用几年的时间才能到达平流层，而且在平流层中某些物质可以存在几十年。

第三节　影响大气污染的因素

一、气象因素

从各种污染源排放到大气中的污染物，一般来说不会对人、动物和植物造成急性的恶劣影响，这是大气的扩散能力使这些污染物得到稀释的缘故。大气的扩散能力主要受两个因素的影响，即气象的动力因子和气象的热力因子。

（一）气象的动力因子

1. 风的影响

风对空气污染的影响包括风向和风速的大小两个方面，风向影响着污染物的扩散方向。风速的大小决定着污染物的扩散和稀释状况。通常污染物在大气中的浓度与平均风速成反比，若风速增大一倍，污染物的浓度将减少一半。

由于地面对风的摩擦阻力作用，所以风速随高度的下降而减小（表 5-3）。100 m 高处的风速，约为 1 m 高处的 3 倍。

表 5-3 风速随高度的变化

高度/m	0.5	1	2	16	32	100
风速/（m/s）	2.4	2.8	3.3	4.7	5.5	8.2

2. 大气湍流

风的方向和速度常常变化，在主导方向的上下左右无规则摆动。这种无规则的阵发性摆动叫作大气湍流。湍流对大气污染物扩散、稀释起着决定性的作用。假若没有湍流的存在，则污染物在大气中只能沿风向移动，污染物的扩散只靠布朗运动，那将会形成一个污染物的球体悬浮在空中（平流层中与此现象相似）。

湍流尺度的大小与污染物的扩散、稀释有很大的关系。当湍流的尺度比烟团的尺度小时，烟团向下风向移动，并进行缓慢的扩散，如图 5-3（a）所示。

当湍流比烟团的尺度大时，烟团被大尺度的大气湍流夹带，其本身截面尺度变化不大，如图 5-3（b）所示。当湍流的尺度和烟团相同时，烟团容易被湍流拉开、撕裂，使烟团很快扩散。当湍流的尺度有大有小时，因为烟团同时受到多种尺度的湍流作用，烟团能很快扩散，如图 5-3（c）所示。

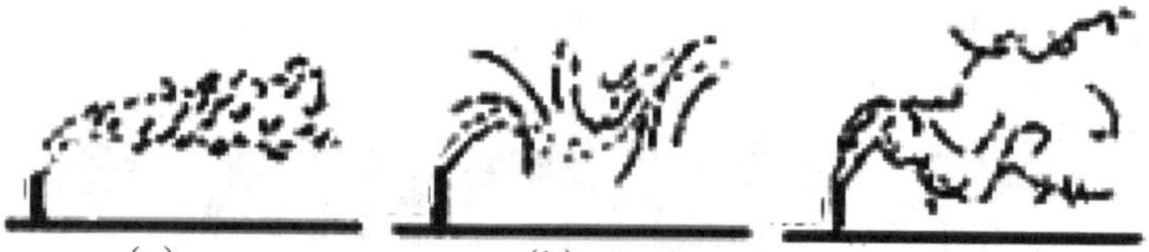

图 5-3 不同尺度旋涡时烟团扩散状态

（二）气象的热力因子

1. 温度层结与逆温

温度层结是指地球表面上方大气在垂直于地表方向上的温度分布。温度层结决定着大气的稳定度，而大气的稳定度又影响着湍流的强度，因而温度层结与大气污染有十分密切的联系。

地面吸收太阳辐射能比大气显著，故地表是大气的主要增温热源，从而导致对流层内气温随高度的增加而逐渐降低（图 5-4）。气温随高度变化通常以气温垂直递减率 γ 表示，它表示在垂直于地表方向上，每升高 100 m 气温的变化值。对于标准大气来说整个对流层平均值为 0.65℃。实际上，由于气象条件不同，有可能出现气温不随高度而变化，即 $\gamma=0$（叫作等温层），也可能出现气温随高度的增加而增加，即 $\gamma<0$。这种与标准大气情况下分布相反的现象叫作温度递增，简称逆温。出现逆温的大气层叫作逆温层。逆温层的下限称

为逆温高度。上下限的温度差为逆温强度。根据逆温层出现的高度不同，分为接地逆温层和上层逆温层，如图 5-5 所示。

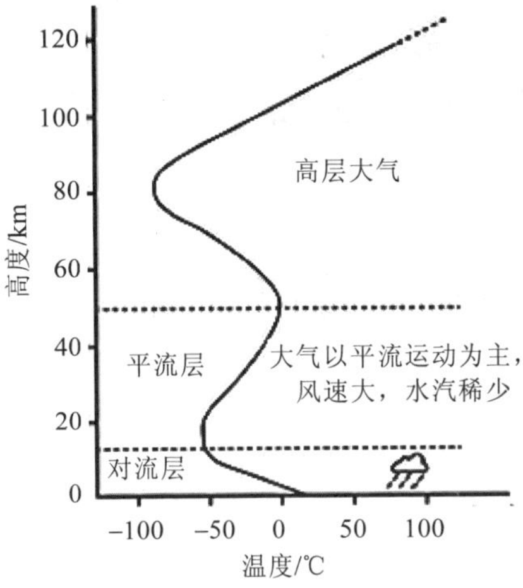

图 5-4　气象垂直分布图

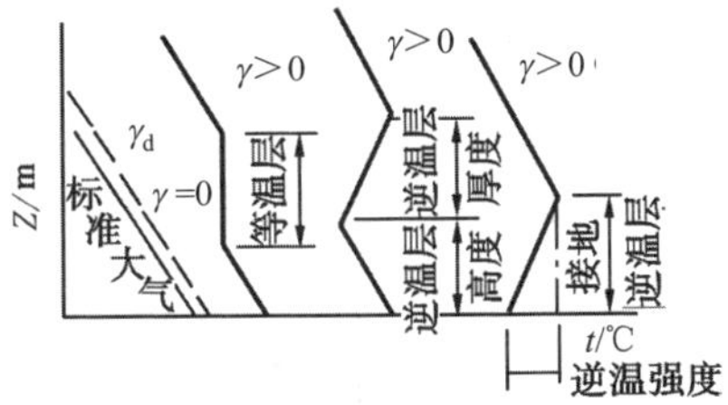

图 5-5　典型的温度层结情况

导致逆温发生的原因很多，根据不同的原因可分为以下几种逆温：

辐射性逆温：在晴朗无风的夜间，地表的降温较大气的降温快，因而出现逆温。

沉降性逆温：是由接近地表上方有大规模下降的高压气团向周围低气压区流动形成的。

湍流性逆温：由于朝山坡方向吹去的大气沿山坡上升，在气流上升处比周围气体温度高而形成。

锋面逆温：这是由于冷热两种气团相遇时，暖气团位于冷气团之上而形成的。

地形逆温：这种情况多发生在坡地、盆地。山坡散热较快，使坡面上的大气比谷中大气温度低，冷空气则沿山坡下移，热空气上移而形成。

2. 气温干绝热递减率

在物理学上，若一系统在与周围物体没有热量交换而进行状态变化时，称为绝热变化。把这个过程称为绝热过程。在绝热过程中，系统的状态变化及对外做功靠系统内能变化来达到。系统在某状态时的内能与绝对温度成正比，一定状态下的内能可由温度来度量。若取大气中一气块做垂直运动，气块因上升或下降而引起膨胀、压缩，由此而引起温度变化，这种温度变化比和外界热交换所引起的温度变化大，对于一个干燥或未饱和的湿空气块，在大气中绝热上升 100 m 要降温 0.98℃，如下降 100 m 则要升温 0.98℃，通常可近似取 1℃，而这个数与周围温度无关。气块绝热上升 100 m 降温 1℃称为气温干绝热递减率，用 γ_d（1℃/100 m）表示。

3. 大气稳定度

大气稳定度与气温垂直递减率 γ 和干绝热递减率 γ_d 有密切的关系。大气垂直运动的强弱，即大气的稳定度取决于 γ 与 γ_d 之比。下面简单介绍 γ 与 γ_d 在不同值下的大气稳定度（图 5-6）。

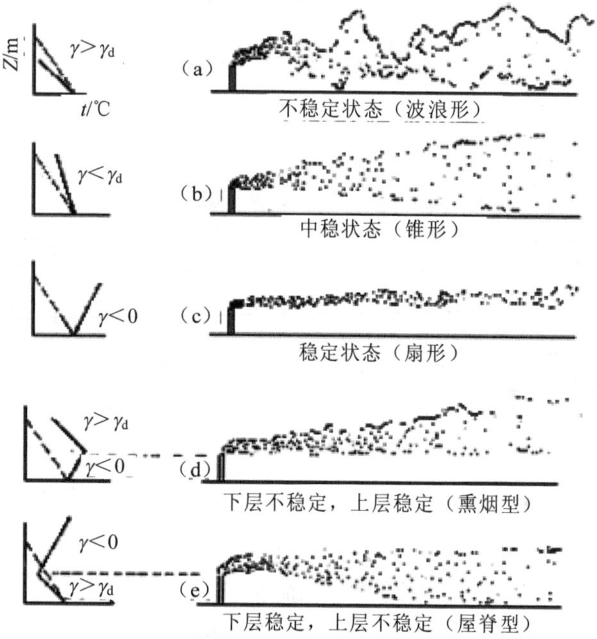

图 5-6　几处典型的烟流情况

当 $\gamma<\gamma_d$ 时，如已知距地面 100 m 处气温为 12.5℃，200 m 为 12℃，300 m 为 11.5℃，即 γ=0.5℃/100 m（小于 γ_d）。此时由于某种气象因素作用，把在 200 m 处的绝热气块举到 300 m 处，气块内部温度为 11℃，而气块外部的温度为 11.5℃，此时气块的内部密度大于外部密度，于是气块的重力大于浮力，气块将自动下降到原来的位置。从上述可以看出，当 $\gamma<\gamma_d$ 时，大气总是力争保持原来的状态，垂直方向上的运动很弱，所以则认为此时的大气处于稳定状态。

当 $\gamma>\gamma_d$ 时，如果气块被举向高处时，气块内部的温度高于外部温度，则浮力大于重力，气块将继续上升；反之，气块受外力作用向下压时，也将继续下降，从而可以看出，当 $\gamma>\gamma_d$ 时，气块总有远离原来位置的趋势，所以则认为此时的大气处于不稳定状态。

当 $\gamma=\gamma_d$ 时，不管气块受外力作用上升或下降，它内部的温度与外部温度始终一样，所以此时气块推到哪里就停在哪里，此时的大气处于中性状态。

当大气处于稳定状态时，湍流受到抑制，大气对污染物的扩散、稀释能力弱；当大气处于不稳定状态时，湍流得到充分发展，扩散、稀释能力增强。

另外，各种形式的降水，特别是降雨，能有效地吸收淋洗空气中的各种污染物，所以大雨之后，空气格外新鲜。雾则像一顶盖子，它会使大气污染状况加剧。

【举例说明大气的污染状况与大气的稳定的关系】

二、地理因素

大气污染物从污染源排出后，因地理环境不同，受地形地物的影响，危害的程度也不同。如高层建筑，体形大的建筑物背风区风速下降，在局部地区产生涡流，如图 5-7 所示，这样就阻碍了污染物的迅速排走，而停滞在某一地区内，加深污染。

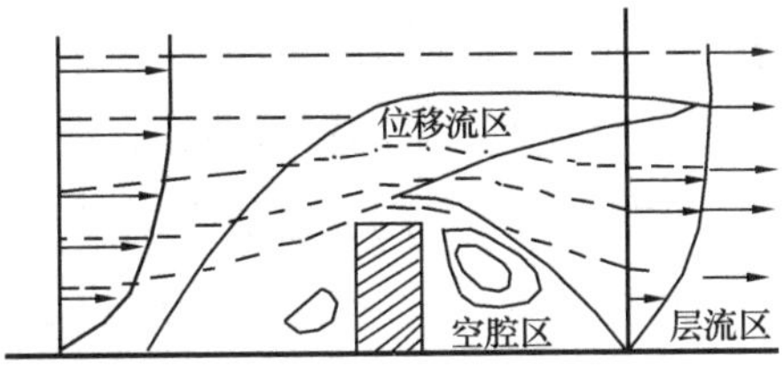

图 5-7 建筑物对气流的影响

地形和地貌的差异，造成地表热力性质的不匀性，近地层大气的增热和冷却速度不同，往往形成局部空气环流，其水平范围一般在 10～12 km，局部环流对当地的大气污染起显著作用，典型的局部空气环流有海陆风、山谷风、城市热岛效应等。

（一）海陆风

海陆风是海洋或湖泊沿岸常见的现象。由于白天地表受太阳辐射后，陆地增温比海面快，陆地上的气温高于海面上的气温，出现了由陆地指向海面的水平温度梯度，因而形成热力环流，下层风由海面吹向陆地，称为海风，上层则有相反气流，由大陆流向海洋。到了夜间，地表散热冷却，陆地冷却比海面快，使陆地上气温低于海面，形成和白天相反的热力环流，下层风由陆地吹向海面，称为陆风，如图 5-8 所示。海陆风是以 24 h 为周期的一种大气局部环流。

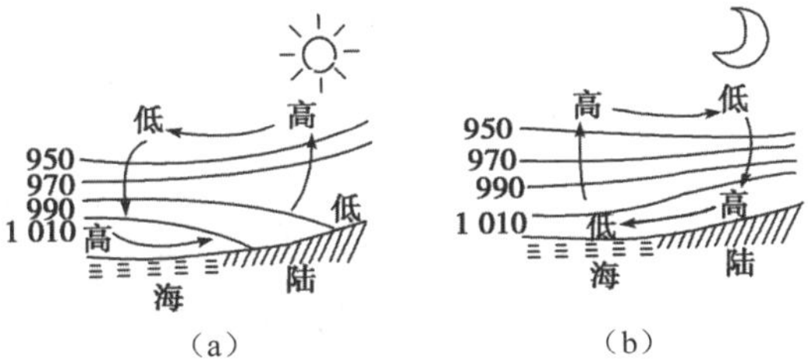

图 5-8 海陆风环流

当海风吹到陆上时，造成冷的海洋空气在下，暖的陆地空气在上面形成逆温，则会形成沿海排放污染物向下游冲去，形成短时间的污染。海陆风对大气污染的另一个作用是循环污染。特别是海风和陆风转变时，原来被陆风带去的污染物会被海风带回原地形成重复污染。

（二）山谷风

在系统性大气演变不剧烈的山区，由于热力的原因，白天山坡吸收太阳辐射比山谷快，故风经常从谷地吹向山坡，叫谷风；晚上山坡地比谷地冷却快，故风经常从山顶吹向谷地，叫山风（图 5-9）。在不受大气影响的情况下，山风和谷风在一定时间内进行转换，这样就在山谷构成闭合的环流，污染物往返积累，往往会达到很高的浓度。

山谷风的污染根据地形条件及时间可出现以下几种情况：①山风和谷风转换期的污染；②山谷中热力环流引起漫烟；③侧向封闭山谷引起的高浓度污染；④下坡风气层中的污染。另外，在山风迎风面和背风面所受的污染也不相同，如图 5-10 所示。污染源在山前上风侧时，对迎风坡会造成高浓度的污染。在山后能出现以下几种情况：①污染源在山的上风侧，并有一段距离，则烟流可能随风越过山头被下沉气流带到地面，而造成严重污染；②污染源在山后，正好处在过山气流的下沉气流中，烟流抬升不高，很快落到地面造成污染；③污染源在山后的回流区，烟流不能扩散出去而污染。④凹地中的污染。处于四周高、中间低的地区，如果周围没有明显的出口，则在静风而有逆温时，很容易造成高浓度的污染，见图 5-11。

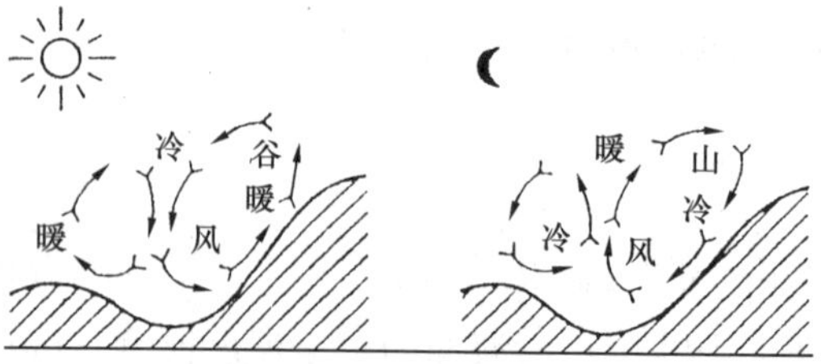

图 5-9　山谷风环流

图 5-10　过山风气流的影响

（a）白天环流型　（b）夜间环流型

图 5-11　盆地谷风环流

（三）城市热岛效应

工业的发展，人口的集中，使城市热源和地面覆盖物与郊区形成显著的差异，从而导致城市比周围地区热的现象，称为城市热岛效应。由于城市温度经常比农村高（特别是夜间），气压低，在晴朗平稳的天气下可以形成一种从周围农村吹向城市的特殊局部风，称为城市风（图 5-12）。这种风在市区内辐合产生上升气流，周围地区的风则向市中心汇合，这使城市工业区的污染物在夜晚向城市中心输送，特别当上空逆温层阻挡时，污染更为严重。

（a）静风时　　（b）有地方风时

图 5-12　城市风气流的影响

第四节　大气污染控制技术

一、颗粒污染物控制技术

颗粒污染物控制是我国大气污染控制的重点之一。在《环境空气质量标准》（GB 3095—2012/XG 1—2018）中，明确规定了总悬浮颗粒物（TSP）和可吸入颗粒物（PM_{10}）在三类环境空气质量功能区的浓度限值；在《大气污染物综合排放标准》（GB 16297—1996）以及《锅炉大气污染物排放标准》（GB 13271—2014）、《火电厂大气污染物排放标准》（GB 13223—2011）、《工业炉窑大气污染物排放标准》（GB 9078—1996）、《水泥厂大气污染物排放标准》（GB 4915—1996）等一系列国家大气污染物排放标准中也都明确规定了颗粒污染物的排放浓度限值。随着环保技术的发展，各种限值标准也会逐步加以修订并严格化。

颗粒污染物控制技术就是气体与粉尘微粒的多相混合物的分离操作技术，即除尘技术。微粒不一定局限于固体，也可以是液体微粒。从气体中去除或捕集固体或液体微粒的设备称为除尘装置，或除尘器。根据除尘机理的不同，除尘装置一般可分为机械式除尘器、湿式除尘器、过滤式除尘器和电除尘器等几种类型。

（一）机械式除尘器

机械式除尘器是利用重力、惯性力、离心力等方法来去除尘粒的除尘器，包括重力沉降室、惯性除尘器和旋风除尘器等类型。这种除尘器构造简单、投资少、动力消耗低，除尘效率一般在 40%～90%，是国内目前常用的一种除尘设备，由于这类除尘器的效果尚待提高，一些新建项目采用不多。

1．重力沉降室

重力沉降室（图 5-13）是通过重力作用使尘粒从气流中沉降分离的除尘装置。含尘气流通过横断面比管道大得多的沉降室时，流速大大降低，使大而重的尘粒以其沉降速度 u_s 缓慢落至沉降室底部。设计重力沉降室的模式有层流式和湍流式两种。一般重力沉降室的主要优点是结构简单、投资少、压力损失小（一般为 50～130 Pa）、维修管理容易。但它的体积大、效率低（40%～60%），因此只能作为高效除尘的预除尘装置，除去较大和较重的粒子。

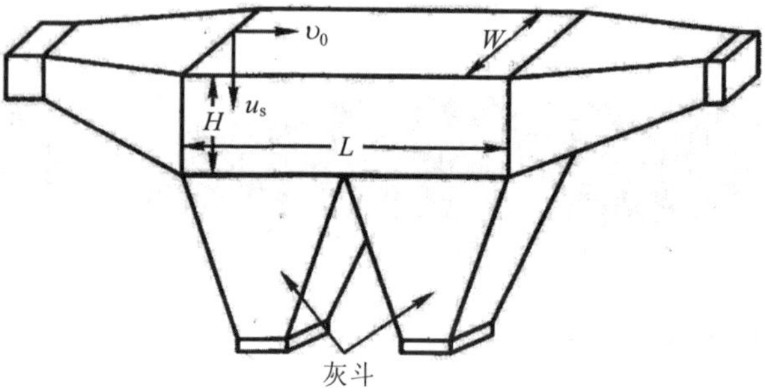

图 5-13　简单的重力沉降室

2．惯性除尘器

在沉降室内设置各种形式的挡板，使含尘气流冲击在挡板上，气流方向发生急剧转变，借助尘粒本身的惯性力作用，使其与气流分离。回旋气流的曲率半径越小，越能分离捕集细小的粒子。这种惯性除尘器，除借助惯性力作用外，还利用了离心力和重力的作用。

惯性除尘器结构型式多样，可分为以气流中粒子冲击挡板捕集较粗粒子的冲击式和通过改变气流流动方向而捕集较细粒子的反转式。冲击式设备（图 5-14）中，沿气流方向设置一级或多极挡板，使气体中的尘粒冲撞挡板而被分离。弯管型与百叶窗型反转式除尘装置和冲击式惯性除尘装置一样都适于烟道除尘，多层隔板型的塔式除尘装置主要用于烟雾的分离。惯性除尘器用于净化密度和粒径较大的金属或矿物性粉尘，其除尘效率较高；对于黏结性和纤维性粉尘，则因易堵塞而不宜采用。由于惯性除尘器的净化效率不高，故一般只用于多级除尘中的第一级除尘，捕集 10 μm 以上的粗尘粒。压力损失依型式而定，一般为 100～1 000 Pa。

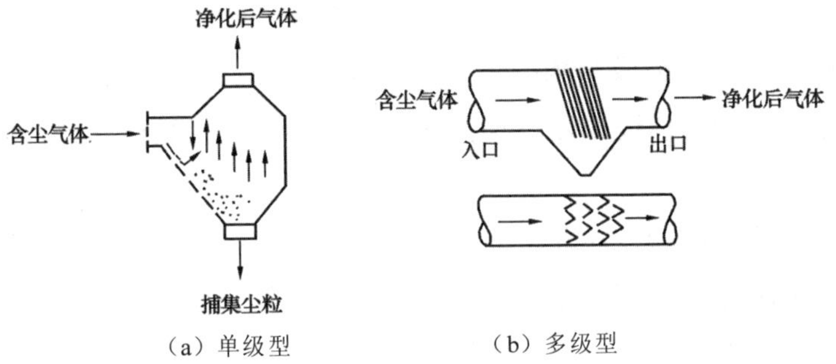

图 5-14　冲击式惯性除尘装置

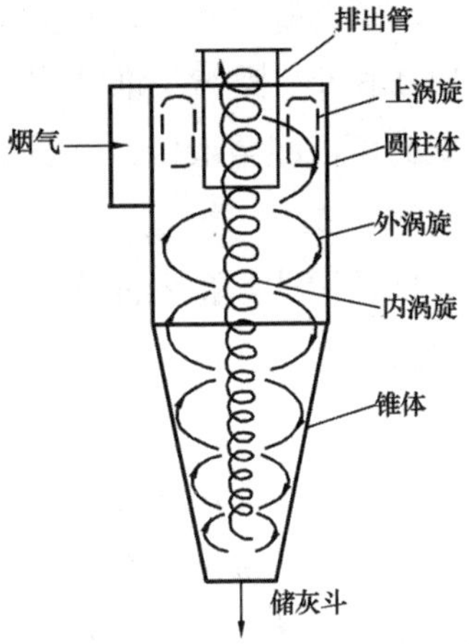

图 5-15　普通旋风除尘器的结构及内部气流

3. 旋风除尘器

旋风除尘器（图 5-15）是利用旋转气流产生的离心力使尘粒从气流中分离的装置。普通旋风除尘器由进气管、筒体、锥体和排气管等组成。含尘气流进入除尘器后，沿外壁由上向下做旋转运动，同时有少量气体沿径向运动到中心区域。当旋转气流的大部分到达锥体底部后，转而向上沿轴心旋转。含尘气流做旋转运动时，粉尘颗粒在离心力的作用下移向外壁，到达外壁的颗粒在气流和重力的共同作用下沿壁面滑落入灰斗。净化后的气体最后经排出管由顶部排出。

旋风除尘器有 100 多种，其结构型式按进气方式分切向进入式和轴向进入式：切向进入式分为直入式和蜗壳式，前者的进气管外壁与筒体相切，后者进气管内壁与筒体相切；轴向进入式是利用固定的导流叶片促进气流旋转，在相同的压力损失下，能够处理的气体量大，且气流分布较均匀，主要用于多管旋风除尘器和处理气体量大的场合。按气流组织分回流式、直流式、平流式和旋流式等多种。多管旋风除尘器是由多个，有时多达数千个相同构造形状和尺寸的小型旋风除尘器（又叫旋风子）组合在一个壳体内并联使用的除尘器组。处理烟气量大时，可采用这种组合方式。多管旋风除尘器布置紧凑，外形尺寸小，可以用直径较小的旋风子（D=100 mm、150 mm、250 mm）来组合，能够有效地捕集 5～10 μm 的粉尘，多管旋风除尘器可用耐磨铸铁铸成，因而可以处理含尘浓度较高的气体（100 g/m^3）。

（二）湿式除尘器

湿式除尘器是使含尘气体与液体（一般为水）相互接触，利用水滴和颗粒的惯性碰撞及拦截、扩散、静电等作用捕集颗粒的装置。湿式除尘器可以有效地将直径 0.1～20 μm 的液态或固态粒子从气流中除去，同时也能脱除部分气态污染物。它具有结构简单、造价低、占地面积小、操作及维修方便和净化效果好等优点，能够处理高温、高湿的气流，将着火、爆炸的可能减至最低。但要特别注意设备和管道腐蚀以及污水和污泥的处理，也不利于副产品的回收。

根据湿式除尘器的净化机理，可将其分成 7 类：①重力喷雾洗涤器；②旋风洗涤器；③自激喷雾洗涤器；④板式洗涤器；⑤填料洗涤器；⑥文丘里洗涤器；⑦机械诱导喷雾洗涤器。

湿式除尘器往往与有害气体净化相结合，在除尘的同时也能吸收有害成分，因此应用极为广泛。最常见的设备有文丘里洗涤器（图 5-16）、旋风水膜除尘器（图 5-17）等。文丘里洗涤器是一种高效湿式除尘洗涤器，常用在高温烟气降温和除尘上，由收缩管、喉管和扩散管等组成。

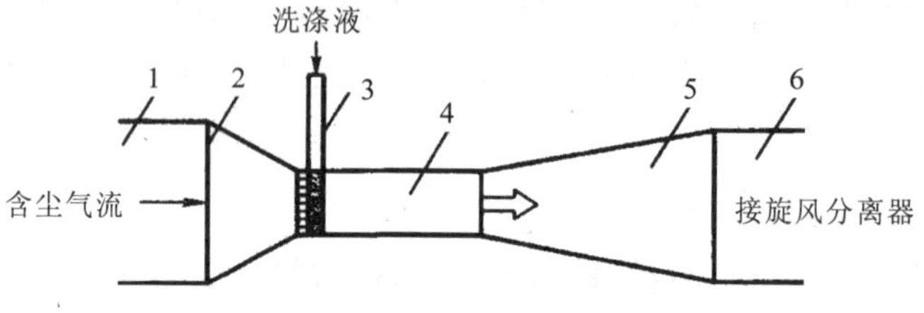

1-进气管；2-收缩管；3-喷嘴；4-喉管；5-扩散管；6-连接管

图 5-16 文丘里洗涤器

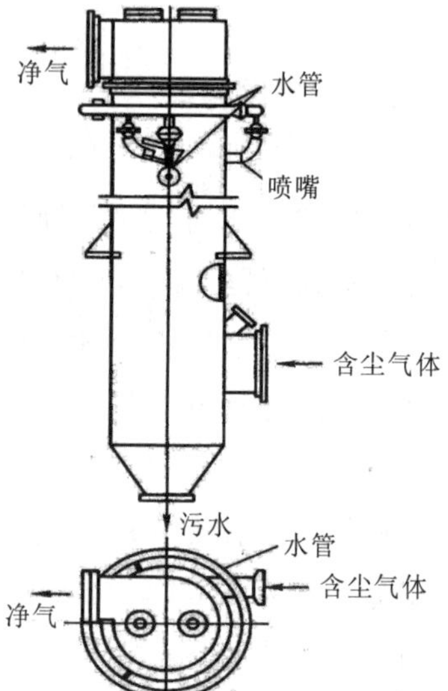

图 5-17 旋风水膜除尘器

含尘气体由进气管进入收缩管后，流速逐渐增大，气流的压力能逐渐转变为动能，在喉管入口处，气速达到最大，一般为 50～180 m/s。洗涤液（一般为水）通过喉管周边均匀分布的喷嘴进入，液滴被高速气流雾化和加速。充分雾化是实现高效除尘的基本条件。在液滴加速过程中，液滴与粒子之间靠惯性碰撞作用实现细微颗粒的捕集。当液滴速度接近气流速度时，液滴与颗粒之间相对速度接近于 0。在喉管下游，惯性碰撞的可能性迅速减小。由于碰撞效率取决于相对速度的大小，所以提高气流入口速度将提高捕集效率。在扩散管中，气流速度减小，压力回升，使以颗粒为凝结核的凝聚速度加快，形成直径较大的含尘液滴，以便于被低能洗涤器或除雾器捕集。

在如图 5-17 所示的旋风水膜除尘器中，喷雾沿切向喷向筒壁，使壁面形成一层很薄的不断下流的水膜。含尘气流由筒体下部导入，旋转上升，靠离心力甩向壁面的粉尘为水膜所包附，沿壁面流下排走。旋风湿式除尘器适合处理烟气量大和含尘浓度高的场合。它可以单独采用，也可以安装在文丘里洗涤器之后作为脱水器。

为了提高湿式除尘器的除尘效率，可采取如下一些措施，如增大气体和液体的湍流，减小液滴的直径从而加大液滴的表面积。这些措施有利于粉尘颗粒透过液膜进入液相。但液滴直径不宜过小，否则液滴容易随气流飘出除尘器。

（三）过滤式除尘器

过滤式除尘器，又称空气过滤器，是使含尘气流通过过滤材料，利用过滤材料的筛分、惯性碰撞、扩散、黏附、静电和重力等作用而将粉尘分离捕集的装置。采用滤纸或玻璃纤维等填充层作滤料的空气过滤器，主要用于通风及空气调节方面的气体净化；采用廉价的砂、砾、焦炭等颗粒物作为滤料的颗粒层除尘器，主要用于高温烟气除尘；采用纤维织物作滤料的袋式除尘器，在工业尾气的除尘方面应用广泛。

袋式除尘器的除尘效率一般可达 99%以上。由于它效率高、性能稳定可靠、操作简单，因而获得广泛应用。同时，在结构型式、滤料、清灰方式等方面也得到不断发展。滤袋形状传统上为圆形，后来又出现了扁袋，在相同过滤面积下体积小而显示较大的生命力。

滤料是袋式除尘器的核心部分，其性能对袋式除尘器操作有很大影响。选择滤料时必须考虑含尘气体的特征，如颗粒和气体性质（温度、湿度、粒径和含尘浓度等）。性能良好的滤料应容尘量大、吸湿性小、效率高、阻力低、使用寿命长，同时具备耐温、耐磨、耐腐蚀、机械强度高等优点。滤料特性除与纤维本身的性质有关外，还与滤料表面结构有很大关系。表面光滑的滤料容尘量小，清灰方便，适用于含尘浓度低、黏性大的粉尘，采用的过滤速度不宜过高。表面起毛（绒）的滤料（如羊毛毡）容尘量大，颗粒能深入滤料内部，可以采用较高的过滤速度，但必须及时清灰。

袋式除尘器的滤料种类较多。按滤料材质分，有天然纤维、无机纤维和合成纤维等；按滤料结构分，有滤布和毛毡两类。棉毛织物属天然纤维，价格低，适用于净化没有腐蚀性、温度在 87℃以下的含尘气体。无机纤维滤料主要指玻璃纤维滤料，具有过滤性能好、阻力低、化学稳定性好、价格便宜等优点。用硅酮树脂处理纤维滤料能提高其耐磨性、疏水性和柔软性，还可使其表面光滑、易于清灰，可在 523 K 下长期使用。玻璃纤维较脆，经不起揉折和摩擦，使用上有一定局限性。

清灰是袋式除尘器运行中十分重要的一环，实际上多数袋式除尘器是按清灰方式命名和分类的。常用的清灰方式有 3 种，最早的方法是振动滤料以使沉积的粉尘脱落，称为机械振动式，如图 5-18 所示。另外两种，是利用气流把沉积颗粒吹走，即用低压气流反吹或用压缩空气喷吹，分别称为逆气流清灰和脉冲喷吹清灰。对于难以清除的颗粒，可同时并用两种清灰方法，如逆气流和振动结合方式。

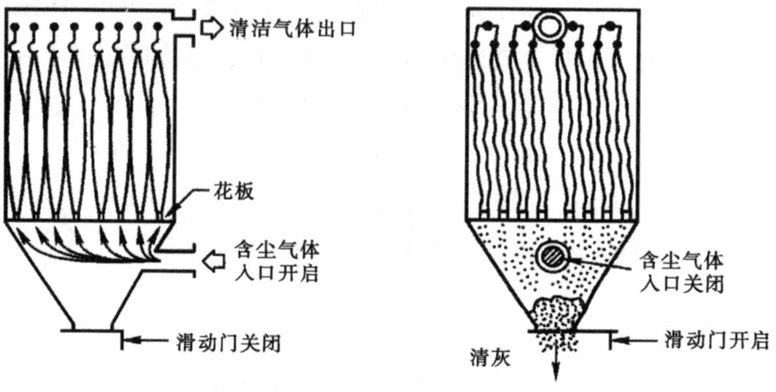

（a）过滤　　（b）清灰

图 5-18　机械振动袋式除尘器工作过程

颗粒层除尘器是利用颗粒状物料（如硅石、砾石、焦炭等）作填料层的一种内部过滤式除尘装置。由于耐高温、耐腐蚀、耐磨损、除尘效率高、维修费用低，已引起人们注意。颗粒层除尘器的除尘机理与袋式除尘器类似，主要靠惯性碰撞、截留及扩散作用等。过滤效率随颗粒层厚度及其沉积的粉尘层厚度的增加而提高，压力损失也随之增大。该类型除尘器也存在着体积大、反吹结构复杂、过滤效率不稳定等弊端，与袋式除尘器相比应用较少。

（四）电除尘器

电除尘器是利用静电力从气流中分离悬浮粒子（尘粒或液滴）的装置，与其他除尘器的根本区别在于：除尘过程的分离力（主要是静电力）直接作用在粒子上，而不是作用在整个气流上，因此电除尘器具有分离粒子能耗低、气流阻力小的特点。由于作用在粒子上的静电力相对较大，所以电除尘器也能有效地捕集亚微米级粒子。电除尘器的除尘效率一般可大于 99%，对微小尘粒也有足够的捕集效率，新建项目中使用较多。处理量大，能连续操作，可用于高温、高压情景，广泛应用于冶金、化工、能源、材料、纺织等工业部门。电除尘器的主要缺点是设备庞大，占地面积大，一次性投资费用高，应用范围受粉尘比电阻限制，难以适应操作条件的变化，此外对制造、安装质量要求高，需要高压变电及整流设备。

静电除尘器主要由放电电极和集尘电极组成。放电电极（电晕极）是一根曲率半径很小的纤细裸露电线，上端与直流电源的一极相连，下端由吊锤固定位置，集尘电极是具有一定面积的管和板，它与电源的另一极相连。若在两极施加高压，则在放电电极附近的电场强度很大，而在集尘电极附近的电场强度相对很小，因此两极之间的电场是不均匀强电场。

在两个曲率半径相差较大的金属阳极和阴极上，通以高压直流电，维持一个足以使气体电离的静电场。含尘气体在电晕极周围强电场作用下发生电离，形成气体离子和电子，使粒子荷电。荷电粒子在电场力作用下向集尘极运动并在集尘极上沉积，从而达到粉尘和气体分离的目的（图 5-19）。当集尘极上粉尘达到一定厚度时，借助振打机构使粉尘落入下部灰斗。可见，电除尘器的工作原理包括电晕放电、气体电离、粒子荷电、荷电粒子的迁移和捕集以及清灰等过程。

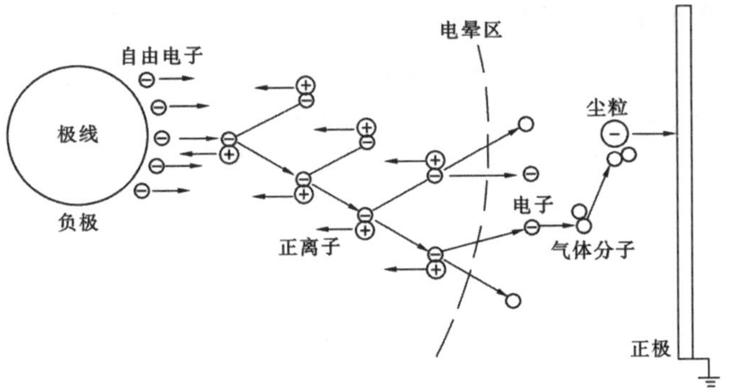

图 5-19 气体的电离

1. 管式电除尘器

管式电除尘器结构如图 5-20 所示。集尘极为 150～300 mm 的圆形金属管，管长为 3～5 m。放电极线（电晕线）用重锤悬吊在集尘极圆管的中心。管式电除尘器电场强度高且变化均匀，但清灰比较困难。常用于处理含尘气体量小或含雾滴的气体。

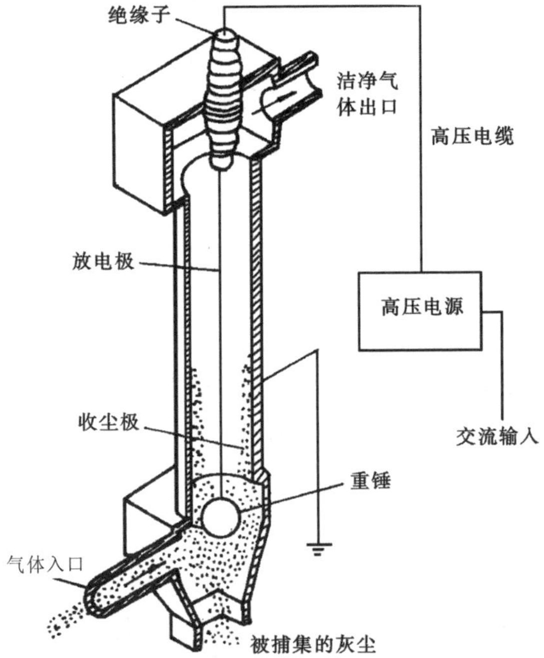

图 5-20 管式电除尘器结构示意

2. 板式电除尘器

集尘极由多块一定形状的钢板组合而成。放电极（电晕极）均布在两平行集尘极间。两平行集尘极的距离一般为 200～400 mm，极板高度 2～5 mm。板式电除尘器电场强度变化不均匀，清灰方便，制作安装容易。

电晕极和集尘极上都会有粉尘沉积，粉尘厚度为几毫米，甚至几厘米。对电晕极一般采用振打清灰方式，使电晕极上的粉尘很快被振打干净。集尘极清灰方法有湿法和干法。湿法使用水冲洗集尘极板，使极板表面经常保持着一层水膜，粉尘降落在水膜上时，随水膜流下，从而达到清灰的目的。湿法清灰的主要优点是粉尘重新进入量小，改进了电除尘器的操作，同时也净化部分有害气体，如 SO_2、HF 等，缺点是极板腐蚀和需处理污泥。干法是机械撞击或电极振动产生的振动清除积尘，大多采用电磁振打或锤式振打。

使用静电除尘器时，在操作中应特别注意粉尘的电阻率。黏在收集板上的粉尘会阻碍电流通过，对电流的阻碍程度可用电阻率描述，其单位为 Ω·m。电阻率太低（小于 10^7 Ω·m），则没有足够的电荷以维持强静电力，颗粒无法“黏附”于收集板上。若电阻率太高（大于 10^{13} Ω·m），则会产生绝缘效应，粉尘聚结的薄层会局部破损，正电极发生局部放电（称为反电晕放电）。这种放电现象会使电压下降，产生正离子并使颗粒所带的负电荷减少，进而降低收集效率。

二、气态污染物控制技术

除颗粒污染物外，还存在气态的污染物，通常气态污染物看不见、摸不着，往往具有一定毒性，其危害是不容忽视的。常见的气态污染物如 SO_2、NO_x、HF、挥发性有机物等。控制技术规模较大的有 SO_2、NO_x 等，下面将对这两类气态污染物的控制技术做简要介绍。

（一）SO_2 控制技术

我国是以燃煤为主的国家，受酸雨的危害日益加剧。酸雨的形成主要与 SO_2 的排放有关，燃煤电厂、燃煤锅炉和冶炼企业是工业企业的主要 SO_2 污染源。目前，国内外应用的 SO_2 控制途径有 3 种：①燃烧前脱硫；②燃烧中脱硫；③燃烧后脱硫，即烟气脱硫（Flue Gas Desulfurization，FGD）。其中，FGD 法是控制 SO_2 污染的主要技术手段，也是目前世界唯一大规模商业化应用的脱硫方式。

1. 燃烧前脱硫

燃烧前脱硫主要是物理选煤法、化学选煤法和生物脱硫技术。物理法操作简便、价格低廉，最大的缺点在于只能脱除无机硫且效率不高，一般脱硫率在 50%左右。相对物理法而言，化学法脱硫效率较高，能脱除有机硫。但化学选煤法操作费用和设备投资费用高；反应条件较为强烈，可能使煤质发生变化，使净化后的产品用途受到限制，难以被工业大规模采用。生物脱硫技术是利用氧化亚铁硫杆菌、硫化叶菌、拟单球菌、恶臭假单胞菌等微生物的生化作用去除煤炭中的无机硫和有机硫。

2．燃烧中脱硫

燃烧中脱硫技术主要有：

（1）型煤固硫技术。将不同种类的原煤筛分后按一定比例配煤，破碎后按比例与水、黏结剂、固硫剂混合均匀，经机械加压设备挤压成型，风干后成为型煤。固硫剂主要有石灰石、大理石和电石渣等，其主要成分为 $CaCO_3$、CaO 等，在高温燃烧时，SO_2 被这些成分吸收。从目前各种脱硫技术成本及运行费用分析来看，使用添加固硫剂的型煤是最为经济的烟气脱硫方法之一。可使中低含硫量的煤炭燃烧后的烟气达标排放。

（2）循环流化床燃烧技术。煤炭与固硫剂（石灰石、白云石等）一同送入循环流化床锅炉中，对煤炭进行悬浮燃烧，炉中的石灰石等固硫剂与烟气中的 SO_2 发生反应，形成相对稳定的固态硫酸钙物质，最后同炉渣排出。循环流化床锅炉具有如下优点：固硫效率高，一般大于 80%；NO_x 排放量较少；锅炉适应能力强，各种高硫煤、低热值煤炭均可混合燃烧；脱硫费用较低。但目前锅炉加工制造技术还不完全成熟，尤其是大型锅炉，容易出现故障。

（3）炉内喷钙尾气增湿固硫技术。该技术第一阶段将磨细到 325 目左右的石灰石喷射到炉膛上部，炉膛温度为 900～1 250℃，石灰石中 $CaCO_3$ 分解成 CaO 和 CO_2，烟气中的 SO_2 与 CaO 反应生成 $CaSO_4$，该段反应条件较差，固硫率为 20%～40%。在第二阶段，在炉后烟道上设置一个增湿活化反应器，烟气进入活化器中喷水增湿，烟气中为反应的 CaO 与水反应生成的较高活性的 $Ca(OH)_2$，再与烟气中剩余的 SO_2 发生反应。该工艺流程简单，易于在老锅炉上安装喷钙、活化设备；脱硫效率可达 70%以上，投资少，不造成二次污染。但存在的主要问题是炉内温度对脱硫效率影响较大。

3．烟气脱硫

烟气脱硫技术主要利用各种碱性的吸收剂或吸附剂捕集烟气中的 SO_2。FGD 的方法按吸收剂和脱硫产物含水量的多少可分为：湿法，即采用液体吸收剂洗涤以除去 SO_2；干法，用粉状或粒状吸收剂、吸附剂或催化剂以除去 SO_2；半干法，反应在气、固、液三相中进行，利用烟气显热蒸发吸收液中的水分，使最终产物为干粉状。按脱硫产物是否回用可分为回收法和抛弃法。按照吸收 SO_2 后吸收剂的处理方式可分为再生法和非再生法（抛弃法）。

（1）湿法脱硫工艺。

湿法脱硫工艺是世界上应用最多的，占脱硫总装机容量的 86%左右。其原理是，采用碱性浆液或溶液作为吸收剂在吸收塔内对含有 SO_2 的烟气进行喷淋洗涤，使 SO_2 和吸收剂反应生成亚硫酸盐和硫酸盐。常用的湿法工艺有石灰石/石灰—石膏法、双碱法、氨酸法、钠盐循环法、碱式硫酸铝法、水和稀酸吸收法、氧化镁法以及海水脱硫等。其中石灰石/

石灰—石膏法是技术最成熟、应用最多、运行状况最稳定的方法，其脱硫效率在90%以上。副产品石膏可以回收利用，也可抛弃。重庆珞璜电厂已引进这种烟气脱硫设备，但该工艺流程较复杂，投资与运行费用高，占地面积大。深圳西部电厂的海水脱硫效果良好，得到了原国家环保总局的认可。此外，佛山南海电厂的奥里油湿法脱硫技术也达到了国际先进水平。图 5-21 即为典型的石灰石/石灰—石膏法脱硫工艺。

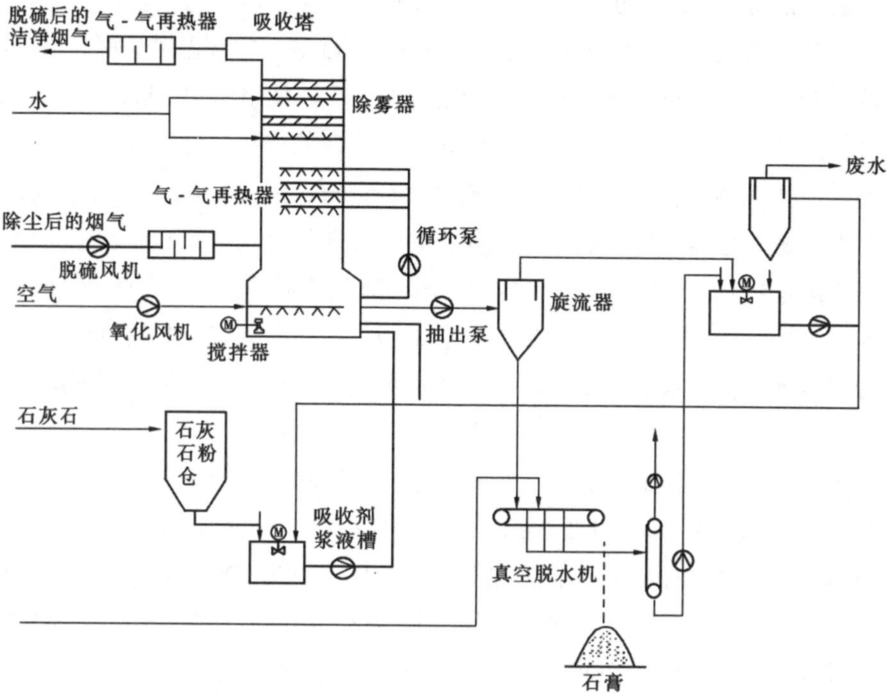

图 5-21　石灰石/石灰—石膏法脱硫工艺

（2）半干法脱硫工艺。

半干法工艺的特点是反应在气、固、液三相中进行，利用烟气显热蒸发吸收液中的水分，使最终产物为干粉状。主要脱硫工艺有：

喷雾干燥法（SDA），其原理是通过高速旋转的雾化器，将吸收浆液雾化成细小雾滴，与烟气中的 SO_2 进行传质、传热反应。其转速可达 10 000～20 000 r/min，转速与雾化效果及脱硫效率成正比，脱硫效率在 80%以上。沈阳黎明发动机制造公司热电厂采用此工艺，脱硫效率可达 91%。

烟气循环流化床脱硫（CFB），此法是 20 世纪 80 年代德国鲁奇公司开发的一种新的脱硫工艺，它以循环流化床原理为基础，通过吸收剂的多次再循环，延长吸收剂与烟气的接触时间，来提高吸收剂的利用率和脱硫效率。钙硫比（Ca/S）在 1.1～1.3 时，脱硫效率接近湿法脱硫效率。图 5-22 为典型的烟气循环流化床脱硫工艺。

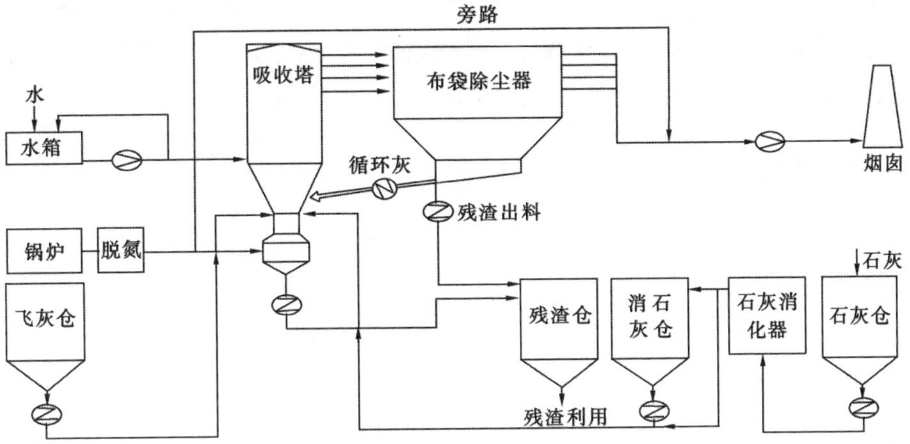

图 5-22　烟气循环流化床脱硫工艺

增湿灰循环脱硫（NID）技术是 ABB 公司开发的新技术，1996 年在波兰 Laziska 电厂 2×125 MW 机组上脱硫示范工程建成后，已有十多套装置在欧洲各国运行。NID 法是将 CaO 粉（粒径在 1 mm 以下）与除尘器收集的大量的循环灰进行混合增湿，然后将含 5% 水分的循环灰导入烟道反应器，与烟气进行脱硫反应。大量的脱硫循环灰具有很好的流动性和极大的蒸发表面，在很短的时间里使烟气温度从 140℃降至 70℃左右，烟气相对湿度增加到 40%～50%，此时有利于 SO_2 分子溶解，对脱硫有利。由于脱硫灰多次循环，使脱硫剂的利用率大幅提高，当 Ca/S=1.1 时，脱硫效率大于 80%。我国衢州化工厂 280 t/h 锅炉尾气脱硫采用此法，以电石渣作为脱硫剂，脱硫效率为 80%。

（3）干法脱硫工艺。

干法脱硫工艺的特点是反应在无液相介入的完全干燥的状态下进行，反应产物亦为干粉状态，不存在腐蚀、结露等问题。主要的工艺有：

荷电干式喷射脱硫法（CDSI 法），吸收剂以高速通过高压静电电晕区，得到强大的静电荷（负电荷）后，被喷射到烟气中扩散形成均匀的悬浊状态，吸收剂离子表面充分暴露，增加了与 SO_2 反应的机会。同时，由于离子表面的电晕，增强了其活性，缩短了反应所需的滞留时间，有效提高了脱硫效率，当 Ca/S=1.5 时，脱硫效率为 60%～70%。CDSI 法的投资仅为传统湿法的 10%，占地也只有湿法的 27%，对现有电厂改造尤为实用。

电子束照射法（EBA 法），是日本荏原公司于 20 世纪 70 年代提出的，是靠电子加速器产生高能电子，使烟气中的氧和水蒸气等激发转化成氧化能力强的自由基、离子、激发态原子等活性物质，与烟气中 SO_2、NO_x 反应生成硫酸和硝酸，再与加入的氨反应产生硫酸铵和硝酸铵化肥。已在日本、美国、俄罗斯等建立二十多套实验装置及示范工程，我国成都热电厂已建成 300 000 Nm^3/h 示范工程。

脉冲电晕等离子体法（PPCP 法），是在 EBA 法的基础上研制的，是靠脉冲高压电晕在反应器中形成等离子体，产生高能电子（5～20 eV），由于它只提高电子温度，而不提高粒子温度，能量效率比 EBA 法高两倍。其优点是，设备简单、操作简便、投资仅是 EBA 法的 60%，因此，该法成为国际上干法脱硫脱硝的研究前沿。

（二）NO_x 控制技术

NO_x 包括 N_2O、NO、NO_2、N_2O_3、N_2O_4、N_2O_5 等，其中对大气造成污染的主要是 NO、NO_2 和 N_2O。在火电机组排放的多种大气污染物中，NO 占 NO_x 总量的 90%以上，其余为 NO_2。由于 NO 和 NO_2 危害性严重和治理困难而备受关注。对于固定源 NO_x 的控制主要有 3 种方法：燃料脱氮、改进燃烧方式和生产工艺（如低氮燃烧技术等）与烟气脱硝。前两种方法是减少燃烧过程中 NO_x 的生成量，第三种方法则是对燃烧烟气和工业尾气中的 NO_x 进行治理。燃料脱氮技术至今尚未被很好开发，研究工作一方面集中在改进燃烧方式和开发低 NO_x 燃烧技术和设备上，这是目前的主流技术，但 NO_x 的降低率有限，技术全面实施有困难；研究工作另一方面主要集中在烟气脱硝上，它是近期内控制 NO_x 最重要的方法，目前发达国家普遍采用，具有很高的脱除效率。

烟气脱硝技术有：电子束照射法和脉冲电晕等离子体法；选择性催化还原法（SCR）、选择性非催化还原法（SNCR）；液体吸收法；固体吸附法等。第一类是利用高能电子产生的自由基将 NO 氧化为 NO_2，再与 H_2O 和 NH_3 作用生成 NH_4NO_3 化肥并加以回收，可同时脱硫脱硝。固体吸附法常用分子筛、活性炭、天然沸石、硅胶等作为吸附剂。其脱硝效率高，且能回收 NO_x，但因吸附剂容量小、吸附剂用量多、设备庞大、再生频繁等，应用不广泛。下面对液体吸收法、选择性催化还原法（SCR）、选择性非催化还原法（SNCR）做一简介。

1. 液体吸收法

该方法用碳酸钠、氢氧化钠、石灰乳或氨水溶液来吸收 NO_x 废气。例如，用碳酸钠吸收 NO_x，其反应方程式如下：

$$2NO_2+H_2O \longrightarrow HNO_3+HNO_2$$

$$2HNO_3+Na_2CO_3 \longrightarrow NaNO_3+H_2O+CO_2\uparrow$$

$$2HNO_2+Na_2CO_3 \longrightarrow NaNO_2+H_2O+CO_2\uparrow$$

在反应中，由于 NO 难溶于水，只有在与 NO_2 取合适比例时，被碱液吸收速率才高。

除了碱吸收法，还有稀硝酸吸收法。将硝酸生产尾气送入硝酸生产中的筛板吸收塔，经一系列处理和循环吸收，使酸增高到一定浓度后，作为成品酸出售。

2. 选择性催化还原法（SCR）

选择性催化还原法是利用 Pt 或 Cu 作催化剂有选择地将 NO_x 还原成 N_2，从而达到使废气达到脱色和消除污染的目的。此方法以 NH_3 为还原剂，在较低温度和催化剂的作用下，

NH_3不同尾气中的O_2反应，仅将废气中的NO_x还原为N_2，主要反应如下：

$$\text{海洋处置 } 4NH_3+6NO \xrightarrow[150\sim250^{\circ}C]{Pt} 5N_2+6H_2O$$

$$6NO_2+ 8NH_3 \longrightarrow 2N_2+12H_2O$$

NH_3与烟气均匀混合后一起通过一个填充了催化剂（如 V_2O_5-T_iO_2）的反应器，NO_x与NH_3在其中发生还原反应，生成N_2和H_2O。反应器中的催化剂分上下多层（一般为3～4层）有序放置。SCR工艺的核心装置是脱氮反应器，图5-23为典型的脱氮反应器的结构。根据反应器安装位置的不同，SCR有3种布置方式：高含尘烟气段布置、低含尘烟气段布置及尾部烟气段布置。反应器置于空气预热器之前是高含尘烟气段布置，这种方式的优点在于烟气能直接满足反应温度。但是，高含尘烟气易堵塞催化剂微孔，烟气中的砷还会导致催化剂中毒而失活。低含尘烟气段布置是把反应器安装在电除尘器之后。它虽然避免了前者的缺陷，但烟气经电除尘器除尘后必须重新加热升温，导致能耗增加。尾部烟气段布置是把反应器放置在电除尘器和脱硫装置之后。究竟采用哪种安装方式，应视燃料的种类、燃烧方式以及烟气中的含尘量而定。

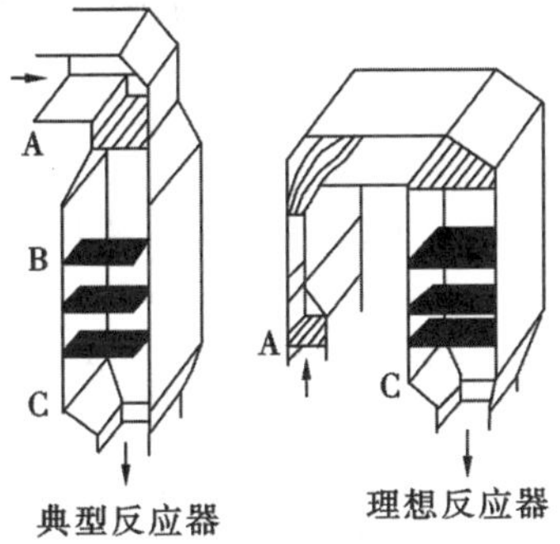

A-氨喷入点；B-催化剂；C-烟道截面

图 5-23 SCR 工艺反应器示意

催化剂一般被做成板型或蜂窝型，并且组合成一定尺寸的模块。SCR系统的运行成本在很大程度上取决于催化剂的寿命，其使用寿命又取决于催化剂活性的衰减速度。催化剂的失活主要有化学失活和物理失活。典型的SCR催化剂化学失活主要是砷、碱金属、金属氧化物等引起的催化剂中毒。As引起的中毒是烟气中的气态As_2O_3与催化剂结合所致。碱金属引起的中毒是碱金属吸附在催化剂的毛细孔表面所致，金属氧化物如MgO、CaO、Na_2O、K_2O等使催化剂中毒，主要是中和催化剂表面吸附的SO_2生成硫化物而造成的。催化剂物理失活主要是指高温烧结、磨损和固化微粒沉积堵塞而引起催化剂活性损坏。煤的特性对催化剂的组成、毛细孔尺寸、孔隙和体积有很大影响，并影响催化剂的寿命。目前，对于催化剂的失活问题，在国外已经有了较成熟的解决办法。

SCR 技术的脱硝率能达 90%以上。欧洲、日本、美国是当今世界上对燃煤电厂 NO_x 排放控制最先进的地区和国家，它们除采取燃烧控制之外，大量使用的是 SCR。2002 年，日本共有折合总容量大约为 23.1 GW 的 SCR 设备在电力工业使用。德国于 20 世纪 80 年代引进 SCR 技术，并规定发电量 50 MW 以上的电厂必须配备 SCR 系统，其火力发电厂的烟气脱硝装置中 SCR 大约占 95%。美国至今已有超过 10 GW 容量的设备安装了 SCR 系统，实现了减少排放量的承诺。

3. 选择性非催化还原法（SNCR）

在 900～1 100℃温度范围内，在无催化剂的作用下，氨或尿素等氨基还原剂可选择性地把烟气中的 NO_x 还原为 N_2 和 H_2O，基本上不与烟气中的 O_2 作用，据此发展了 SNCR。其主要反应为：

氨（NH_3）为还原剂时：

$$4NH_3+6NO=5N_2+6H_2O$$

尿素（$(NH_4)_2CO$）为还原剂时：

$$(NH_4)_2CO=2NH_2+CO$$

$$NH_2+NO=N_2+H_2O$$

$$CO+NO=N_2+CO_2$$

实验表明，当温度超过 1 100℃时，NH_3 会被氧化成 NO，反而造成 NO_x 排放浓度增大。其反应为：

$$4NH_3+5O_2=4NO+6H_2O$$

而温度低于 900℃时，反应不完全，氨逃逸率高，造成新的污染。可见温度过高或过低都不利于对污染物排放的控制。适宜的温度区间被称作温度窗口，所以，在 SNCR 的应用中温度窗口的选择是至关重要的。

SNCR 工艺就是把含有氨基的还原剂喷入锅炉炉膛中 900～1 100℃的区域内，该还原剂快速热解成 NH_3 并和烟气中的 NO_x 进行还原反应，把 NO_x 还原成 N_2 和 H_2O。该方法以锅炉炉膛为反应器，可通过对锅炉的改造实现。在炉膛内不同的高度上布置还原剂喷射口，是为了满足在不同的锅炉负载下把还原剂喷射到具有合适温度窗口的炉膛区域内。图 5-24 为 SNCR 的简单示意图。

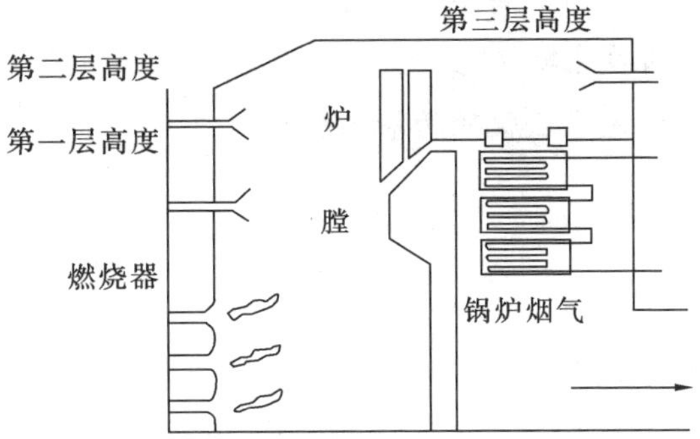

图 5-24　SNCR 简单示意图

一个典型的 SNCR 系统由还原药剂的储藏、输送和喷射装置组成，主要包括还原药剂储藏罐、泵、管道、喷射器和与之相关的控制系统以及 NO_x 在线监测系统。还原剂的喷入系统必须将还原剂喷到锅炉内最有效的部位——炉膛上部温度适宜还原反应的区域，并保证与烟气充分混合。为了得到适当的 NO_x 排放控制，设计中可以利用计算流体力学和计算燃烧学对炉膛内流动和燃烧过程进行模拟来确定还原剂的喷入点。

SNCR 技术投资成本低，建设周期短，脱硝效率中等，比较适用于缺少资金的发展中国家和对现有中小型锅炉的改造。这种技术的不足之处就是 NO_x 的脱除效率不高，氨逃逸比较多。所以单独使用 SNCR 技术受到了一些限制。但对于中小型机组或老机组改造，由于它在经济性能方面的优势，仍不失其吸引力。目前，国外对 SNCR 的研究除进一步提高其效率和安全性之外，另一个重点是对 SNCR 和其他脱硝技术的联合应用的研究。

【大气污染控制新技术、新工艺】

思考题

1. 试说明大气污染源、大气污染物的类别与种类。

2. 试描述大气的稳定性及其排烟类型的关系。

3. 试从国际合作和具体的技术措施两方面，论述如何防治温室效应、臭氧层破坏和酸雨等环境问题。

4. 试说明机械式除尘器的主要类型及其工作原理。
5. 简述烟气脱硫有哪些主要工艺。
6. 试说明选择性催化还原法脱硝的基本原理。

参考文献

[1] 郝吉明，马广大．大气污染控制工程[M]．4 版．北京：高等教育出版社，2024.
[2] 邵敏，等．挥发性有机物 VOCs 来源及其大气化学作用[M]．北京：科学出版社，2020.
[3] 张慧敏，张卫风，等．环境学概论[M]．北京：清华大学出版社，2023.
[4] 周北海．环境学导论[M]．北京：化学工业出版社，2017.
[5] 蒋展鹏，等．环境工程学[M]．3 版．北京：高等教育出版社，2013.
[6] 李广超．大气污染控制技术[M]．3 版．北京：化学工业出版社，2020.
[7] 朱天乐．室内空气污染控制[M]．北京：科学出版社，2021.
[8] 熊振湖，费学宁，等．大气污染防治技术及工程应用[M]．北京：机械工业出版社，2003.
[9] 中国环境科学学会臭氧污染控制专业委员会．中国大气臭氧污染防治蓝皮书（2023 年）[M]．北京：科学出版社，2023.

第六章　土壤污染及其防治

土地是人类赖以生存的基础，是重要的自然资源。随着世界人口的快速增长，土壤作为自然资源正承受着越来越大的压力。随着工业生产规模和乡镇城市化的快速发展，农用耕地的面积正在以惊人的速度锐减，同时为了提高农产品的产量，人们过多地施用化肥、农药，耕地中污泥、垃圾等物质随之增多，使土壤生态系统遭到破坏，农产品质量下降。此外，大气中气态和颗粒态污染也会以湿沉降或干沉降的形式污染土壤，用受污染的水灌溉农田，地表径流都会导致土壤污染。因此，土壤污染已经成为一个普遍的问题。

第一节　土壤性质和作用

一、土壤的基本结构与性质

（一）土壤结构及其组成

土壤是由大小不等的土壤颗粒组成的。这种不同颗粒按不同比例的组合称土壤质地。不同质地的土壤呈现出不同的颜色、形状、性质、肥力、密度、黏结性、黏着性等。一般把土壤颗粒（包括单独颗粒、复粒和团聚体）的空间排列方式及其稳定程度、孔隙的分布和结合的状况称为土壤的结构。实际上，土壤中的矿物颗粒并不都是呈单独颗粒存在，除砂粒和部分粗颗粒以外，大多是互相聚在一起，形成较大的颗粒（微团聚体）或团聚体颗粒。一定条件下，良好的土壤结构有利于植物根系活动、通气、保水、保肥。

1．土壤的剖面结构

土壤从地面垂直向下是由不同土层构成的，这种土壤垂直断面称为土壤剖面构型。不同的土壤类型有着不同的土壤剖面构型。一般来讲，土壤是由腐殖质层、淀积层、母质层和风化层构成的。不同土层的物质组成和性质都有很大差异。

腐殖质层通常又分为覆盖层和淋溶层。覆盖层覆盖着大量的枯枝落叶；而淋溶层中由于生物活动最为强烈，发生着水溶性物质向下淋溶、有机物质转化和积累等作用，所以形成了一个颜色较暗、具有粒状或团粒结构的层次。

淀积层是位于表土与底土之间的层次，因该层常淀积着自上层淋溶下来的物质，所以称为淀积层。母质层位于土壤剖面底部，由岩石风化物的残积物或运积物组成，是形成土壤的母质。风化层又称母岩，是离地表最近且已受到不同程度风化的岩石圈层，但尚未受成土过程的影响。

2. 土壤的组成

土壤是由固相、液相和气相物质组成的一个复杂体系。土壤固相物质包括矿物质和有机物两大部分。土壤矿物质是土壤物质组成的主体部分，主要包括原生矿物和次生矿物。原生矿物是指直接来源于岩石，在岩石的物理风化中形成的矿物部分；次生矿物则是岩石化学风化和成土过程中新形成的矿物质，如各种矿物盐类，铁、铝等的氧化物类和黏土矿物成分等。不同土壤类型或同一土壤类型的不同层次中，固相物质的组成种类、数量都不尽相同。有机物又可分为有机质和活性有机体。有机质主要是大分子有机物——腐殖质，主要集中分布在土壤表层，其数量比例虽不大，但它是土壤环境的重要物质成分。此外，还有处于未分解或半分解状态的有机残体和可溶性简单有机化合物。活性有机体是指种类繁多、数量巨大的土壤微生物和土壤动物。土壤液相包括土壤溶液、水及其溶解物等；土壤气相包括 N_2、O_2、CO_2、水汽等，与大气成分相同。土壤溶液（液相）和土壤空气（气相）的状况通常取决于土壤团聚体结构和土壤质地。

3. 土壤质地和团聚体结构

土壤质地又称土壤机械组成，是指土壤不同矿物颗粒（砂粒、粉砂粒和黏粒）的质量百分数。按质量百分数可将土壤分为砂土、壤土和黏土等不同土壤质地。土壤质地分类标准如表 6-1 所示。我国“七五”攻关土壤背景值调查中，另有分类方法，将我国土壤分为 41 类。由于土壤中存在着有机质和一些胶结物质，土壤的单粒常常被聚合成各种形态的团聚体，称为土壤团聚体。这些土壤团聚体的形状可分为团粒状、块状、片状、核状和柱状。因此，土壤质地和团聚体结构决定着土壤总孔隙度、毛管孔隙度和非毛管孔隙度等土壤孔隙状况，从而成为影响土壤水分和温度状况的主要因素。

表 6-1 国际制土壤质地分类标准

质地分类		各粒级含量/%		
类别	名称	黏粒＜0.002 mm	粉砂粒 0.002～0.02 mm	砂粒 0.02～2 mm
砂土类	砂土及壤质砂土	0～15	0～15	85～100
壤土类	砂质壤土	0～15	0～45	55～85
	壤土	0～15	35～45	40～55
	粉砂质黏土	0～15	45～100	0～55
黏壤土类	砂质黏壤土	15～25	0～30	55～85
	黏壤土	15～25	20～45	30～55
	粉砂质黏壤土	15～25	45～85	0～40

质地分类		各粒级含量/%		
类别	名称	黏粒<0.002 mm	粉砂粒 0.002～0.02 mm	砂粒 0.02～2 mm
黏土类	砂质黏土	25～45	0～20	55～75
	壤质黏土	25～45	0～45	10～55
	粉砂质黏土	25～45	45～75	0～30
	黏土	45～65	0～35	0～55
	重黏土	65～100	0～35	0～35

（二）土壤的性质

土壤作为人类社会赖以生存和发展的重要自然资源，其最基本的特性之一就是具有肥力。所谓土壤肥力是指土壤具有连续不断地供应植物生长发育所需要的水分、营养元素，以及协调土壤空气和温度等环境条件的能力。按其产生的原因可将土壤肥力分为自然肥力和人工肥力。自然肥力是在自然成土因素如生物、气候、母质、地形地貌、水文和时间等共同作用下形成的肥力；而人工肥力则是在人为活动如种植、耕作、施肥、灌溉和土壤改良措施等的影响下产生的肥力。对于农业土壤来说，土壤所表现出的肥力水平是自然肥力和人工肥力的综合体现。在合理利用的情况下土壤肥力是可以维护、更新和不断提高的，因此土壤属于可再生的自然资源。

此外，土壤还具有同化和代谢外界输入物质的能力，亦即土壤的净化能力。它能消纳部分污染物质，减少对土壤环境的污染。

二、土壤环境元素背景值和土壤环境容量

（一）土壤环境元素背景值

土壤环境元素背景值简称土壤环境背景值，是指未受或很少受人类活动特别是人为污染影响的土壤化学元素的自然含量。土壤环境背景值是在自然成土因素和成土过程综合作用下的产物。不同土壤类型的土壤环境背景值差别较大，是统计性的范围值、平均值或中位值，而不是简单的一个确定值。目前在全球范围内已很难找到绝对不受人类活动影响的地区和土壤，现在所获得的土壤环境背景值只代表着远离污染源、尽可能少的受人类活动影响的有相对意义的数值。尽管如此，土壤环境背景值仍然是我们研究土壤环境污染、土壤生态，进行土壤环境质量评价与管理、确定土壤环境容量和环境基准、制定土壤环境标准时重要的参考标准或本底值。

研究土壤环境背景值具有重要的实践意义。因为污染物进入土壤环境之后的组成、数量、形态和分布变化，都需要与背景值比较才能加以分析和判断，所以土壤环境背景值是土壤环境质量评价，特别使土壤污染综合评价的基本依据。

（二）土壤环境容量

土壤环境容量是针对土壤中的有害物质而言的。所谓“土壤环境容量”是在人类生存和自然生态不致受害的前提下，土壤环境所能容纳的污染物的最大负荷量。也就是说在一定的土壤环境单元和一定的时限内，遵循环境质量标准，既能维持土壤生态系统的正常结构与功能，保证农产品生物学的产量和质量，也不使环境系统受到污染时土壤环境所能容纳污染物的最大负荷量。土壤环境容量是制定土壤环境标准的重要依据。

土壤环境容量能够在土壤环境质量评价，制定污水灌溉水质标准、污泥施用标准、微量元素累积施用量等方面发挥作用。土壤环境容量充分体现了区域环境特征，是实现污染物总量控制的重要基础。

三、土壤在地球表层环境系统中的地位和作用

土壤是地球表层环境系统的一个重要组成要素。土壤圈在地球表层环境系统中位于大气圈、水圈、岩石圈和生物圈的界面交接地带，是无机界和有机界联系的纽带，是地球表层环境系统中物质与能量迁移和转化的重要环节。因此，土壤对维护和保持地球表层环境系统的自然生态平衡和环境质量具有不容忽视的重要作用。

土壤不仅是维持地球上大多数动物、植物生长发育的基础，也是人类生存和发展所必需的条件。人们不仅向土壤索取了大量的粮食，还利用土壤的净化能力消纳了各种污染物质，使其成为处理和处置各种废物的场所。

第二节　土壤污染及性质

一、土壤污染

（一）土壤污染的概念

土壤污染的定义目前尚不统一，较为一致的看法是：土壤生态系统由于外来物质、生物或能量的介入，而使其有利的物理化学及生物特性遭受破坏而减低或失去正常功能的现象称为土壤污染。土壤污染可从以下三个方面认定：一是土壤物理、化学或生物性质的改变，使植物受到伤害而导致产量减少或死亡；二是土壤物理、化学或生物性质已经发生改变，虽然植物仍能生长，但部分物质被农作物吸收进入作物体内，使农产品中有害成分含量过高，人畜食用后可引起中毒及各种疾病；三是因土壤中污染物含量过高，从而间接地污染空气、地表水和地下水等，进一步影响人的健康。从广义而言，任一劣质的

土壤或固体废物的进入而使土壤质量下降，或人为因素导致的表土流失等，都应视为土壤污染。

综上所述，土壤污染是指由于人为活动或自然因素，有意或无意地将对人类和其他生物有害的物质施加到土壤中，其数量超过土壤的净化能力，从而在土壤中逐渐积累，致使这些成分明显高于原有含量，引起土壤质量恶化，正常功能失调，甚至某些功能丧失的现象。

（二）土壤污染的特点

1. 隐蔽性或潜伏性

水体和大气的污染比较直观，而土壤污染则不同。土壤污染往往要通过粮食、蔬菜、水果或牧草等农作物的生长状况的改变以及摄食这些作物的人或动物的健康状况变化才能反映出来。特别是土壤重金属污染，往往要通过对土壤样品进行分析化验和农作物重金属的残留检测，甚至通过研究对人畜健康状况的影响才能确定。这也导致土壤污染从产生污染到出现问题，通常会滞后很长时间。土壤污染的隐蔽性使认识土壤污染问题的难度增加，以致污染危害持续发生。

2. 不可逆性和长期性

土壤一旦遭到污染往往极难恢复，特别是重金属元素对土壤的污染几乎是一个不可逆过程，而许多有机化学物质的污染也需要一个比较长的降解时间。重金属污染一旦发生，仅仅依靠切断污染源的方法往往很难恢复，土壤中重金属污染物大部分残留于土壤耕层，很少向下层移动，这是由于土壤中存在着有机胶体、无机胶体和有机-无机复合胶体，它们对重金属有较强的吸附和螯合能力，限制了重金属在土壤中的迁移。

3. 间接危害性

土壤污染的后果是进入土壤的污染物危害植物，也可能通过食物链危害动物和人体健康。土壤中的污染物随水分渗漏在土壤内发生移动，可对地下水造成污染，或通过地表径流进入江河、湖泊等，对地表水造成污染。土壤遭风蚀后其中的污染物可附着在土粒上被扬起，土壤中有些污染物也以气态的形式进入大气。因此，污染的土壤往往又是造成大气和水体污染的二次污染源。

4. 土壤污染的难治理性

如果大气和水体受到污染，切断污染源之后通过稀释作用和自净化作用，大气和水体的污染状况也有可能会不断逆转，但是积累在污染土壤中的难降解污染物则很难靠稀释作用和自净化作用来消除。土壤污染一旦发生，仅仅依靠切断污染源的方法往往很难恢复，有时要靠换土、淋洗土壤等方法才能解决问题，其他治理技术则可能见效较慢。因此，治理污染土壤通常成本较高、治理周期较长。

二、土壤污染源与污染物

土壤污染物的种类和来源十分复杂，这里就较为常见的污染物及其来源做简要的介绍。

（一）污染源

土壤污染源可分为天然污染源和人为污染源。天然污染源是指自然界自行向环境排放有害物质的场所，如活动的火山；人为污染源是指人类活动所形成的污染物排放源。其中，后者是土壤污染研究的主要对象。土壤污染源按照其来源不同可做如下分类：

1. 污水灌溉

污水灌溉是造成我国土壤污染的最主要途径之一。污水灌溉是指利用城市污水、工业废水或混合污水进行农田灌溉，补充农田水分的“措施”。这种未经处理的工业废水和混合污水中含有各种各样污染物质，主要为有机污染物和无机污染物，特别是重金属。

2. 固体废物的农业利用

固体废物包括工业废渣、污泥和城市垃圾以及畜禽粪便、农作物秸秆等。其中前三者是污染物含量比较高的废物。由于这些废物中含有较多的有机物质和一定的养分，因而可以用来作为肥料。如城市污水处理厂的污泥和城市生活垃圾中都富含大量植物可利用的营养物质和土壤需要的有机物质。但与此同时，污泥和垃圾中含有较多的有毒有害成分，即使经过高温堆肥化处理，其有毒有害成分含量仍很高。这些固体废物在堆放、处理和填埋过程中，不仅侵占大量耕地，而且可通过大气扩散或降水淋渗，使周围地区的土壤受到污染。

3. 农业污染

农用化学品的应用会直接污染土壤。这种污染过程是在不合理、不适当施用化肥、农药和塑料薄膜等技术措施下发生的。例如，长期大量施用氮肥，会破坏土壤结构，造成土壤板结，生物学性质恶化，影响农作物的产量和质量；又如氯化乙基汞随拌种进入土壤的汞量可达 3～6 g/hm^2；磷肥中含有的各种重金属也会进入土壤。据估计，我国随磷肥进入土壤中的 Cd 总量约为 37 t/a。

4. 大气污染

任何大气污染过程给大气中增加的污染物质，如各种气态或固态、液态颗粒状污染物，都可能通过各式各样的途径落至地面，进而对土壤造成污染。干沉降和湿沉降都是土壤污染的重要途径。如尘埃微粒、重金属颗粒等在重力作用下，在一定条件下会自空中落至地面，这一过程通常被称为“干沉降”；“湿沉降”则是指大气中的固体、气体及液体污染物，通过降雨、结露等降水过程被带入土壤的现象。

以重金属为例，许多重金属在冶炼、煅烧、加工过程中产生的微小颗粒污染物会自动降落或随着雨水降落进入土壤。有的落至植物体表面被植物吸收，使植物体内重金属含量增加。这些植物死亡后，残体归还于土壤，也会造成对土壤的污染。

5. 生物污染

向农田施用垃圾、污泥、粪便，或引入生活污水，都有可能使土壤受到病原菌等微生物的污染。

（二）污染物

按其性质可将引起土壤污染的物质分为以下3类。

1. 化学物质类

化学物质类包括有机污染物和无机污染物，有机污染物主要是农药（如有机氯类、有机磷类、苯氧羧酸和苯酰胺类）、酚、氰化物、3,4-苯并芘、石油、有机洗涤剂、塑料薄膜等污染物。无机污染物主要包括重金属、酸、碱和盐类等污染物。

2. 放射性物质

主要是由于大气核爆炸降落的污染物以及原子能和平利用中排出的液体和固体放射性废弃物，如放射性元素锶（Sr）、铯（Cs）、铀（U）等。这些污染物通过自然沉降、雨水冲刷和废弃物堆放等途径进入土壤，使土壤放射性水平高于自然本底值。

3. 生物污染物

生物污染物主要是土壤中的一些外源性有害生物种群，其中有些致病病原菌可在土壤中长期存活并危害植物和植物产品，有时也可能引发人类疾病甚至造成某些疾病的流行。当这些被污染的土壤经雨水冲刷进入水体后，也会造成水体污染。生物污染物的主要来源是未经处理的人畜粪便、垃圾、污泥以及用于灌溉的污水（未经处理的生活污水和医院污水）。

三、土壤污染程度的量化指标

土壤污染程度的确定是以土壤环境背景值、植物和土壤生物的生态效应、土壤环境效应、土壤环境基准或环境质量标准等为重要依据的，土壤污染具有复杂性，土壤污染程度的量化指标主要包括GB 36600—2018和GB 15618—2018两个标准。一般认为，土壤中污染物累积总量达到土壤环境背景值的2倍或3倍时，就说明土壤中该污染元素或化合物含量已属异常现象，它是土壤污染的起始值，此时土壤属轻度污染；当土壤污染物含量达到或超过土壤环境基准或环境质量标准时，说明该污染物的输入和富集速度及强度已超过土壤环境的净化能力和缓冲能力，应属于重度土壤污染。而中度土壤污染则参照上述量化指标，根据土壤中污染物含量水平和作物生态效应的相关性具体来定。

四、土壤的自净作用

土壤的自净作用是土壤所具有的自身更新的能力。它是指土壤被污染后，由于土壤的物理、化学和生物化学等作用，在一定时间后各种有机物、病原微生物、寄生虫卵和有毒物质等逐渐分解、吸收、转化、沉积，最终达到无害化的目的。土壤的自净过程很复杂，主要包括以下几个方面。

（一）物理作用

物理作用是指日光、土壤温度、风力等因素的作用。日光可使土壤表层温度升高；风力可以带走某些具有挥发性的污染物。例如，“六六六”在旱田施用后，主要靠挥发散失；氯苯灵等除草剂在高温条件下易挥发失活。

当污染物进入土壤时，比孔隙大的固体颗粒被阻留，土壤起到过滤和吸附作用。土壤颗粒上的胶体表面具有很强的吸附能力。

（二）化学作用

化学作用是指土壤中某些金属离子，可与进入土壤中的污染物发生中和、氧化、还原、沉淀和水解等反应，从而改变污染物的化学性质，使毒性降低。例如，酸、碱可发生中和反应；Cu 在碱化土壤中生成难溶的 $Cu(OH)_2$，降低了生物活性。

（三）生物化学作用

生物化学作用是指有机污染物在土壤微生物（如细菌、真菌、放线菌等）作用下，将复杂的有机物降解，逐步无机化或腐殖化而达到自净目的。有机物的无机化和腐殖化过程是病原微生物和蠕虫卵死亡的主要条件。日光照射、土壤温度改变、土壤微生物的拮抗作用和噬菌作用、一些植物根系分泌的植物杀菌素对某些真菌具有杀灭作用等，都影响病原微生物和蠕虫卵的生存。例如，日光中的紫外线能杀死土壤中的蛔虫卵，土壤中的蚯蚓、昆虫也能吞食蠕虫卵。

上述自净作用的结果，使进入土壤中的污染物的有害作用降低或消失。但土壤的自净能力有限，一旦超过了限度就会造成危害。某些重金属和农药等污染物，它们在土壤中虽然也可以发生一定的迁移、转化，但最终并不能完全降解、消失，它们仍然蓄积在土壤中，造成土壤污染。

第三节　土壤环境污染的危害及现状

土壤被污染后，后果是相当严重的。土壤中的污染物若超过植物的忍耐限度，会破坏植物根系的正常吸收和代谢功能，植物的光合作用会显著衰退，不仅使农作物和牧草产量大幅下降，而且一些污染物在植物体内残留，既影响植物的生长发育，又导致遗传变异，将通过食物链危害人们的健康。土壤层污染也会因雨淋渗透而污染水源，水的污染又威胁人们的健康。土壤污染还破坏了土壤中微生物的生态平衡，使病菌大量繁殖和传播，造成疫病蔓延。

一、农药与土壤污染

（一）农药的分类

农药在广义上指农业上使用的药剂。根据防治对象的不同，农药可分为杀虫剂、杀螨剂、杀菌剂、杀线虫剂、除莠剂、杀鼠剂、杀软体动物剂、植物生长调节剂和其他药剂等。根据农药的化学组成成分又可分为有机氯农药、有机磷农药、有机汞农药、有机砷农药、氨基甲酸酯农药以及苯酰胺农药和苯氧羧酸类农药等。

（二）农药对环境的危害

化学农药对防治病虫害，消灭杂草，提高粮、油、果的产量，以及有关林、牧、副业生产的重要作用是毋庸置疑的。但是，长期、广泛和大量地使用化学农药，导致土壤环境中农药残留与污染，已危及动植物的生长和人类的健康。农药对环境的污染是多方面的，包括大气、水体、土壤和作物。进入环境的农药在环境各要素间迁移、转化并通过食物链富集，最后对人体造成危害（图 6-1）。

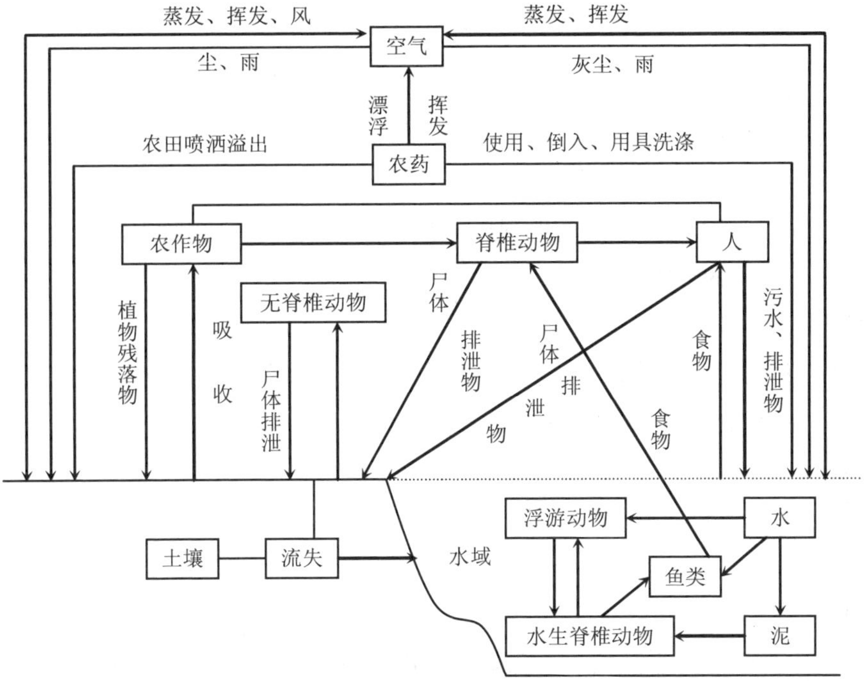

图 6-1　农药对环境的危害

1. 农药对大气的污染

大气中农药的污染主要来自为各种目的而喷洒农药时所产生的药剂漂浮物和来自农作物表面、土壤表面及水中残留农药的蒸发、挥发、扩散和农药厂排出的废气。大气中的农药漂浮物在风的作用下可跨山越海，到达世界各个角落。据报道，在地球的南、北极圈内和喜马拉雅山最高峰上都曾发现有机氯农药的存在。

2. 农药对水体的污染

农田施药和土壤中的农药被水流冲刷及农药厂废水排放导致水体的农药污染。

3. 农药对土壤的污染

土壤中的农药主要来自直接施用；通过浸种、拌种等施药方式进入土壤；飘浮在大气中的农药随降水和降尘落到地面进入土壤。

此外，垃圾焚烧、秸秆的田间燃烧等会产生二噁英类物质；不合理施用化肥除污染土壤外，还会使地下水 NO_2^-、亚硝酸胺超标。

（三）对生态的破坏和对人体健康的危害

土壤农药残留及污染危及动植物的生长和人类的健康，有些化学农药本身或与其他物质反应后的产物有致癌、致畸、致突变作用。

据报道，全世界每年因农药中毒致死者达1万人，致病者达 40 万人。发展中国家受农药污染极为严重，平均每年发生 37 万起农药中毒事件。农药对人体健康的危害目前认为有以下几个方面：

1. 对神经的影响

有机氯农药具有神经毒性，DDT 会危害中枢神经，有机磷农药被认为具有迟发性神经毒性，人类对此毒性极其敏感。

2. 致癌作用

动物实验证明，DDT 等农药有明显的致癌性能。虽然动物实验不能完全推设到人类，但可反映出其对人类的危害性。

3. 对肝脏的影响

有机氯农药能诱发肝脏酶的改变，从而改变体内的生化过程，使肝脏肿大以致死亡，此外，还能损害肾脏并引起病变。

4. 诱发突变

DDT 和除莠剂 2,4,5-T 等是诱变物质，具有遗传毒性，能导致畸胎，影响后代健康并缩短寿命。

5. 慢性中毒

农药慢性中毒时，将引起倦乏、头痛、食欲不振、肝脏损害等病症。

此外，农药还能对水生生物、飞禽等动物和植物造成污染和危害。施用化学农药还给生态系统造成了危害。例如，使用六六六、1605（乙基对硫磷）防治稻螟，在消灭稻螟的同时，也杀死了黑尾叶蝉的天敌——蜘蛛和牧场利椿象；再如，草原地区使用剧毒杀鼠剂灭鼠时，也造成鼠类的天敌猫头鹰、黄鼠狼及蛇的大量死亡。土壤农药污染也是大气和水体环境次生农药污染的主要污染源。

二、重金属与土壤污染

（一）土壤重金属污染

土壤重金属污染是指人类活动使重金属在土壤中的累积量明显高于土壤环境背景值，致使土壤环境质量下降和生态恶化的现象。重金属的采掘、冶炼、矿物燃烧、化肥的生产和施用是土壤重金属污染的主要污染源（表 6-2）。

表 6-2 土壤重金属的主要来源

元素	主要来源
Hg	制碱、汞化物生产等工业废水和污泥；含汞农药；金属汞蒸气
Cd	冶炼、电镀、染料工业废水；污泥和废气；肥料杂质
Cu	冶炼、钢制品生产等工业废水；污泥和废渣；含铜农药
Zn	冶炼、镀锌、纺织等工业废水；污泥和废渣；含锌农药和磷肥
Cr	冶炼、镀锌、制革、印染等工业废水和污泥
Pb	颜料、冶炼等工业废水；防爆汽油燃烧废气；农药
Ni	冶炼、电镀、炼油、染料等工业废水和污泥
As	硫酸、化肥、农药、医药、玻璃等工业废水和废气；含砷农药
Se	电子、电器、油漆、墨水等工业的排放物

重金属元素在土壤中一般不易随水移动，不能被微生物分解而在土壤中累积，甚至有的可能转化成毒性更强的化合物（如甲基化合物），它可以通过植物吸收在植物体内富集转化，给人类带来潜在危害。重金属在土壤中的累积初期不易被人们觉察和关注，属于潜在危害，一旦毒害作用比较明显地表现出来，也就难以彻底消除。通过各种途径进入土壤中的重金属种类很多，其中影响较大、目前研究较多的重金属元素有 Hg、Cd、As、Pb、Cu、Zn 等。由于各元素本身具有不同的化学性质，因而造成的污染危害也不尽相同。

（二）土壤重金属污染的生物效应

植物对各种重金属的需求有很大差别，有些重金属是植物生长发育中并不需要的元素，而且对人体健康的直接危害十分明显，如 Hg、Cd、Pd 等；而有些元素则是植物正常生长发育所必需的微量元素，包括 Fe、Mn、Zn、Cu、Mo、Co 等，但如果在土壤中的含量过高，也会产生污染危害。土壤因受重金属污染而对作物生长产生危害时，不同类的重金属危害并不相同。例如，Cu、Zn 主要是妨碍植物正常生长发育；土壤受 Cu 污染，可使水稻生长不良，过量 Cu 被植物根系吸收后会形成稳定的络合物，破坏植物根系的正常代谢功能，引起水稻的减产；而受 Cd、Hg、Pb 等元素污染，一般不引起植物生长发育障碍，但会在植物体内蓄积，如 Cd、Hg、Pb 可在水稻体内累积形成“镉米”“汞米”“铅米”。在我国局部地区已有发现。

土壤重金属污染对植物的影响或对植物的生物效应，受到多种因素的控制。如重金属形态是决定重金属有效性程度的基础。一般来说，植物吸收重金属的量随土壤溶液中可溶态重金属浓度的增高而增加；同时还受重金属从土壤固相形态向液相形态转移数量的影响。

除上述影响因素外，重金属污染的生物效应还与重金属之间及其他常量元素之间的交互作用有关。

（三）有毒重金属在土壤中的迁移转化

1．汞（Hg）

世界土壤中 Hg 的含量平均值为 0.03～0.1 mg/kg，我国土壤 Hg 的背景值为 0.04 mg/kg。Hg 主要分布于土壤表层以下 20 cm 范围内。天然土壤中 Hg 主要来源于母岩或母质，人为污染也是土壤中 Hg 的重要来源。土壤中 Hg 的形态较复杂。无机汞化合物有 HgS、HgO、$HgCO_3$、$HgHPO_4$、$HgSO_4$、$HgCl_2$、$Hg(NO_3)_2$ 和 Hg 等；有机汞化合物有甲基汞（CH_3Hg）、乙基汞（C_2H_5Hg）、有机络合汞等。除甲基汞、$HgCl_2$ 和 $Hg(NO_3)_2$ 外，大多为难溶化合物。其中以甲基汞和乙基汞的毒性最强。

土壤环境中 Hg 的迁移转化也是较复杂的。

（1）土壤中 Hg 的氧化还原：土壤中的 Hg 以 3 种价态形式存在——Hg、Hg^+和 Hg^{2+}。在正常的土壤 Eh 和 pH 范围内，Hg 能以零价（单质汞）形态存在于土壤中，这是 Hg 的重要环境地球化学特征。由于单质 Hg 在常温下有很高的挥发性，除部分存在于土壤中外，还以蒸气的形式挥发进入大气圈参与大气循环。Hg^{2+}在含有 H_2S 的还原条件下将生成难溶性的 HgS。因此，Hg 主要以 HgS 形式残存于土壤中。但当土壤中的氧化条件占优势时，HgS 也可以缓慢地被氧化为 $HgSO_3$ 和 $HgSO_4$。

（2）土壤中 Hg 的吸附与解析：Hg^{2+}、Hg_2^{2+}可为土壤带负电荷的胶体所吸附，而 $HgCl_3^-$则为带正电荷的胶体所吸附。不同黏土矿物对 Hg 的吸附能力不同，一般来说，蒙脱石、伊利石对 Hg 的吸附力较强，高岭石较弱。当土壤溶液中氯离子的浓度较高时，由于形成 $HgCl_2^0$、$HgCl_3^-$络离子而使黏土矿物对 Hg 离子的吸附减弱。

（3）Hg 在土壤中的络合-螯合作用：土壤中的有机和无机配体与 Hg 的络合-螯合作用对 Hg 的迁移转化影响较大。例如，OH^-、Cl^-与 Hg 的络合作用大大提高了汞化物的溶解度。土壤中有机配位体如腐殖质的羟基和羧基对 Hg 有很强的螯合能力，加上腐殖质对 Hg

离子有很强的吸附交换能力，致使土壤腐殖质部分的 Hg 含量远远高于矿物质部分的 Hg 含量。在还原性条件及厌氧微生物作用下，可将无机汞转化为甲基汞和二甲基汞（$(CH_3)_2Hg$）。只要存在甲基给予体，在非生物作用下，Hg 也可被甲基化。Hg 的甲基化不但大大加强了 Hg 的毒性，而且加强了 Hg 的迁移能力。如使土壤胶体对 Hg 的吸附减弱，甲基汞特别是二甲基汞较易发生大气和水迁移。

（4）植物对 Hg 的吸收和累积与土壤中 Hg 含量的关系：试验证明，水稻生长的“汞米”与“汞土”之间生物吸收富集系数为 0.01，即土壤中总 Hg 含量为 2×10^{-6} mg/g 时，生产出来的米 Hg 含量可超过 2×10^{-8} mg/g。土壤中 Hg 及其化合物可以通过离子交换与植物的根蛋白进行结合，发生凝固反应。Hg 在植物不同部位的累积顺序为：根＞叶＞茎＞种子。不同的农作物对 Hg 的吸收和积累能力是不同的。在粮食作物中的顺序为：水稻＞玉米＞高粱＞小麦。不同土壤中 Hg 的最大容许量是有差别的，如酸性土壤为 0.5×10^{-6} mg/g，石灰性土壤为 1.5×10^{-6} mg/g。如果土壤中的 Hg 超过此值，就可能生产出对人体有害的“汞米”。

2．镉（Cd）

世界土壤中 Cd 的平均含量为 0.5 mg/kg，我国土壤 Cd 的平均含量为 0.079 mg/kg。Cd 与 Zn 属同一副族元素，化学性质相似，在自然界中常伴随闪锌矿（ZnS）出现。土壤中的 Cd 来源于闪锌矿的开采、冶炼、电镀、颜料、塑料稳定剂、蓄电池的生产等。土壤中 Cd 的存在形态分为水溶性和非水溶性。离子态的 $CdCl_2$、$Cd(NO_3)_2$、$CdCO_3$ 和络合态的 $Cd(OH)_2$ 呈水溶性，易迁移，可被植物吸收，而难溶性的 Cd 化合物，如 Cd 沉淀物、胶体吸附态 Cd 等为难溶性 Cd，不易迁移和为植物吸收。但两种形态的 Cd 在一定条件下可相互转化。

土壤胶体对 Cd 的吸附能力较强，而且是一个快速反应的过程，因而土壤中吸附交换态 Cd 所占的比例较大。Cd 的吸附率与土壤胶体的种类和数量有关，它的顺序为：一般腐殖质＞黏土＞重壤质土＞壤质土＞砂质土。此外，$CaCO_3$ 对 Cd 的吸附也非常强烈。土壤中的难溶态 Cd，在旱地土壤中以 $CdCO_3$、$Cd_3(PO_4)_2$ 和 $Cd(OH)_2$ 形式存在，其中以 $CdCO_3$ 为主。在水田土壤中则以 CdS 为主。

影响土壤中 Cd 的形态与迁移转化的因素主要有土壤酸碱度、氧化还原条件和碳酸盐含量。土壤酸度可影响土壤中 $CdCO_3$ 的溶解和沉淀平衡。如土壤酸度的增强，不仅增加 $CdCO_3$、CdS 的溶解度，使水溶态 Cd^{2+} 含量增大，同时还影响土壤胶体对 Cd 的吸附交换量。随着 pH 的下降，胶体对 Cd 的解析率增加，当 pH 为 4 时，解析率＞50%。土壤氧化还原条件的变化对 Cd 形态转化的影响主要表现在：水田淹水形成还原环境时，Cd 以难溶性 CdS 为主；当排水形成氧化条件时，S^{2-} 可被氧化形成单质 S，并进一步氧化为 H_2SO_4，而使土壤 pH 下降，CdS 逐渐转化为 Cd^{2+}。研究表明，$CdCO_3$ 含量对 Cd 的形态转化有显著作用，在不含或少含 $CdCO_3$ 的土壤中，随 $CdCO_3$ 含量的增加，交换态 Cd 量亦随之增加，

但当 $CdCO_3$ 含量达到 43%时，对 Cd 形态转化的影响则减弱。

Cd 是作物生长的非必需元素，并易为作物所吸收（小麦比水稻更易受 Cd 污染），因此，可溶态 Cd 含量稍有增加，就会使作物体内 Cd 含量相应增加。与其他重金属元素相比，Cd 的土壤环境容量要小得多。因而为控制 Cd 污染而制定的土壤环境标准较为严格。

3．砷（As）

世界土壤中 As 的平均含量为 6 mg/kg，我国土壤中 As 的平均含量为 9.6 mg/kg。土壤 As 污染主要来源于冶金、化工、燃煤、炼焦、造纸、皮革、电子工业等，农业方面来自含 As 农药（杀虫剂、杀菌剂）的施用。

土壤中 As 以可溶态、吸附态和难溶态形式存在。在一般的 pH 值和 Eh 值范围内，As 主要以 As^{3+}和 As^{5+}存在。水溶性 As 多为 AsO_4^{3-}、$HAsO_4^{2-}$、AsO_3^{3-}和 $H_2AsO_3^-$等阴离子形式。其含量常低于 1 mg/kg，只占总 As 含量的 5%～10%。这是由于水溶性 As 很易与土壤中的 Fe^{3+}、$A1^{3+}$、Ca^{2+}和 Mg^{2+}等生成难溶性砷化物。带正电荷的土壤胶体，特别是 Fe_2O_3 和 $Fe(OH)_3$ 对 AsO_4^{3-}和 AsO_3^{3-}阴离子的吸附力很强。

As 是植物强烈吸收累积的元素。As^{3+}的易迁移性、活性和毒性都远远高于 As^{5+}。As 对植物的毒害主要是阻碍植物体内水分和养分的输送，砷酸盐浓度达 1 mg/L 时，水稻即开始受害；达到 5 mg/L 时，水稻减产一半；达到 10 mg/L 时，水稻生长不良，以致不抽穗。

4．铬（Cr）

世界土壤中 Cr 的平均含量为 70 mg/kg，我国土壤中 Cr 的平均含量为 57.3 mg/kg。土壤中 Cr 自然含量与母岩母质有关。土壤 Cr 污染源主要为电镀、金属酸洗、皮革鞣制、耐火材料、铬酸盐和三氧化铬工业、燃煤、污水灌溉、污泥施用等。Cr 主要累积于土壤表层，并自表土层向下递减。

Cr 在土壤中主要以 Cr^{3+}、CrO_2^-、$Cr_2O_7^{2-}$和 CrO_4^{2-}等形态存在。其中，以 $Cr(OH)_3$ 最为稳定。土壤中常见的 pH 值和 Eh 值范围内，Cr^{6+}可迅速还原为 Cr^{3+}。因 Cr^{6+}的存在必须具有很高的 Eh（>0.7 V），这样高的土壤电位并不多见，只在弱酸、弱碱性土壤中有 Cr^{6+}。在 pH 大于 8、Eh 为 0.4 V 的荒漠土壤中曾发现铬钾石（K_2CrO_4）。Cr^{6+}可被 Fe^{2+}、可溶性硫化物和具羟基的有机物还原为 Cr^{3+}。在通气良好的土壤中，Cr^{3+}可被 MnO_2 氧化为 Cr^{6+}。由于 Cr^{3+}的溶解度较低，Cr^{6+}的含量少，因而土壤中可溶性 Cr 含量一般较低。

土壤胶体对 Cr^{3+}有较强的吸附力，甚至 Cr^{3+}可交换吸附于晶格中的 Al^{3+}。Cr^{6+}的活性和迁移能力更大，特别当土壤中含有过量正磷酸盐时，因 PO_4^{3-}的交换吸附能力大于 CrO_4^{2-}、CrO_7^{2-}，从而阻碍土壤对其吸附。但 Cr 的阴离子的吸附力大于 Cl^-、SO_4^{2-}和 NO^{3-}。由于土壤中的 Cr 多为难溶性化合物，故一般迁移能力较低，而残留于土壤表层。Cr 在植物体内的富集顺序为：稻茎>谷壳>糙米。92%左右的 Cr 积累于茎叶中。

5．铅（Pb）

世界土壤中 Pb 的平均含量约为 20 mg/kg。土壤中 Pb 的自然来源主要为母岩母质，土壤 Pb 污染源主要来自含铅矿的开采和冶炼、污泥施用、污水灌溉和含铅汽油的使用。

土壤的无机 Pb 主要以二价态难溶性化合物存在，如 $Pb(OH)_2$、$PbCO_3$ 和 $Pb_3(PO_4)_2$，而可溶性 Pb 含量较低。这是由于土壤中各种阴离子对 Pb 的固定作用和有机质对 Pb 的络合-螯合作用。黏土矿物对 Pb 的吸附作用及铁锰氢氧化物（特别是锰的氢氧化物）对 Pb^{2+} 的专性吸附作用对 Pb 的迁移能力、活性与毒性影响较大。土壤 Eh 值增高，会降低 Pb 的可溶性；而土壤 pH 值的降低，由于 H^+ 对吸附性 Pb 的解析作用和对 $PbCO_3$ 的溶解作用增强，会使可溶性 Pb 含量有所增加。

Pb 主要富集于植物的根部和茎叶，并主要影响植物的光合作用和蒸腾作用。长期大量地施用含 Pb 的污泥和污水灌溉，可能影响土壤中 N 的转化，从而影响植物的生长。

土壤环境污染除上述重金属、化学农药污染之外，还有因核爆炸试验、核泄漏等核事故造成的放射性土壤污染，土壤石油污染，以及外源有害微生物引起的土壤生物污染等，此处不再一一详述。

三、我国土壤污染的现状

我国是耕地资源极其匮乏的国家，而我国的土壤污染问题仍在不断恶化。据报道，目前我国受 Cd、As、Cr、Pb、Cr^{6+} 等污染的耕地面积近 2 000 万 hm^2，约占总耕地面积的 1/5；其中工业“三废”污染耕地 1 000 万 hm^2，污水灌溉的农田面积已达 330 万多 hm^2。例如，某省曾对 47 个县和郊区的 259 万 hm^2 耕地（占全省耕地面积的 2/5）进行过调查，其结果表明，75%的县已受到不同程度的重金属污染的潜在威胁，而且污染趋势仍在加重。

污水灌溉等废弃物处置方式对农田已造成大面积的土壤污染。如沈阳张士灌区用污水灌溉 20 多年后，污染耕地 2 500 多 hm^2，造成了严重的镉污染，稻田含 Cd 5～7 mg/kg。天津近郊因污水灌溉导致 2.3 万 hm^2 农田受到污染。广州近郊因为污水灌溉而污染农田 2 700 hm^2，施用含污染物的底泥造成 1 333 hm^2 的土壤被污染，污染面积占郊区耕地面积的 46%。20 世纪 80 年代中期对北京某污灌区进行的抽样调查表明，大约 60%的土壤和 36%的糙米存在污染问题。2004 年，辽宁省对 6 个城市的 8 个主要污灌区土壤环境质量进行调查监测的结果表明，8 个主要污灌区的土壤环境质量均受到不同程度的污染，污染面积达 96.9 万亩。污灌区土壤主要污染物为镉，其次为镍、汞和铜。

目前我国土壤的有机污染十分严重。全国有 1 300 万～1 600 万 hm^2 耕地受到农药的污染。例如，有机氯农药已禁用了 20 余年，土壤中的残留量已大大下降，但检出率仍很高，一些地区最高残留量仍在 1 mg/kg 以上。除耕地污染之外，我国的工矿区、城市也还存在土壤（或土地）污染问题。

为防止土壤污染，保护生态环境，保障农林业生产，维护人体健康，我国制定了《土壤环境质量　农用地土壤污染风险管控标准（试行）》（GB 15618—2018）（表 6-3～表 6-5）。

表 6-3　农用地土壤污染风险筛选值（常规项目）　　单位：mg/kg

序号	常规项目[①②]		土壤 pH			
			pH≤5.5	5.5＜pH≤6.5	6.5＜pH≤7.5	pH＞7.5
1	镉	水田	0.3	0.4	0.6	0.8
		其他	0.3	0.3	0.3	0.6
2	汞	水田	0.5	0.5	0.6	1.0
		其他	1.3	1.8	2.4	3.4
3	砷	水田	30	30	25	20
		其他	40	40	30	25
4	铅	水田	80	100	140	240
		其他	70	90	120	170
5	铬	水田	250	250	300	350
		其他	150	150	200	250
6	铜	果园	150	150	200	200
		其他	50	50	100	100
7	镍		60	70	100	190
8	锌		200	200	250	300

注：①重金属和类金属砷均按元素总量计。
②对于水旱轮作地，采用其中较严格的风险筛选值。

表 6-4　农用地土壤污染风险筛选值（选测项目）　　单位：mg/kg

序号	选测项目	风险筛选值
1	六六六总量[①]	0.1
2	滴滴涕总量[②]	0.1
3	苯并[a]芘	0.55

注：①六六六总量为 α-六六六、β-六六六、γ-六六六、δ-六六六 4 种异构体的含量总和。
②滴滴涕总量为 p,p′-DDE、p,p′′-DDD、o,p′-DDT、p,p′-DDT 4 种衍生物的含量总和。

表 6-5　农用地土壤污染风险管制值　　单位：mg/kg

序号	污染物项目	土壤 pH			
		pH≤5.5	5.5＜pH≤6.5	6.5＜pH≤7.5	pH＞7.5
1	镉	1.5	2.0	3.0	4.0
2	汞	2.0	2.5	4.0	6.0
3	砷	200	150	120	100
4	铅	400	500	700	1 000
5	铬	800	850	1 000	1 300

第四节　土壤污染修复技术

土壤是人类赖以生存的重要自然环境，它与人类健康和疾病有着极为密切的关系。因此，土壤污染的防治是环境保护的重要问题之一。为防止土壤污染，首先要控制和消除污染源，同时，增加土壤环境容量和提高土壤净化能力。对已经污染的土壤，则要采取一切有效措施，消除土壤中的污染物，控制土壤中污染物的迁移转化，使其最终不能进入食物链。

一、控制和消除土壤污染源

控制和消除土壤污染源，即控制进入土壤中的污染物的数量和速度的同时，利用土壤本身对污染物所具有的净化能力来达到消除污染物的目的。这是防止土壤污染的根本措施。

（一）控制和消除工业“三废”排放

大力推广闭路循环、无毒工艺，以减少或消除污染物质。对工业“三废”进行回收处理，化害为利。当前必须排放的“三废”，要进行净化处理，并控制污染物排放的数量和浓度，使之符合国家制定的排放标准。

（二）加强土壤污灌区的监测和管理

利用污水灌溉和污泥时要经常对污染物质的成分、含量及其动态进行监测，控制污水灌溉数量和污泥施用量，避免盲目灌溉污水和滥用污泥，以免引起土壤污染。

（三）控制化学农药的施用

大力研制高效、低毒、低残留农药品种，并发展生物性农药。对剧毒、高残留性农药，应控制使用范围、用量和次数。根据所使用农药的特性，合理施用农药，制定施用农药的安全间隔期。为防止农药进入人体，应制定农药在农畜产品中的最大允许含量的标准，以严格控制农药的用量。

（四）合理施用化学肥料

化学肥料施用过量，会引起作物的减产和质量降低，还会造成作物中硝酸盐含量过高，而影响人和家畜的健康。因此，必须合理施用化学肥料以保证农业的增产。

二、增加土壤容量和提高土壤净化能力

增加土壤有机质含量，改良沙性土壤，“沙掺黏”，可以增加土壤胶体数量和种类，增

加土壤对有毒物质的吸附能力和吸附量，从而减少污染物在土壤中的活性，提高土壤对污染物的容量。另外，分离和培育新的微生物品种，改善微生物土壤环境条件，以增强微生物的降解作用，提高土壤净化能力。

三、污染土壤治理与修复技术

污染土地治理是指对被破坏的土地实施修复、整治的行为。土壤修复是指利用物理、化学和生物的方法转移、吸收、降解和转化土壤中的污染物，使其浓度降低到可接受水平，或将有毒有害的污染物转化为无害的物质。土壤修复技术按照土壤的位置可分为原位修复和异位修复两大类，一类是通过减少有害物质在土地上的存在以及将其同环境结合的形式，减少其在环境上的生化可迁移性和生物可利用度；另一类则是降低土壤中有害物质的含量。具体的治理技术包括物理修复技术、化学修复技术、生物修复技术以及联合修复技术等。

物理修复技术有换土法、热脱附技术、玻璃化技术和电动力学修复技术等。化学修复技术有土壤氧化-还原修复技术、淋洗/浸提技术、固化/稳定化技术等。生物修复技术有微生物修复技术、植物修复技术和动物修复技术等，其中，植物修复技术一般可以分为植被富集、固化和降解技术；针对植被不同的修复部位，可分为原位修复和异位修复技术。物理修复技术是指利用某种物理过程，使物质（尤其是有机合成物质）在环境中消除或分解的工艺技术。热脱附方法是广泛应用于工业场所环境中有机污染物的重要自然物理修复技术，目前已经广泛应用于苯系物、多环芳烃、多溴联苯和二噁英等污染土壤的修复。

（一）物理修复技术

1．换土法

换土法是指通过把污染的土壤全部或局部替换成新的不受任何污染影响的土壤，从而修复土壤污染，并提高原土地的环境容量，可以细分为 4 种形式：换土、去地表土、客土和翻土。①换土是指直接去除原环境污染的土壤，再换上洁净土壤，此方法更适合于小范围的土壤污染，特别是存在可扩散或难分解的高辐射性环境污染的土地。而在修复过程中，相关人员必须考虑并妥善解决置换出的污染土壤，以免产生二次污染。②去地表土指直接在原位移除被环境污染的地表土壤。③客土则是以一层非污染的土壤覆盖在被污染土壤上面，从而减少了土壤污染物直接触及植物根部的面积，减少污染物的含量，进而减少污染。换土和覆土的厚度要比耕层土壤的厚度大。④翻土是指将被环境污染的表土翻至深层，使积聚在表层中的污染物质得以扩散至较深的土壤中，以此稀释污染物，该法适用于较深地层的土壤。以换土法来修复污染土壤能够有效降低作物体内的重金属含量，是一种较为有效可行的做法。但是，因为该方法不够经济，同时无法从根本上解决土壤被污染的问题，所以并不是一种治理污染土壤的理想方法，仅适用于对污染严重的小面积土壤的治理工作。

2. 热脱附技术

热脱附技术是指直接或间接的热交换过程，将土壤中的有机物成分加热到足够的温度，使其蒸发并与土壤介质分离。该技术具有污染物处理范围广、移动设备和修复后土壤再生利用程度高的优点，特别是在以持久性有机物为主要污染物的土壤修复过程中。

（1）蒸汽浸提技术：蒸汽浸提技术是一种可以有效去除土壤中 VOCs 的原位修复技术。该技术通过注入井向污染区注入新鲜空气，同时通过真空泵产生负压，在空气流经污染区时释放土壤孔隙中的 VOCs，并通过抽取井回流到地面；提取的气体经活性炭吸附和生物处理后排入大气或再注入地下循环利用；该方法具有成本低、可操作性强、设备标准化、有机物处理范围广、对土壤结构无损伤、无二次污染等优点。

（2）超声/微波加热技术：超声/微波加热技术利用超声空化产生的机械热和化学效应，对污染物进行物理解吸、絮凝、沉淀和化学氧化，是一种从粒状土壤中去除污染物并在液相氧化形成二氧化碳、过氧化氢或在环境中容易降解的小分子化合物的修复技术。有研究表明，超声波技术对石油污染土壤有很好的修复作用。

3. 玻璃化技术

玻璃化技术是利用热能将固态污染物融化，使其在高温作用下呈现出玻璃状。在玻璃化技术的具体应用中，通过在被污染的土壤中插入电极，将土壤固体污染物加热至 2 000℃的高温，在高温作用下促进有机污染物和部分无机污染物挥发，使其从土壤中去除。融化物冷却后形成玻璃体，可以有效包裹住无机污染物，使其失去迁移性。在应用玻璃化技术时，需要有效控制固态污染物中的有机物及有挥发性的重金属，并对玻璃化后的残渣进行处理，避免发生二次污染。该法最大的优点是见效较快，可应用于受重金属危害较严重的土地抢救性治理项目，能够从根源上缓解重金属的危害，但该方法工作量很大且费用偏高。

4. 电动力学修复技术

电动力学修复是指通过电化学和电动力学的结合作用促使污染物富集到电极区，然后进行集中的处理或分离的过程。通过向污染土壤两侧施加直流电压形成电场梯度，土壤中的有机物质或重金属污染物在电场的作用下通过电迁移、电渗流或电泳的方式被富集至电极两端，从而对其进行集中处理，实现土壤修复。目前该技术已进入现场修复应用的阶段，我国也开始进行了有机污染土壤的电动力学修复技术的研究，电动力学修复技术一般应用于遭受重金属破坏后的环境恢复中。电动力学修复速率较快、成本低，适宜小范围的黏质的可溶性有机物污染土壤的修复，且不需要化学药剂的投入，修复过程中对环境几乎没有负面影响，与其他技术相比，电动力学修复技术也易于被大众接受。有研究学者对菲和五氯酚等有机物质积聚的污染土壤进行电动力学修复，表现出无环境影响、修复周期短与成本偏低等优势，但该修复技术并不适用于非极性有机污染物积聚的土壤，因为这类污染物不会受电场的作用。

（二）化学修复技术

相较物理修复，污染土壤的化学修复技术发展较早，目前主流技术有土壤氧化-还原修复技术、淋洗/浸提技术、固化/稳定化技术等。

1. 土壤氧化-还原修复技术

土壤氧化-还原修复技术是指向土壤中投加氧化剂或还原剂，二者在土壤中发生氧化或还原反应，将污染物降解为低毒、低移动性的物质，进而实现土壤的修复治理。目前，常用的有零价铁、纳米零价铁、H_2S、硫代硫酸盐等。有研究采用过硫酸钠作为修复土壤的氧化剂，根据污染场地中污染物的浓度、分布情况、原有土壤性质等，合理选择氧化剂的用量，并分析硫酸盐还原菌的土壤修复效果。该方法修复污染场地土壤效果良好，环境效益突出。有研究采用化学还原法处理土壤六价铬污染，实现了六价铬的稳定还原，污染物得到有效降解和转化。

2. 淋洗/浸提技术

淋洗/浸提技术的定义为把水或混着冲洗助剂的水溶液、酸性或者碱性的溶液以及外表活性剂等淋剂液与污染土壤混合，清洗残存于土壤孔隙介质中的有害物质，并把渗入地底的土壤冲洗液进行处置后，恢复土地功能的方式。土壤淋洗修复技术是利用专门的提取剂将土壤中的固相重金属污染物转化为液相，从而实现土壤治理，然后将含有提取剂的土壤经清水洗涤后恢复原有性质，再重新利用，对提取到液相中的含重金属废液进行特殊处理。需要修复的污染土壤会依性质的不同而采用不同的淋洗方法，如砂土，因其黏性差无法有效吸收污染物，所以通常都只需对其采用初始淋洗；而对黏性较好的黏土，因其对污染有很好的吸收能力，就需要对其进行更进一步的恢复处理。

目前应用的淋洗剂可分为无机淋洗剂、螯合剂、复配淋洗剂和表面活性剂。工作人员通常会在对污染土壤进行初始淋洗处置时，选择使用清水、无机或有机溶液为初始淋洗液，而考虑到在土壤修复程序中，可能会由于初始淋洗液而产生二次污染，所以通常都会优先选用清水来当作初始淋洗液。一般而言，初始淋洗法的水量消耗较小，在操作时也不会直接与污染物质发生接触，所以工作人员在处理土壤污染时要根据实际情况谨慎选用淋洗液。这种异位修复技术用于许多国家在工业中的存在重金属污染或复杂污染物的土壤的处理。它的特点是能够净化土壤中的有机污染物，设置的修复场所在水源附近，用水比较多。

3. 固化/稳定化技术

固化/稳定化技术是将污染土壤与某些具有聚结作用的黏结剂混合，进而达到污染物在污染介质中固定，使其处于长期稳定状态的目的，是较普遍应用于土壤重金属污染的快速控制修复方法。固化技术是指通过物理、化学和热力学过程将污染物（主要是重金属离子）固定在土壤中，或用惰性基材将其封闭，或者将污染物质转化成化学性质较为稳定的形态，进而阻止其在土壤环境中迁移、释放和扩散；稳定化技术是将污染物转化为不易溶解、迁移性小、毒性小的化学形态，达到无害化、减少对土壤环境的危害的过程。重金属稳定固化技术工艺过程如下：

①将土壤中被重金属污染的土样利用破碎机加以破碎，使之得以充分发生反应；通过土木筛后，再投入搅拌器进行均匀混合；最后通过专业重金属测量仪分析污染土样，计算出总投入量，并在混合过程中添加相应比例水分。②根据第一步分析的土壤污染性质，制定土壤重金属稳化学生产配方，在进行土壤重金属稳化学生产反应时，平衡土壤中的有机重金属危害产物，将其固化/稳定化后排除。③再次评估处理后的土地：达标时可对土地加以回填或重新使用；如果不合格，可以再利用土壤重金属仪器，根据保留物质开展进一步研究，或者重新配制土壤重金属稳定剂，使之最终达标。

（三）生物修复技术

生物修复技术以微生物修复、植物修复和动物修复 3 种类型为主，具有应用成本低、无二次污染的特点，在量大面广的污染土壤修复中更具适用性，但应用过程中存在见效慢、受污染浓度和土壤等环境因素限制的问题。

1. 微生物修复技术

微生物修复技术是指利用微生物的功能去除土地或水域中的污染，或者将污染无害化的技术过程。在应用微生物修复技术时，主要是借助生物降解法降解污染物，同时为被污染区域的土壤提供养分，增强土壤环境中空气的流通。微生物无法对所有进入环境的污染物进行分解，特别是对于一些重金属及其化合物，微生物则无法发挥作用。因此，在具体应用微生物处理时，需要详细检查污染区域的情况和污染物的类型。土壤治理中的微生物修复技术应用已有几十年，国外针对微生物修复技术的研究取得了较好的成效，并将其用于去除土壤中的油和其他有机污染物。

其中，生物通气法是把压缩的空气强行通进污染土壤中，并将水中的挥发性有机物一并抽出，直接进入大气层，然后再通过排入废气的设施对其进行后续处置，这也是一个利用强迫氧化分解的方式进行土壤降解的方法。这种技术通常应用在地下水层上部透气性很好和被易于挥发的有机质破坏的土壤治理项目中，也可用于修复疏松多孔的土壤，这类土壤有利于细菌的增殖发育。一般在采用通气方法进行土壤处理时，工作人员需要先在污染土地上打至少两口水井，在注入气体前先通入高压，作为细菌发生快速分解的氮源，以加强修复作用。

2. 植物修复技术

植物修复技术是使用水生植物来吸附破坏土壤环境的有害物质的方法。该方法使有害物质富集转移到植株上的枝条和果实部分，或使用植株根部特定的细菌系和酶系统络合污染土壤中的有机重金属，以减少植株生物毒性和泥土中有机重金属的活力，也减少了土壤中的有机重金属直接扩散或被淋滤时再次污染土壤的可能性。该方法重点应用于修复重金属污染土壤或有机物污染土壤。目前，国内外在这方面的应用比较缓慢，主要还是利用植株根部的细菌群体降解土壤有机质的方法进行修复。在具体应用植物修复技术时，应结合当地污染土壤的特性，选择抗逆性强、耐瘠薄、抗干旱的优良乡土灌木植物。选择植物种类时，不仅应着眼于其近期表现，还要兼顾长期优势。在土壤重金属污染修复方面，植物修复技术应用十分广泛，即利用绿色植物对土壤中的重金属进行吸收和转移。这种修复技术成本低，不会对土壤结构和肥力带来破坏，能够有效改善生态环境。这种生态修复技术已在被农药或石油等污染的土壤修复中获得应用。

3. 动物修复技术

动物修复技术是指通过土壤中的某些低等动物群的直接或者间接作用，主要包括进食、消化、排泄、分泌和挖掘等活动，提高土壤中重金属的活性，进而促进整个土壤体系中各群体对重金属的吸收降解，达到修复土壤的目的。土壤中的蚯蚓等大型土生动物通过自身的新陈代谢作用吸收或富集土壤中的污染物，将部分污染物分解为低毒或无毒产物。

（四）联合修复技术

我国部分土壤污染区域呈现出污染情况复杂的特点，用单一修复方法不能达到理想的效果，所以要进行多种技术的联合使用。对于污染复杂土壤的修复，可将解吸脱附、化学氧化-还原、化学淋洗及固化/稳定化等技术结合使用。例如，化学淋洗技术在固化/稳定化修复的预处理阶段使用，可有效除去污染物中的一些挥发性和半挥发性有机污染物，使固化效果更佳；在化学氧化修复之前，使用常温解吸技术可有效除去污染物中的一部分挥发性有机污染物，减少氧化药剂的使用，从而降低修复成本。

土壤的植物-微生物联合修复工艺是利用土壤容易种植，植物在生长过程中会直接或间接的吸收、降解土壤中的污染物的特点。在植物生长过程中，土壤为根系的成长提供良好空间，相反，植物的茂盛生长又会增快土壤中有机污染物的降解和矿化，实现土壤修复的目的。

【土壤污染控制新技术】

思考题

1. 什么叫土壤污染？土壤污染的特点是什么？
2. 土壤污染的污染源和污染物有哪些？
3. 试以 Hg 为例简述重金属元素在土壤中的一般迁移转化规律。
4. 简述土壤污染的预防和治理措施。

参考文献

[1] 张胜利．环境科学与工程概论[M]．成都：西南交通大学出版社，2022．
[2] 魏振枢．环境保护概论[M]．北京：化学工业出版社，2019．
[3] 朱蓓丽，程秀莲，黄修长．环境工程概论[M]．北京：科学出版社，2023．
[4] 周北海．环境学导论[M]．北京：化学工业出版社，2017．
[5] 崔灵周，王传花，肖继波．环境科学导论[M]．北京：化学工业出版社，2014．
[6] 王洪涛．环境科学与工程概论[M]．北京：中国铁道出版社，2010．
[7] 曹文平，郭一飞．环境工程导论[M]．2 版．哈尔滨：哈尔滨工业大学出版社，2020．
[8] 于宗宝．环境保护基础[M]．2 版．北京：化学工业出版社，2019．
[9] 邵超峰，鞠美庭．环境学基础[M]．3 版．北京：化学工业出版社，2024．
[10] 施维林，罗王捷．有机物污染土壤修复技术研究与应用进展[J]．苏州科技大学学报（自然科学版），2022，39（2）：1-8．
[11] 周炜强．污染土壤修复系统和修复污染土壤的方法[J]．皮革制作与环保科技，2022，3（21）：134-136．
[12] 胡立凯．污染土壤修复技术研究前沿与展望[J]．中国资源综合利用，2020，38（2）：118-120．

第七章　固体废物污染及其综合利用

第一节　固体废物的来源与分类

人们在生产和生活中会产生大量固体废物，俗称“垃圾”。它来自人类生产和生活活动的诸多环节，来源极为广泛，种类极为复杂。目前，全世界每年产生数十亿吨工业固体废物和数亿吨危险废物，并且放射性废物的产生量也在逐年上升。大量堆置的固体废物，在自然条件作用下，其中的一些有害成分会进入大气、水体和土壤中，在生态系统的循环之下，有些污染物质还会在生物机体内积蓄和富集，对人类健康造成潜在的威胁，固体废物污染已成为当今人类社会的四大公害之一，因此，固体废物科学合理的处理与处置是环境保护的重要任务之一。

一、固体废物的概念

固体废物是指在生产、生活和其他活动过程中产生的丧失原有的利用价值或者虽未丧失利用价值但被抛弃或者放弃的固体、半固体和置于容器中的气态物品、物质，以及法律、行政法规规定纳入废物管理的物品、物质。不能排入水体的液态废物（如废酸、废碱、废油、废有机溶剂等）和不能排入大气的置于容器中的气态物质，由于多具有较大的危害性，一般纳入固体废物管理体系。

“固体废物”实际只是针对原所有者而言。在任何生产或生活过程中，所有者对原料、商品或消费品，往往仅利用了其中某些有效成分，而对于原所有者不再具有使用价值的大多数固体废物中仍含有其他生产行业中需要的成分，经过一定的技术环节，可以转变为有关部门行业中的生产原料，甚至可以直接使用。可见，固体废物的概念随时空的变迁而具有相对性。提倡资源的社会再循环，目的是充分利用资源，增加社会与经济效益，减少废物处置的数量，以利社会发展。

二、固体废物的来源及种类

固体废物的种类繁多，按照化学性质可以分为有机废物和无机废物；按照危害性可以分为一般废物和危险废物；按其形态可分为固体废物（块状、粒状、粉状）、半固态废物

（废机油等）和非常规固态废物（含有气态或固态物质的固态废物，如废油桶、含废气态物质、污泥等）；按其来源大体可分为工业固体废物、农业固体废物、城市生活垃圾、放射性废物、危险固体废物等。工业固体废物，包括采矿废石、冶炼废渣、各种煤矸石、炉渣及金属切削碎块、建筑用砖、瓦、石块等；农业固体废物，包括农作物的秸秆、牲畜粪便等；城市生活垃圾，主要包括厨余垃圾、废纸、旧织物、旧家用什具、玻璃陶瓷碎片、废电器制品、废塑料制品、煤灰渣、废交通工具等；危险固体废物，即具有易燃性、爆炸性、易氧化性、毒性、腐蚀性、易传染疾病等危险特性的被列入《国家危险废物名录》或者根据国家规定的危险废物鉴别标准和鉴别方法认定的固体废物。一般废物分类、组成及生产源见表 7-1。

表 7-1 一般废物分类、组成及生产源

分类	来 源	主要组成物
矿山废物	矿山选冶厂	废石、尾矿、金属、废木、砖瓦、灰石、水泥、沙石等
工业废物	冶金、交通、机械、金属结构等工业	金属、矿渣、沙石、模型、芯片、陶瓷边角料、涂料、管道、绝热和绝缘材料、黏结剂、废木、橡胶、烟尘、各种废旧建筑材料等
	煤炭	矿石、木料、金属、煤矸石等
	食品加工	肉类、谷物、果类、蔬菜、烟草
	橡胶、皮革、塑料等工业	橡胶、皮革、塑料、布、线、纤维、染料、金属等
	造纸、木材、印刷等工业	刨花、锯木、碎木、化学药剂、金属填料、塑料填料、塑料等
	石油化工	化学药剂、金属、塑料、橡胶、陶瓷、沥青、油毡、石棉、涂料等
	电器、仪器仪表等工业	金属、玻璃、木材、橡胶、塑料、化学药剂、研磨料、陶瓷、绝缘材料
	纺织服装业	布头、纤维、橡胶、塑料、金属等
	建筑材料	金属、水泥、黏土、陶瓷、石棉、石膏、沙石、纸、纤维等
	电力工业	炉渣、粉煤灰、烟灰等
城市垃圾	居民生活	食物垃圾、纸屑、布料、庭院植物修剪物、金属、玻璃、塑料、陶瓷、燃料、灰渣、碎砖瓦、废器具、粪便、杂品
	商业、机关	管道、碎砌体、沥青及其他建筑材料、废汽车、废电器、废器具，含有易燃易爆、腐蚀性、放射性的废物，以及类似居民生活栏内的各种废物
	市政维护、管理部门	碎砖瓦、树叶、死禽畜、金属锅炉灰渣、污泥、脏土等
农业废物	农林	稻草、秸秆、蔬菜、水果、果树枝条、糠秕、落叶、废塑料、人畜粪便、禽粪、农药
	水产	腥臭死禽畜、腐烂鱼、虾、贝壳、水产加工污水、污泥等
有害废物	核工业、核电站、放射性医疗单位、科研单位	金属、含放射性废渣、粉尘、污泥、器具、劳保用品、建筑材料
	其他有关单位	含有易燃、易爆和有毒性、腐蚀性、反应性、传染性的固体废物

第二节　固体废物污染及处理处置

一、固体废物污染的途径

固体废物在一定条件下会发生物理、化学或生物的转化，对周围环境造成一定影响，若处理与处置的方法不对，其有害成分可通过环境介质（大气、土壤或水体等）间接进入人体，造成健康危害。固体废物污染途径如图 7-1 所示。

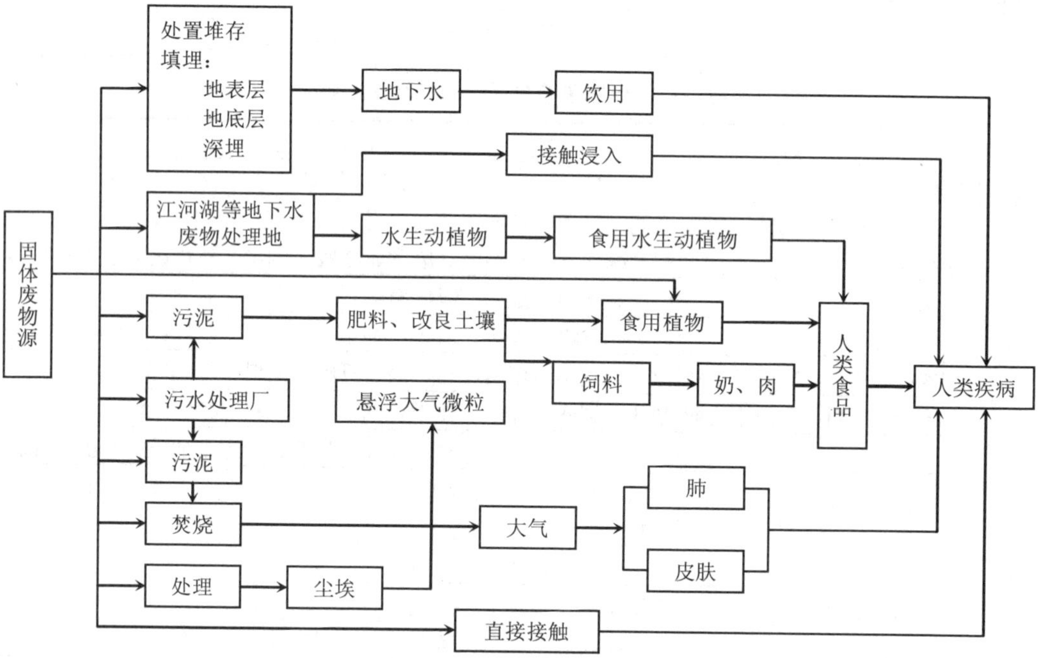

图 7-1　固体废物传播途径及对人体健康的危害

二、固体废物的危害

（一）侵占土地

固体废物不像废气、废水那样到处迁移和扩散，必须占有大量的土地。大约每堆积 1 万 t 废渣需占用 0.067 hm^2 的土地。据统计，我国固体废物历年累计堆存量超过 65 亿 t，占地面积约为 560 万 hm^2。全国城市垃圾堆存量占地总面积超过 83.51 万 hm^2，其中占用耕地就超过 5.7 万 hm^2。

（二）污染土地

固体废物长期露天堆放，其中有害成分经过风化、雨淋、地表径流的侵蚀很容易渗入土壤中，不仅会使土壤中的微生物死亡，使之成为无腐解能力的死土，而且这些有害成分在土壤中过量积累，还会使土壤盐碱化、毒化。如联邦德国某冶金厂附近的土壤被污染后，在该土地上生长的植物体内含 Pb 量为一般植物的 80～260 倍，含 Zn 量为一般植物的 26～80 倍，含 Cu 量为一般植物的 30～50 倍。我国也有一些地区的稻田受到 Cd 的污染，稻米含 Cd 超标，无法食用。

（三）污染水体

固体废物一般通过下列几种途径进入水体使水体污染：①废物随天然降水流入江、河、湖、海，污染地表水；②废物中的有害物质随水渗入土壤，进入地下水，使地下水污染；③较小的颗粒、粉尘随风散扬，使果林叶孔堵塞减产，落入地表水，使水污染；④将固体废物直接排入江、河、湖、海，将会造成更大的污染。

（四）污染大气

固体废物向大气飘散：固体废物在收运、堆放过程中未作密封处理，有的经日晒、风吹、雨淋、焚化等作用，挥发了大量废气、粉尘；有的发酵分解后产生了有毒气体，向大气中飘散，造成大气污染。

（五）影响环境卫生

城市堆放的生活垃圾，非常容易发酵腐化，产生恶臭，招引蚊蝇、老鼠等滋生繁衍，容易引起疾病传染；在城市下水道的污泥中，还含有几百种病菌和病毒。长期堆放的工业固体废物有毒物质潜伏期较长，会造成长期威胁。

三、固体废物的处理与处置原则

固体废物处理与处置原则是无害化、减量化和资源化。

（一）无害化

固体废物的无害化处理的基本任务是将固体废物通过工程处理，达到不损害人体健康、不污染周围的自然环境（包括原生环境和次生环境）。

目前，废物无害化处理工程已经发展成为一门崭新的工程技术。诸如，垃圾的焚烧、卫生填埋、堆肥，粪便的厌氧发酵，有害废物的热处理和解毒处理等。其中，高温快速堆肥处理工艺、高温厌氧发酵处理工艺在我国都已经达到实用程度，厌氧发酵工艺用于废物无害化处理工程的理论也已经基本成熟，具有中国特点的粪便高温厌氧发酵处理工艺，在国际上一直处于领先地位。

（二）减量化

固体废物减量化的基本任务是通过适宜的手段，在源头和末端两方面减少和减小固体废物的数量和容积，最终达到减少固体废物数量和体积的目的。一方面是在废物产生之前，通过改革生产工艺技术、产品、设计和包装等措施减少固体废物的排出量；另一方面对已经产生的固体废物实施减量。例如，对固体废物的分选、压缩、焚烧等加工工艺。

（三）资源化

固体废物资源化的基本任务是采取工艺措施从固体废物中回收有用的物质和能源。固体废物资源化是固体废物的主要归宿。

相对于自然资源来说，固体废物属于“二次资源”或“再生资源”范畴，虽然它一般不具有原使用价值，但是通过回收、加工等途径，可以获得新的使用价值。

资源化应遵循的原则是：资源化技术是可行的；资源化的经济效益比较好，有较强的生命力；废物应尽可能在排放源就近利用，以节省废物在贮放、运输等过程的投资；资源化产品应当符合国家相应产品的质量标准。

第三节　固体废物的处理处置技术

固体废物处理是指通过采用一定的技术手段将固体废物转化为适于运输、贮存、利用或处置的物料的过程。固体废物处理的目标是无害化、减量化、资源化。目前，固体废物的处理技术包括破碎、分选、脱水、生物处理、焚烧、热解、危险废物的化学处理等。不同的处理技术，可以独立使用，也可以配合使用，但以配合使用为主。

一、固体废物的预处理技术

固体废物的种类多种多样，其形状、大小、结构和性质各不相同。因此，固体废物处理之前，往往需要对固体废物进行预处理，以使它的形状、大小、结构和性质符合处理的要求。固体废物的预处理技术主要包括破碎、压实、分选、脱水与干燥等过程。

（一）破碎

破碎是固体废物预处理的技术之一，为了使进入焚烧炉、填埋场、堆肥系统等的废物的外形尺寸减小，必须预先对固体废物进行破碎处理。经过破碎处理后的废物，由于消除了大的空隙，不仅尺寸大小均匀，而且质地也均匀，在填埋过程中更容易压实。

机械方法有挤压、劈裂、弯曲、冲击、磨剥和剪切破碎等方法，一般根据固体废物的机械强度特别是废物的硬度和形状的大小选择合适的破碎方法。

（二）压实

为了减少固体废物的运输和处置体积，从而减少运输和处置费用，必须对固体废物进行压实处理。压实又称压缩，即用机械方法增加固体废物聚集程度，增大容重和减小固体表观体积，提高运输与管理效率的一种操作技术。压实一般用压实器进行。常见的压实器有三向联合压实器和回转式压实器等，一般压缩比为3～5。

（三）分选

固体废物分选就是将固体废物中各种有用资源或不利于后续处理工艺要求的废物组分采用人工或机械的方法分门别类地分离出来的过程。分选是固体废物资源化的基础。人工分选识别性强，可用于机械方法无法分开的固体废物。机械分选大多要在废物分选前进行预处理，一般至少需经过破碎处理。机械分选方法多，应用范围较广。表7-2列出了固体废物分选技术及其应用。

表7-2　固体废物机械分选技术与应用

分选技术	分选的物料	预处理要求	应用场合
手工拣选	废纸、钢铁类、废铁、金属、木材等	不需要	商业、工业与家庭垃圾收集站拣选皱纹纸、高质纸、金属、木材等。经济效益取决于市场价格
筛选	玻璃类、粗细骨料	可不预处理或先破碎再分选	从重组分中分选玻璃或获得不同粒级的物料
风选	废报纸、皱纹纸等可燃性物料	不需要	轻组分中可燃性物料或重组分中的金属、玻璃等资源的分选
浮选	无机有用组分	破碎、浆化	细小有用组分的分选
光选	玻璃类	破碎、风选	从不透明的废物中分选碎玻璃或从彩色玻璃中分选硬质玻璃
磁选	铁金属类	破碎、风选	大规模用于工业固体废物和城市垃圾的分选
重介质分选	铝及其他非铁金属	破碎、风选	通过调整重介质的密度，分离多种金属，每种金属需用一组介质分离单元
静电分选	玻璃类、粉煤灰类	破碎、风选、筛选	含铅和玻璃废物的分选或从粉煤灰中分选煤炭

1. 筛选

筛选是根据固体废物尺寸大小进行分选的一种方法。一个有均匀筛孔的筛分器只允许小于筛孔的颗粒通过，较大颗粒留在筛面之上而被排除。一个颗粒至少有两个方向上的尺寸小于筛孔才能通过。因此，筛选是利用一个或一个以上的筛面，将不同粒径颗粒的混合废物分为两组或两组以上颗粒组的过程。筛选常有湿筛和干筛两种操作，固体废物筛选多采用干筛。常见的筛选设备有固定筛、滚筒筛和振动筛。

2. 风选

风力分选简称风选，又称气流分选，是以空气为分选介质，在气流作用下使固体废物颗粒按密度和粒度大小进行分选。因而，风力分选过程是以各种固体颗粒在空气中的沉降规律为基础的。实际上，风选是重力分选方法的一种。

风选设备按工作气流的主流向，可分成水平气流风选机（又称卧式风力分选机）和上升气流风选机（又称立式风力分选机）。

（1）卧式风力分选机

图 7-2 为卧式风力分选机结构和工作原理示意图。固体废物经破碎机破碎和圆筒筛筛分后，获得粒度均匀的给料。定量均匀地给入机内，当废物在机内下落时，被鼓风机鼓入的水平气流吹散，固体废物中各种有用组分沿着不同运动轨迹分别落入重质组分、中重质组分和轻质组分中。

卧式风力分选机构造简单，维修方便，但分选精度不高。一般很少单独使用，常与破碎、筛分、立式风力分选机联合使用。

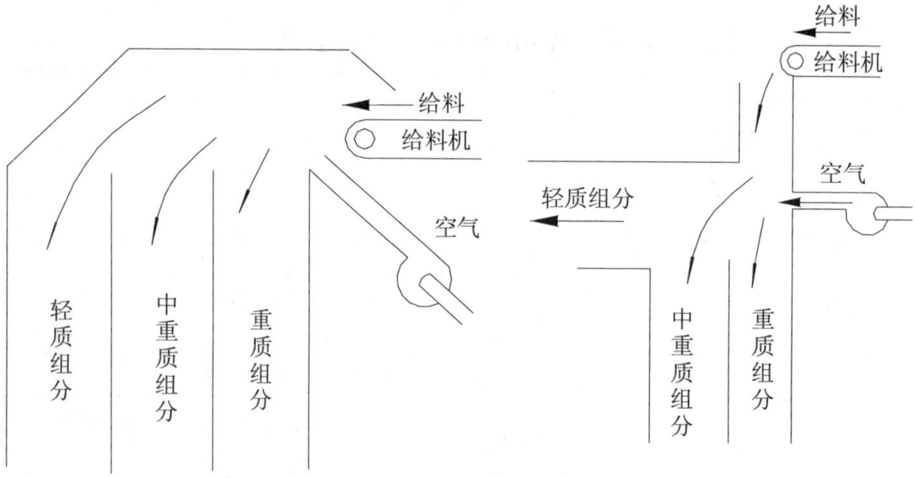

图 7-2　卧式风力分选机结构和工作原理示意图

（2）立式风力分选机

图 7-3 为立式风力分选机结构和工作原理示意图。经破碎的固体废物从中部给入机内，物料在上升气流作用下，各组分按密度分离，重质组分从底部排出，轻质组分从顶部排出，经旋风除尘器进行气固分离。与卧式风力分选机相比，立式风力分选机分选精度较高。

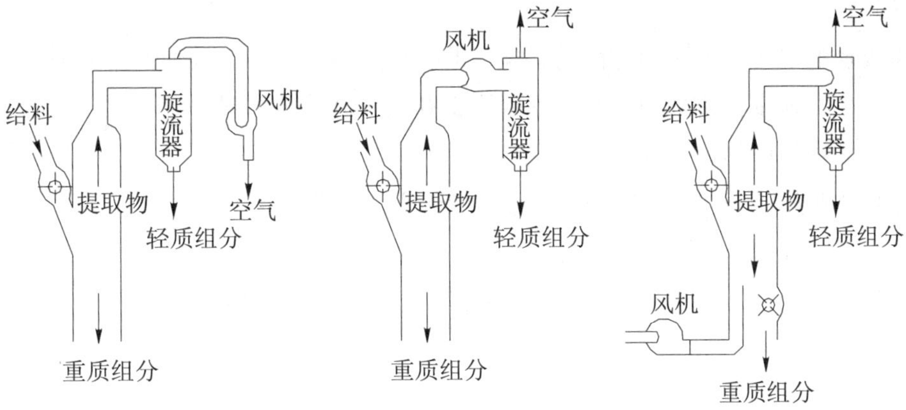

图 7-3 立式风力分选机结构和工作原理示意图

3. 浮选

浮选是将固体废物与水调制的料浆中加入浮选药剂，并通入空气形成无数细小气泡，使欲选物质颗粒黏附在气泡上，随气泡上浮于料浆表面成为泡沫层，然后刮出回收；不浮的颗粒仍留在料浆内，通过适当处理后废弃。

浮选设备类型很多，我国使用较多的是机械搅拌式浮选机。其构造如图 7-4 所示。这种浮选机由两个槽子构成一个机组，第一个槽为吸入槽，第二个槽为直流槽。两槽之间设有一个中间室和料浆面调节装置。

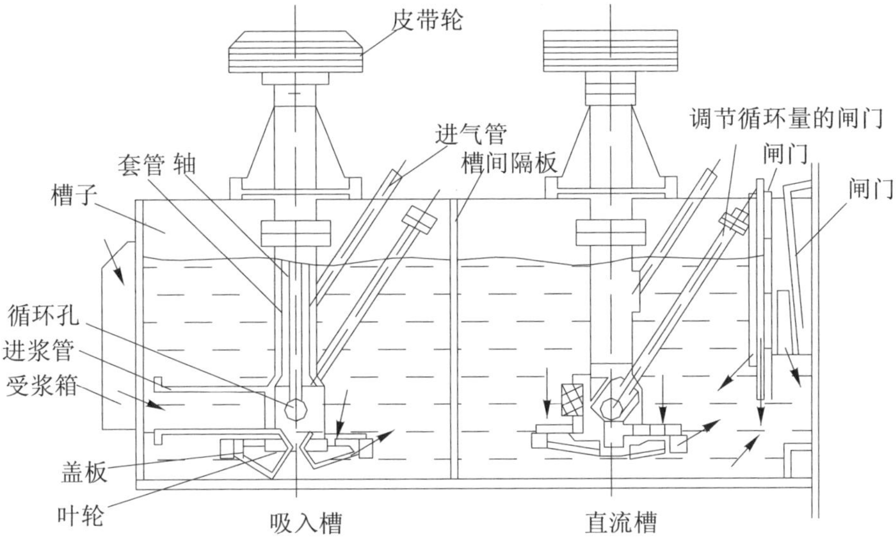

图 7-4 机械搅拌式浮选机

浮选是固体废物资源化的一种重要技术，我国已应用于从粉煤灰中回收炭，从煤矸石中回收硫铁矿，从焚烧炉灰渣中回收金属等。

4. 磁选

固体废物的磁力分选（简称磁选）是借助磁选设备产生的磁场使铁磁物质组分分离的一种方法。在固体废物的处理系统中，磁选主要用于回收或富集黑色金属，或者在某些工艺中用以排除物料中的铁制物质。

磁选设备常用的有吸持型磁选机、悬吸型磁选机和圆筒式磁选机。主要用于含金属的污泥、工业固体废物或城市垃圾的破碎设备或焚烧炉前，除去废物中的铁器，防止损坏破碎设备或焚烧炉。后者还可以回收钢铁冶炼排出的含铁赤泥和氧化铁皮等。

5. 电选

电选是利用固体废物中各种组分在高压电场中电性的差异而实现分选的一种方法。物质根据其导电性，分为导体、半导体和非导体 3 种。大多数固体废物属于半导体和非导体，因此电选实际是分离半导体和非导体的固体废物的过程。

6. 分选回收工艺系统

为了经济有效地回收城市垃圾和工业固体废物中有用物质，根据废物的性质和要求，将两种或两种以上的分选单元操作组合成一个有机的分选回收工艺系统，又称分选回收工艺流程。图 7-5 是国外城市垃圾分选回收系统的典型类型，适用于含可回收物料种类较多的城市垃圾分选、回收。图 7-6 是一个钢渣机械破碎回收渣钢工艺系统流程图。图 7-7 是一个废钢铁回收工艺系统流程图，这些回收工艺都综合了破碎、筛选、重选、磁选和风选等多种分选技术。

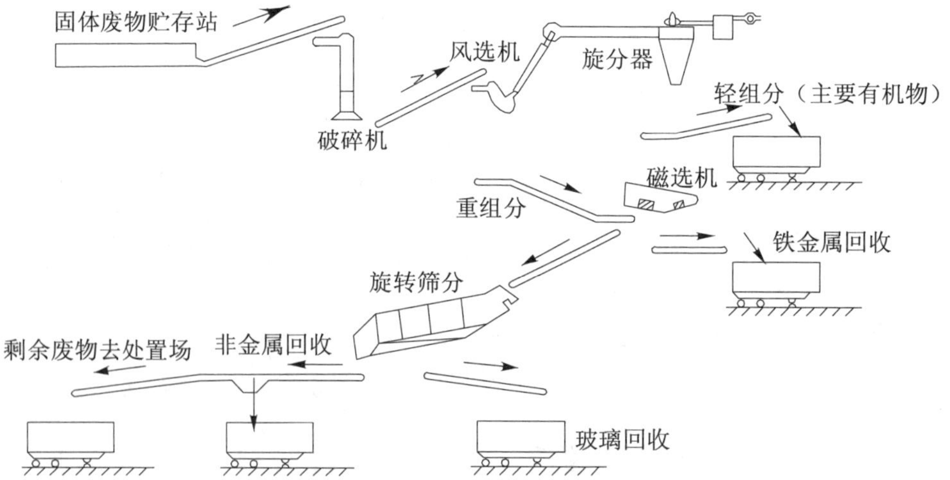

图 7-5 国外城市垃圾分选回收系统

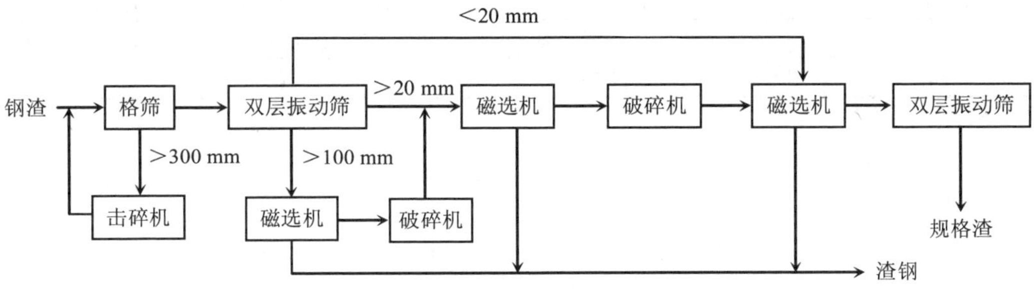

图 7-6　钢渣机械破碎回收渣钢工艺系统

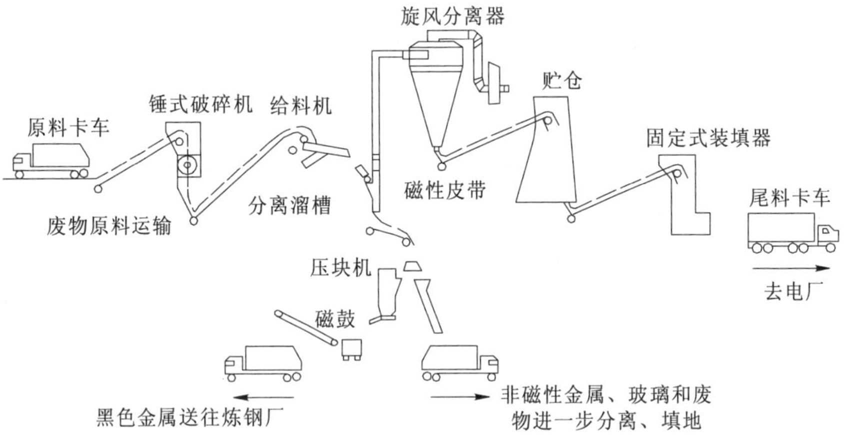

图 7-7　废钢铁回收工艺系统

（四）脱水与干燥

1. 脱水

固体废物的脱水问题常见于城市污水与工业废水处理厂产生的污泥处理以及类似污泥含水率的其他固体废物的处理。凡含水率超过 90%的固体废物，必须先脱水减容，以便于包装、运输和资源化利用。表 7-3 为固体废物常用的脱水方法及效果。

表 7-3　固体废物常用的脱水方法及效果

脱水方法		脱水装置	脱水后含水率/%	脱水后状态
浓缩脱水		重力浓缩、气浮浓缩、离心浓缩	95～97	近似糊状
自然干化法		自然干化场、晒砂厂	70～80	泥饼状
机械脱水	真空过滤	真空转鼓、真空转盘	60～80	泥饼状
	压力过滤	板框压滤机*	45～80	泥饼状
	滚压过滤	滚压带式压滤机*	78～86	泥饼状
	离心过滤	离心机	80～85	泥饼状

脱水方法	脱水装置	脱水后含水率/%	脱水后状态
干燥法	各种干燥设备	10～40	粉状、粒状
焚烧法	各种焚烧设备	0～10	灰状

* 有的夹载滤料。

2．干燥

干燥操作主要应用于破碎分选后的城市垃圾中的轻物料，利用这类轻物料进行能源回收或焚烧处理时，须先干燥，以达到去水、减重的目的。

二、一般固体废物处理技术

（一）堆肥化技术

自然界的许多微生物具有氧化、分解有机固体废物的能力。利用微生物的这种能力，处理可降解的有机废物，达到无害化和资源化的目的，这是有机固体废物处理利用的一条重要途径。许多环境污染物往往含有大量的生物组分的大分子有机物及其中间代谢产物如碳水化合物、蛋白质、脂肪、氨基酸、脂肪酸等，这些物质一般都较容易为微生物降解。

可根据微生物生长环境将堆肥分为好氧堆肥和厌氧堆肥两种。

1．好氧堆肥

好氧生物处理又称好氧发酵或堆肥化，是指有机废物在好氧条件下通过微生物的作用，达到稳定化、转变为有利于土壤性状改良并对作物生长有益和容易吸收利用的有机物的过程。堆肥化是处理有机废物尤其是生活垃圾的主要方法，具有保护环境和资源化的双重效果。可用以下反应式表示：

（1）有机物的分解反应：

$$\text{不含氮有机物}(C_xH_yO_z)+O_2\xrightarrow{\text{好氧微生物}}\text{简单无机物}(CO_2+H_2O)+\text{能量}$$

$$\text{含氮有机物}(C_sH_tN_uO_v\cdot aH_2O)+O_2\xrightarrow{\text{好氧微生物}}\underset{\text{（堆肥）}}{C_wH_xN_yO_z\cdot cH_2O}+CO_2+H_2O+NH_3+\text{能量}$$

（2）微生物细胞质的合成反应（包括有机物的氧化分解，并以 NH_3 作为氮源）：

$$n(C_xH_yO_f)+NH_3+O_2\longrightarrow C_5H_7NO_2\text{（细胞质）}+CO_2+H_2O+\text{能量}$$

（3）微生物细胞质的氧化分解：

$$C_5H_7NO_2\text{（细胞质）}+5O_2\longrightarrow 5CO_2+2H_2O+NH_3+\text{能量}$$

堆肥物料变化曲线见图 7-8。

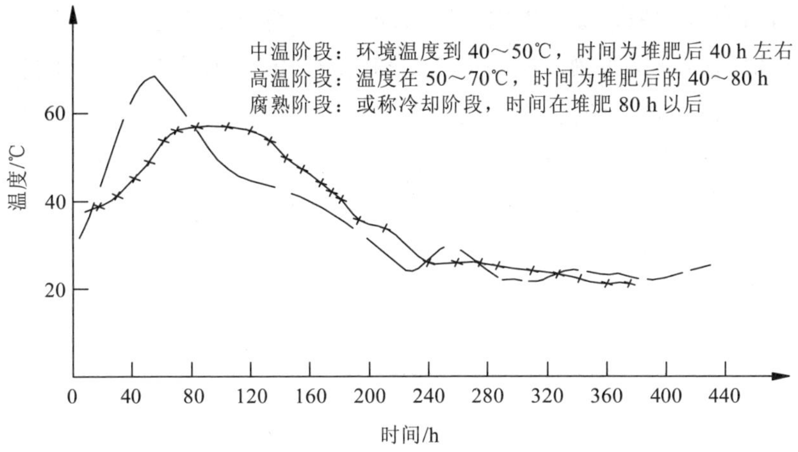

图 7-8 堆肥物料变化曲线

好氧堆肥法有间歇堆积法（又称露天堆积法）和连续堆积法。前者在露天进行，后者在堆肥发酵仓和发酵塔中进行。

2. 厌氧堆肥（发酵）

厌氧堆肥是废物在厌氧的条件下通过微生物的代谢活动而被稳定化，同时伴有 CH_4（或称沼气）和 CO_2 的产生。

有机物厌氧发酵依次分为液化、产酸、产甲烷 3 个阶段，如图 7-9 所示。

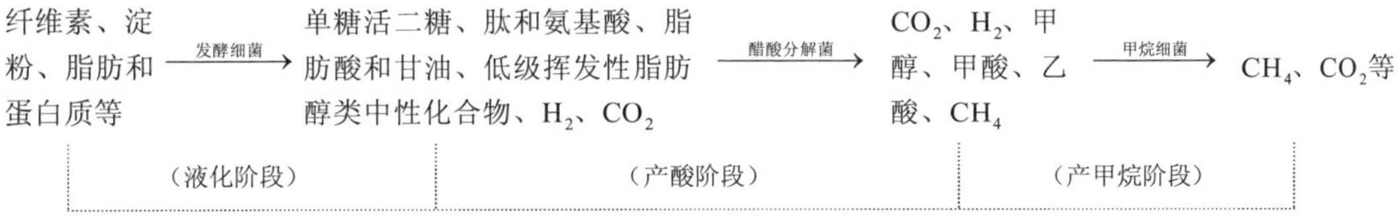

图 7-9 厌氧发酵的 3 个阶段

厌氧发酵工艺有高温厌氧发酵工艺和自然温度厌氧发酵工艺两种。一般在厌氧发酵池内进行。固体废物的生物处理技术已用于城市垃圾、污泥、家畜粪尿的堆肥和沼气化，厨卫垃圾、秸秆的沼气发酵，固体废物的糖化和酒精生产等。

（二）焚烧

焚烧处理是一种固体废物的高温热处理工艺。在 900～1 100℃的焚烧炉膛内，废物中的有机或部分无机成分被充分氧化，留下的金属组分成为熔渣被排出，从而使废物减容并稳定。焚烧处理具有占地面积少、全天候操作、适用性广、废物稳定效果好等优点，因而成为当前废物处理的主要方法之一。几乎所有的有机固体废物都可以用焚烧法处理，对于可燃性的无机固体废物也可以用焚烧法处理，如煤矸石。对于无机-有机混合性固体废物，如果有机物是有毒有害物质，最好采用焚烧法处理。某些特定的有机性固体废物只适合用焚烧法处理，如医院带菌性废物，石油化工厂和塑料厂的含毒性中间副产物和焦状废渣。

固体废物能否进行焚烧处理，主要取决于固体废物的可燃性和热值。所谓固体废物的热值是指单位质量的固体废物完全燃烧所释放出来的热量，一般以 kJ/kg 计。根据经验，城市垃圾的热值大于 3 350 kJ/kg 时，燃烧过程无须添加辅助燃料，易于实现自燃烧。表 7-4 列出了几种典型废物的热值。

表 7-4　几种典型废物的热值　　单位：kJ/kg

废物	煤矸石	芜湖垃圾	常州垃圾	杭州垃圾	广州垃圾	上海污水厂污泥
热值	800～8 000	2 863	3 007	4 452	4 412	14 600

固体废物焚烧处理的目的之一是利用焚烧产生的热量。焚烧热的利用包括供热、发电和热电联供。在理想状态下，固体废物进入焚烧炉后，依次经过干燥、燃烧和燃烬 3 个阶段，其中的有机可燃物在高温条件下燃烧，会导致大量排放物，其中主要有两种，一是烟气，二是残渣。如将其直接排入环境，会导致二次污染，因此需对其进行适当的处理。烟气的净化处理包括除臭、除酸和除尘。而残渣的处理主要是综合利用，可以从焚烧残渣中回收有价值物质如铁、玻璃等，还可以利用残渣作混凝土的粗骨料及筑路材料。

焚烧设备包括焚烧炉及其附属的供料器、推料器、炉体、助燃器和出渣机等。焚烧炉是整个焚烧过程的核心。目前世界上焚烧炉的型号已达 200 多种，应用较广泛的有流化床焚烧炉、机械炉排焚烧炉和回转窑式焚烧炉等。图 7-10 给出了流化床焚烧炉的结构示意。

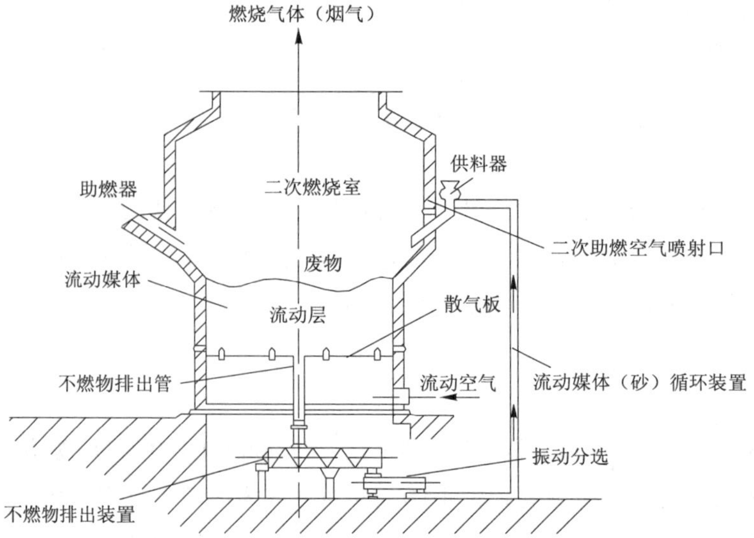

图 7-10　流化床焚烧炉的结构示意

目前，城市垃圾、污泥和危险废物等都可以采用焚烧方法处理。固体废物经过焚烧，一般体积可减少80%～90%，可燃固体废物的焚烧处理，能同时实现减量化、无害化和资源化，是一条重要的处理处置途径。

（三）热解

热解在工业上也称为干馏，是利用有机物的热不稳定性，在无氧或缺氧条件下使有机物受热分解成分子量小的气态、液态和固态物质的过程。可简单表示如下：

$$\text{有机固体废物}+\text{热量}\xrightarrow{\text{无}O_2\text{或缺}O_2}\text{可燃气}+\text{液态油}+\text{固体燃料}+\text{炉渣}$$

可燃气主要包括 C_1～C_5 的烃类、H_2 和 CO 气体。液态油主要包括 C_{25} 的烃类、乙酸、丙酮、甲醇等液态燃料。固体燃料主要含纯碳和聚合高分子的含碳物。炉渣含 C 量高，有一定热值，一般可用作燃料添加剂或道路路基材料、混凝土骨料、制砖材料。纤维类废物（木屑、纸）热解后的渣，还可经简单活化制成中低级活化炭，用于污水处理等。

凡是可进行焚烧处理的废物都可以进行热解处理，尤其是高分子有机废物如塑料、橡胶的热解处理，可获得高热值的能源物质。目前，城市垃圾、各类废塑料、污泥、农业废物（如秸秆、稻壳、蔗渣、木屑、花生壳、树皮）等固体废物都能进行热解处理，获得相应的热解产品。

三、危险废物的处理技术

危险废物涉及面广、数量多、成分复杂，在其生产、收集、储存、运输、处置等各个环节中，如果处理不得当，都会引起环境安全事故，因此这类废物一般要单独列出加以管理。危险废物处理技术总体来说包括物理处理法、化学处理法、生物处理法、固化/稳定化处理法、热处理法等。

（一）物理处理法

1. 堆填法

堆填法是将危险废物填埋在专门设计的场所。《国家危险废物名录（2021年版）》所列垃圾中，除不符合卫生材料要求的垃圾外，其他垃圾均可采用安全填埋工艺。安全填埋是危险废物处置的最后一步，除部分可直接进入场地进行填埋之外，一般都需进行预处理。此外，渗透性材料对填埋场的安全性起着至关重要的作用，目前大多数填埋场采用的都是黏土或高密度聚乙烯（HDPE）薄膜作为渗透性材料。堆填法的优点是成本相对较低，但需要占用大量土地，并有可能对地下水造成污染。

2. 沸腾蒸发法

沸腾蒸发法是将危险废物加热至沸点，通过蒸发除去水分和有机物质的方法。这种方法不需要额外的化学药品，可以在较低温度下进行处理。但沸腾蒸发法需要耗费大量能源，并且可能会产生有害废气，需要进行后续处理。

（二）化学处理法

化学处理方法是利用化学反应对危险废物进行处理和转化的方法。以下是几种常见的化学处理方法：

1. 氧化还原法

氧化还原法利用氧化剂或还原剂将危险废物转化为无害的化学物质。这种方法可以有效降低危险物质浓度，但需要选择适当的化学品，以避免产生新的污染物。此外，处理过程可能会产生剧毒的中间产物，需要注意安全性。

2. 中和法

中和法通过使用酸性或碱性物质来中和危险废物的酸度或碱度。这种方法操作简单，但需要大量的中和剂，并要考虑废物的酸碱度和处理后的产物。同时，中和废物可能会产生新的污染物，需要进行进一步处理。

3. 离子交换法

离子交换法利用离子交换树脂将废物中的有害离子吸附或替换为无害离子，从而减少危害性。这种方法具有可重复使用的优点，但需要大量的树脂和水资源。此外，离子交换过程会产生大量废水，需要进行后续处理。

4. 沉淀技术

沉淀技术就是指通过添加化学物质改变固体废物中重金属溶解性从而达到稳定的目的。

（三）生物处理法

生物处理法是指在危险废物中加入细菌等微生物，通过其新陈代谢作用分解有害物质等。对于有机固体废物常用的处理方法包括堆肥法、厌氧发酵法等。对于有机废液常用的处理方法包括活性污泥法、厌氧消化法等。与化学处理方法相比，生物处理在适用性上较低，但对于某些有害物质生物处理法比较便宜、易于操作，但通常来说生物处理所需条件较为严苛、处理时间比较长且处理效率不稳定。

（四）固化/稳定化处理法

固化/稳定化处理法是利用物理或化学方法将危险或有害固体废物固定或包裹在惰性固化基质内，使之呈现化学稳定性或密封性的一种无害化处理方法。固化处理技术是处理重金属废物和其他非金属危险废物的重要手段。固化是由放射性废物处理发展起来的一项无害化或少害化的处理方式。固化是危险废物进行最终处置前的最后处理，目的是减少危险废物流动性、降低废物的渗透性、使固体危险污染物呈化学惰性，便于运输、填埋、储存或用作建筑基材，达到稳定化、无害化、减量化。

固化处理适用于放射性废物及电镀污泥、汞渣等多种有毒有害废物，根据固化处理采用的固化剂的不同，可将固化处理分为水泥固化处理、塑料固化处理、水玻璃固化处理和沥青固化处理等。

（五）热处理法

以焚烧法为例，焚烧法是一种典型的高温热处理技术。焚烧是一个高温裂解和深度氧化的过程，通过对危险废物的氧化裂解，可以实现减容、除毒和废热的循环利用。该方法被认为是最有效的危险废物处理方法，也是我国危险废物集中处理中心主要采用的方法。焚烧系统包括：预处理和加料系统，回转窑焚烧炉和二次燃烧室，废热锅炉和 SNCR，急冷塔和废气净化系统。烧成的灰烬和飞灰必须经过固化/稳定化，然后送到填埋场进行填埋。当前在运危险废物处理中心所使用的炉型，多为旋转式焚烧或热解焚烧。然而，焚烧废物需要高温设备和严格控制条件，同时可能会产生新的污染物。该方法可以处理各种固体、半固体和液体形式的危险废弃物，但不适合处理易爆废弃物。

四、固体废物的处置技术

无论技术多么先进，总不可避免产生一些无法利用和处理的固体废物。这些固体废物是多种污染物质存在的终态。处于终态的固体废物要长期存在于环境之中，为了防止其对环境的污染，必须进行最终处置。固体废物的处置就是将这些可能对环境造成危害的固体污染物质放置在某些安全可靠的场所，以最大限度地与生物圈隔离。

概括来说，固体废物的处置可分为海洋处置和陆地处置两大类。

（一）海洋处置

海洋处置是基于海洋对固体废物进行处置的一种方法。海洋处置分为两种：一种是传统的海洋倾倒，另一种是近年发展起来的远洋焚烧。

1. 海洋倾倒

海洋倾倒是将固体废物直接投入海洋的一种处置方法。其理论基础是，海洋是一个庞大废物接受体，对污染物质有极大的稀释能力。尽管联合国对这种方法提出反对，但个别国家仍有使用。装在封闭容器中的有害废物，即使容器破损，污染物质浸出，由于海水的自然稀释和扩散作用，也可使环境中污染物质达到容许的程度。

进行海洋倾倒时，首先要根据有关法律规定，选择处置场地，然后再根据处置区的海洋学特性、海洋保护水质标准、处置废物的种类及倾倒方式进行技术可行性研究和经济分析，最后按照设计的倾倒方案进行投弃。对于放射性废物及含重金属的有害废物，在进行海洋倾倒前必须进行固化处理。

2．远洋焚烧

远洋焚烧是利用焚烧船在远海对固体废物进行处置的一种方法。适于处理各种含氯的有机废物。

废物焚烧后产生的废气通过净化装置与冷凝器，冷凝液排入海中，气体排入大气，残渣倾入海洋。海上焚烧的优点是空气净化工艺较陆地焚烧简单，焚烧的残渣可直接投海，处理费用比较低。

海洋处置一定要遵守国际有关法律和国际性决议，在规定的海域内选择处置场地以允许的方式进行。

（二）陆地处置

陆地处置是基于土地对固体废物进行处置。根据废物的种类及其处置的地层位置（地上、地表、地下和深地层），陆地处置可分为土地耕作、工程库或贮留池贮存、土地填埋、浅地层埋藏及深井灌注等。以下对常见的几种方式作简要描述。

1．土地耕作

土地耕作是使用表层土壤处置工业固体废物的方法。这种方法仅用于一般废物，它是把废物当作肥料或土壤改良剂，直接施用在土地上或混入土壤表层。根据处置废物的种类及施用方式，土地耕作还分为土地铺散、土地应用、污泥造田、土壤耕种和土地处置等。

土地耕作是一种简单的固体废物处置方法，它具有工艺简单，费用适宜，对环境影响较小，能够改善土壤结构和增加土壤肥力等优点。

2．卫生土地填埋

卫生土地填埋是处置一般固体废物使之不会对公众健康及安全造成危害的一种处置方法，主要用来处置城市垃圾。通常把运到土地填埋场的废物在限定的区域内铺撒成40～75 cm的薄层，然后压实以减少废物的体积，每层操作之后用15～30 cm厚的土壤覆盖，并压实。压实的废物和土壤覆盖层共同构成一个单元，具有同样高度的一系列相互衔接的单元构成一个升层。完整的卫生土地填埋场是由一个或多个升层组成的。当土地填埋达到最终的设计高度之后，再在填层之上覆盖一层90～120 cm厚的土壤；压实之后就得到一个完整的卫生土地填埋场。

为了防止地下水污染，目前卫生土地填埋已从过去的依靠土壤过滤自净的扩散型结构发展为密封结构。密封结构不单纯依靠土壤的自净作用来保护地下水，而是在填埋场的底部设置人工合成的衬里，使环境完全屏蔽隔离，防止浸出液的渗漏。常用的衬里材料有高强度聚乙烯膜、橡胶、沥青及黏土等。

3．安全土地填埋

安全土地填埋是对卫生土地填埋的进一步改进，对场地建造要求更严格，主要用来处置危险废物。安全填埋的填埋场必须设置人造或天然衬里，衬里系统的渗透系数要小于 10^{-8} cm/s；最下层的土地填埋物要位于地下水位之上；要采取适当措施控制和引出地表水；要配备浸出液收集、处理及监测系统，采用覆盖材料或衬里控制可能产生的气体，以防气体释出；要记录所处置的废物的来源、性质和数量，把不相容的废物分开处置。图 7-11 是典型的安全土地填埋场示意。

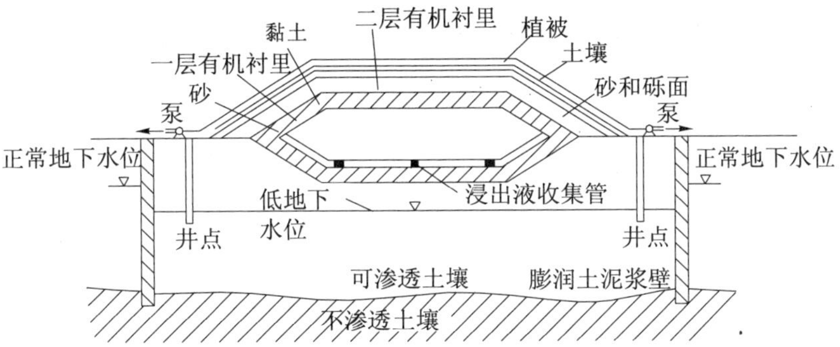

图 7-11　安全土地填埋场结构

安全土地填埋的主要问题：一是浸出液的收集控制。实践表明，过去的一些衬里系统不太适宜，衬里一旦破坏就很难维修。二是由于各项法律的颁布和污染控制标准的制定，对土地填埋的要求更加严格，致使处置费用不断增加。

4．深井灌注

深井灌注是指把液态废物注入地下与饮用水和矿脉层隔开的可渗透性岩层中。一般废物和有害废物都可采用深井灌注方法处置。在深井灌注处置前需将废物液化，形成真溶液、乳浊液或悬浮液。深井处置系统要求适宜的地层条件，并要求废物跟建筑材料、岩层间的液体以及岩层本身具有相容性。在石灰岩或白云层处置容纳废物主要基于空穴型孔隙，加上断裂层和裂缝。该法只能用来处置那些难破坏、难转换、不能采用其他方法处理处置的废物，或者采用其他费用昂贵的废物处置方法。

第四节　固体废物的综合利用

固体废物这种二次资源与自然资源相比有三大优点：生产效率高、能耗低和环境效益高。因此，世界各国都广泛开展了固体废物的综合利用。目前固体废物主要用于生产建材，回收能源、回收原材料、提取金属，生产化工产品、农用生产资源、肥料、饲料等多种用途。下面简要列出了几类固体废物的综合利用情况。

一、工业固体废物的综合利用

（一）高炉渣

高炉渣是高炉炼铁过程中，由矿石中的脉石、燃料中的灰分和助熔剂（石灰石）等炉料中的非挥发性组分形成的废物。其排出率与矿石品位有关，我国一般冶炼 1 t 生铁，产生高炉渣 0.6～0.7 t。目前我国的高炉渣利用技术较为成熟，基本可得到全部利用。其利用途径见图 7-12。

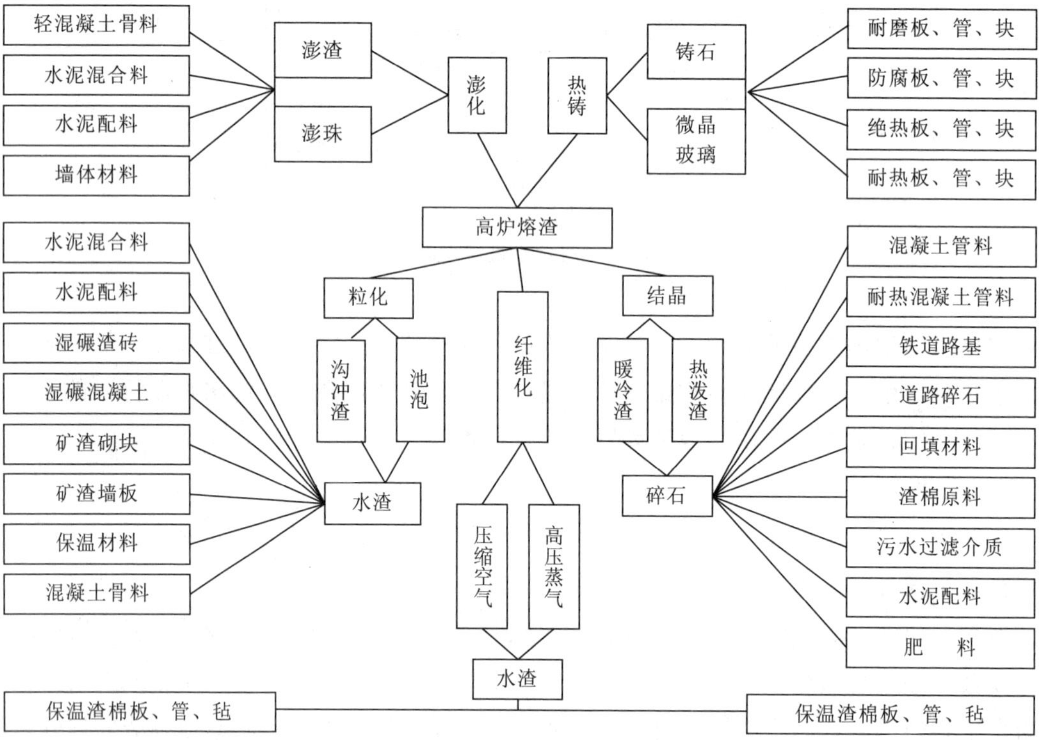

图 7-12　高炉渣的利用途径

（二）粉煤灰

粉煤灰是燃煤电厂锅炉和工业锅炉除尘器中收集而得的，是煤粉经高温燃烧后形成的一种似火山灰质混合材料。主要成分为 SiO_2、Al_2O_3、Fe_2O_3、CaO 和未燃炭，另含有少量 K、P、S、Mg 等化合物和 As、Cu、Zn 等微量元素。由于粉煤灰的组成成分较为复杂，因此综合利用较为广泛。图 7-13 列出了粉煤灰渣的利用途径。

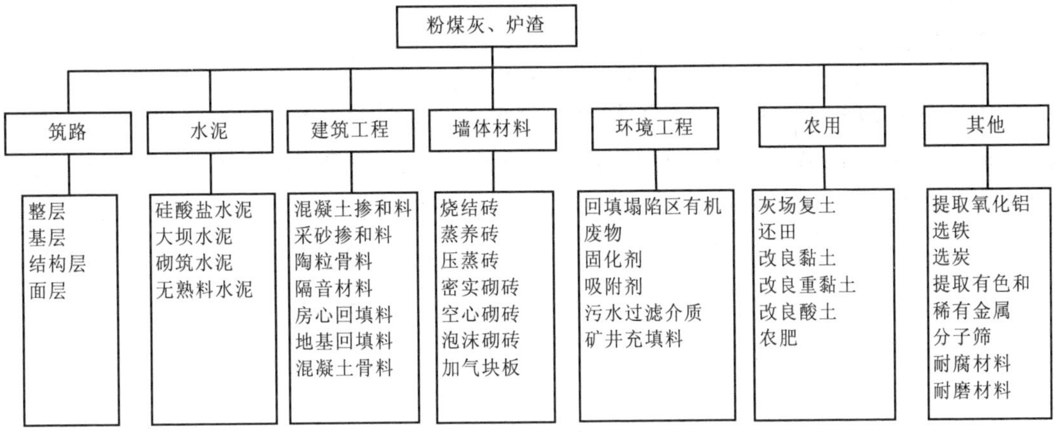

图 7-13 粉煤渣的综合利用途径

（三）钢渣

钢渣是炼钢过程中排出的熔渣，主要来源于铁水与废钢中所含元素氧化后形成的氧化物，金属炉料带入的杂质，加入的造渣剂如石灰石、萤石、硅石等，以及氧化剂、脱硫产物和被侵蚀的炉衬材料等。钢渣应尽量返回烧结、炼铁、炼钢等工艺过程中去，以充分利用钢渣中的金属和其他有用成分，也可用于制造钢渣水泥、筑路和回填工程材料、建筑材料、农肥和酸性土壤改良剂等。图 7-14 列出了钢渣的利用途径。

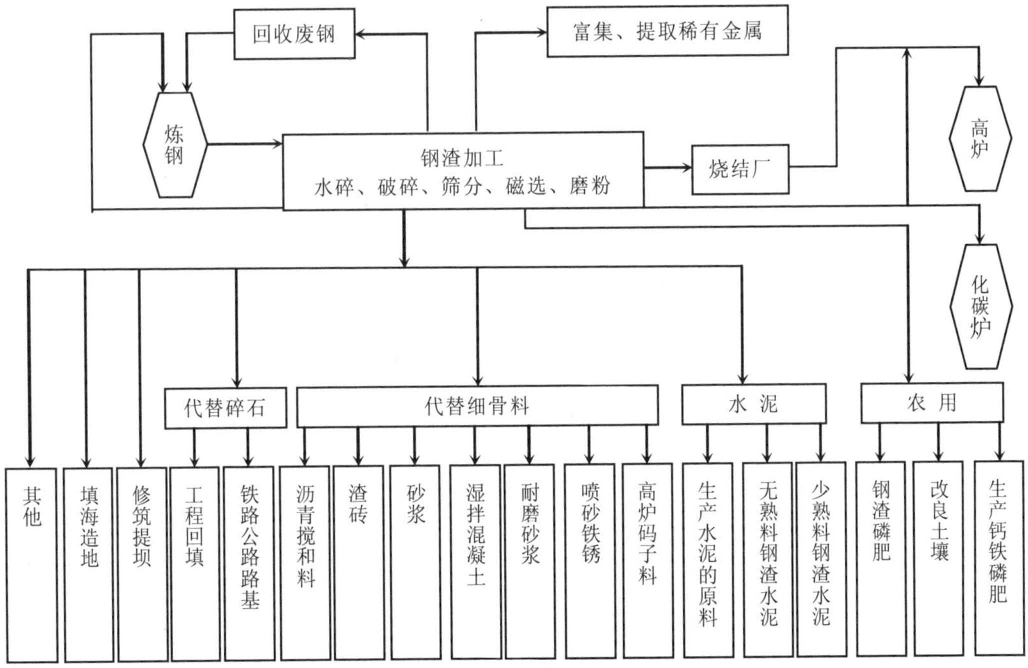

图 7-14 钢渣的利用途径

（四）矿业尾矿

矿石在选矿过程中选出目的精矿后，剩余含目的金属很少的矿渣成为尾矿，习惯上称尾砂。通常每处理 1 t 矿石可产生尾砂 0.5～0.95 t。近年来，我国的金属矿山每年排出尾砂 1 亿 t 左右。但随着科学技术的不断进步和资源的日益枯竭，对尾砂的综合利用主要是回收尾砂中的有价金属，同时利用尾砂生产高附加值的产品如微晶玻璃、玻化砖、建筑陶瓷、美术陶瓷等，用尾砂回填矿山采空区，生产矿物肥料或土壤改良剂等。表 7-5 列出了我国铜矿尾砂回收处理的主要矿物。

表 7-5 我国铜矿尾砂回收处理的主要成果一览表

单位名称	回收组分	效　果	回收方法
大冶有色公司	石榴子石、硅灰石等	较好	常规选矿手段
新冶铜矿	钨精矿、硫精矿、铁精矿	很好	重选-磁选-漂选联合工艺
封山洞铜矿	铜精矿、硫精矿、铁精矿及钨粗精矿	较好	重选-磁选-漂选联合工艺
铜绿山古铜矿	铁精矿、金铜精矿、Au（21.34 g/t）、Ag（100 g/t）、Cu（16.58%）	年产 8 万 t，年获利 3 000 万元	强磁选，浮选-重选-磁选
铜官山铜矿	硫精矿、铁精矿	1975—1988 年得铜精矿 61.1 万 t，钼精矿 83.5 万 t，利润 2 500 万元	常规方法改进
狮子山铜矿	金精矿	总回收率提高 10%～15%	螺旋溜槽加摇床精选
德兴铜矿	钼精矿	加工厂年回收钼 9.2 t，金 33.4 kg，硫精矿 1 000 t，年产值 1 300 万元	再选加工
永平铜矿	白钨精矿、硫精矿	白钨精矿 399.3 t/a，硫精矿 1 584 t/a，年产值 668.4 万元	重选-磁选-重选-浮选-重选
金川公司	铜、钴、镍等	回收率分别达 80%、90%和 60%	氨浸-褐煤吸附法
平水铜矿	重晶石、硫精矿	回收率达 83.95%	混合浮选，两段浮选

（五）化工固体废物的综合利用

化工固体废物种类繁多，成分复杂，治理的方法和综合利用的工艺多种多样，应重点抓好量大面广废物的治理和综合利用。表 7-6 列出了主要化工固体废物处理技术概况。

表 7-6 主要化工固体废物处理技术概况

化工行业	主要废物	废物处理与综合利用技术
无机盐工业	铬渣	铬渣干法解毒技术、铬渣制玻璃着色剂、制钙镁磷肥和钙铁粉等
	磷泥	磷泥烧制磷酸
	电炉黄磷渣	掺制硅酸盐水泥
	氰渣	高温水解氧化法处理

化工行业	主要废物	废物处理与综合利用技术
氯碱工业	含汞盐泥	次氯酸钠氧化法处理、氯化硫化焙烧法处理
	非汞盐泥	盐泥制氧化镁、沉淀过滤法处理
	电石渣	电石渣生产水泥、制漂白液和作筑路基层
磷肥工业	电炉黄磷渣	制水泥技术
	磷泥	磷泥烧制磷酸技术
	磷石膏	制硫酸联产水泥、制 α-半水石膏粉
氮肥工业	造气炉渣	制煤渣砖
	锅炉渣	制煤渣砖、制水泥、制钙镁磷肥
硫酸工业	硫铁矿烧渣	烧渣制砖技术，高温氯化法处理技术，氰化法提取金、银、铁
	废催化剂	从含钒催化剂中回收 V_2O_5
染料工业	含铜废渣	从含铜废渣中回收硫酸铜
	废母液	氯化母液中回收造纸助剂和废酸
感光材料工业	废胶片	废胶片和银的回收

二、城市垃圾的综合利用

城市垃圾是指城市日常生活或者为城市日常生活提供服务的活动中产生的固体废物，以及法律、行政法规规定视为城市垃圾的固体废物。城市垃圾的成分复杂，大致可分为有机物、无机物，或可回收废品、不可回收废品。属于有机物的垃圾主要包括包装垃圾、厨余垃圾和动植物的废物；属于无机物的垃圾主要为炉灰、碎瓦砖等；可回收的废品主要为金属、橡胶、塑料、废纸、玻璃等。城市垃圾在最终处理之前应进行筛分、破碎、浮选等措施预处理。最终处理方法包括填埋法、堆肥法、焚烧法、热解法等，且各国的处理有很大不同，但填埋法、焚烧法和堆肥法是最基本的方法。

（一）填埋法

城市垃圾的填埋法处理是我国采用较多的一种处理方法，它具有填埋结果简单、操作方便、施工费用低、可回收甲烷气体等优点。我国第一座城市垃圾填埋场是杭州市天子岭废物处理总场，1989 年 9 月正式开工，于 1991 年 3 月竣工使用。填埋场采用斜坡作业法运行，垃圾按单元分层填埋（图 7-15）。

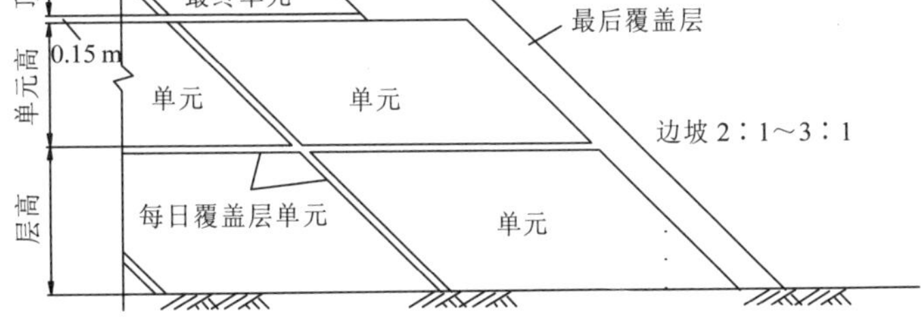

图 7-15　垃圾填埋场结构形式

（二）焚烧法

垃圾的焚烧处理已有 100 多年的历史。但自第二次世界大战后，特别是 1973 年石油危机发生后，能源价格高涨，加速了垃圾能源回收技术的发展，垃圾焚烧厂如雨后春笋般出现。目前，欠发达国家垃圾焚烧处理量已经超过了填埋处理量。

根据垃圾的燃烧特性，当垃圾热值大于 3 350 kJ/kg 时，不需外加燃料便能维持燃烧。图 7-16 为垃圾焚烧处理的典型工艺流程。

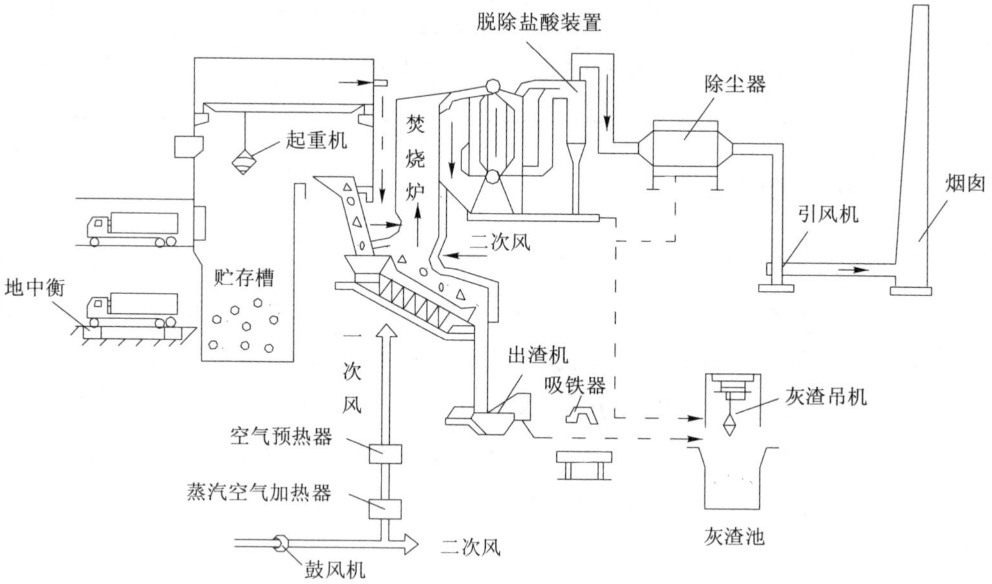

图 7-16　垃圾焚烧处理的典型工艺流程

（三）堆肥法

堆肥法是利用自然界的微生物来氧化、分解城市垃圾中的有机废物，达到无害化和资源化，是现代城市垃圾处理利用的一条重要途径。图 7-17 是国内日处理生活垃圾 100 t 的实验厂工艺流程。该工艺采用二次发酵方式。第一次发酵采用机械强制通风，发酵期为 10 d，60℃高温保持 5 d 以上，堆料达到无害化。然后将第一次发酵堆肥通过机械分选，去除非堆腐物，送去二次发酵仓，进行二次发酵，一般 10 d 左右达到腐熟。

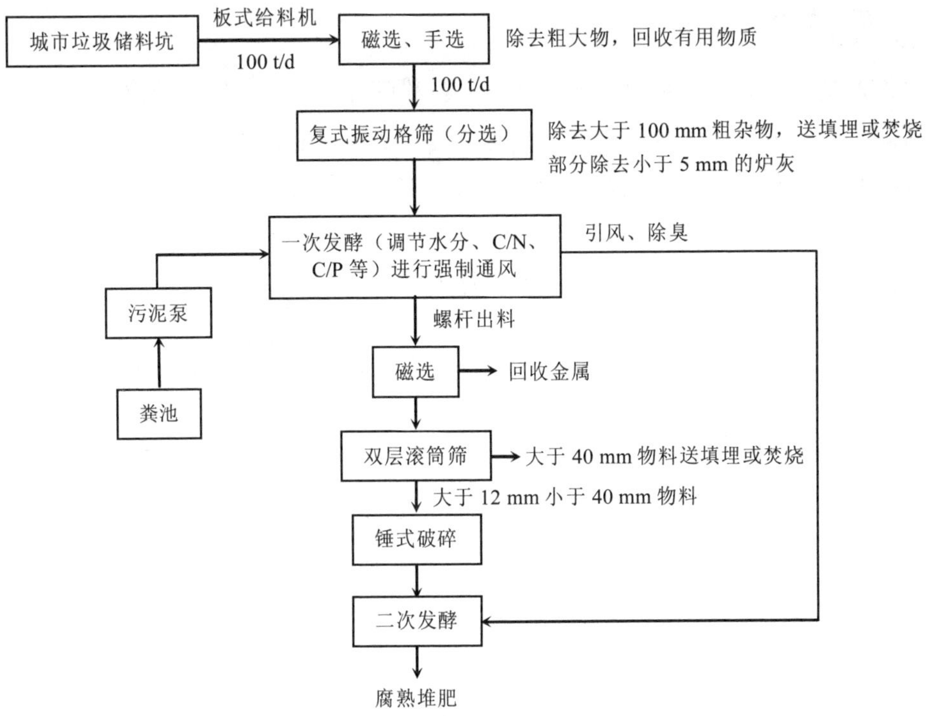

图 7-17　100 t/d 的垃圾处理实验厂工艺流程

三、农业固体废物——秸秆的综合利用

（一）秸秆还田利用

秸秆中含有丰富的有机质和氮、磷、钾、钙、镁、锰、硅等肥料养分（表 7-7），是可利用的有机肥料资源。秸秆直接还田作肥料是一种简单易行的方法，对不同地区都可以适用。秸秆还田利用可改善土壤结构，使土壤容重下降，孔隙度增加；同时，秸秆覆盖和翻压对土壤有良好的调温保墒作用，并可抑制杂草的生长，减轻土壤盐碱度；秸秆还田后，不仅可以增加作物的产量，还可提高作物品质。

表 7-7　几种作物秸秆中元素成分及质量分数　单位：%

种类	N	P	K	Ca	Mg	Mn	Si
水稻	0.60	0.09	1.00	0.14	0.12	0.02	7.99
小麦	0.50	0.03	0.73	0.14	0.02	0.003	3.95
大豆	1.93	0.03	1.55	0.84	0.07	—	—
油菜	0.52	0.03	0.65	0.42	0.05	0.004	0.18

（二）秸秆制炭

秸秆制炭的原理是先将秸秆烘干或晒干，再粉碎并造粒，然后把颗粒放置在制炭设备中，同时隔绝空气或只供给少量空气，并对其进行加热，这时秸秆就会发生热解，并被转化成固体木炭。用秸秆制成的炭含碳量为 50%～85%，发热量可达 20 940～32 600 kJ/kg，其硬度和密度优于普通木炭，单位发热量优于煤，可广泛用于有色金属、合金冶炼及日常生活、食品加工等方面。秸秆制炭的工艺流程如图 7-18 所示。

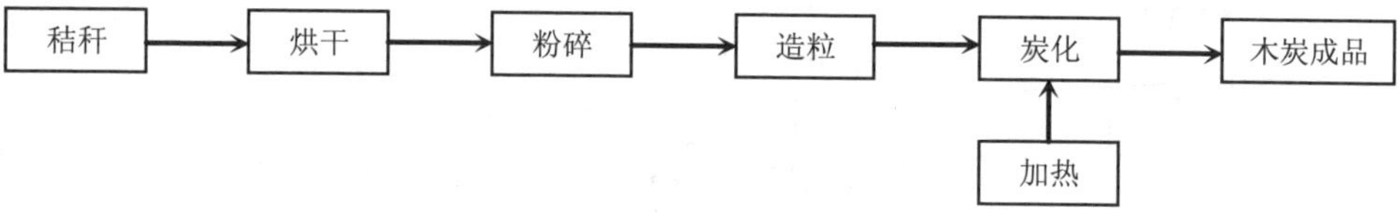

图 7-18　秸秆制炭工艺流程

（三）秸秆厌氧制沼气

农作物秸秆作为生物质，可以进行厌氧发酵处理生产沼气。这种沼气是一种清洁的可再生能源，不但可以为农村生活提供能源，而且对保护森林资源，净化生态环境也有很大的作用。厌氧发酵后的秸秆还可作鱼饵料和牲畜饲料添加剂；产气后的沼渣、沼液腐殖酸含量高，氮、磷、钾和微量元素齐全，是高效的有机肥料；沼液还可用于浸种、防治农作物和果树害虫。研究表明，每千克秸秆干物质可产沼气 0.45 m^3。

此外，还可以利用秸秆提取酒精；在发展畜牧业地区，可利用秸秆生产饲料，其主要方法有氨化技术、青贮技术和生物贮存技术。

【固体废物处理技术进展和案例分析】

思考题

1. 什么叫固体废物？其产生机制是怎样的？
2. 我国对固体废物主要采取哪些控制措施？

3. 固体废物的处理处置技术有哪些？试以城市垃圾的处理处置为例进行说明。

4. 什么是危险废物？其处理处置技术与一般固体废物有哪些差异？

5. 农业固体废物的综合利用是今后重点发展方向。试论秸秆的综合利用主要有哪些技术。

6. 什么是固体废物资源化？资源化的途径有哪些？

7. 试述固体废物处理的焚烧法和填埋法的适宜对象和优缺点。

参考文献

[1] 陈昆柏，郭春霞．危险废物处理与处置[M]．郑州：河南科学技术出版社，2017.

[2] 郭殿福．废物通用手册——处理・处置・资源化[M]．北京：科学出版社，2004.

[3] 国家环境保护总局污染控制司．城市固体废物管理与处理处置技术[M]．北京：中国石化出版社，2001.

[4] 国家统计局，生态环境部．中国环境统计年鉴-2023[M]．北京：中国统计出版社，2024.

[5] 李登新．固体废物的处理与处置[M]．北京：中国环境出版社，2014.

[6] 李国建．城市垃圾处理工程[M]．北京：科学出版社，2002.

[7] 聂永丰．三废处理工程技术手册・固体废物卷[M]．北京：化学工业出版社，2000.

[8] 宁平．固体废物处理与处置[M]．北京：高等教育出版社，2018.

[9] 闫振甲，何艳君．工业废渣生产建筑材料实用技术[M]．北京：化学工业出版社，2003.

[10] 杨国清．固体废物处理工程[M]．北京：科学出版社，2000.

[11] 杨慧芬．固体废物处理技术及工程应用[M]．北京：机械工业出版社，2003.

[12] 张弛，柴晓利，赵由才．固体废物焚烧技术[M]．2 版．北京：化学工业出版社，2017.

[13] 赵由才，牛冬杰，柴晓利，等．固体废物处理与资源化[M]．4 版．北京：化学工业出版社，2023.

[14] 赵由才．生活垃圾处理与资源化[M]．北京：化学工业出版社，2016.

[15] 周翠红，张玉虎，张志军，等．固体废物处理与资源化[M]．北京：中国石化出版社，2021.

第八章　物理污染及其防治

随着社会经济的快速发展，嘈杂的噪声、炫目的灯光、强烈的振动等对人们的生活影响日益严重。光、热、电、磁、核衰变等都是物理学研究的范畴，也是影响人类环境的重要因素，当其发生改变并超过一定范围时，会造成环境污染，故把噪声污染、光污染、热污染、电磁辐射污染和放射性污染等归为物理性污染。物理性污染属于能量型污染，这些污染形成时很少给周围环境留下具体污染物，且无色无味，很隐蔽。但已成为现代人类尤其是城市居民感受到的公害。

第一节　噪声污染及其控制

一、环境噪声概述

（一）噪声的定义

噪声是声波的一种，具有声音的所有特征，从物理学的观点来看，噪声是指声波的频率和强弱变化毫无规律、杂乱无章的声音。从环境保护的角度，噪声被定义为人们不需要的声音。

作为感觉公害，归纳起来，噪声大致可分为 4 类：

（1）过响声。如喷气发动机发出的轰隆声。

（2）妨碍声。此种声音虽不太响，但它妨碍人的交谈、思考、学习、睡眠和休息。

（3）不愉快声。如摩擦声、刹车声均属此类。

（4）无影响声。日常生活中，人们习以为常的声音，如户外风吹树叶的沙沙声等。

（二）噪声的来源

噪声的种类很多，按照声源的不同，可以分为交通噪声、工业噪声、建筑施工噪声（三者归于一类）和社会生活噪声两大类。前者主要有空气动力性噪声、机械性噪声和电磁性噪声；后者主要有电声性噪声、声乐性噪声和人类语言性噪声。

1．交通噪声

交通噪声主要包括飞机、火车、轮船、各种机动车辆等交通运输工具的行驶、振动和喇叭声。其中飞机的噪声强度最大。由于交通噪声是流动的噪声源，对环境的影响范围极大。尤其是汽车和摩托车，它们量大面广，几乎影响每一个城市居民。有资料表明，城市环境噪声的 70%来自交通噪声。在车流量高峰期，市内大街上的噪声可高达 90 dB。遇到交通堵塞时，噪声甚至可达 100 dB 以上，以致有的国家出现警察戴耳塞指挥交通的情况。一些交通工具对环境产生的噪声污染情况如表 8-1 所示。

表 8-1　典型机动车辆噪声级范围

车辆类型	加速时噪声级/dB（A 计权）	匀速时噪声级/dB（A 计权）
重型货车	89～93	84～89
中型货车	85～91	79～85
轻型货车	82～90	76～84
公共汽车	82～89	80～85
中型汽车	83～86	73～77
小轿车	78～84	69～74
摩托车	81～90	75～83
拖拉机	83～90	79—88

2．工业噪声

工业噪声主要是机器运转产生的噪声，如空气机、通风机、纺织机、金属加工机床等，还有机器振动产生的噪声，如冲床、锻锤等。一些典型机械设备的噪声级范围如表 8-2 所示。

表 8-2　一些机械设备产生的噪声

设备名称	噪声级/dB（A 计权）	设备名称	噪声级/dB（A 计权）
轧钢机	92～107	柴油机	110～125
切管机	100～105	汽油机	95～110
气锤	95～105	球磨机	100～120
鼓风机	95～115	织布机	100～105
空压机	85～95	纺纱机	90～100
车床	82～87	印刷机	80～95
电锯	100～105	蒸汽机	75～80
电刨	100～120	超声波清洗机	90～100

工业噪声强度大，是职业性耳聋的主要原因，它不仅给生产工人带来危害，而且厂区附近的居民也深受其害。但是，工业噪声一般是有局限性的，噪声源是固定不变的。因此，

污染范围比交通噪声要小得多，防治措施相对也容易些。

3．建筑施工噪声

建筑施工噪声包括打桩机、混凝土搅拌机、推土机等产生的噪声。它们虽然是暂时性的，但随着城市建设的发展，兴建和维修工程的工程量与范围不断扩大，影响越来越广泛。此外，施工现场多在居民区，有时施工在夜间进行，严重影响周围居民的睡眠和休息。建筑施工机械噪声级范围如表 8-3 所示。

表 8-3 建筑施工机械噪声级范围

机械名称	距声源 15 m 处噪声级/dB（A 计权）	机械名称	距声源 15 m 处噪声级/dB（A 计权）
打桩机	95～105	推土机	80～95
挖土机	70～95	铺路机	80～90
混凝土搅拌机	75～90	凿岩机	80～100
固定式起重机	80～90	风镐	80～100

4．社会生活噪声

主要指社会活动和家庭生活设施产生的噪声，如娱乐场所、商业活动中心、运动场、高音喇叭、家用机械、电器设备等产生的噪声。表 8-4 是一些典型家庭噪声来源及噪声级范围。

表 8-4 家庭噪声来源及噪声级范围

设备名称	噪声级/dB（A 计权）	设备名称	噪声级/dB（A 计权）
洗衣机	50～80	电视机	60～83
吸尘器	60～80	电风扇	30～65
排风机	45～70	缝纫机	45～75
抽水马桶	60～80	电冰箱	35～45

社会生活噪声一般在 80 dB（A）以下，虽然对人体没有直接危害，但却能干扰人们的工作、学习和休息。

（三）噪声污染的特征

噪声污染与大气污染、水污染相比，具有以下 4 个特点：

（1）噪声是人们不需要的声音总称，因此一种声音是否属于噪声全由判断者心理和生理上的因素所决定。对于某些人喜欢的声音，对于另一些人则认为是噪声，优美的音乐对正在思考问题的人却是噪声。所以，可以说任何声音都可以成为噪声。

（2）噪声具有局部性。声音在空气中传播时衰减很快，它不像大气污染和水污染影响面广，而是带有局部的特点。但是在某些情况下噪声影响的范围很广，例如，发电厂高压排气放空，其噪声可能影响周围几十公里内居民生活的安宁。

（3）噪声污染在环境中不会有残剩的污染物质存在，一旦噪声源停止发声后，噪声污染也立即消失。

（4）噪声一般不直接致命或致病，它的危害是慢性的或间接的。

（四）噪声的物理量度指标

噪声就是声音，因而它具有声音的一切声学特性和规律。但是，噪声对环境的影响和它的强弱有关，噪声越强，影响越大。下面简单介绍几个与声音强弱有关的物理量及衡量噪声强弱的物理量——噪声级。

1. 频率

一个物体每秒振动的次数，就是该物体振动的频率，由此而产生的声波的频率与其相等，单位为赫兹（Hz）。声波频率的高低，反映声调的高低，频率高，声音尖锐；频率低，声调低沉。人耳能听到的声波的频率范围为 20～20 000 Hz。20 Hz 以下的称为次声，20 000 Hz 以上的称为超声。人耳从 1 000 Hz 起，随着频率的减少，听觉会逐渐迟钝。

2. 声功率与声功率级

在单位时间内声源发射出来的总产能，称为声功率。单位为瓦特，常用符号 W 来表示，声功率是声源特性的物理量，它的大小反映声源辐射声能的本领。

声功率级是声功率与参考声功率的相对量度，声功率级 L_W 可定义为：

$$L_w = 10\lg\frac{W}{W_0} \quad (\mathrm{dB}) \tag{8-1}$$

式中：W——声功率，W；

W_0——基准声功率，取 10^{-12} W。

3. 声强

声强就是声音的强度。1 s 内通过与声音前进方向成垂直的 1 m^2 面积上的能量称为声强（用 I 表示），其单位为 W/m^2。声强 I 与声压（用 P 表示）的平方成正比，其关系式如下：

$$I = P^2 / \rho c \tag{8-2}$$

式中：ρ——介质的密度，kg/m^3；

c——声音传播速度，m/s。

4. 声强级

相当于声强 I 的声强级 L_I 定义为：

$$L_I = 10\lg\frac{I}{I_0} \quad (\mathrm{dB}) \tag{8-3}$$

式中：I——声强，W/m^2；

I_0——频率为 1 000 Hz 的基准声强值，取 10^{-12} W/m^2。

5．声压

声压在空气中传播的声波可使空气密度时疏时密，密处与大气压相比其压力稍许上升，疏处稍许下降。在声音传播的过程中，空气压力相对于大气压的变化称为声压，其单位为 Pa。

6．声压级

相当于声压 P 的声压级定义为：

$$L_P = 10\lg\frac{P^2}{P_0^2} \quad (\text{dB}) \tag{8-4}$$

由上式可得：

$$L_P = 10\lg\frac{P}{P_0} \quad (\text{dB}) \tag{8-5}$$

式中：P——声压，Pa；

P_0——基准声压，取 2×10^{-5} Pa。

7．噪声级

（1）A 声级。

声压级只反映了人们对声音强度的感觉，不能反映人们对频率的感觉，而且人耳对高频声音比对低频声音较为敏感，这样，欲表示噪声的强弱，就必须同时考虑声压级和频率对人的作用，这种共同作用的强弱称为噪声级。噪声级可借噪声计测量。噪声计中设有 A、B、C 三种计权网络，其中 A 网络可将声音的低频大部分滤掉，能较好地模拟人耳听觉特性。由 A 网络测出的噪声级称为 A 声级，单位为分贝，计作 dB（A）。A 声级越高，人们越觉吵闹，因此现在大都采用 A 声级来衡量噪声的强弱。

（2）等效连续 A 声级。

但是，由于许多地区的噪声是时有时无、时强时弱的。如道路两旁的噪声，当有车辆通过时，测得的 A 声级较大，当没有车辆行驶时，测得的 A 声级较小，这与从具有稳定噪声源的区域中测得的 A 声级数值不相同，后者随时间的变化甚小。为了较准确地评价噪声强弱，1971 年国际标准化组织公布了等效连续 A 声级，它的定义是：

$$L_{eq} = 10\lg\frac{1}{T_2 - T_1}\int_{T_1}^{T_2} 10^{0.1L_P}\,dt \tag{8-6}$$

此即把随时间变化的声级变为等声能稳定的声级，因此被认为是当前评价噪声最佳的一种方法。式中 T_1 为噪声测量的起始时刻，T_2 为终止时刻，不过由于式中 L_p 是时间的函数，不便于应用；而一般进行噪声测量时，都是以一定时间间隔（t）来读数的，如每隔 5 s 读一个数，因此采用下式计算等效连续 A 声级较为方便：

$$L_{eq}=10\lg\frac{1}{n}\sum_{i=1}^{n}10^{L_i/10} \tag{8-7}$$

式中：L_i——等间隔时间 t 读得的噪声级；

n——读得的噪声级 L_i 的总个数。

（3）昼夜等效 A 声级。

反映夜间噪声对人的干扰大于白天的昼夜等效 A 声级（用 L_{dn} 表示），其计算公式如下：

$$L_{dn}=10\lg\left\{\frac{1}{24}\left[[15\times10^{0.1L_d}-9\times10^{0.1(L_n+10)}\right]\right\}\ [\text{dB（A）}] \tag{8-8}$$

式中：L_d——白天（7:00—22:00）的等效 A 声级；

L_n——夜间（22:00—7:00）的等效 A 声级。

公式中，夜间加上 10 dB 以修正噪声在夜间对人的干扰作用大于白天。

（4）统计 A 声级。

统计 A 声级（用 L_N 表示）则是反映噪声的时间分布特性，常见的有：

L_{10}——10%的时间内所超过的噪声级；

L_{50}——50%的时间内所超过的噪声级；

L_{90}——90%的时间内所超过的噪声级。

例如：L_{10}=70 dB，就是表示一天（或测量噪声的整段时间）内有 10%的时间，噪声超过 70 dB（A），而 90%的时间，噪声都低于等于 70 dB（A）。

8．响度和响度级

实验证明，两个声源的声压相同，若频率不同，人耳的主观感觉是不一样的。亦即人耳对声音大小的感觉不但与声压有关，并且与频率有直接关系。例如，大型离心压缩机与汽车的噪声，声压级均为 90 dB，但人耳的感觉是前者比后者响得多，原因是前者的噪声以高频成分为主，而后者则主要是低频声音。由此可知，人耳对高频声音较为敏感，而对低频声音则较为迟钝。人们对人耳听觉与声压级及频率相互关系进行了大量的实验和研究，得到了反映三者之间关系的曲线——等响曲线，如图 8-1 所示，纵坐标是声压级（或声压、声强），横坐标是频率。等响曲线是以 1 000 Hz 纯音作为基准声学信号，依照声压级的概念提出一个“响度级”数，其单位称为“方”(phon)，表示为 L_N。一个声学信号听起来与 1 000 Hz 纯音一样响，则其响度级“方”值就等于 1 000 Hz 纯音声压级的分贝值。例如，某声音听起来与频率为 1 000 Hz、声压级为 90 dB 的纯音一样响，则此声音的响度级为 90 L_N。响度级既考虑了声音的物理效应，又考虑了人耳的听觉生理效应，它反映了人耳对声音的主观评价。

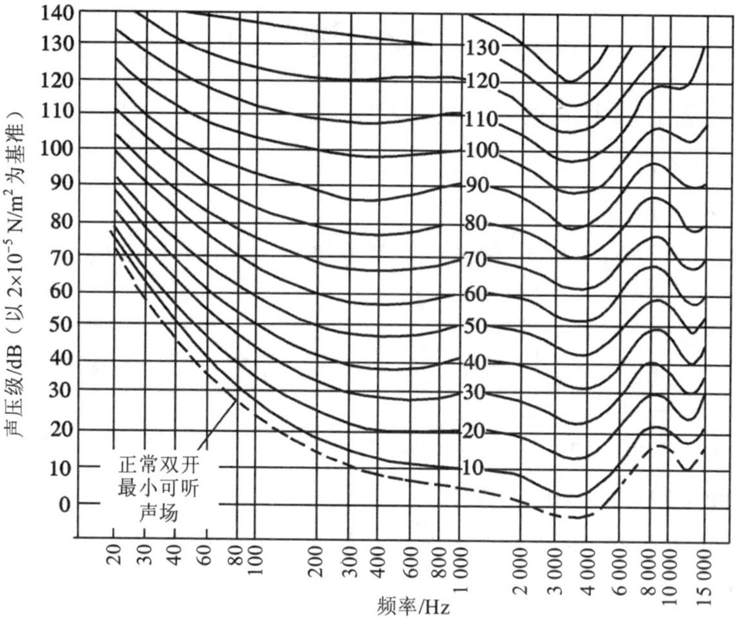

图 8-1 等响曲线

在等响曲线图中，每一条曲线上各点，虽然代表不同频率和声压级的声音，但是人耳主观感觉到的声音响度却是一样的，亦即响度级是相等的，所以称为等响曲线。

由等响曲线可知：

（1）最下面的曲线是闻阈曲线，称为零响度级线。痛阈线是 120 L_N 响度级线。对应每个频率都有各自的闻阈声压级与痛阈声压级。在闻阈曲线与痛阈曲线之间是人耳能听到的全部声音。

（2）人耳对低频声音较迟钝。频率很低时，即使有较高的声压级也不一定能听到。

（3）声压级越小和频率越低的声音，其声压级与响度级相差也越大。

（4）人耳对高频声音较敏感，特别是对于 3 000～4 000 Hz 的声音尤为敏感。正是这种原因，在噪声控制中，应当首先将中、高频的刺耳声降低。

（5）当声压级为 100 dB 以上时，等响曲线渐趋水平，此时频率变化对响度级的影响不明显。

二、环境噪声的危害

归纳起来，噪声的危害主要表现为以下几个方面：

（一）对人体健康的影响

1. 噪声会损伤听力

噪声对听觉器官会引起损伤。人初进入噪声环境中，常会感到烦恼、难受、耳鸣，甚至出现听觉器官的敏感性下降，听不清一般说话声，但这种情况持续时间并不长，几分钟就会恢复原状，这种现象称为听觉适应。如上述情况又重复出现，且症状随接触次数增加及时间延长而加重，逐渐出现听觉疲劳，进而发生听力丧失而成为噪声性耳聋。

噪声性耳聋主要表现在高频范围，一般是在 4 000 Hz 附近首先引起听力降低。一般来说，听力损失在 10 dB 之内，尚认为是正常的；听力损失在 30 dB 以内，称为轻度性耳聋；听力损失在 60 dB 以上，称为重度噪声性耳聋。当听力损失在 80 dB 时，就是在耳边大喊大叫也听不到了。据调查，在高噪声车间里，噪声性耳聋的发病率有时可达 50%～60%，甚至高达 90%。目前大多数国家听力保护标准定为 90 dB（A）（表 8-5）。但在此噪声标准下工作 40 年后，噪声性耳聋发病率仍在 20%左右，因此，噪声的危害，关键在于它的长期作用。

表 8-5　工作 40 年后噪声性耳聋发病率　　单位：%

噪声级/dB（A 计权）	国际统计	美国统计
80	0	0
85	10	8
90	21	18
95	29	28
100	41	40

2．噪声干扰睡眠

适当的睡眠是保证人体健康的重要因素，但噪声会影响人的睡眠。有人认为，连续的噪声可以加快熟睡的回转，使人多梦，熟睡的时间短；突然的噪声可以使人惊醒。一般来说，40 dB 的连续噪声可使 10%的人受到影响，70 dB 即可影响 50%，而突然的噪声在 40 dB 时，可使 10%的人惊醒，到 60 dB 时，可使 70%的人惊醒。

3．噪声干扰交谈、通信、思考

在噪声的环境下，人对一个声音的听阈会因受噪声的影响而提高。这个被提高的听阈叫掩蔽阈。造成这一现象的噪声称为掩蔽噪声。噪声能掩蔽讲话的声音而影响正常交谈、通信（表 8-6），也能掩蔽警报信号，影响安全。噪声还能对人的语言思维活动产生影响。

表 8-6　噪声对谈话的干扰程度

噪声级/dB（A 计权）	主观反映	保证正常谈话的距离/m	通信质量
45	安静	10	很好
55	稍吵	3.5	好
65	吵	1.2	较困难
75	很吵	0.3	困难
85	大吵	0.1	不可能

4．噪声诱发各种疾病

一些实验表明，噪声会引起人体神经紧张的反应，刺激肾上腺的分泌，因而引起心跳加快、心律不齐、血管痉挛、血压升高等症状。噪声还会使人的唾液、胃液分泌减少，胃酸降低，造成消化不良，从而易患胃溃疡和十二指肠溃疡。

5．噪声影响儿童智力和胎儿发育

在高噪声环境下，母体产生神经紧张的反应，会引起子宫血管收缩，影响胎儿发育所必需的养料和氧气，从而减轻胎儿体重，甚至发生畸形。对机场附近居民的初步研究发现，噪声与胎儿畸形、婴儿体重减轻有密切的关系。另外，吵闹的环境还会使一些女性的性机能紊乱，月经失调，孕妇流产率增高。

6．噪声引起烦恼

噪声能干扰人们的交谈、休息和睡眠，从而使人容易烦恼激动、易怒，甚至失去理智。一般来说，噪声越强，引起人们烦恼的可能性越大。短促强烈的噪声会引起人吃惊，而连续噪声比非经常性噪声引起的烦恼要小；人为噪声（如机器声）比同样响的自然界声音（风声等）令人讨厌；人在夜间听觉灵敏度比白天高，所以夜间的噪声比白天的更易引起烦恼。此外，各人的听觉适应性不同，对噪声的烦恼程度也会不同。

7．噪声影响安全生产和降低劳动生产率

在嘈杂的环境里，人的心情烦躁、容易疲劳、反应迟钝、注意力不集中，影响工作速度和质量。尤其是对那些要求注意力高度集中的复杂作业和从事脑力劳动的人，影响更大。另外，由于噪声的心理学作用，分散了人们的注意力，容易引起工伤事故。

（二）对动物的影响

噪声对自然界的生物也是有影响的。如强噪声会使鸟羽毛脱落，不产卵，甚至会使其内出血和死亡。20 世纪 60 年代，美国空军的 F-104 喷气飞机，在俄克拉何马城上空做超声速飞行试验，每天飞越 8 次，高度为 10 000 m，整整飞了 6 个月。结果，在飞机轰鸣声的作用下，一个农场的 10 000 只鸡只剩下 4 000 只。解剖鸡的尸体后发现，暴露于轰鸣声下的鸡脑神经细胞与未暴露的有本质区别。前者的脑细胞中的尼塞尔物质大幅减少。高强声实验证明，170 dB 的噪声 5 min 使豚鼠死亡。

（三）对物质结构的影响

英法合作研制的协和式飞机在试航过程中航道下面的一些古老建筑物，如教堂等，因飞机轰鸣声的影响受到破坏，出现了裂缝。一般 150 dB 以上的噪声，由于声波的振动，会使金属结构产生裂纹和断裂现象，这种现象叫声疲劳。航天器在超飞和进入大气层时（喷气飞机也如此），都处在强噪声环境中，在声频交变负载的反复作用下，会引起铆钉松动，有时还会引起蒙皮撕裂。随着航天器发动推力的不断增加，噪声对航天器结构的影响也越来越大。

三、噪声的控制标准

毫无疑问，噪声标准应随地区与时间的不同而异，即工厂中的噪声标准与农村地区（包括需要安静的疗养院）、交通量少的安静住宅或郊外居住区、城市内的住宅区、靠近干道和运输繁忙的铁路线附近的居住区、城市中心区等应有不同。此外，白天和夜晚也有所区别，对环境影响最大的噪声源，也应有其特定的标准。目前，具体的噪声标准主要分为 3 类。

（一）听力保护标准

听力保护标准指工厂中的噪声标准。调查噪声性耳聋的发病率，是制定听力保护标准的依据。按照 ISO 的定义，500 Hz、1 000 Hz 和 2 000 Hz 3 个频率的平均听力损失超过 25 dB 时，称为噪声性耳聋。目前大多数国家听力保护标准定为 90 dB（A），它能够保护 80%的人；有些国家定为 85 dB（A），它能够使 90%的人得到保护。由表 8-5 可见，只有在 80 dB（A）的条件下，才能保护 100%的人不致耳聋。但从技术和经济条件上考虑，很难实现这一标准。1980 年起我国试行的《工业企业噪声卫生标准》规定现有企业听力保护标准为 90 dB（A），新建、改建企业要求达到 85 dB（A）。

我国颁布的《工业企业厂界环境噪声排放标准》（GB 12348—2008）规定了工业企业和固定设备厂界环境噪声排放限值及其测量方法，见表 8-7。该标准适用于工业企业噪声排放的管理、评价及控制。机关、事业单位、团体等对外环境排放噪声的单位也按本标准执行。该标准对现有企业听力保护标准未作规定。

表 8-7 工业企业厂界环境噪声排放限值 单位：dB（A）

厂界外声环境功能区类别	昼间	夜间
0	50	40
1	55	45
2	60	50
3	65	55
4	70	55

（二）机动车辆噪声标准

城市噪声的 70%来源于交通噪声，如果车辆噪声得以控制，则城市噪声就能大幅降低。因此，我国也指定了相应的标准，即《汽车加速行驶车外噪声限值及测量方法》（GB 1495—2002），见表 8-8。

表 8-8 我国机动车辆噪声标准

单位：dB

汽车分类	第一阶段	第二阶段
	2002 年 10 月 1 日—2004 年 12 月 31 日生产的汽车	2005 年 1 月 1 日后生产的汽车
M_1	77	74
M_2，N_1/（GVW≤3.5 t）		
GVW≤2 t	78	76
2 t<GVW≤3.5 t	79	77
M_2（3.5 t<GVW≤5 t）或 M_3（GVW>5 t）		
P<150 kW	82	80
P≥150 kW	85	83
N_2（3.5 t<GVW≤12 t）或 N_3（GVW>12 t）		
P<75 kW	83	81
75 kW<*P*≤150 kW	86	83
P≥150 kW	88	84

注：GVM-最大总质量，t；*P*-发动机额定功率，kW；汽车分类按《机动车辆分类》（GB/T 15089—1994）的规定。

（三）环境噪声标准

环境噪声标准是为保护人群健康和生存环境，对噪声容许范围所作的规定。因为噪声环境复杂多样，所以在所有噪声标准中，环境噪声标准的制定最为复杂。通常，是从噪声引起烦恼的因素来考虑环境噪声的标准。对休息、睡眠与交谈思考的干扰是日常生活中最易引起烦恼的因素，因此环境噪声标准的制定，主要是以对睡眠和交谈思考的干扰程度为依据的。例如，对睡眠而言，一个 40 dB 的连续噪声，会使 10%的人的睡眠受到影响。我国现行的国家标准为《声环境质量标准》（GB 3096—2008）和《社会生活环境噪声排放标准》（GB 22337—2008）两大标准。其中，《声环境质量标准》规定了 5 类声环境功能区的环境噪声限值及测量方法，适用于声环境质量评价与管理，但不适于机场周围区域受飞机通过（起飞、降落、低空飞越）噪声的影响；《社会生活环境噪声排放标准》规定了营业性文化场所和商业经营活动中可能产生环境噪声污染的设备、设施边界噪声排放限值和测量方法，适用于其产生噪声的管理、评价和控制。我国城市各类区域环境噪声标准见表 8-9（摘录）。

表 8-9 我国城市各类区域环境噪声标准 单位：dB（A）

适用区域	允许标准	
	昼间	夜间
特殊住宅区	45	35
居住、文教区	50	40
一类混合区	55	45
二类混合区、商业中心区	60	50
三类工业集中区	65	55
4 a 类（交通干线侧及既有铁路两侧 30 m）	70	55

注：位于城郊和乡村的“特别安静”区按标准严于 5 dB（A）执行，夜间突发的噪声，其最大值不准超过标准值 15 dB（A）。

四、噪声污染控制技术

噪声源、噪声的传播途径、接受者是发生噪声污染的 3 个要素，只有这 3 个要素同时存在，才会构成噪声污染。因此，噪声污染必须从这 3 个方面综合考虑才能得到有效控制。控制噪声污染首先要降低噪声源的噪声，其次从传播途径降低噪声，最后考虑接受者的个人防护。

（一）噪声源的控制

降低噪声源的噪声，是控制和解决噪声污染的最根本方法，一般有两种方法：一是控制噪声源，如改进设备结构、提高部件加工精度和装配质量、采用合理的操作方法等，从而降低噪声的发生功率；二是根据吸收、反射、干涉等原理，采用吸声、隔声、减震和隔振等技术及消声措施，控制声源的辐射功率。

（二）传播途径的控制

考虑技术和经济因素，当从声源上难以实施噪声控制时，就需要从噪声传播途径上加以控制。具体方法为：

（1）合理布局。在城市规划时把高噪声工厂或车间与居民区、文教区等分隔开。在工厂内部把强噪声车间与生活区分开，强噪声源尽量集中安排，便于集中治理。

（2）充分利用噪声随距离衰减的规律。如距离大于噪声源最大尺寸 3～5 倍的地方，距离若增加一倍，噪声衰减 6 dB。因而在厂址选择上把噪声级高、污染面大的工厂、车间设在远离安静环境需求高的范围的地方。

（3）利用屏障阻止噪声传播。可利用天然地形如山岗、土坡、树木等。在噪声严重的工厂和施工现场周围或交通道路两侧设置足够高的围墙或隔声屏；绿化不仅可以改善城市环境，而且一定密度和宽度种植面积的树丛、草坪也能引起声衰减。一般的宽林带（几十米甚至上百米）可以降噪 10～20 dB。在城市里可采用绿篱、乔灌木和草坪的混合绿化结构，宽度 5 m 左右的平均降噪效果可达 5 dB。

（4）利用声源指向性特点降低环境噪声。高频噪声的指向性较强，可改变机器设备安装方位，降低对周围的噪声污染。

（5）采用局部降噪技术措施。在上述措施均不能满足环境要求时，可采用局部声学技术来降噪，如吸声处理、隔声、消声、隔振、阻尼减振等。这要对噪声传播的具体情况进行分析后，综合应用这些措施，才能达到预期效果。

（三）个人防护

因条件限制不能从噪声源和传播途径控制噪声时，可采取个人防护的办法，个人防护是一种经济而有效的防噪措施。一是采用防护用具，如耳塞、防声棉、耳罩和头盔等；二是采取轮班作业，缩短在强噪声环境中的暴露时间。

第二节　放射性污染及其防治

一、放射性污染概述

放射性是指原子裂变而释放出射线的物质属性。具有这种性质的物质叫放射性物质。放射性物质种类很多，铀（U）、钍（Th）和镭（Ra）就是常见的放射性物质。放射性物质衰变时可从原子核中释放出对人体有危害的 α 射线、β 射线、γ 射线和 X 射线等。

α 射线虽有较强的电离作用，但穿透能力很低，用一张纸就可以把 α 粒子挡住；β 射线的穿透能力比 α 射线强，在空气中射程可达十几米，在生物软组织中可达十几毫米，但电离作用比 α 射线小得多；γ 射线与 X 射线都具有很强的穿透力，对人的危害最大，往往用铁、铅和混凝土屏蔽。天然放射性如宇宙射线和地壳中的天然放射性物质的照射，对人类生活没有什么不良影响，人类一直生活在这个环境中。

放射性污染是指对人体健康带来危害的人工放射性污染。第二次世界大战后，随着原子能工业的发展，核武器试验频繁，核能和放射性同位素的应用日益增多，使放射性物质大量增加，因此对环境的污染越来越受到人们的重视。

此外，放射性核素污染也是人们关注的问题之一。1986 年苏联切尔诺贝利核电站的事故一直持续了 10 年才得到了有效控制，造成了大量的 ^{131}I、^{137}Cs、^{95}Zr、^{106}Ra、^{103}Ru、^{241}Pu 等放射性核素的污染。

二、放射性污染的来源

（一）核试验的沉降物

核试验是全球放射性污染的主要来源，在大气层中进行核试验时，带有放射性的颗粒沉降物最后沉降到地面，造成对大气、海洋、地面、动植物和人体的污染，而且这种污染由于大气的扩散将污染全球环境。这些进入平流层的碎片几乎全部沉积在地球表面。其中未衰变完全的放射性物质，大部分尚存在于土壤、农作物和动物组织中。

自 1963 年后美国、苏联等国家将核试验转入地下，由于发生“冒顶”和其他泄漏事故，仍然对人类环境造成污染。

核电站的放射性逸出事故，也会给环境带来散落物而造成污染。如苏联、日本等都曾发生核电站污染事故。由于不充分的实验和设计，美国三哩岛核电站于 1979 年发生严重的技术事故，逸出的散落物相当于一次大规模的核试验。

（二）核工业的“三废”排放

原子能工业在核燃料的生产、使用与回收的循环过程中均会产生“三废”，给周围环境带来污染，以下各阶段对环境影响大致如下：

（1）核燃料的生产过程产生放射性废物的环节包括铀矿开采、铀水法冶炼工厂、核燃料精制与加工过程。

（2）核反应堆运行过程产生放射性废物的环节包括生产性反应堆、核电站与其他核动力装置的运行过程。

（3）核燃料处理过程产生放射性废物的环节包括废燃料元件的切割、脱壳、酸溶与燃料的分离与净化过程。

（三）其他各方面的放射性污染

（1）医疗照射引起的放射性污染。使用医用射线源对癌症进行诊断和医治过程中，患者所受的局部剂量差别较大，大约比通过天然源所受的年平均剂量高出几十倍，甚至上千倍。

（2）一般居民消费用品，包括含有天然或人工放射性核素的产品，如建筑材料、放射性发光表盘、夜光表及彩电产生的照射等。

（3）农用放射源的丢失在我国时有发生。

三、放射性对人的危害

（一）射线的度量单位

（1）居里（Ci）。

居里是放射性物质放射源的强度单位。1 Ci 相当于每秒衰变 3.7×10^{10} 次。

（2）伦琴（R）。

伦琴是 X 或 γ 射线照射量的专用单位。1 R 的照射量能在 1 kg 空气中产生 2.58×10^{-4} C 电荷。即 1 R=2.58×10^{-4} C/kg。

（3）拉德（rad）。

拉德是吸收剂量专用单位。1 rad 等于电离辐射给予 1 kg 物质以 10^{-2} J 的能量。

（4）雷姆（rem）。

雷姆是剂量当量的专用单位，用来衡量各种辐射所产生的生物效性。任何种类的电离辐射剂量，如其生物效应相当于 1 rad 的 X 射线或 γ 射线，称 1 rem。

4 种单位的关系见表 8-10。

表 8-10 辐射量单位对照表

辐射量	专用单位	国际制单位	国际制专名	换算关系
放射性强度	居里	s^{-1}	贝可（Bq）	1 Ci=3.7×10^{10} Bq
辐照量	伦琴	C/kg	库仑每千克	1 R=2.58×10^{-4} C/kg
吸收剂量	拉德	J/kg	戈瑞（Gy）	1 rad=0.01 Gy
剂量当量	雷姆	J/kg	希沃特（Sv）	1 rem=0.01 Sv

（二）放射性对人体的危害

放射性物质可通过空气、饮用水和复杂的食物链等多种途径进入人体，还可以通过外照射方式危害人体健康。

过量的放射性物质进入人体（即过量的内照射剂量）或受到过量的放射性外照射，会发生急性的或慢性的放射病（表 8-11），引起恶性肿瘤、白血病，或损害其他器官，如骨髓、生殖腺等。因此应注意研究放射性同位素在环境中的分布、转移和进入人体的危害等问题，以便随时进行检查和控制。

表 8-11 高辐照剂量对人体的影响

剂量/rem	影　　响
100 000	几分钟内死亡
10 000	几小时内死亡

剂量/rem	影　　响
1 000	几天内死亡
700	几个月内 90%死亡，10%幸免
200	几个月内 10%死亡，90%幸免
100	没有人在短期内死亡，但是大大增加了患癌症和其他缩短寿命疾病的可能，女子永远不育，男子在 2～3 年也不育

四、放射性污染的防治

放射性污染主要由放射性废物引起，在核工业生产中产生的放射性固体、液体和气体废物，各自的放射水平有显著的差异，为能经济有效地分别处理各类放射性废料，各国按放射性废物的放射性水平制定了分类标准。

（一）放射性废液的分类

按放射性废液放射强度分类是目前较为广泛的分类法。一般认为可分以下几类：

（1）高水平废液。称居里级废液，每升含放射性强度在 10^{-2} Ci 以上。

（2）中水平废液。称毫居里级废液，每升含放射性强度在 10^{-5}～10^{-2} Ci。

（3）低水平废液。称微居里级废液，每升含放射性强度在 10^{-5} Ci 以下。

各国原子能机构采用的这种分类，其强度标准在国际上尚未取得一致，大约有一个数量级的出入。

（二）国际原子能机构建议的放射性废物分类标准

国际原子能机构推荐一种新的放射性分类标准。分类如表 8-12 所示。

表 8-12　国际原子能机构建议的放射性废物分类

相态	类别	放射性强度 A/（3.7×10^{10} Bq/m^3）	废物表面辐射剂量 D/[2.58×10^{-4}C/（kg·h）]	备注
液体	1	$A\leqslant10^{-6}$	—	一般可不处理
	2	$10^{-6}<A\leqslant10^{-2}$		处理时不用屏蔽
	3	$10^{-3}<A\leqslant10^{-1}$		处理时可能需要屏蔽
	4	$10^{-1}<A\leqslant10^{4}$		处理时必须屏蔽
	5	$10^{4}<A$		必须先冷却
气体	1	$A\leqslant10^{-10}$	—	一般不处理
	2	$10^{-10}<A\leqslant10^{-6}$		一般用过滤法处理
	3	$10^{-6}<A$		用其他严格方法处理
固体	1	—	$D\leqslant0.2$	β、γ 辐射体占优势 含 α 辐射体微量
	2		$0.2<D\leqslant2.0$	
	3		$2.0<D$	

相态	类别	放射性强度 A/（3.7×10^{10} Bq/m^3）	废物表面辐射剂量 D/[2.58×10^{-4}C/（kg·h）]	备注
固体	4	—	α 放射性用 Bq/m^3 表示	从危害观点确定 α 辐射占优势，β、γ 辐射微量

（三）放射性“三废”的处理与防治

放射性污染是关系到人体健康的大问题，应积极研究防治办法，认真做好对“三废”的处理和防治工作，目前主要采取以下措施和方法。

（1）核工业厂址应选在周围人口密度较稀，气象和水文条件有利于废水废气扩散、稀释，以及地震烈度较低的地区。核企业工艺流程的选择和设备选型应考虑废物产生量少和运行安全可靠，严格防止泄漏事故的发生。

（2）加强对核企业周围可能遭受放射性污染地区的监护，经常检查和分析，检测环境介质中的放射水平的变化，保障居民和工作人员不受放射性伤害。

（3）对从事放射性工作的人员，应做好外照射防护工作。尽量减少外照射时间，增大人体与放射源的距离，进行远距离操作，在放射源与人体间设置屏蔽场，阻挡或减弱射线对人体的伤害。常用的屏蔽材料有 Fe、Pb、水泥、含硼聚乙烯等。

（4）加强对核工业废气、废水和固体废物的净化处理。对于放射性强度较低的废液可采用稀释分散的方法，不少国家均直接排入河流、海洋或地下。这种不加区别的处理，势必对人类环境造成严重影响。

1）对于放射性浓度较高的废液，可将其浓缩以便长期贮存处理。例如，可采用蒸发法进行浓缩以减小体积，然后装入容器投入海洋或封存于地下，但这仅是权宜之计，因它的体积仍然较大。而且随着原子能工业的发展，有待贮存的量必然增多，长期贮存有发生容器渗漏事故的可能。

图 8-2 是代表了目前一般采用的放射性废液处理系统的整个过程。具体处理方法有沉淀、蒸发、离子交换 3 种，可单独或联合使用。

2）放射性固体废物可采用埋减、燃烧、再熔化等办法处理。埋减前应用水泥、沥青、玻璃固化。可燃固体废物多用燃烧法，若为金属固体废物多用熔化法。由于核工业的发展，放射性固体废物越来越多，因此核废物的处理是一个严重的问题，图 8-3 表示出主要过程。

3）放射性废气的处理比起液体、固体废料要简单些。对于含有粉尘、烟、蒸气的放射性废气的工作场所，一般可依托操作条件和通风来解决。如采用旋风分离器、过滤器、静电除尘器及高效除尘器等空气净化设备进行综合处理。对于难以处理的放射性废气可通过高烟囱直接排入大气。

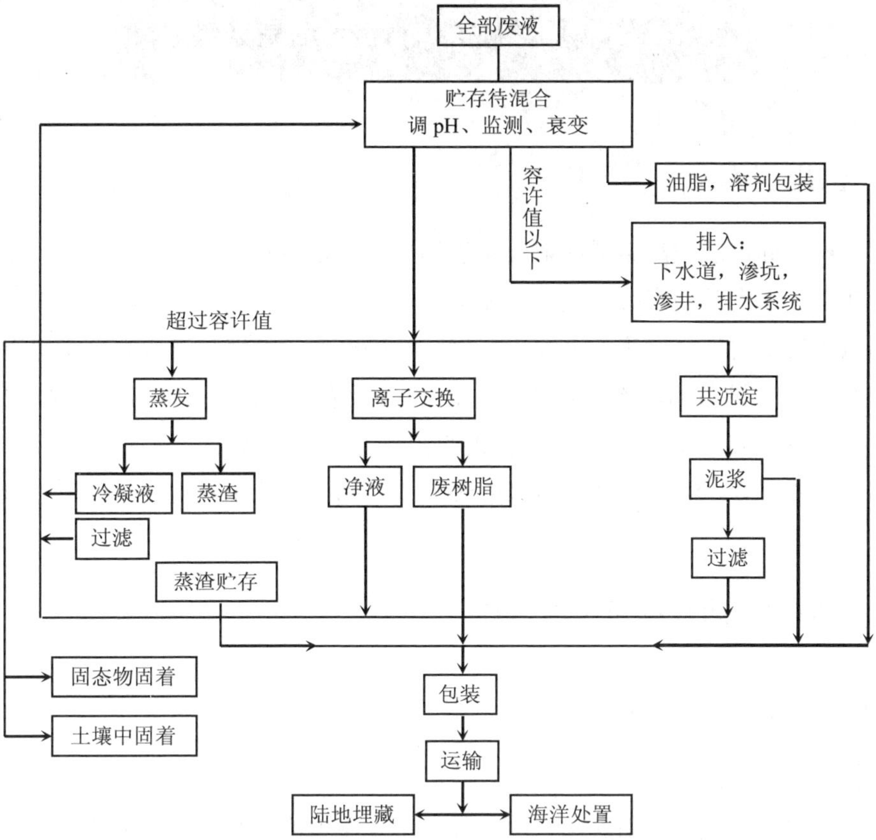

图 8-2 放射性废液的处理过程

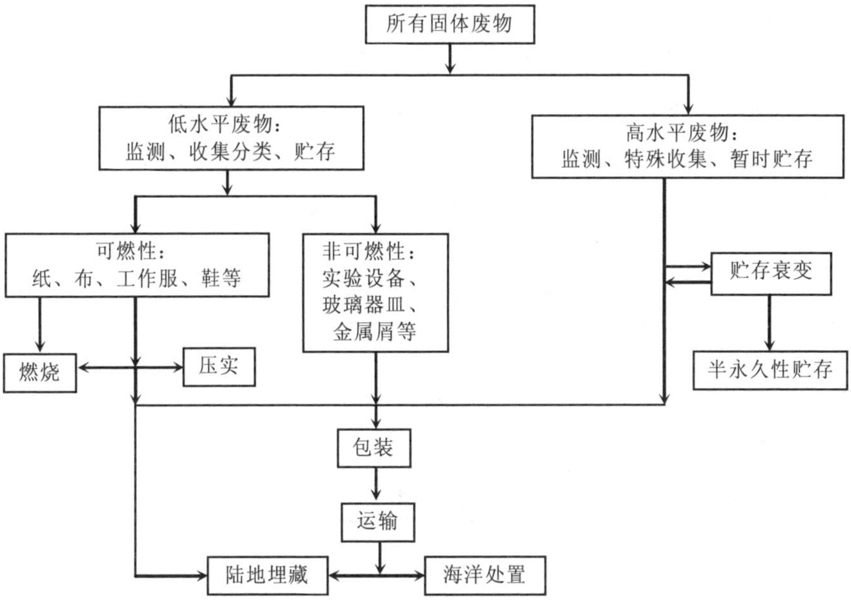

图 8-3 处理放射性固体废物的各个阶段

第三节 电磁辐射污染及其防治

一、电磁污染

电磁污染又称电磁波污染或称射频辐射污染。它以电磁场的场力为特征，并和电磁波的性质、功率、密度及频率等因素密切相关。

由于电子技术的广泛应用，无线电广播、移动电话、电视以及微波技术等事业的迅速发展和普及，射频设备的功率成倍提高，以及高压输电等，使地面上空的电磁辐射大幅增加。目前已达到可以直接威胁人体健康的程度。电磁污染是一种无形的污染，已成为人们非常关注的公害，给人类社会带来的影响已引起世界各国重视，被列为环境保护项目之一。

二、电磁污染的来源与传播途径

（一）电磁污染源的种类

1. 天然电磁污染源

天然源是由自然现象所引起的。由于大气中发生电离作用，导致电荷的积蓄，从而引起放电现象。这种放电的频带较宽，可从几千周到几百兆周，乃至更高的频率。如雷电、火山喷发、地震和太阳黑子活动的磁爆都能产生电磁干扰。

2. 人为电磁污染源

人为源按频率的不同可分为工频场源与射频场源。工频场源以大功频输电线路产生的电磁污染为主，也包括若干放电型污染源。射频场源主要由无线电或射频设备工作过程产生的电磁感应与电磁辐射引起。目前人为电磁污染源已成为环境污染的主要来源。

表 8-13 和表 8-14 分别列出天然与人为电磁污染源。

表 8-13 天然电磁污染源

分类	来源
大气与空间污染源	自然界的火花放电、雷电、台风、高寒地区飘雪、火山喷烟……
太阳电磁场源	太阳的黑点活动与黑体放射……
宇宙电磁场源	银河系恒星的爆发、宇宙间电子移动……

表 8-14　人为电磁污染源

分类		设备名称	污染来源与部件
放电所致污染源	电晕放电	电力线（送配电线）	高电压、大电流引起静电感应、电磁感应、大地泄漏电流
	辉光放电	放电管	白光灯、高压水银灯及其他放电管
	弧光放电	开关、电气铁道、放电管	点火系统、发电机、整流装置等
	火花放电	电气设备、发动机、冷藏车、汽车等	整流器、发电机、放电管、点火系统等
工频辐射场源		大功率输电线、电气设备、电气铁道	高电压、大电流的电力线场电气设备
射频辐射场源		无线电发射机、雷达等	广播、电视与通风设备的振荡与发射系统
		高频加热设备、热合机、微波干燥机等	工业用射频利用设备的工作电路与振荡系统等
		理疗机、治疗机	医学用射频利用设备的工作电路与振荡系统等
家用电器		微波炉、电脑、电磁灶、电热毯等	功率源为主
移动通信设备		手机、对讲机等	天线为主
建筑物反射		高层楼群以及大的金属构件	墙壁、钢筋、吊车等

（二）电磁污染的传播途径

1. 空间辐射

电子设备与电气工作过程，本身相当于一个多向发射天线，不断地向空间辐射电磁能。这种辐射分为两种方式：一种是以场源为核心，在半径为一个波长范围内，电磁能向周围传播，是以电磁感应方式为主，将能量施加于附近的仪器以及人体。另一种是在半径为一个波长范围之外，电磁能进行传播，以空间放射方式将能量施加于敏感元件。在远区场中，输电线路、控制线等具有天线效应，接收空间电磁辐射能进行再传播而构成危害。

2. 导线传播

当射频设备与其他设备共用同一电源，或两者间有电气连接关系，电磁能即可通过导线进行传播。此外，信号输出/输入电路、控制电路等，也能在该磁场中拾取信号进行传播。

3. 复合传播污染

同时存在空间传播与导线传播所造成的电磁辐射污染称为复合传播的污染。

三、电磁污染的危害

电磁辐射能干扰电视的收看，使图像不清或变形，并发出令人难受的噪声。电磁污染会干扰收音机和通信系统工作，使自动控制装置发生故障，使飞机导航仪表发生错误和偏差，影响地面站对人造卫星、宇宙飞船的控制。

电磁辐射对人体危害程度随波长而异，波长越短，对人体作用越强，微波作用最为突出。处于中、短波频段电磁场（高频电磁场）的操作人员，经受一定强度与时间的暴露，身体将产生不适感，严重者引起神经衰弱，如心血管系统的植物神经失调。但这种作用是可逆的，脱离作用区，经过一定时间的恢复，症状可以消失，不成为永久性损伤。

处于超短波与微波电磁场中的人员，其受伤害程度要比中、短波严重，尤其是微波的危害更甚。在其作用下，人体除将部分能量反射外，部分被吸收后产生热效应。这种热效应是人体组织的分子反复地极向和非极向的运动摩擦而产生的。热效应引起体内温度升高，如果过热会引起损伤，一般以微波辐射最为有害。这种危害主要的病理表现为：引起严重神经衰弱症状，最突出的是造成植物神经机能紊乱。在高强度与长时间作用下，对视觉器官造成严重损伤，同时对生育机能也有显著不良影响。

四、电磁污染的防治

电磁污染的主要防治方法有电磁屏蔽、远距离控制和自动作业及个人防护等方面。

（一）电磁屏蔽

电磁屏蔽是采用一些能抑制电磁辐射能扩散的材料，将电磁辐射源与外界隔离开来，将电磁辐射能有效地控制在所规定的空间内，阻止它向外扩散与传播，达到防止电磁污染的目的，屏蔽装置一般是金属材料（良导体）制成的封闭壳体，当交变电磁场传向金属壳体时，一部分被金属壳体表面所反射，一部分被壳体内部吸收，这样透过壳体的电磁场强度被大幅衰减。

（二）远距离控制和自动作业

电磁辐射，特别是中、短波，其场强随距离的增大而迅速衰减，对产生电磁辐射的电子设备进行远距离控制或自动化作业，可减少辐射能对操作人员的损害。

（三）个人防护

对于无屏蔽条件的操作人员直接暴露于微波辐射近区场时，必须采取个人防护措施。采用穿防护眼，戴防护头盔和防护眼镜，以减轻电磁污染对人体的伤害。

除以上方法外还有吸收法控制、线路滤波、合理设计工作参数保证射频设备在匹配状态下操作等“抑制”技术。

五、微波污染与人体健康

微波与无线电波一样，同属于电磁波；但微波的波长很短，频率很高。其波长的范围是 1 mm～1 m；频率的范围是 300～3×10^5 MHz；微波量子的能量为 1.2×10^{-6}～4×10^{-4} eV。

微波在广播、电视、电话和卫星—地面间的通信、工业上的烤烘、军事上的雷达监测，以及家用微波炉的制造等方面有着广泛应用。总之，微波在造福人类方面起着巨大的作用。但是同时，微波又给环境带来不利影响，起着“电子烟雾”的作用，从而危害人们的健康；虽然微波的能量很小，远不足以使物体电离，并不会对人体产生电离辐射的危害，但是微波会带来下述不利于环境的影响。

（一）使癌症发病率增高

典型的事件发生于 1976 年美国驻莫斯科大使馆。苏联为监听美驻苏使馆的通信联络情况，向使馆发射微波，由于使馆工作人员长期处在微波环境中，结果造成使馆内被检查的 313 人里，有 64 人淋巴细胞平均数高 44%，有 15 个妇女得了腮腺癌。

（二）伤害眼睛

强度 100 mW/cm^2 的微波照射眼睛几分钟，就可以使晶状体出现水肿，严重的则成白内障，强度更高的微波，会使视力完全消失。

（三）影响生殖功能

强度 5～10 mW/cm^2 的微波，对皮肤的影响不大，但可使睾丸受到伤害，造成不育或女孩出生率明显增加。

（四）影响遗传

父母一方曾经长期受到微波辐射的，其子女中畸形儿童如唐氏综合征、畸形足等的发病率异常高。

（五）损害中枢神经系统

头部长期受微波照射后，轻则引起失眠多梦、头痛头昏、疲劳无力、记忆力减退、易怒、抑郁等神经衰弱症候群，重则造成脑损伤。

（六）引起心血管疾病

高强度微波连续照射全身，可使体温升高、产生高温的生理反应，如心率加快、血压升高、呼吸率加快、喘息、出汗等，严重的还会出现抽搐和呼吸障碍，直至死亡。

第四节 其他污染及其防治

一、热污染及其防治

（一）热污染概述

热污染多发生在城市、工厂、火电站、原子能电站等人口稠密和能源消耗大的地区。当前世界各国能源消费正在不断增加，由此而引起的热污染问题也日趋严重，对地球上的生物将会产生直接或潜在的威胁，其长期效应尚待进一步研究，但从环保的角度来看，可以说当前已处在一个热污染时代。

对近一个世纪，特别是20世纪50年代以来，由于社会生产力的发展，消费了大量的能源，在能源消费和转换过程中，不仅产生直接危害人类的污染物，而且还产生对人体无直接危害的CO_2、水蒸气、热废水等。这些对环境产生增湿作用，使全球气候逐渐趋于变暖。像这种因能源消费而引起环境增温效应的污染，称为热污染（达到损害环境质量的程度）。

水体热污染主要来源于工矿企业向江河排出的冷却水。其中以电力工业为主，其次是冶金、化工、石油、造纸、建材和机械等工业。一般以煤为燃料的火电站通常只有40%的热能转变为电能，剩余的热能则随冷却水带走或排入大气。核电站需用的冷却水量一般比火电站多50%以上。

（二）热污染的危害

1．大气中CO_2的温室效应及对环境的危害

随着消费能源量的增加，尤其是大量石油、煤等化石燃料的燃烧，向大气中释放出大量的CO_2，使大气中的CO_2浓度增大。

大气中的CO_2不仅能选择性地吸收太阳的辐射能，还大量地吸收地球表面辐射出的红外线，使大气升温。吸热后的CO_2再将能量逆辐射到地面。因此，大气中的CO_2就像是个防止把热散射到宇宙的盖子，增强了近地层的热效应，这和在冬季农村所建的温室一样，所以把大气中CO_2对环境的效应叫作“温室效应”。

2．“热岛”效应

由于城市（特别大城市）消耗大量的燃料，在燃烧过程中产生的能量一部分转变成废热，有一部分转变为有用功，最终也成为废热向环境散发，使城市的气温升高。市区与郊区的气温差显著增大。一些城市监测结果表明，在数百万人口的大城市，市内外气温差在5℃以上。数十万人口的中等城市气温差在4～5℃。

市中心区温度最高，往市郊逐渐减低，农村的温度最低，将表示城市与郊区温度分布测点画在平面图上，看到密集的闭合等温线，如同一个“孤岛”。所以把用闭合的等温线表示的该城市气温分布称作“热岛”，即所谓的城市“热岛效应”。

“热岛效应”对环境产生污染效应，并使城市上空云雾和降水量有所增加。

3．水体的热污染

由于向水体排放废热水及其他形式的“废热”，使水体温度升高到影响水生生物的生存，破坏原有的生态平衡，使水质恶化，影响人类生产和生活的使用，这就称为水体的热污染。如一些鱼类仅适应于在较低水温中生长，水温超过其产卵和孵化的温度，使鱼类繁殖率降低。此外，水温提高后，水中溶解氧减少，影响鱼类生长和其他生物生存。水温增高可使一些藻类繁殖，加速水体的“富营养化”过程，影响水体利用。

（三）热污染的防治

1．废热的综合利用

充分利用工业的余热，是减少热污染的最主要措施。生产过程中产生的余热种类繁多，有高温烟气余热、高温产品余热、冷却介质余热和废气废水余热等。这些余热都是可以利用的二次能源。我国每年可利用的工业余热相当于 5 000 万 t 标煤的发热量。在冶金、发电、化工、建材等行业，通过热交换器利用余热来预热空气和原燃料、干燥产品、生产蒸汽、供应热水等。此外还可以调节水田水温，调节港口水温以防止冻结。

对于冷却介质余热的利用方面主要是电厂和水泥厂等冷却水的循环使用，改进冷却方式，减少了冷却水排放。

对于压力高、温度高的废气，要通过汽轮机等动力机械直接将热能转为机械能。

2．加强隔热保温，防止热损失

在工业生产中，有些窑体要加强保温、隔热措施，以降低热损失，如水泥窑筒体用硅酸铝毡、珍珠岩等高效保温材料，既减少热散失，又降低水泥熟料热耗。

3．寻找新能源

利用水能、风能、地热能、潮汐能和太阳能等新能源，既解决了污染物，又是防止和减少热污染的重要途径。特别是在太阳能的利用上，各国都投入大量人力和财力进行研究，取得了一定的效果。

二、光污染及其防治

（一）光与光污染概述

光对人类的生产生活至关重要，是人类必不可缺少的。光的本质是电磁波，按其波长可分为红外光、可见光和紫外光 3 类，它们各自具有一定的波长和频率范围。红外光是红光以外的不可视光波，波长范围为 780～100 000 nm，红外光的热辐射占整个太阳光热能的 50%。可见光是人们肉眼能够看到的光波，由红、橙、黄、绿、青、蓝、紫 7 种光波组成，波长范围为 380～780 nm。紫外光是波长低于紫光的一组高频率光波，其波长范围为 10～380 nm，紫外光的波长短、能量大，造成的光污染严重。因此，超量的光辐射对人体健康和人类生活环境造成不良影响的现象称为光污染。

（二）光污染的危害

1. 对视觉的危害

长期接触中区范围红外照射的工作人员，可引起白内障眼疾。近区范围的红外线可以对视网膜黄斑区造成损伤。以上的一些症状，多出现于使用电焊、弧光灯、氧乙炔等的操作人员中。

激光光谱除部分属于红外线和紫外线外，大多属于可见光范围。激光强度在通过人眼晶状体聚焦到达眼底时，可增大数百至万倍，从而对眼睛产生较大伤害；大功率的激光能危害人体深层组织和神经系统，故激光污染日益受到重视。激光光谱还有一部分属于紫外线和红外线频率范围。若眼球吸收大量红外线辐射，可导致角膜热损伤，当过量接触远及极远范围红外线照射时，能完全破坏角膜表皮细胞。

2. 对皮肤的危害

波长在 220～320 nm 波段的紫外线对人体有损伤作用，轻者能引起红斑反应，重者可导致弥漫性或急性角膜结膜炎、皮肤癌、眼部烧灼，并伴有高度畏光、流泪和睑痉挛等症状。

当皮肤受到短期红外线照射时，可使局部升温、血管扩张，出现红斑反应，停照后红斑会消失。适量的红外线照射，对人体健康有益；若过量照射，除产生皮肤急性灼烧外，透入皮下组织的红外线可使血液和深层组织加热；当照射面积大且受照时间又长时，则可能出现中暑症状。

3. 增加交通事故

眩光也是一种光污染。汽车夜间行驶所使用的车头灯、球场和厂房中布置不合理的照明设施都会造成眩光污染。眩光对汽车和火车司机的视觉作业会造成不良影响，很容易诱发车祸，造成交通安全事故。

4. 破坏生态环境

光污染除影响人体健康外，还会影响我们周围的环境。大多数动物在晚上不喜欢被强光照射，可是夜间室外照明产生的天空光、信号干扰光和反射光往往把动物生活和休息环境照得很亮，打乱了动物生物钟的规律，使动物昼夜不分，活动能力降低。另外，植物在光污染下，其生长会受到影响，导致其茎、叶变色，甚至枯死。同时，光污染对植物花芽的形成也会造成影响，影响植物休眠和冬芽的形成。

（三）光污染的防护

防治光污染关键在于加强城市规划管理，合理布置光源，使它起到美化环境的作用而不是制造光污染。在工业生产中，对光污染的防护措施包括在有红外线及紫外线产生的工作场所，应适当采取安全办法。例如，采用可移动屏障将操作区围住，以防止非操作者受到有害光源的直接照射等。个人防护光污染的最有效措施是保护眼部和裸露皮肤勿受光辐射的影响。如在有些医院的传染病房安有紫外线杀菌灯，杀菌灯不可在有人时长时间开着，否则就会灼烧人的皮肤，造成危害。在有光污染的工作场所作业，要戴防护装置。

延伸阅读

【城市病问题】

思考题

1. 什么是噪声？噪声有哪些来源？噪声的度量指标是什么？如何有效控制它？
2. 噪声对人体有什么危害？你宿舍里有哪些噪声源影响着你的日常生活？
3. 什么叫放射性污染？它有什么主要危害？防治措施有哪些？
4. 试比较放射性固体废物与一般固体废物处理与处置方法。
5. 什么叫电磁污染？它的主要来源和危害是什么？
6. 防治电磁污染的方法有哪些？各方法有何特点？
7. 热污染是什么？它的主要来源和危害有哪些？
8. 光污染有哪些特征？来源和危害有哪些？
9. 简述城市“热岛”现象产生的原因以及其危害。

参考文献

[1]　方淑红，姚红．环境科学概论[M]．3 版．北京：清华大学出版社，2022．
[2]　何德文．物理性污染控制工程[M]．北京：中国建材工业出版社，2015．
[3]　刘宏，张冬梅．环境物理性污染控制工程[M]．2 版．武汉：华中科技大学出版社，2018．

[4] 刘惠玲，辛言君．物理性污染控制工程[M]．北京：电子工业出版社，2015.
[5] 龙湘犁，何美琴．环境科学与工程概论[M]．上海：华东理工大学出版社，2007.
[6] 王宝庆．物理性污染控制工程[M]．北京：化学工业出版社，2020.
[7] 王淑莹，高春娣．环境导论[M]．北京：中国建筑工业出版社，2004.
[8] 赵玉峰，等．现代环境中的电磁污染[M]．北京：电子工业出版社，2003.

第九章　新污染物及其控制

新污染物又称新型污染物或新兴污染物，指新近受关注的对生态环境或人体健康存在风险的污染物。新污染物不同于常规污染物，一般来说新污染物常常指排放到环境中具有生物毒性、环境持久性、生物累积性等特征，对生态环境或人体健康存在较大风险，但尚未纳入管理或现有管理措施不足，或者现有管理措施还不足以有效防控其风险的有毒有害化学物质。

第一节　新污染物的特点及分类

一、新污染物的特点

联合国环境规划署将新污染物命名为“emerging pollutants”，之所以用现在进行时的“emerging”，是因为新污染物可能还会不断增加。随着对化学物质环境和健康危害认识的不断深入，可能更多的新污染物还会不断被识别出来。新污染物具有两大特点：

第一个特点是“新”。新污染物之所以称为“新”，一方面是相对于二氧化硫、氮氧化物、$PM_{2.5}$ 等常规污染物而言；另一方面新污染物种类繁多，全球关注的新污染物超过二十大类，每一类又包含数十种或上百种化学物质。随着对化学物质环境和健康危害认识的不断深入以及环境监测技术的不断发展，可被识别出的新污染物还会持续增加。

第二个特点是“环境风险大”。主要体现在以下几个方面：①危害严重性，新污染物多具有器官毒性、神经毒性、生殖和发育毒性、免疫毒性、内分泌干扰效应、致癌性、致畸性等多种生物毒性，对生态环境和人体健康很容易造成严重影响。②风险隐蔽性，多数新污染物的短期危害不明显，即便在环境中存在或已使用多年，人们并未将其视为有害物质，而一旦发现其危害性时，它们已经通过各种途径进入环境介质中。③环境持久性，新污染物多具有环境持久性和生物累积性，可长期蓄积在环境中和生物体内，并沿食物链富集，或者随着空气、水流长距离迁移。④来源广泛性，我国现有化学物质约 4.5 万余种，每年还新增上千种新化学物质。⑤治理复杂性，对于具有持久性和生物累积性的新污染物，即使达标排放，以低剂量排放进入环境，也将在生物体内不断累积并随食物链逐渐富集，进而危害环境生物和人体健康。此外，新污染物涉及行业众多，产业链长，替代品和替代技术不易研发，需多部门跨界协同治理。

二、新污染物的分类

目前国际上广泛关注的新污染物主要有五大类，分别是微塑料（Microplastics）、抗生素（Antibiotics）、内分泌干扰物（EDCs）、持久性有机污染物（POPs）和生物污染（biological pollution）。从名称上看，它们可能有些陌生，但生活中却十分常见，如药品、个人洗护用品、汽油添加剂、防污涂料及添加剂等都属于新污染物范畴。随着对化学物质环境和健康危害认识的不断深入，可能更多的新污染物还会不断被识别出来。

第二节　微塑料污染与控制

2004 年，英国普利茅斯大学的汤普森等在《科学》杂志上发表了关于海洋水体和沉积物中塑料碎片的论文，首次提出了“微塑料”的概念，指的是直径小于 5 mm 的塑料碎片和颗粒。实际上，微塑料的粒径范围从几微米到几毫米，是形状多样的非均匀塑料颗粒混合体，分为纤维状、球状、薄膜和碎片等，肉眼往往难以分辨，被形象地称为“海中的 $PM_{2.5}$”。微塑料按化学组成分为聚乙烯（PE）、聚丙烯（PP）、聚苯乙烯（PS）、聚氯乙烯（PVC）、聚对苯二甲酸乙二醇酯（PET）和聚酰胺（PA）等。按生产工艺和来源，分为初生微塑料和次生微塑料。初生微塑料是指经过河流、污水处理厂等而排入水环境中的塑料颗粒工业产品，如化妆品等含有的微塑料颗粒或作为工业原料的塑料颗粒和树脂颗粒；次生微塑料是由大型塑料垃圾经过物理、化学和生物过程造成分裂和体积减小而成的塑料颗粒。

一、微塑料污染形成的原因

微塑料的来源相当广泛，它主要来自我们身边的工业、农业及制造业等各个方面，从纺织品、电子设备再到颜料印染行业到处都有它的身影，如塑料袋、衣物制品、餐具、汽车以及船舶建筑等方面。总之，微塑料遍布在人们的生产和生活中。它们形成的主要原因包括：

（一）种类多，数量大，降解周期长

自塑料生产开始以来，人们对塑料制品的消费呈指数级增长，每年成千上万吨的塑料被用于多样化的工业流程，来制造一次性的材料。世界塑料生产的最新数据显示，人类在近 65 年里生产了 83 亿 t 塑料，但仅有 9%能够被回收。完全降解一个塑料袋大概需要几十

年，而一个塑料瓶的完全降解少则需要几百年时间，多则上千年才能降解，它们会随着水流、风力等外力作用进入海洋环境中。

（二）白色污染的治理不理想

由聚乙烯、聚丙烯、聚氯乙烯及聚苯乙烯等高分子化合物制成的塑料制品制造成本极低，生活中处处可见，其分解会产生大量塑料微粒。研究报道称，废弃塑料制品除回收率低之外，还有12%的塑料是被焚烧处理，最终产生的有毒气体会导致空气污染等问题，以及79%的塑料被随意地排放到环境中。

（三）人类重视程度不够

微塑料虽然尺寸小却毒性大。值得注意的是，这些微粒对环境中的生物还具有细胞毒性：含有聚乙烯的微塑料对淡水生态系统中早期水生生物具有毒性；含有聚苯乙烯的微塑料通过诱导活性氧会引起肺细胞毒性；不同微塑料还会造成土壤细菌酶学式的改变。此外，微塑料还能与染料、重金属等其他化学污染物相互作用，从而使微塑料成为污染物积累和运输的载体，这些污染物累积附着在其表面，致使微塑料会进一步加剧环境中其他污染物的生物积累并对生态环境产生一定的影响。

二、微塑料污染现状

2018年11月30日，国家海洋环境监测中心王菊英副主任表示：在海水中，以及海底和海底沉积物当中，都发现微塑料的存在。2022年3月，科学家首次在人体血液中检测到了微塑料。在近80%的实验受试者样本中发现了这种微小颗粒。4月，英国科学家首次在活人肺部深处发现微塑料。6月，发表在科学杂志《冰冻圈》上的一项最新研究成果显示，在南极洲的新降雪中首次发现了微塑料。2023年6月，最新研究发现，当在微波炉中加热时，包装婴儿食品的塑料容器会释放出大量微塑料颗粒。2024年1月，哥伦比亚大学一项研究显示，美国市场上3个畅销品牌塑料瓶装水的一升水中含有11万～37万颗塑料颗粒，其中10%是微塑料，其余90%是更小的纳米级塑料。微塑料对海洋、河流、土壤和大气都产生严重的污染。

（一）微塑料对海洋的污染

海洋环境污染日趋严重，有研究发现，海洋中的垃圾主要来自陆地垃圾排泄物和污染物，其中以橡胶塑料类的污染物排放为主，塑料主要为改性聚苯乙烯类和泡沫塑料类，占垃圾总数的50%以上。在北美加拿大的圣劳伦斯河和美国的芝加哥运河北部，发现了微塑料垃圾。

（二）微塑料对河流湖泊的污染

河流微塑料污染主要集中在城市地区或临近污水处理厂的河流，丰度值较高，偏远地区的河流微塑料丰度值较低，这与人们的日常生活排放有着很大的关系。研究发现，河流中的微塑料丰度值与人口密集度成正比，与城市距离成反比。有研究者对鄱阳湖微水性塑料水体污染含量情况进行了长期的实地调查发现，水体中的微塑料平均丰度为 263.28 个/m^3；对我国太湖两个表层主要水体检测得出，微塑料丰度平均值为 3 400～25 800 个/m^3，沉积物中微塑料丰度平均值为 11.0～234.6 个/kg；在洞庭湖和洪湖两个表层主要水体中分别发现，存在大量的微水性塑料，其丰度平均值为 900～2 800 个/m^3、1 250～4 650 个/m^3。

（三）微塑料对土壤的污染

塑料工业垃圾通过填埋、堆肥、农膜废渣残留及大气沉降等多种方式进入土壤，土壤中的微塑料积累量要远远高于海洋水体。我国长江周边地区的农田和长江河岸的森林土壤中，微溶性塑料残片丰度为 7 100～42 960 个/kg，95%的微溶性塑料残片粒径在 0.05～1.00 mm。黄河流域的森林土壤中，微溶性塑料残片丰度为（273.33±327.65）个/kg。

（四）微塑料对大气的污染

大气微塑料主要产生于室内，并通过大气环流进行迁移。研究表明，北极地区的微塑料颗粒分布约为 40 个/m^3。大气微塑料在不同的环境中，其尺寸分布与它们在空气中的密度和浮力有关，较大的颗粒倾向于更快的沉积。

三、环境中微塑料的危害

微塑料现存在于饮用水、废水、海水及其他水环境当中。由于尺寸较小、难降解且有毒性，极易被水环境中的浮游动物、鱼类等生物误食导致生物器官坏死甚至死亡。生物是生态系统的重要组成部分，环境中塑料及微塑料的大范围污染会对生物的生存造成威胁已经逐步显现。微塑料对生物生存造成的负面影响是否会威胁生态系统的健康与稳定以及其生物体的毒性已成为当前应着重关注的问题。

（一）微塑料对动植物的影响

微塑料在水体资源中的沉降与其个体性质以及漂浮时间息息相关，密度较小的微塑料会形成自然漂浮状态，并在具有吸附、黏附表层作用的动植物表面形成黏附状态。如微塑料颗粒可以吸附在微藻细胞上，在表面形成包裹体甚至存在于功能区，从而限制细胞与环境之间的能量与物质的交换或转移，并阻碍营养物质、光、CO_2 和 O_2 从培养基进入藻细胞内。不断的研究表明，世界上大多数的鱼体特别是消化器官中均富含大量的微塑料，微塑料的蓄积会导致鱼类消化道产生堵塞、扩张等问题，并降低生物体摄食频率，抑制鱼类的生长发育以及器官正常运作，进一步诱发鱼类的死亡或提高鱼类不良死亡发生率。

（二）微塑料对人类的影响

人类是食物链中的顶端捕食者，也是食物链中的富集者。而当前，微塑料已经被发现在人体组织中存在蓄积行为，如胎盘，这进一步提高了微塑料蓄积或传递对人体存在潜在危害的可信度。不断的研究证明，除食物链以外，皮肤、呼吸道等外界接触组织也是微塑料侵入人体的重要途径之一。通过食物链摄入微塑料会导致肠道炎症反应并使其微生物丰度及菌群结构发生动态变化，人体肝脏、肾脏、脾等脏器是微塑料以食物链摄食方式蓄积的主要器官，肺部是微塑料以呼吸道摄入方式蓄积的主要器官。

四、微塑料污染控制措施

（一）完善塑料污染控制的立法

完善立法是加强塑料污染控制的重要前提，针对现行立法存在的问题，在现有法律法规的基础上，需要制定更为明确的专业法律。具体包括：①明确政府各部门的责任，在塑料生产、使用、回收和处理等环节，明确各级处理责任部门，避免混淆不清导致各部门效率低下，不能处理好问题。②明确对违法企业和个人的惩罚细则，在立法中要清楚地规定违法行为细则及相应的经济和行政处罚措施。③完善税收等经济手段的作用，按照污染者付费的原则，减少微塑料产生量，同时对已产生的微塑料进行无害化处理。

（二）加强国际化合作

目前对于微塑料的研究和治理都仅仅于各国自身层面上，区域化、国际化交流较少，对这方面信息不能做到研究成果共享，造成了一定程度的信息滞后。对此应加强国际化合作，建立专业的组织，对微塑料进行统一组织和管理。并积极开展对微塑料的调查、监测、治理等方向的研究；开展对微塑料污染对陆地、海洋、生态等系统的影响研究，逐步建立相关的分析标准和监测方法。

（三）完善海洋塑料垃圾管理

对于海洋中的主要塑料制品，在对其进行回收处理的基础上，还应加强对陆域方面的监管、使用和回收方面的措施，减少塑料制品进入海洋，从源头上减少塑料制品对海洋环境的输入量。对即将进入海洋的近海岸的塑料制品进行截留和打捞，对已经存在于海洋环境中但尚未分解破碎的塑料制品，进行打捞输送至陆域治理。

（四）加强塑料微粒的管理

采取积极的措施对塑料微粒进行治理，并制定相应的法令法规。首先，可以对主要的个人护理用品进行全面的调查，主要针对每种个人护理用品中塑料微粒的添加剂及其含量，对含量过高的可以提出相应的调整措施；其次，对个人护理用品中的塑料微粒进行以各种纯天然磨砂颗粒作为替代物的研发；最后，对于一些含量严重超过化妆品中微粒质量标准的企业，提出整改措施或直接禁止其生产，以逐步减少塑料微粒的产生。

（五）研发微塑料治理材料和技术

对于在海洋环境、大气环境、土壤环境中的微塑料，针对其迁移机理采用相关技术对其进行无害化处理，包括物理处理法、化学处理法、生物处理法等。

（1）物理处理法：主要是膜技术、吸附、混凝、电絮凝等物理方法。膜技术是一种去除水中微塑料的有效物理方法，主要是利用物理截留去除微塑料。

（2）化学处理法：常用化学处理微塑料的方法包括高级氧化和光催化降解，在固相和紫外光下的研究中已实现微塑料的完全矿化；在液相中，已实现 65%的降解但没有完全矿化。

（3）生物处理法：微生物也具备生物降解微塑料的能力，微生物产生的酶是生物降解最有效的工具。细菌、真菌、菌群和生物膜目前已被研究应用于微塑料的生物降解，其原理是微生物首先在微塑料表面附着而形成生物膜，然后，在生物膜分泌的胞外酶和细胞内酶的作用下，微塑料被分解为低聚物、二聚体和单体，甚至被完全分解为 CO_2、H_2O 和 CH_4。

第三节　抗生素污染及其控制

一、抗生素简介

抗生素是当前治疗人类和牲畜感染性疾病的最有效药物之一，近几个世纪以来，抗生素通过抑制细菌感染挽救了数百万人的生命，并在促进社会和经济发展方面发挥了重要作用。抗生素是高等动植物或者微生物分泌的次级代谢产物，可以抑制病原体或者其他生物的活性，扰乱细胞的正常生理功能，主要应用于抗病毒、抗肿瘤、抗寄生虫，由于应用范围广、起效快，根据化学分子结构的差异，可将抗生素大致分为：四环素类、氯霉素类、大环内酯类、磺胺类和其他类。统计数据显示，2015 年人类对抗生素的使用量与 2000 年相比增长了 65%，预计到 2030 年消费量将增加 200%。迄今为止，已被注册和使用的抗生素有 250 余种，我国的抗生素生产量和使用量均居世界首位。

二、抗生素污染现状

随着社会的不断进步、人口的持续增长，抗生素的生产量和使用量也在不断增加，目前全球抗生素每年消费量高达 10 万～20 万 t，我国抗生素产量和消费量均居世界首位。据统计，2013 年我国使用的抗生素 36 种，共计 9.27 万 t，以母体或代谢物的形式随尿液或粪便排出体外的抗生素有 5.4 万 t，受抗生素处理技术的限制，有 5.38 万 t 经过污水处理设施排出后进入环境。由此可见，抗生素可能引起的环境污染问题已不容忽视。

环境中的抗生素可能来源于很多方面，根据抗生素的使用途径可以大致分为：医疗废水的排放、养殖场废水的排放、生活污水的排放以及抗生素制药工厂的排放。人类使用抗生素来治疗疾病和预防感染，大多数医用抗生素在人体内不能完全分解，会随排泄物排出体外进入水体；医院和诊所排放的废水含有抗生素残留物，这些废水可能经过初步处理后被排放到河流中。在农业生产和养殖业中，兽用抗生素中只有 15%的抗生素被动物吸收利用，85%未被代谢的部分则会随着尿液和粪便排出体外。此外，某些工业活动的特殊性，如生产抗生素及其他类似的药剂过程中产生的废水含有多种难以降解的生物毒性物质和较高浓度活性抗生素，虽然大多数药物可以在污水处理厂中得到分解或去除，但不能完全彻底被去除。这些含抗生素的废水在一定程度上会造成地表水和地下水的污染，因而对饮用水安全造成巨大威胁，从而对环境、生物和人体造成潜在的危害。我国人口众多、农业和畜牧业发达，抗生素污染问题日益严重，仅地表水中就有 61 种抗生素被检出，最高检出浓度达 24.8 mg/L。

三、抗生素污染的危害

抗生素在环境中能发生吸附、降解等一系列迁移转化过程，使其不断输入大气、海洋、陆地等多种环境，产生持续性污染，造成的环境污染问题也逐渐显现，主要表现为以下几个方面：

（一）产生耐药性和抗生素抗性基因

抗生素类药物在环境中长期存在会刺激产生耐药菌（ARB）、耐药菌基因（ARG）以及抗生素耐药性（AMR），进而导致生物产生耐药性，也会导致病原微生物产生耐药性，使抗生素杀死细菌的有效剂量不断增加，产生耐药性的抗性细菌在低剂量抗生素环境中具有很强的竞争优势。抗性基因可以在代与代之间传递，又可以在不同细菌间传递，它们能够通过媒介将自身的抗性基因转移到其他细菌上，从而使耐药菌的范围越来越大，出现交叉耐药菌。具有耐药性的致病细菌会使抗生素对人类和动物病原体的治疗潜力大幅降低，并且出现药效减弱甚至完全消失的现象，给人类防治、治疗疾病造成巨大困难。

（二）对人类健康的危害

环境中的抗生素会通过饮用水和食物链进入人体内并不断富集，会在一定程度上危害人类健康，导致免疫系统紊乱和药物过敏，甚至有致癌、致突变等风险。低剂量的抗生素长期排入环境中，会促使细菌产生耐药性，甚至导致产生超级细菌，这些耐药菌会对人类和动物的健康构成严重威胁。处于最高食物链等级的人类将面临更大的健康威胁，如四环素类药物长期累积可抑制幼儿发育和骨骼生长；磺胺类药物易导致敏感个体过敏。

（三）对水生生物的危害

抗生素通过各种途径最终汇集进入环境水体，使环境水体成为污染物的汇。进入环境水体中的抗生素，在抑制、杀灭病原细菌的同时也会对非目标微生物产生一定影响。水生生物长期受到抗生素的污染，一些藻类、鱼类等体内会产生毒性，不仅生长受到影响，甚至会导致其死亡，而且不同水生生物对抗生素的敏感性有所区别，会对水体中的微生物群落产生影响，并通过食物链的传递作用影响高级生物，损坏水体环境中水生生物的生态平衡，破坏生态系统。

四、抗生素污染防控

抗生素污染的危害是多方面的，涉及环境、生态系统、人类健康和资源利用等多个方面。管理和减少抗生素废水的排放至关重要，需要采取有效的治理和防控措施来解决这一问题。

（一）污水中抗生素的去除方法

污水中去除抗生素的传统处理方法分为物理分离法、化学氧化法、生物降解法 3 类。

1. 物理分离法主要包括混凝法、吸附法、气浮法、膜分离法等。混凝法主要用于预处理阶段，其原理是利用分子间作用力对抗生素废水进行混凝沉淀，但加入混凝剂易产生二次污染。吸附法是利用多孔材料作为吸附剂来吸附污水中的污染物，主要利用范德华力、化学键、电子转移达到吸附目的，但最大缺点在于只是对抗生素进行转移而未降解抗生素。膜分离法是指在分子水平上，当不同粒径的分子混合物通过半透膜时，可实现选择性分离的技术，是一种有效的污水净化的方法。同样，气浮法与膜分离法都是对抗生素的截留收集，并不能彻底降解抗生素。

2. 化学氧化法是在一定外界辅助条件（如催化剂、光照射等）下，反应过程中生成强活性的自由基，破坏抗生素分子结构，快速有效地降解抗生素，氧化成 CO_2、H_2O 和无机盐等，从而从污水中去除抗生素的方法。由于化学氧化法具有处理效率高、无二次污染、净化彻底等优点而被广泛地应用在工业废水的处理工艺中。目前，常用的高级氧化法有

Fenton（类 Fenton）氧化法、臭氧氧化法、光催化氧化法、电化学氧化法、湿式催化氧化法、低温等离子体法等。

3．生物降解法用于预处理和深度处理之后，主要包括活性污泥法、膜生物反应器法、序批式活性污泥法等。活性污泥法是通过污泥表面积吸附抗生素等污染物质，再使用好氧微生物生化反应的方式来净化水中包括抗生素等的污染物。但生物降解法容易受抗生素浓度限制，浓度越高、毒性越强的抗生素越会限制微生物活性，进而影响处理效果。随着技术研究的深入，对于如何处理污水中的抗生素，也出现了诸多新方法、新技术，如人工湿地技术、电子束辐照技术、纳米材料处理技术等，都具有成本低、去除效果好等特点。

（二）土壤中抗生素的去除方法

土壤中的抗生素污染更具有隐蔽性、累积性和长期性，通常采用生物修复和物理化学修复有机结合的方法，以达到最佳修复效果。联合修复可以结合生物修复和物理化学修复的优点，既可以利用微生物的作用快速分解抗生素，又可以利用物理化学方法将剩余的抗生素进行分离或改变其化学性质，从而达到更高效、更全面的修复效果。

（三）抗生素污染防治措施

（1）完善法律法规，加强抗生素污染的立法和监管力度，明确责任单位和个人的责任和义务。

（2）建立抗生素污染的监测体系，对水体中抗生素的种类、浓度和分布进行全面评估，为制定针对性的防治措施提供依据。

（3）通过推广引进先进的抗生素污染处理技术，如活性炭吸附技术、高级氧化技术等，对污染的水体进行有效处理和净化。

（4）加强抗生素的合理使用和管理，鼓励开展抗生素替代研究，减少抗生素的农业、养殖和医疗应用。

（5）多方合作，政府部门、科研机构、企业和公众应加强合作，共同努力解决抗生素污染问题。

第四节　内分泌干扰物污染及其控制

一、内分泌干扰物的定义及分类

内分泌干扰物（Endocrine Disrupting Chemicals，EDCs），也称为环境激素，是一种环境中存在的能干扰人类或动物内分泌系统诸环节并导致异常效应的物质。内分泌干扰物产量巨大，种类繁多，化学结构稳定，难生物降解，易富集，易挥发，可以通过水、大气循环遍布包括南北极在内的全球各地，对生态环境造成危害。内分泌干扰物多为有机污染物及重金属物质，70%～80%的农药属于内分泌干扰物；塑料中大部分的稳定剂和增塑剂也属于内分泌干扰物；日常人们所食用的肉类、饮料、罐头等食品中也都含有内分泌干扰物。

现已证明的环境内分泌干扰物有 80 余种，按照来源可被分为天然雌激素、人工合成雌激素以及环境中具有内分泌干扰效应的化合物。

（1）天然雌激素：主要由生物体自身合成，包括天然植物雌激素（异黄酮类）、黄豆素类、木酚素类和天然动物雌激素（雌酮、雌二醇、雌三醇、睾酮等）。植物雌激素来自植物体，有着与雌激素相近的结构，一些植物雌激素（如黄豆素类）被人类食用可以起到调节内分泌水平、益于健康的作用。动物雌激素遍布于身体各组织中，由于具有亲脂性使脂肪组织中有较高的雌激素含量，并且雌激素具有生物活性，是生物体进行正常生命代谢活动所必需的一类物质。

（2）人工合成雌激素：主要包含炔雌醇、炔雌醚、己烯雌酚等。这些物质主要是用作生产口服避孕药和提高家禽生长速度。

（3）环境中具有内分泌干扰效应的化合物：主要包括酚类化合物［双酚 A（BPA）、壬基酚（NP）、辛基酚（OP）］、多环芳烃类［苯并[*a*]芘（Bap）、菲（Phe）、萘（Naph）］、有机氯类［滴滴涕（DDT）、滴滴滴（DDD）、滴滴伊（DDE）］、邻苯二甲酸酯类［邻苯二甲酸丁酯（DBP）、邻苯二甲酸二环己酯（DCHP）］、多氯联苯类（PCBs）和重金属元素（如锡、镉、铅、汞、砷）等。

二、内分泌干扰物的作用机制

内分泌系统、神经系统和免疫系统是机体的三大信号传递系统，在调节机体各种功能、维持内环境相对稳定中起着重要作用。激素是内分泌腺的天然产物，在血中以很低浓度传递，与靶细胞受体结合，发挥对机体功能的调节作用。环境内分泌干扰物类似于激素，它们对体内激素的合成、转运和降解有影响。可以直接进入细胞内，作用于细胞核的酶系统或核酸，从而引起遗传变异。但主要是在细胞外，作用于细胞膜，与相应的膜受体结合，从而引起机体的代谢紊乱，使人的机体和生殖系统发生严重的差错和病变。内分泌干扰物通过改变激素依赖细胞的 DNA 一级结构和功能，表现出遗传不稳定性，如出现染色体断裂、DNA 加合物、原癌基因突变、抑癌基因表达受阻等效应；或通过影响受内分泌激素调节的生长因子及其受体的平衡，使靶细胞异常增殖和分化。

某些内分泌干扰物或其基团与激素有着类似的化学构象，可与激素受体直接结合，形成配体-受体复合物，再结合在 DNA 结合区的 DNA 反应元件上，诱导或抑制靶基因的转录，启动一系列雌激素依赖性生理生化过程。某些内分泌干扰化学物质，如三丁基锡可通过抑制芳烃化酶而减少雌激素的合成；二噁英、多氯联苯等进入体内后可与芳烃受体结合，诱导细胞色素 P450 酶系，加快体内雌激素的降解；多氯联苯及二噁英类物质可结合甲状腺结合蛋白，降低体内甲状腺素的水平。某些具有较强神经或免疫毒性的化学物质，可通过影响胚胎或生长发育期的神经或免疫系统而间接影响内分泌系统的发育；同样，内分泌功能的异常也必然会影响神经系统的发育及免疫系统的正常功能。

三、内分泌干扰物的危害

内分泌干扰物具有高亲脂性或脂溶性，通过食物链富集于生物体中，但是其并不直接作为有毒物质给生物体带来异常影响，而是类似雌激素对生物体起作用，从而产生“虚假”或异常的激素信号，即使数量极少，也会致使生物体的内分泌失衡，导致动物体和人体出现性逆转和性功能变化、生殖器障碍、生殖能力下降、幼体死亡，甚至灭绝等种种异常现象；并可通过胎盘传递到胎儿或通过母乳传递给婴儿。日本厚生劳动省在 1998 年 8 月的一份报告中指出，在日本妇女乳汁中发现环境激素含量甚高，是婴儿可容许最高吸收量的 26 倍。由此环境内分泌干扰物逐渐受到很多学者乃至全社会的关注。

（一）对人类生殖系统的影响

（1）引起男性生殖能力下降。近 50 年来，全球范围内人类精子数量正在不断下降。除精子数下降、精液量减少外，精子正常形态率、活动率都呈明显下降趋势。这种急剧的变化不可能是遗传因素引起的，毫无疑问与环境因素有关。

（2）男子女性化程度加剧。男性体内雌激素的增加，意味着一定程度的女性化。日本厚生劳动省在对中小学生体检时，发现男孩的肌肉张力、握力、爆发力、耐久力均呈下降趋势，体能、体质今不如昔，呈女性化趋势。更令人担忧的是，科学家还没有找到有效的办法来解决男子女性化和人体内雌激素过量问题。

（3）生殖系统问题。内分泌干扰物和妇女的许多生殖问题有联系，包括流产、子宫外孕、月经失调等生殖系统病变。内分泌干扰物过量摄取引起女性的性早熟，美国 48.3%的黑人女孩、14.7%的白人女孩在 8 岁以前就有月经初潮。许多资料表明，内分泌干扰物可引起睾丸发育中断、永久性性功能障碍等。

（4）对发育的影响。生物体发育的过程中，激素具有极其重要的作用，而在子宫内发育的哺乳动物对出生前母体内激素水平的微小变化具有极其敏感的反应能力。在出生前和出生后的早期阶段，激素干扰化合物具有特别的危险性，特别对胚胎可产生致命的影响，胚胎时期对外在激素活动较敏感，关键时期环境内分泌干扰物暴露可能会造成持久的分子改变，对胚胎发育产生永久性不良后果，发生生殖系统畸形、神经发育异常的可能性增加，使出生缺陷的发生率增加，远期还可能造成患生殖系统癌症的风险增加。

（5）对肿瘤发生的影响。近 20 年来，乳腺癌和前列腺癌的发生率在大多数国家急剧上升，1980—1987 年，美国乳腺癌的发病人数猛增了 32%，50 年前女性患乳腺癌的概率每 20 人里只有 1 个，现在却是 1/8；1973—1991 年，前列腺癌增加了 127%，每年平均上升 2.9%。激素在这两种癌症中起着重要作用。

（二）对野生动物的影响

早在 20 世纪 30 年代，英国杂志 *Nature* 上发表了两篇关于合成雌激素的文章，就曾报道过雌激素效应，此后科学家们不断关注内分泌干扰物对各种野生动物产生的影响，发现长期暴露于此类污染物，可导致一些野生生物的生殖器官始终不能发育成熟，雌雄同体率增多，雄性退化，数量锐减而处于濒危灭绝状况，并出现“阴盛阳衰”的现象。20 世纪 60 年代中期，发现美国 80%的白头雕类失去生育能力。70 年代在加拿大出现大量畸形的海鸥，在非洲发现睾丸滞留在腹腔的雄豹。80 年代美国佛罗里达州发现鳄鱼孵化率大大下降，幸存的鳄鱼阴茎短小，生殖能力低下，一些鱼类的生殖器始终不能发育，还有一些鱼类完全不能繁殖，雌雄同体率增高。许多证据表明，鸟类和鱼类出现甲状腺功能障碍；鸟类、鱼类、水生甲壳类动物和哺乳类的生殖能力锐减；鸟类、鱼类和龟鳖类卵的孵化率下降或孵化后出现严重的畸形和残疾；鸟类行为异常；鸟类、鱼类和哺乳动物里有雄性雌性化或雌性雄性化倾向等。

四、内分泌干扰物污染控制

（一）处理技术

环境内分泌干扰物被认为是第三代环境污染物，内分泌干扰物可以在水体和环境中以较低的浓度存在和富集。针对内分泌干扰物的防治，首要的是以源头减量为目的，控制生产和使用，并寻求无毒无害的可替代性物质；积极开发各种技术手段来实现已经进入环境中并造成污染的内分泌干扰物的快速的、高效的、无有毒副产物的降解。目前，内分泌干扰物去除技术主要有生物降解法、物理化学法、高级氧化技术及一些联用技术等。

（1）生物降解法：是目前污水批量处理最常用的方法之一，应用于各行各业的水处理中，生物降解法是通过微生物的新陈代谢作用，针对易降解性有机物，通过吸附、吸收和分解等过程实现对有机物的去除，但由于内分泌干扰物的理化特点，当水中含有此类有毒污染物时往往处理效果欠佳，只有在相当低的浓度范围内有一定的去除效果。

（2）物理化学法：由于生物降解的局限性，一些有机物不能采用生物降解法去除，必须通过拥有一定反应强度的物理化学方法处理，常见的物理化学方法主要包括吸附法和膜技术等。吸附法是工业上常用的废水处理方法，利用具有多孔结构的物质（常用的吸附剂包括活性炭、沸石、壳聚糖等）有效去除废水中的有机污染物或固态胶体。膜技术利用膜分离压力梯度作为传递分离动力，具有高效性、低能耗、可回收有用物质等优点。有研究表明，膜技术在去除水体中内分泌干扰物方面有着明显的优势，但是膜分离法仍然存在小分子有机物截留率低、膜易污染、一次性投资高等缺点。

（3）高级氧化技术：是目前唯一能够完全彻底去除水中残余农药等微量的内分泌干扰物的方法。此类技术的原理是运用电、光、催化剂（或添加氧化剂）产生活性极强的羟基自由基，利用羟基自由基的强氧化力与有机化合物之间发生加合、取代、电子转移、断键等反应，使水体中的难降解有机物氧化成低毒或无毒物质，并最终直接降解矿化为CO_2、H_2O和矿物质，达到无害化的目的。

（二）控制措施

1．健全法律法规

国家相关部门应制定针对环境内分泌干扰物的控制标准及法规，严格控制其使用及排放，加强环境法规管理，控制有害物质进入环境是减少其对环境污染、促进人口健康的最根本措施。

2．加快技术创新

转变生产模式，提倡绿色生产、绿色生活，减少环境内分泌干扰物等有害物质的生产。淘汰有害污染物的过程中，也应积极研发并推广使用降解速度快、污染小的替代物，积极发展绿色生产，通过生产模式转变及技术创新，减少环境污染物的产生和排放。

3．建立研究体系

针对内分泌干扰物对人类的危害需要尽快开展多学科的研究，进一步认识环境内分泌干扰物作用机制及影响。国家相关部门应制定恰当的内分泌干扰物研究策略，评估内分泌干扰物对人类及环境的危害，并及时提出审慎的公众策略；建立并完善环境内分泌干扰物的监测，加强对未知及新开发的化学物质检测；建立安全基准，保护最容易受到危害的胎儿和幼儿。

4．提高公众认识

加强宣传教育，增强公民自我保护和环保意识，降低环境内分泌干扰物污染风险。如少用或不用塑料制品；减少塑料婴幼儿用品和玩具的生产与使用；慎用类固醇类药物；减少使用杀虫剂、杀菌剂及合成洗涤剂等；改革农药和化肥的生产和使用方法，尽量减少化学物质：在畜牧业生产中尽量不使用化学添加剂和激素类物质。

第五节　持久性有机污染物及其控制

一、持久性有机污染物的概述

持久性有机污染物（Persistent Organic Pollutants，POPs）是一类具有长期残留性、生物累积性、半挥发性和高毒性，并通过各种环境介质（大气、水、生物等）能够长距离迁移，对人类健康和环境具有严重危害的天然的或人工合成的有机污染物。POPs 的来源包括化学工业、农业、废弃物等，这些化合物通常具有疏水性、难以降解、稳定性和脂溶性等特征，使它们能够在环境中长期存在，并通过食物链（网）积累在生物体内，对生态系统和人类健康造成潜在威胁，而对位于食物链顶端的人类来说，这些毒性比之最初放大了 7 万倍以上。

持久性有机污染物对人类健康和生态环境已经构成严重威胁，为削减和淘汰 POPs 的生成及排放、保护环境和人类免受 POPs 的危害，2001 年 5 月 23 日，由联合国环境规划署召集的政府间谈判委员会提出，包括中国在内的 92 个国家的环境部长或高级官员在斯德哥尔摩代表各自政府签署了《关于持久性有机污染物的斯德哥尔摩公约》(以下简称《斯德哥尔摩公约》)。该国际环境公约于 2004 年 5 月 17 日正式生效，同年 11 月 11 日对我国生效，截至 2023 年 10 月已有 186 个缔约方。首批被列入该公约中的 POPs 共有 12 种，根据这 12 种典型 POPs 的来源和用途将其分为 3 类：杀虫剂类、工业用化学品类、工业生产过程或固体废弃物燃烧过程产生的副产物。除此之外，各种新增的污染物不断被列入《斯德哥尔摩公约》的控制名单中，国际社会也正在审查提名新增的 POPs，将其列入 POPs 控制和管理的范畴。

2004 年以来，被提名的新增 POPs 主要包括十氯酮、六六六、五氯苯酚、硫丹、六氯丁二烯、多环芳烃（PAHs）、六氯联苯、八溴联苯醚、十溴联苯醚、五氯苯酚、短链氯化石蜡、全氟辛烷硫酰基化合物、全氟辛烷磺酸及其盐类等。2009 年 5 月，联合国环境规划署在日内瓦又召开了一次关于持久性有机污染物的会议。由于下列物质的性质、毒性和环境行为与 POPs 类似，被正式纳入《斯德哥尔摩公约》中。它们是：3 种杀虫剂副产物（林丹、α-六氯环己烷、β-六氯环己烷）、3 种溴化阻燃剂（四溴联苯醚和五溴联苯醚、六溴联苯、六溴联苯醚和七溴联苯醚）、十氯酮、五氯苯、全氟辛磺酸及其盐类和全氟辛基磺酰氟。2017 年 4 月 24 日—5 月 5 日，《斯德哥尔摩公约》第八次缔约方大会通过决议，将十溴二苯醚、短链氯化石蜡增列入公约附件 A。至此，《斯德哥尔摩公约》自 2004 年 5 月 17 日在全球生效以来，在首批 12 种持久性有机污染物基础上，已增列 16 种持久性有机污染物，公约受控化学品家族扩大至 28 种/类。关于控制持久性有机污染物等相关物质在生活用水体及工业生产中的最高限量，各国家和地区也相继出台了相关法律法规文件。我国一直重视并落实《斯德哥尔摩公约》的履约工作，大力推进 POPs 污染防治，落实 POPs 削减和控制，推动环境质量整体改善。2007 年，我国国务院颁布批准了《中国履行〈关于持久性有机污染物的斯德哥尔摩公约〉国家实施计划》。此外，我国还颁布了 30 多项与持久性有机污染物污染防治和履约相关的管理政策、标准和技术导则，初步构建了 POPs 政策法规和标准体系。

二、持久性有机污染物的特点

一般国际上公认 POPs 具有下列 4 个重要的特性。

（一）持久性

POPs 能够在环境中持久地存在，是由于 POPs 物质对生物降解、光解、化学分解作用有较高的抵抗能力，一旦被排放到环境中，它们难以被分解，能够在水体、土壤和底泥等多介质环境中残留数年或更长时间。例如，二噁英系列物质在气相中的半衰期为 8～400 天，水相中为 166～2 119 天，在土壤和沉积物中为 17～273 年。

（二）蓄积性

它能够长期地在环境里存留，一般来讲在化学成分里有氯，在有机碳的化合物结构里加上氯原子，这个化合物的稳定性就要增加很多。并且，POPs 具有低水溶性、高脂溶性的特点，导致 POPs 从周围媒介中富集到生物体内，并通过食物链的生物放大作用达到中毒浓度，它的特点是通过食物链逐级地放大，也就是说在自然环境里大气、水、土壤里可能有很低浓度的时候，甚至监测不出来，但是它可以通过大气、水、土壤进入植物或者低等的生物，然后逐级对营养级放大。

（三）半挥发性或远距离迁移性

POPs 一般是半挥发性物质，这个特性决定了它可以在全球转运，而且它可以长距离地转运到一些地区，就是在根本就没有 POPs 生产使用的地区，也会出现 POPs 物质。POPs 在室温下就能挥发进入大气层，它们能从水体或土壤中以蒸气形式进入大气环境或者附在大气中的颗粒物上，因其具持久性，所以能在大气环境中远距离迁移而不会全部被降解，但半挥发性又使它们不会永久停留在大气层中，它们会在一定条件下又沉降下来，然后又在某些条件下挥发。这样的挥发和沉降重复多次就可以导致 POPs 分散到地球上各个地方。

（四）高毒性

在一定的浓度下会对接触该物质的生物造成有害或有毒影响。POPs 大都具有“三致（致癌、致畸、致突变）”效应。POPs 进入生物体后，其毒性作用大致分为以下几种：①来自 POPs 本身特定的化学结构的毒性，其毒性作用相当于物质所具有的生理作用。② POPs 进入生物体后，在生物代谢酶与极化过程中产生具有较强反应能力的不稳定中间体，其一部分与蛋白质、核酸等细胞高分子成分发生共价结合，产生不可逆的化学改性。③ POPs 在生物体内能转变成另一种比原先物质毒性更强的物质，从而对生物体产生毒害作用，如七氯。

三、持久性有机污染物的来源

持久性有机污染物既有天然形成的，也有人工进行合成的，以人工合成居多。总的来说，环境中绝大部分持久性有机污染物是由于人类大范围的工业化生产活动所造成，主要来源可以大致分为以下几个方面。

（一）农业

持久性有机污染物中农药占有很重要的作用，有机氯农药由于具有较长的半衰期，经过多年的自然消解，其在土壤和环境中仍可检出残留。我国对农药的使用源于 20 世纪中期，因为缺乏环境保护方面的意识，农药的类型大多为有机氯农药，此中 DDT、六六六和氯丹被大量使用，这些农药在提高农作物产量的同时，也对环境造成不同程度的污染。由于半衰期较长，一些污染物质在环境中长达几百年仍然可以检测出。当前许多发达国家已经明令禁止这类物质的使用，但在很多的发展中国家，特别是热带区域的国家，还在大量制造和使用。

（二）工业

持久性有机污染物还从工业生产过程中进入环境，一部分持久性有机污染物是作为工业产品的原料及中间产物进入环境之中，另一部分则是由于人为的不正确的处理、泄漏等非故意缘由排放到环境之中。工业过程中“三废”不达标排放，如各种钢铁企业和焦化厂的废水中多种多环芳烃类持久性有机污染物，合成染料中的联苯胺、偶氮染料、对氯苯胺等，以及电器产品中的多氯联苯（PCBs）。国内许多江流因周边各种企业的不达标排放和偷排，河流均出现不同程度的污染，以各种烷烃、有机硝基化合物、有机酸类、多环芳烃类为主。

（三）交通

汽车尾气中含有多种持久性有机类污染物，特别是二噁英；柴油车尾气碳烟颗粒冷凝物样品曾检出 144 种有机物及其同分异构体，41 种多环芳烃类主要为有机酸、有机碱、极性化合物、醛类、二噁英类、多环芳烃类。

（四）生活

生活中也可能会产生许许多多的有毒有害类有机化合物，如供暖排放的烟气、厨房排放的烟气和烟草中均含有多种多环芳烃。含氯的生活垃圾和医院废弃物的焚烧过程在一定的温度区间有二噁英生成。

四、持久性有机污染物的危害

POPs 通过各种途径进入环境后，就会对生态环境造成危害和破坏，主要包括：

（一）急性中毒作用

当 POPs 在较短时间内急剧增加并超过一定浓度作用于人体内时，可引起感官和生理机能的不良反应，导致人群急性中毒甚至死亡。人的 DDT 急性中毒特征表现为发烧、失去知觉、阵发性痉挛与抽搐、腱反应迟缓与肌肉紧张；PCBs 中毒时，轻者眼皮发肿、手掌出汗、全身起红疙瘩，重者恶心、呕吐、肝功能下降，甚至导致死亡。PCBs 对人体的危害最典型的例子是日本 1968 年米糠油事件，受害者食用被 PCBs 污染的米糠油而中毒，表现的症状有痤疮样皮疹、黄疸、四肢麻木。

（二）慢性中毒作用

POPs 被人体吸收后，主要分布和蓄积于脂肪组织、神经组织及肝肾等的中性脂肪内。POPs 在体内不断积累，短时间内虽不会引起人体出现明显急性中毒症状，但可产生慢性危害。杀虫剂类 POPs 慢性中毒，主要表现为食欲不振、上腹部和肋下疼痛、头晕、头痛、乏力、失眠、噩梦等。

（三）对免疫系统的危害

POPs 会抑制免疫系统的机能，影响巨噬细胞活性，降低生物体的病毒抵抗能力。在针对 POPs 的调查中发现，采集的 300 多位孕妇乳汁中有 90%检出 PCBs 等 POPs，其中 10%的样品处于比较危险的水平。

（四）对内分泌系统的危害

多种 POPs 被证实为潜在的内分泌干扰物质，它们与雌激素受体有较强的结合能力，通过受体进一步改变基因组成，属于环境激素。例如，PCBs 在体内试验中表现出一定的雌激素活性，患乳腺癌的女性与患良性乳腺肿瘤的女性相比，其乳腺组织中的 PCBs 水平较高。美国科学家已研究表明，DDT 能够干扰人体内激素的平衡，影响男性生育力。

（五）对生殖和发育的危害

生物体内富集的 POPs 可通过胎盘和哺乳影响胚胎的发育，导致畸形、死胎、发育迟缓等现象发生。暴露于高浓度 POPs 中的鸟类产卵率会相应降低，从而使其种群数量不断减少，甚至灭绝。POPs 同样会影响人类的生育，尤其会影响孩子的智商发育。对 150 名怀孕期间食用了受有机氯污染的鱼的女性进行跟踪随访发现，与一般孩子相比，这些孩子出生时体重轻、脑袋小，7 个月时认知能力较一般孩子差，4 岁时读写和记忆能力较差，11 岁时他们的智力商数（IQ）值较低，读、写、算和理解能力较差。

（六）致癌作用

长期暴露于低剂量 POPs 环境中，导致癌症的发病率较正常情况明显增高。1997 年，世界卫生组织国际癌症研究机构在流行病学调查和大量动物学实验的基础上，将二噁英定为一级致癌物质。其中 2,3,7,8-四氯代二苯对二噁英（TCDD）是目前已知最毒的物质，其毒性约为氰化钾的 100 倍，砒霜的 900 倍。

（七）其他毒性

POPs 还会引起一些其他器官组织的病变，如 TCDD 暴露可引起慢性阻塞性肺病的发病率升高，也能引起肝脏纤维及肝功能的改变，出现黄疸等。接触高毒性 POPs（如氯丹和七氯等）会出现肝脏肿大、肝功能异常等症状。POPs 还会对皮肤表现出一定的毒性，如色素沉着、多汗和弹性组织病变等。一些 POPs 还可能引起焦虑、疲劳、易怒、忧郁等一系列精神心理疾病。

五、持久性有机污染物去除技术

近年来发展了多种最先进的修复技术，用于各种 POPs 的防控治理，常用处理 POPs 的方法主要包括：

（一）化学方法

目前，化学处理 POPs 主要采用高级氧化技术，如光催化氧化法、超临界水氧化法、湿式氧化法等。此外，人们还尝试了电化学法、微波、放射性射线等高新技术，发现它们对多氯联苯、六氯苯、五氯苯酚以及二噁英都有很好的去除作用。先进的氧化技术具有氧化持久性有机污染物的强大能力，并具有其他常规氧化技术无法比拟的优势。高级氧化技术产生的高活性自由基与有机化合物之间的键合等，使难以降解有机物的大分子可以被氧化并降解为低毒和无毒的水，小的有毒分子甚至可以直接降解为二氧化碳和水。

（二）物理方法

物理方法通常有吸收法、洗脱法、萃取法、蒸馏法和汽提法等，物理方法可以浓缩和部分处理持久性有机污染物，通常用作预处理方法，并与其他处理方法结合使用。其中，汽提法是恢复被污染土壤的常用方法，是指在被污染土壤的深处使用特定的提取物，提取物经分离纯化提纯，以达到综合回收的目的。此外，热脱附方法可以有效去除土壤中的持久性有机污染物。主要原理是通过直接或间接热交换将受污染的土壤及其污染物加热到足够的温度，从而使污染物挥发并与土壤分离，含有污染物的挥发性气体经过处理后返回大气。

（三）焚烧技术

焚烧是处置 POPs 中的 PCBs 的基本方式，但技术和成本要求很高。2000 年颁布的国家标准《危险废物焚烧污染控制标准》中，对 PCBs 污染物的焚烧做出了明确的规定，即：炉温≥1 200℃，停留时间≥2.0 s，燃烧效率≥99.9%，焚毁去除率≥99.999 9%。所有这些措施，保证了 PCBs 废物的有效环境管理和处理，减少了 PCBs 的环境风险。焚烧法适用于处理大量高浓度的持久性有机污染物，但如果管理不善，可能会产生比原物质毒性更大的毒物（如二噁英等）。垃圾焚烧技术是目前我国处理城市固体垃圾普遍采用的方法，但是在对城市垃圾和固体废物焚烧后的飞灰和烟道气的检测中发现，焚烧过程中会产生二噁英等剧毒有机污染物。

（四）生物学方法

生物处理技术，是目前我国研究的重点，主要涉及植物、微生物或原生动物对持久性有机污染物的吸收、转化、清除或降解。生物修复技术主要分为植物修复、微生物修复、动物修复。植物修复主要用于通过吸收、浓缩、转化和降解等从环境中去除污染物。虽然 POPs 的植物修复已取得一定的成果，但是到目前为止，植物修复还不能达到完全修复 POPs 污染环境的目的。近年来已有一些前沿研究着眼于利用植物、菌类或动物的基因改良植物，以利于植物对特定 POPs 的修复，而国内对 POPs 的植物修复研究还刚刚起步。微生物修复涉及将持久性有机污染物转化为可降解物质，甚至包括利用微生物代谢进行矿化。目前，我国研究大多集中于高效降解菌的筛选和降解机理等方面，微生物修复技术在我国实际应用尚不多见。动物修复是指土壤中的一些大型土生动物和小型动物种群能吸收或富集土壤中残留 POPs，并通过自身的代谢作用，把部分 POPs 分解为低毒或无毒产物，此方法对土壤条件要求较高。

第六节　生物污染及其防治

生物污染（biological pollution）是指带入环境中的各种生物（如寄生虫、细菌、病毒和外来入侵物种等）在环境中繁殖，引起环境（大气、水、土壤等）污染和生态系统破坏。生物污染在水、气、土壤和食品等方面都有表现。未经处理的生活污水、医院污水、工厂废水、垃圾和人畜粪便（以及大气中的漂浮物和气溶胶等）排入水体或土壤，可使水、土壤环境中虫卵、细菌数和病原菌数量增加，威胁人体健康；污浊空气中的病菌、病毒大增，食物受霉菌或虫卵感染都会影响人体健康；海湾赤潮及湖泊中的富营养化，某些藻类等生物过量繁殖，导致水中生物和人体健康受到威胁；外来入侵物种进入本地生态系统中，插入到空缺生态位上，对生态系统结构和功能产生影响，破坏食物链和食物网，造成本地物种数量和生存空间减少。

一、生物污染的分类和来源

按污染介质，生物污染可分为大气生物污染、水体生物污染、土壤生物污染、食品生物污染和室内生物污染等。

（一）大气生物污染

大气生物污染是指生物进入大气环境，对其结构产生影响，降低其质量，对生物、人体健康以及人类活动产生影响和危害。大气生物污染主要包括：

1. 大气微生物污染

由许多飘浮在大气中的微生物所造成的直接污染。空气中的微生物多数是借助土壤以及人等生物体传播，或借助大气飘浮物和水滴传播。在空气中生存时间较长的是一些有孢子或芽孢的微生物，主要包括从呼吸道或排泄物排出的寄生在人和动物体内的微生物，附着在尘埃颗粒上的土壤中的微生物，室外空气中的微生物等。飘浮物以及病人、病畜等的喷嚏、咳嗽等排泄物和分泌物所携带的微生物种类繁多，常见的有杆菌（如无色杆菌、芽孢杆菌）、球菌（如细球菌、八叠球菌）、霉菌、酵母菌和放线菌等腐生性微生物，但主要对环境抵抗力较强的有八迭球菌、细球菌、枯草芽孢杆菌以及各种霉菌和酵母菌的孢子等。

2. 大气变应原污染

变应原是指能引起人体变态反应的生物物质，常见的大气变应原有花粉、真菌孢子、尘螨和毛虫毒毛等。

3. 生物性尘埃污染

某些生有许多细毛（种缨）的绿化植物，如杨柳等的生物有细毛的种子、梧桐生有绒毛的叶片等，在种子成熟或秋季落叶时，于空中随风飘荡，造成大气生物性尘埃污染。

（二）水体生物污染

水体生物污染是指致病性微生物、寄生虫和某些昆虫等生物进入水体，或某些藻类大量繁殖，使水质恶化，直接或间接危害人类健康或影响渔业生产的现象。水体受氮、磷等物质污染，引起藻类及其他水生生物大量繁殖而产生的富营养化，也是水体生物污染的一种现象。

地面的微生物、大气中飘浮的微生物均可进入水中而污染水体。水体生物污染物主要来自人畜粪便，其次为生活污水，如医院及屠宰、制革、生物药品、食品工业的废水。受污染水体中的不同生物对人类可产生不同的危害作用。可污染水体的生物种类繁多，主要有细菌、钩端螺旋体、病毒、寄生虫和昆虫等。常见的致病菌有伤寒、痢疾、结核分枝杆菌和大肠埃希菌，还有螺旋体和病毒，可引起传染病的流行。水体中的寄生虫主要有血吸虫（卵和毛蚴）、痢疾变形虫、线虫、贾第虫以及一些有害昆虫（如蚊、蚋、舌蝇等）的幼虫。此外，水生生物中也常带有致病菌，鱼的受污染部位主要是口腔、鳃、胃、肠及排泄腔等；贝类中与病原菌关系密切的是牡蛎，它可传播伤寒。

一般来说，邻近城镇的水体含有害微生物和寄生虫卵较多；而地下水如井水、泉水，埋藏越深，微生物越少；河川、湖泊淡水中微生物的数量一般取决于季节、降水量和流入水量；海水中病原菌比淡水少，但海滨、港口因接纳污水，也常含有病原菌。此外，各种病原微生物在水中存活的时间各不相同，并与水质、水温、pH 等因素有关。如沙门氏菌在水温较低和水中营养物较多时存活时间较长；志贺氏菌在清洁水中较在污水中存活时间长；霍乱弧菌在杂菌多的水中存活时间较短，水的 pH 在 5.6 以下时即不能生存；病毒一般在水温较低的条件下存活时间较长。

（三）土壤生物污染

土壤生物污染是指一个或几个有害的生物种群，从外界环境侵入土壤，大量繁衍，破坏原来的生态平衡，对人体或生态系统产生不良影响。土壤生物污染主要来源于生活污水、工业废水、农业污水、施用有机肥料、城市垃圾等方面。造成土壤生物污染的污染物主要是未经处理的粪便、垃圾、城市生活污水、饲养场和屠宰场的污物等。其中危险性最大的是传染病医院未经处理的污水和污物。

土壤生物污染是传播寄生虫病的潜在因素，土壤中分布最广的是肠道致病性原虫和蠕虫类，有的寄生在动、植物体内，有的通过土壤穿透皮肤进入人体，有的病毒也可通过土壤使人感染，有些微生物如结核分枝杆菌，可在干燥细小的土壤颗粒中生存很长时间，之后随风进入空气，再被人畜吸入而引起感染。全世界约有一半以上的人口受到一种或几种寄生性蠕虫的感染，热带地区受害尤其严重，欧洲和北美较温暖地区以及某些温带地区，人群受某些寄生虫感染，也有较高的发病率。土壤中病原虫和寄生虫的生存时间则与土质、水分、温度、pH，以及有无某些寄生物的中间宿主等因素有关。

（四）食品生物污染

食品生物污染是指因微生物及其毒素、病毒、寄生虫及其虫卵等对食品造成污染，使食品腐败或产生毒素，使人们食用后中毒，或使人患寄生虫病。大部分食品污染问题都是生物因素引起的，主要是有害微生物、寄生虫及其虫卵和昆虫等引起的，污染源主要是含有微生物的土壤、水体、飘浮在空中的尘埃、人和动物的胃肠道、鼻咽和皮肤的排泄物。

它们或直接污染食品，或经由人、鼠、昆虫、加工设备、用具、容器、运输工具等间接污染食品。如果动、植物感染患病，则以这种动、植物为原料加工制成的食品，也会含有大量微生物，这称为原始性污染。当然，原始性污染也是从动、植物最初受到微生物的直接或间接污染而来的。

被污染的食品如果带有某些致病菌（如伤寒杆菌、痢疾杆菌等）或寄生虫卵时，被摄入人体后，可引起食源性疾病的传播流行。在微生物污染中，细菌性污染是涉及面最广的污染，致病菌主要来自病人、带菌者、病畜和病禽等，致病菌及其毒素可通过空气、土壤、水、餐具、患者的手或排泄物污染食品。寄生虫污染源主要是病人、病畜和水生物，一般是通过病人或病畜的粪便污染水源或土壤，然后使家畜、鱼类和蔬菜受到感染或污染。常见的寄生虫主要有绦虫、旋毛虫、中华枝睾吸虫和蛔虫等。此外，粮食和各种食品的储存条件不良，容易滋生各种仓储害虫。例如，粮食中的甲虫类、蛾类和螨类，鱼、肉、酱或咸菜中的蝇蛆以及咸鱼中的干酪蝇幼虫等。枣、栗、饼干和点心等含糖较多的食品特别容易受到虫害的侵害。昆虫污染可使大量食品遭到破坏，从而影响食品的品质和营养价值。

（五）室内生物污染

室内生物污染是人们面临的重大室内空气污染现象之一，甚至大部分空气污染导致的疾病均与生物污染相关。室内生物污染主要是病原微生物造成的，主要包括细菌、真菌（包括真菌孢子）、病毒、花粉、寄生虫（原虫、蠕虫、医学昆虫）、朊毒体、螺旋体、支原体、立克次体、衣原体等，以细菌和病毒的危害性最大。主要来源于：①室外空气（如霉菌）；②建筑材料自身的污染源；③空调机组过滤网、冷却盘管等滋生的细菌；④人及动物身上的微生物（如细菌和病毒）。病原微生物形体非常微小，通常以微米或纳米作为测量病原微生物大小的单位。此外，花粉、生物体有机成分和尘螨等也会构成室内生物污染。在这些生物污染因子中有一些细菌和病毒是人类呼吸道传染病的病原体，有些真菌（包括真菌孢子）、花粉和生物体有机成分则能够引起人的过敏反应。

目前，造成写字楼和住宅等室内环境污染，引起过敏性疾病或呼吸道疾病等健康损害的室内空气生物污染源包括以下几种：霉菌，是一种能够在温暖和潮湿环境中迅速繁殖的微生物，也是造成空气污染相关疾病最多的致病因子；尘螨，是最常见的空气微小生物之一，是一种很小的节肢动物，肉眼很难发现，也是引起过敏性疾病的罪魁祸首之一，在室内环境中繁衍速度很快，尤其是地毯、壁纸和软垫家具的广泛应用，更是有助于尘螨的繁殖生长；军团菌，这一类细菌主要存在于水和土壤中，是危害人体健康的一大“杀手”，病死率高达20%，虽然在一般情况下军团菌不会通过空气传播，但如果室内过于潮湿，军团菌会通过室内空气中的溶胶雾进入体内，从而导致身体发热，并伴有寒战、肌疼、头疼、胸疼、呼吸困难等；动物皮屑或其他具有生物活性的物质，当室内有宠物时，空气中变态反应源的含量也会随之增加，据调查，普通人群中对猫、狗的变态反应源有过敏反应的人大约有 15%，因此在饲养宠物的家庭中，哮喘和过敏性鼻炎等变态反应性疾病发生率会大大提高。

二、生物污染的途径

（一）大气生物污染途径

（1）大气微生物污染：许多微生物寄生在人和动物体内，既可从呼吸道排出，直接污染大气，也可随排泄物（如痰液、脓汁或粪便等）排出而进入地面，随灰尘飞扬，造成污染。土壤中的微生物附着在尘埃颗粒上，飘浮空中，也可造成污染。微生物在空气中的生长和繁殖，同空气湿度、温度和光线等因素有关。室外空气中微生物的数量和所在地区人口密度、植物数量、土壤和地面铺垫的情况以及气温、大气湿度、气流和日照等因素有关。一般是靠近地面的空气污染程度最严重，随着高度的上升，空气中微生物的数量逐渐减少，大气上层几乎没有微生物。

（2）常见的大气变应原有花粉、真菌孢子、尘螨和毛虫毒毛等。①花粉：臭蒿（*Artemisia annua*）、艾蒿（A. *argyi*）、茵陈蒿（A. *scoparia*）和豚草属（*Ambrosia*）等花粉是常见的变应原。最容易引起变应性哮喘的豚草属花粉，重量轻，体积小，可随风飘扬，而且表面有许多细刺，易附着于呼吸道黏膜上。②真菌孢子：常见的真菌有青霉属、曲霉属、格孢属、丛梗孢属、色串孢属等。真菌孢子对大气的污染无明显的季节性。③尘螨：是尘螨性过敏的病原体。尘螨主要孳生于家庭卧室中，可隐藏在动、植物性纤维物品中。在动物身上和其活动场所也有尘螨。因螨体细小，可在空气中悬浮飘移，造成空气污染。螨体及其分泌物和排泄物等可引起吸入型哮喘、过敏性鼻炎、过敏性湿疹等。④毛虫毒毛：松毛虫、桑毛虫等毛虫的毒毛脱离虫体，进入大气，可造成大气污染，引起人类过敏性疾病。

（3）生物性尘埃污染：杨柳等绿化植物的种子生有许多细毛（种缨），种子成熟时在空中随风飘荡，造成大气生物性尘埃污染，给人类的活动带来不良的影响，对精密仪器制造工业的生产会造成直接威胁。

（二）水体生物污染途径

水体受到生物性污染后，可通过饮用、接触、中间宿主等途径引起人群中传染病的流行，常见的介水传染病病原体有痢疾杆菌、伤寒杆菌、霍乱弧菌、致病性大肠埃希菌、甲型肝炎病毒、骨髓灰质炎病毒、血吸虫、蛔虫等。

如钩端螺旋体等常与病原菌共存而污染水体。钩端螺旋体来源于带菌宿主——猪和鼠类的尿液，它以水为媒介，可经破损的皮肤或黏膜进入人体，引起出血性钩端螺旋体病；寄生虫通过卵或幼虫直接或经中间宿主侵入人体，使人患寄生虫病，其卵和幼虫可以在水中长期生存；传播疾病的昆虫，如蚊、蚋、舌蝇等，其生活史中某一阶段需在水中度过，它们传播多种疾病，对人类健康危害很大；此外，某些藻类在水中营养元素（如氮、磷等）过剩时，会大量繁殖，改变水体感官特征，使水体带霉烂气味，严重时可危及鱼类等生存。

（三）土壤生物污染途径

土壤生物污染的三大途径是污水灌溉、施用有机肥料、城市垃圾。相关内容如下：

（1）污水灌溉。污水灌溉是指将生活污水或工业废水直接用于农田灌溉。这些污水中可能含有大量的微生物、寄生虫和有害物质，如重金属、有机污染物等。当这些污水被用于灌溉时，污染物会随着灌溉水进入土壤，导致土壤污染。

（2）施用有机肥料。施用有机肥料是提高土壤有机质含量的重要措施。但是，如果有机肥料中存在大量的病原菌、寄生虫和虫卵等，这些有害生物会随着肥料进入土壤，导致土壤生物污染。

（3）城市垃圾。城市垃圾中含有大量的有机物质和微生物，如果处理不当，这些垃圾会被雨水冲刷到土壤中，导致土壤污染。城市垃圾是城市环境治理的重要问题之一，如果处理不当，会对环境和人类健康造成危害。

（四）食品生物污染途径

食品生物污染主要发生在原料采集、加工制作、包装、运输、储藏等过程中。微生物污染食品的方式，取决于它们的生物学性质和在环境中的生存能力。腐生或兼有腐生和寄生特性的微生物，在环境中的生存能力强，能直接或间接污染食品；寄生性微生物在环境中的生存能力弱，只能直接污染食品或以原始污染的方式存留于食品中。

（五）室内生物污染途径

室内生物污染主要通过病原微生物对人体产生危害。病原微生物会通过以下场景在室内进行立体传播：①可能通过室内装饰装修（地面、墙面、顶面和台面等）和室内用品（家电、家具、家居纺织品等）的表面接触进行传播。②可能通过空调、新风系统、空气净化器等涉空气系统以飞沫和气溶胶形式进行传播。③可能在厨房、卫生间的水管、直饮水、净水器等系统以粪口形式进行传播。

三、生物污染的危害

生物污染的危害主要体现在对生物多样性、环境质量、人类健康、食品安全，以及生产和经济发展等的负面影响上。以下是生物污染的几个主要方面及其危害：

（一）生物多样性的破坏

生物污染会导致生物多样性的破坏，因为有些外来物种或病原体会侵入原生态系统，与当地生物竞争，对当地生态系统的物种组成、结构和功能带来影响，从而破坏生物多样性，影响当地的生态平衡。例如，尼罗河鲈鱼被引进非洲维多利亚湖之后，导致了湖中 200 多种地方鱼种的灭绝；1970 年前后，野生动物保护人员在蒙大拿河流中引进了一种糠虾，本意是想增加鲑鱼的饵料，以增加鲑鱼的数量，然而事与愿违，鲑鱼习惯于在水面摄食，糠虾却在晚上鲑鱼看不到的时候才升到水面。不仅如此，糠虾还吃掉了鲑鱼鱼苗生长所需的浮游生物，结果反而使鲑鱼的数量下降，进而使主要依赖鲑鱼为生的熊、捕食鸟和鹰等动物遭受了灭顶之灾。

（二）对环境质量的影响

（1）大气环境质量下降。大气中的微生物污染、大气变应原污染和生物性尘埃污染等，都会影响大气环境质量，使生物生存、人体健康和人类活动受到影响或危害。

（2）水质的恶化。某些致病性微生物、寄生虫和昆虫等生物进入水体，或某些藻类大量繁殖，使水质恶化，直接或间接危害人类健康或影响渔业生产。例如，生态恶化严重的水环境中存在大量病原体和细菌等微生物，会使人们患上某些传染病，如疟疾和霍乱等。

（3）土壤质量的下降。土壤的生物污染不仅可引起人畜疾病，还能使农业生产遭受严重损失。一些寄生虫和病原体会侵入土壤中，对土壤质量造成负面影响，寄生虫还会破坏土壤的结构，降低其透气性和通透性，并分泌毒素，导致土壤中的有机质分解和生物量减少。一些在土壤中长期存活的植物病原体能严重危害植物正常生长。一个或几个有害的生物种群，从外界环境侵入土壤，大量繁衍，破坏原来的动态平衡，对人体健康或产生不良的影响。人类若直接接触含有病原微生物的土壤，可能对健康带来影响，若食用被土壤污染的蔬菜、水果等则间接受到污染。

（4）影响室内空气品质。细菌、真菌、过滤性病毒和尘螨等都会构成室内生物污染，影响室内空气品质，能引起各种疾病，如各种呼吸道传染病、哮喘、建筑物综合征等。呼吸道感染是人类最常见的疾病，其症状可从隐性感染直到威胁生命。迄今已知，仅引起呼吸道病毒感染的病毒就有 200 种之多，这些感染的发生绝大部分是在室内通过空气传播的，一年四季均可发生。如空调病，多是因为军团菌等引发的呼吸道疾病；再如冰箱综合征，多是因为李斯特菌等这种嗜冷菌引发的食源性疾病。

（三）对人类健康的危害

（1）传染病的传播：生物污染可以传播疾病，如甲型流感病毒、冠状病毒、埃博拉病毒等，这些病毒对人体健康造成严重威胁。如正在全球传播和蔓延的艾滋病是艾滋病病毒造成的，还有流感、肝炎、霍乱、埃博拉出血热和英国的疯牛病等在许多地方扩散和流行，极大地威胁人类健康。例如，1991 年美洲暴发的霍乱，很可能是外来船只将受污染的压舱水排放到秘鲁海港引起的。这次霍乱使 100 多万人受到感染，造成了 1 万人死亡。

（2）危害人畜安全：例如，为了获得更多的蜂蜜，1956 年，巴西圣保罗大学的研究人员决定引进一些非洲蜂种。他们深知非洲蜂凶猛狂暴，一遇挑战就群起而攻之，且毒性很大。因此，他们仅引进了 35 只种蜂，本想将它们改造、驯养成为适应巴西生存环境的多产蜜蜂，不料却意外逃走了 26 只。这些逃走的非洲蜂与当地的巴西蜂交配后，生成了一种繁殖力很强、毒性很大的杂种蜂——巴西杀人蜂，蜂害便从此开始。先是养蜂人受毒蜂蜇伤的事不断发生，接着是一个工作人员打死了一只停在他胳膊上的蜜蜂，结果立刻受到蜂拥而至的群蜂攻击。据不完全统计，因杀人蜂害死亡的人数已达 200 多人，牛、马等牲畜的损失更是难以计数。

（四）食品安全问题

生物污染对食品安全的影响。有害微生物和寄生虫或卵污染食品，可使食品腐败或产生毒素，使人食后中毒，或使人患寄生虫病。食品污染的危害主要有：①使食品腐败、变质、霉烂，破坏其食用价值；②有害微生物在食品中繁殖时产生毒性代谢物，如细菌外毒素和真菌毒素，人摄入后可引起各种急性和慢性中毒；③细菌随食物进入人体，在肠道内分解释放出内毒素，使人中毒；④细菌随食物进入人体侵入组织，使人感染致病。

（五）对生产和经济发展的影响

生物污染对人类的经济活动有许多不利影响。生物广泛存在于大气、水体和土壤环境中，其中微生物在适当的温度、湿度及营养条件下，会污染农副产品、食品和其他工业产品，对经济造成一定损失。外来入侵物种不仅对物种、生态系统带来严重影响，还对地方经济造成巨大损失。据资料显示，我国大面积发生、危害严重的外来入侵生物达 100 多种。全国 34 个省级行政区均有物种外来入侵的现象发生并受到危害，涉及农田、森林、水域、湿地、草地、岛屿、城市居民区等几乎所有的生态系统。

20 世纪 80 年代初，福建省宁德地区为了“保滩护堤，保淤造地”，开始引种和推广英国大米草与美国互花米草。结果大米草以每年 267～333 hm^2 的速度增长，如今已吞噬滩涂 7 300 hm^2 以上。大米草繁殖力极强，生长旺盛，阻塞航道，影响海水交换，致使水质下降，导致贝类、蟹类等大量死亡，虾病、鱼病增多，海带、紫菜等生长受到影响，产量逐年下降。大米草的延伸之处，滩涂荒废，影响当地滩涂养殖业的发展，影响群众的生产和生活。“洋草”成了“祸草”，这是发生生物污染的典型一例。美国自然保护协会认为，迄今美国约有 6 300 种动植物为非本地物种，虽然大多数并未造成不良影响，但是其中 79 个种类在 1906—1911 年造成了高达 970 亿美元的直接经济损失。南美的风信子造成的生物污染，使非洲的维多利亚湖濒临“死亡”，沿湖国家肯尼亚、乌干达和坦桑尼亚的经济遭受了巨大损失。

综上所述，生物污染的危害是多方面的，不仅影响人类健康，还对环境质量、食品安全、生产和经济的发展构成威胁。因此，采取有效的防治措施是必要的。

四、生物污染的控制

造成生物污染有大自然的因素，但更多的是人为因素。由于人类商贸往来、旅游活动和其他交流活动的增多，增大了生物污染防治的难度，所以必须坚持以防为主，积极采取有效的应对措施。

（一）大气生物污染控制

（1）防止大气微生物污染的措施有：①室内通风。通过空气流动，空气的稀释作用和微生物的沉降作用，可使室内空气中微生物数目明显减少。影剧院、礼堂、会议室等人员拥挤的场所应该采用这一措施。②空气过滤。对空气清洁程度要求较高的场所，如手术室、无菌实验室等可采用多种空气过滤器，以除去含有微生物的尘埃。③空气消毒。常用的空气消毒方法有物理方法、化学方法两类，物理方法主要是紫外线照射。波长为 2 000～2 967 Å①（特别是 2 650 Å）的紫外线，能有效杀灭空气中的微生物。化学方法主要是用各种化学药品喷洒或熏蒸。常用的药品有甲醛、乳酸、次亚氯酸钠（或漂白粉）、三乙烯乙二醇、过氧乙酸、丙二醇等。

（2）大气变应原污染的预防措施主要是杀灭病原体以及防止和避免接触变应原。

（3）对于生物性尘埃污染，目前，园林绿化部门采取只栽雄株的办法，试图杜绝这种污染的发生。

（二）水体生物污染控制

防治水体生物污染的主要措施有：

（1）加强污水的处理，特别是对医院、畜牧场、屠宰场、制革厂、禽蛋厂等污水的生化处理及消毒灭菌净化的监督与管理，这类污水只有达到安全排放标准后才允许排放；

（2）加强对饮用水的处理，保证所供给的生活饮用水符合水质标准，对农村分散式给水，通过煮沸或加漂白粉等方式杀灭水中的病原体；

（3）控制向水体排放含氮磷的废水；

（4）加强水生生物监测等。

（三）土壤生物污染控制

为了预防和控制土壤生物污染，可以加强污水的处理和监管，确保污水达到排放标准后再用于灌溉。选择安全、无害的有机肥料，减少病原菌和有害生物的引入。加强城市垃

① 1 Å（埃）=10^{-10} m。

圾的处理和管理，避免垃圾对土壤的污染。加强土壤监测和治理，及时发现和处理土壤污染问题。

（四）食品生物污染控制

防止食品生物污染，首先应注意食品原料生产区域的环境卫生，避免人畜粪便、污水和有机废物污染环境，防止和控制作为食品原料的动、植物病虫害，在收获、加工、运输、贮存、销售等各个环节防止食品污染。其次是在食品可能受到微生物污染的情况下，采取清除、杀灭微生物或抑制其生长繁殖的措施，如各种高低温和化学消毒、冷藏和冷冻、化学防腐、干燥、脱水、盐腌、糖渍、罐藏、密封包装、辐射处理等。把这些方法结合起来运用，更能起到消除或控制生物污染、保证食品质量的效果。

（五）室内生物污染控制

采取以下措施可有效改善室内空气微生物状况，改善和提高室内空气质量：

（1）去除污染源，被褥经常晾晒。降低和消除湿气，防止结露，使细菌和真菌等微生物不能在室内孳生繁殖，或者彻底清除污染建筑材料；

（2）保持室内清洁卫生，可有效降低室内空气微生物污染；

（3）经常通风，保持室内干燥。通常室外空气中微生物的数量较室内低，将细菌和真菌等微生物排出，降低室内空气微生物浓度；

（4）绿化，绿色植物可吸附尘埃从而降低空气微生物含量；

（5）定期清洗空调和地毯。长期使用后，空调的滤网上可吸附大量脏物，有利于微生物的滋生，军团菌常栖息在空调冷却器处，可以气雾形式播散到空气中，使人感染军团菌病；

（6）净化空气：使用水洗空气净化器去除室内空气中的微生物，或者用紫外线照射杀死室内空气中微生物，也可以采用有机抗菌剂和无机抗菌剂抑制和杀死微生物，试图减少室内环境中潜在的微生物污染源，达到控制室内空气微生物污染，改善和提高室内空气质量的目的。

此外，还可采取以下措施控制生物污染：①进一步严格进口货物的动植物检疫及微生物检疫工作，防止外来生物随货侵入；②减少对外来物种的引进，引进前必须经过充分论证；③加强有关生物污染的基础理论研究，建立国家级监控体系和数据库；④提高人口的整体素质，增强环境保护、物种保护、生物多样性保护和防止生物污染的意识；⑤对已经发生的生物污染积极进行治理，防止其继续传播扩散，造成更大的危害；⑥严格控制污染源，加强对病原生物在环境中传播途径的研究，以便采取适当的方法（物理的、化学的或生物的）进行防治；⑦注意工业的合理布局以及生产过程的消毒和检验措施，如植物种子的消毒浸种和拌种、有机肥料的无害化处理、食品生产的严格卫生检验等。

第七节 其他新污染物与控制

一、全氟有机化合物

含氟化合物是指氟取代有机化合物分子里的氢而产生 C—F 键的化合物。如果氟取代了化合物分子里所有的氢，就称为全氟有机化合物（perfluorinated organic compounds，PFCs）。PFCs 被广泛地应用在涂料、纤维织物、颜料和起泡灭火器等工业制造产品中。PFCs 在环境中以及生物体中的最终转化产物为全氟辛酸（perfluorooctanoic acid，PFOA）和全氟辛烷磺酸（perfluoroocatane sulfonate，PFOS）。PFCs 具有污染范围大、生物累积性强、化学稳定性强、分解时间长等特性。

总的来说，PFCs 的真正来源可以分为直接来源与间接来源，前者包括 PFCs 和含氟聚合物的生成和处理、PFCs 在生活及工业用品上的应用、灭火泡沫的使用等，后者包括 PFCs 前体物的生产和使用等。PFCs 对人体具有毒性，在人体内有累积效应，曾有研究在人类血液、组织液和乳汁中检测出 PFCs 的存在。人体长时间低剂量水平接触 PFCs 也可能导致免疫系统紊乱、激素紊乱、胎儿发育缓慢和妊娠糖尿病的出现。PFOS 以其稳定和疏水疏油的性质，广泛地分布在自然环境中，野生动物和人类的体内均有 PFOS 的检出，PFOS 对人体具有一定的肝毒性、心血管毒性、免疫系统毒性、生殖系统毒性以及神经毒性等，母体内累积的 PFOS 可以通过胎盘从母体转移到胎儿。

二、溴化阻燃剂

溴化阻燃剂（brominated flame retandants，BFRs）是普遍使用的工业化学制剂，被广泛用于印制电路板、塑料、涂层、电线电缆及树脂类电子元件中。近几年，它在环境及某些生物体中被检测到，对人和哺乳动物有一定的毒性。在 BFRs 产品中，大约 1/3 含有多聚溴化二苯醚（polybrominated diphenyl ethers，PBDEs）；1/3 含四溴双酚 A（tetrabromobisphenol A，TBBPA）及其衍生物；1/3 含其他溴化合物，如多溴二苯联苯（polybrominatedbiphenyls，PBBs）和六溴环丙烷十二烷（hexabromocyclododecane，HBCD）。BFRs 在制造、循环再造或处理弃置家居及消费性产品过程中所释出的有害物质对人体健康与环境所造成的损害已越来越严重。目前，部分发达国家已经对此制定了相关的法规法案来引导环保型阻燃剂的使用。2005 年，欧盟发布了《关于在电子电气设备中禁止使用某些有害物质指令》，要求从 2006 年 7 月 1 日起，在新投放市场的电子电器设备中，禁止使用铅、汞、镉、六价铬、PBDEs 和 PBBs 等有害物质。目前，中国高分子工业所使用的阻燃剂中，近 80%仍是含卤阻燃剂，特别是以多溴二苯醚和多溴联苯类物质为代表的含溴阻燃剂。由于其效率高、用量少，在出口的电子电气产品中使用较普遍，占总量的 70%～80%。

三、饮用水中的消毒副产物

随着全球人口的增长及人类活动的加剧，水环境问题日益突出，灭活水传播病原体提供安全饮用水已被列为全球卫生计划的优先事项。饮用水中的细菌和病毒等微生物被证实是与霍乱和伤寒等相关的致病物种，需要在饮用水处理过程中被去除以保障生活饮用水安全。消毒剂可有效对抗不同的致病菌和病原体，因此被广泛用于饮用水消毒。然而，其在消毒过程中与水中存在的天然有机物（NOM）、人为污染物及卤素离子等前体物质反应生成一类次生污染物，即消毒副产物（disinfection by-products，DBPs）。目前为止，已经在饮用水中确定的 DBPs 超过 700 种。毒理学研究显示，大部分已被识别的 DBPs 具有细胞毒性、神经毒性和遗传毒性，且含氮消毒副产物（nitrogenous DBPs，N-DBPs）的毒性高于含碳消毒副产物（carbonaceous DBPs，C-DBPs）。流行病学研究表明，氯消毒饮用水的长期饮用和罹患膀胱癌、结肠癌和孕妇流产之间存在一定联系。

饮用水中 DBPs 的控制方法大致可分为源头控制、过程控制、末端控制和协同控制四大类。其中源头控制是指在消毒剂投加之前通过水源保护或饮用水厂处理工艺削减水中 DBPs 前体物的浓度；过程控制即为通过改变消毒方式及优化消毒工艺等方式来减少 DBPs 的生成或改变 DBPs 的生成种类；末端控制则是利用物理方法或化学方法去除一系列已生成的 DBPs；协同控制即是通过耦合源头、过程和末端控制方式以实现多类 DBPs 的高效控制。

四、药品和个人护理用品

药物和个人护理品（pharmaceuticals and personal care products，PPCPs）是指包括人和动物使用的各种药品和日常护理品在内的多种化学物质的总称。主要包括各种药用化学品（如抗生素、消炎药、镇静剂）及个人护理用品（如化妆品、芳香剂、洗涤剂、牙齿护理用品）等。近年来，随着社会经济发展及人们生活水平提高，PPCPs 的生产量和消费量不断增加，水体中的 PPCPs 主要可通过污水排放、畜禽养殖和施肥等方式直接或间接地进入环境当中，导致环境中 PPCPs 的检出范围、检出频率及检出浓度都不断增加，从而对环境产生不同程度的污染。大部分 PPCPs 具有生物活性、高极性和光学活性，进入环境后可能会影响水生生物等的正常生命活动，最终通过食物链影响人类健康。PPCPs 虽为生产、生活提供了便利，但其对人类和生态环境健康也存在潜在的威胁，PPCPs 类物质具有普遍持久性及生物毒性，长期暴露在水环境中的 PPCPs，即使浓度在纳克[①]每升及以下的级别也会产生内分泌干扰、抑制微生物生长等有害影响。

① 1 纳克=10^{-9} g。

五、纳米材料

正如微米技术是20世纪科学技术的象征，21世纪科学技术的象征是纳米技术。纳米材料是指粒径在1～100 nm[①]的材料。纳米材料主要具有4方面的效应，即小尺寸效应、表面效应、量子尺寸效应和宏观量子隧道效应，由这些效应可导致异常的吸附能力、化学反应能力、分散与团聚能力等，其特性与大块的材料有明显区别。在传导性、反应性和光敏性上显示出许多奇异的特性，在磁学、光学、生物医学、催化以及材料学等各个领域均有十分广泛的用途。纳米技术给人类带来了巨大的利益，但同时其负面环境效应也不可忽视。

纳米材料具有的独特理化性质决定了其毒理学研究的特点，诸多研究已表明纳米物质可能具有与常规尺寸物质不同的毒性。首先，纳米颗粒结构微小，能够轻易进入机体，并能穿透细胞膜，引起类似环境超微颗粒所致的炎症反应。一般理论认为：同一化学物的纳米级颗粒与微米级颗粒相比，其致炎性和致肿瘤性等毒性可能更大。其次，纳米材料的比表面积巨大，具有高表面活性。该特性一方面有利于将其运用于环境污染物的化学和（或）生物降解，另一方面可能导致其对生物体毒性效应的放大。

思考题

1. 微塑料的来源有哪些？日常的生活中哪些过程会产生微塑料？
2. 抗生素对人体的危害有哪些？
3. 简述内分泌干扰物的作用机理以及对人体的危害有哪些。
4. 何谓生物污染？
5. 生物污染的危害有哪些？
6. 生物污染的防治措施有哪些？
7. 试简述与生活密切相关的其他新污染物及危害。

参考文献

[1] 邓南圣，吴峰．环境中的内分泌干扰物[M]．北京：化学工业出版社，2004．
[2] 方淑荣，姚红．环境科学概论[M]．北京：清华大学出版社，2022．
[3] 生态环境部对外合作与交流中心．POPs知多少之氟代持久性有机污染物[M]．北京：中国环境出版集团，2020．
[4] 苏志华．环境学概论[M]．北京：科学出版社，2018．

① 1 nm=10^{-9} m。

[5] 谭龙飞，黄壮霞．食品安全与生物污染防治[M]．北京：化学工业出版社，2007．
[6] 徐建，郭昌盛，等．环境中的新污染物——精神活性物质[M]．北京：化学工业出版社，2021．
[7] 余刚，牛军峰，黄俊，等．持久性有机污染物：新的全球性环境问题[M]．北京：科学出版社，2005．
[8] 臧文超，等．化学物质与新污染物环境治理体系[M]．北京：中国环境出版集团，2022．
[9] 张干，李军，等．持久性有机污染物的地球化学[M]．北京：科学出版社，2019．
[10] 张桂斋．两类持久性有机污染和重金属在南四湖食物链中的分布和生物累积[D]．济南：山东大学，2014．
[11] 张田勘．禁塑太难，就得为它找出路[EB/OL].（2022-05-11）[2022-06-25]. https://m.gmw.cn/2022-05/12/content_35729331.htm.
[12] 张田勘．长江抗生素含量超标，水质改善任重道远[EB/OL].（2020-04-26）[2022-06-25]. https://guancha.gmw.cn/zhuanlan/2020-04/26/content _33773549.htm.
[13] 周炳升，等．持久性有机污染物的内分泌干扰效应[M]．北京：科学出版社，2018．

第十章　环境与法

法律是一种体现统治阶级意志，由国家制定、认可并强制执行的调整社会关系和行为的准则或规范。环境法就是在环境问题日益成为 20 世纪以来的一个严重的社会问题，为了保护环境，在法律上形成的具有独特性质的法律体系。它用法律来调节人类生活与生产活动对环境的影响，运用法律手段影响人类行为，协调社会经济发展与环境保护的关系，因此环境法是环境管理工作的重要内容，是环境管理的依据与支柱。

第一节　环境法概述

一、环境法的特点

环境法是针对环境问题制定的法律解决方案。关于环境法的概念，国内外学术界至今观点林立，尚无一个公认的权威性界定。综合国内外环境法学著述对环境法定义的表述，并结合我国立法实践，一般来讲，环境法是以保护和改善环境、警惕和预防人为环境侵害为目的，调整与环境相关的人类行为的法律规范的总称。

环境法同其他法律一样是“上层建筑”的组成部分，并且是为经济基础服务的。但环境法不但要适应经济基础的需要，而且受自然界的制约；不但要遵循社会经济法律，而且要遵循自然规律。概括地说，环境法具有以下特点：

（1）综合性。从形成的基础来看，环境法是以法学和环境科学为基础，是邻近诸部门法、和有关自然科学相互交叉与渗透的产物。因此，环境法必须采取多种手段和措施，对环境问题进行全面的综合解决。从环境保护范围来看，环境关系到国民经济的各个部门，调整的社会关系涉及生产、流通、生活各个领域，不仅受经济、政治、文化的影响，而且受自然环境和科学技术的影响，具有别的部门法所不具有的广泛性和综合性。这些都决定了环境法的高度综合性。

（2）技术性。环境法具有其他部门法不具有的极强科学技术规范，这一点是环境法区别于其他法律（部门法）的基本特征。环境法的技术性一方面表现在要遵循某些自然规律，例如，它不仅反映社会经济规律和生态平衡规律，还反映环境科学规律。另一方面环境法中有关保护自然资源和防治环境污染的许多措施，环境保护基本原则、基本制度，以及大量的环境保护标准，如环境质量标准、污染物排放标准、环境基础标准和环境方法标准，这些都是从环境科学研究成果和环境保护实践中，由技术规范上升而来的，这都体现了环境法的技术性。各种环境标准在环境法中占据着极其重要的地位，它既是制定其他环境法律规范的基础，也是环境执法的基础。没有环境标准，就无法判断环境行为的合法与违法。可以说环境法是以科学技术规则为内容，以法律规范为形式的。因此，技术性是环境法的最根本属性。

（3）社会性。人类赖以生存的地球环境是一个整体，环境法所保护和改善的环境是整个人类赖以生存和发展的基础。环境的污染或改善往往不是一个地区一个省市的问题，有时也不是一国或两国的问题。局部环境的严重破坏和污染，不但给当地人民带来危害，而且会给别的地方或别的国家带来危害。局部环境的改善，当地人民与外地人民都受益。与阶级性和政治职能较强的宪法、刑法等公法相比，环境法较少体现阶级利益的对立与冲突，更多是强调解决人与自然之间的矛盾，重点关注的是关于人类生存与发展的公共利益与基本人权，主要侧重于“为一般社会福利而立法”，属于社会立法的范畴。良好的生态环境是人类的经济与社会实现可持续发展的物质基础，而生态文明也是现代社会文明的重要组成部分，因此，环境法是以社会公共利益为本位的法，目的是保护与改善生态环境。

二、环境法的基本原则

环境法的基本原则，是指环境保护法所确认或者体现的，为实现环境保护法的任务和目的所必须遵循的基本准则或者基本指导方针。环境法所确立的基本原则，是环境法本质的集中表现，是调整因保护和改善环境而产生的社会关系的基本准则。它贯穿在全部环境法中，并体现环境保护工作的基本方针、政策，是国家环境管理所遵循的基本原则。

（一）经济建设和环境保护协调发展原则

经济建设和环境保护协调发展原则，简称协调发展原则，是指经济建设和环境保护必须统筹规划、同步实施、协调发展，实现经济效益、社会效益和环境效益的统一。这一原则正确反映了经济建设和环境保护的关系，同时指出了如何正确对待和处理二者之间的关系。

1989 年 12 月颁布的《中华人民共和国环境保护法》（简称《环境保护法》）第四条规定：“国家制定的环境保护规划必须纳入国民经济和社会发展计划。国家采取有利于环境保护的经济、技术政策和措施，使环境保护工作同经济建设和社会发展相协调”，强调“协调发展”原则和国际环境组织提出的“可持续发展”的指导思想是一致的。“协调发展”着重从横向关系上，即制约发展的基本因素的相互关系上对发展提出要求，“可持续发展”则是从纵向历史发展过程，即当前需要与未来需要的关系上提出要求。两者的目的都是保证社会的持续发展，既满足当代人的需要，又不对后代人构成危害。

（二）预防为主、防治结合、综合治理的原则

预防为主、防治结合、综合治理原则，是指采取各种预防措施，防止环境问题的产生和恶化，或者把环境污染和破坏控制在能够维持生态平衡、保护人体健康和社会物质财富及保障经济、社会持续发展的限度之内。这是针对环境问题的特点和国内外环境管理的主要经验和教训提出的，它明确了预防与治理的关系，指出了治理环境污染和生态破坏的主要方式和途径。这一原则在各部环境法律中均有体现。例如，《中华人民共和国固体废物污染环境防治法》（2020 年修订）第四条规定，“固体废物污染环境防治坚持减量化、资源化和无害化的原则”。这里提到的“减量化”、“资源化”和“无害化”就是预防为主原则的具体体现。此外，我国环境立法中确立的“环境影响评价”“三同时”等环境管理制度，就是为了落实预防为主、防治结合的原则。

（三）开发者保护、污染者治理的原则

开发者保护、污染者治理的原则是指开发利用自然资源的单位和个人，不仅有依法开发自然资源的权利，而且负有恢复、整治、保护环境和自然资源的责任。例如，《环境保护法》第四十二条、第四十三条规定，排放污染物的企业事业单位和其他生产经营者，应当采取措施，防治在生产建设或者其他活动中产生的废气、废水、废渣、医疗废物、粉尘、恶臭气体、放射性物质以及噪声、振动、光辐射、电磁辐射等对环境的污染和危害。排放污染物的企业事业单位和其他生产经营者，应当按照国家有关规定缴纳排污费。排污费应当全部专项用于环境污染防治，任何单位和个人不得截留、挤占或者挪作他用。依照法律规定征收环境保护税的，不再征收排污费。该项原则是我国在借鉴国际社会普遍采用的“污染者付费原则”的基础上，结合我国的实际提出来的。它包含两重含义：一是“谁开发，谁保护”的原则。二是“谁污染，谁治理”的原则。

贯彻实施开发者保护、污染者治理原则有利于实行环境保护目标责任制；有利于加强对开发建设活动的监督；有利于采取限期治理的措施，开展流域、区域污染综合治理。

（四）鼓励综合利用的原则

综合利用是指把物质生产过程和消费过程中排放的各种废弃物最大限度地利用起来，做到物尽其用，以便使整个社会生产和消费的排泄物，减少到最低限度，从而达到最好的经济效益和社会效益。例如，《中华人民共和国固体废物污染环境防治法》（2020 年修订）第三十四条、第六十一条、第九十八条分别规定，“国务院工业和信息化主管部门应当会同国务院发展改革、生态环境等主管部门，定期发布工业固体废物综合利用技术、工艺、设备和产品导向目录，组织开展工业固体废物资源综合利用评价，推动工业固体废物综合

利用”。“国家鼓励采用先进技术、工艺、设备和管理措施，推进建筑垃圾源头减量，建立建筑垃圾回收利用体系”。“从事固体废物综合利用等固体废物污染环境防治工作的，依照法律、行政法规的规定，享受税收优惠”。

（五）公众参与原则

加强国家对环境的管理，维护环境质量，需要公众的广泛参与。所谓公众参与原则是指在环境保护中任何单位和个人都享有平等参与环境管理、环境决策的权利。

环境质量好坏，直接关系到每个人的生活质量，关系到一个民族的生存和发展。《里约环境与发展宣言》明确提出：“环境问题最好在所有有关公民在有关一级的参加下加以处理。在国家一级，每个人应有适当的途径获得有关公共机构掌握的环境问题的信息，其中包括关于他们的社区内有害物质和活动的信息，而且每个人应有机会参加决策过程。各国应广泛地提供信息，从而促进和鼓励公众的了解和参与。应提供采用司法和行政程序的有效途径，其中包括赔偿和补救措施。”这表明，公众参与原则已得到世界各国的普遍认可。在我国这项权利首先在《中华人民共和国宪法》（简称《宪法》）中做了规定：中华人民共和国的一切权力属于人民，人民依照法律规定，通过各种途径和形式，管理国家事务，管理经济和文化事业，管理社会事务。根据这一规定，我国公民可以广泛参与国家的环境管理。

第二节　我国环境法的体系构成

一、我国环境法的发展历程

我国在 20 世纪初也开始出现较大规模的环境问题，经历了中华人民共和国成立初期的工业化阶段，环境问题开始严重起来。自 1972 年联合国在瑞典斯德哥尔摩召开了人类环境会议后，1973 年国务院召开了第一次环境保护会议，把环境保护提上了国家管理的议事日程。1979 年，作为我国环境保护基本法的《中华人民共和国环境保护法（试行）》颁布，标志着我国的环境保护工作进入了法治阶段。1989 年 12 月 26 日，第七届全国人民代表大会常务委员会第十一次会议正式通过《中华人民共和国环境保护法》。2014 年 4 月 24 日，第十二届全国人民代表大会常务委员会第八次会议审议通过了修订的《中华人民共和国环境保护法》，这是我国环境保护法制建设的一个重要里程碑。这次修订，根据党的十八大和十八届三中全会精神，立足我国基本国情，面对严峻的环境污染形势，着重解决环境保护领域的共性突出问题，强化了政府和企业的责任，明确了公民的环保责任和义务，加大了对环境违法行为的处罚力度，对于保护和改善生态环境，推进生态文明建设，促进经济和社会可持续发展，具有十分重要的意义。

因此，党的十八大以来，我国的环境立法进入了一个相对活跃的时期，大量的法律、法规出台，法律制度不断完善，环境法的体系逐渐建立起来。

二、环境法的体系构成

我国环境法体系是以《宪法》关于环境保护规定为基础，以环境保护基本法为主干，由保护自然环境、防治污染的一系列单行法规、环境标准规范，以及相关部门法中有关环境保护法律规范所构成。我国环境法体系示意见图 10-1。

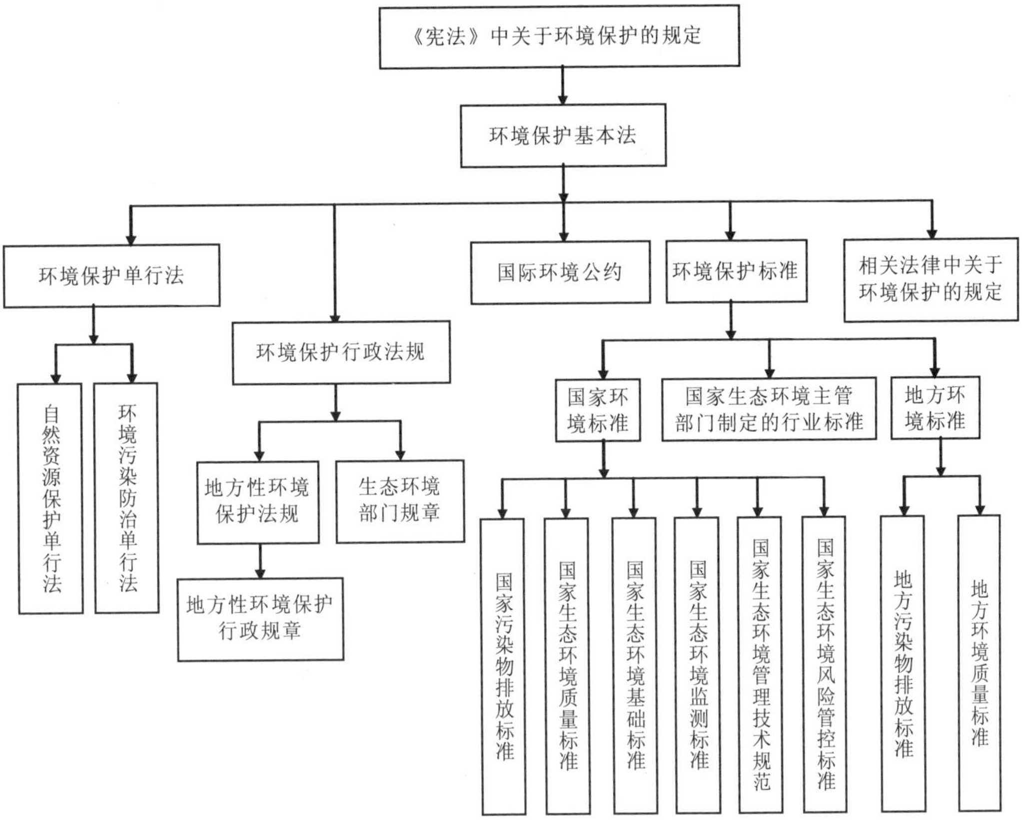

图 10-1 我国的环境法体系示意

（一）《宪法》中关于环境保护的规定

《宪法》是国家的根本大法，《宪法》中关于环境保护的规定，是环境法的基础，是制定具体的环境法律、法规和规章的总纲。《宪法》对环境保护作了根本性的规定。其中最重要的一条就是《宪法》第二十六条的规定："国家保护和改善生活环境和生态环境，防治污染和其他公害。"《宪法》第九条第 1 款规定："矿藏、水流、森林、山岭、草原、荒地、滩涂等自然资源，都属于国家所有，即全民所有；由法律规定属于集体所有的森林和山岭、草原、荒地、滩涂除外。”第九条第 2 款规定：“国家保障自然资源的合理利用，保护珍贵的动物和植物。禁止任何组织或者个人用任何手段侵占或者破坏自然资源。”第十条第 1、2 款规定：“城市的土地属于国家所有。农村和城市郊区的土地，除法律规定属于国家所有的以外，属于集体所有；……”《宪法》关于环境保护的原则规定，是环境立法和环境执法的依据。

（二）环境保护基本法

所谓“基本法”，是指国家制定的包含某方面综合性政策、目标规定的整体性综合性法律。环境保护基本法在整个环境法体系中，具有重要的地位和不可替代的意义，理论上应当处于国家基本法律的地位，其效力仅次于《宪法》，是制定各种环境保护单行法律、法规和规章的基本依据。1989 年 12 月颁布的《中华人民共和国环境保护法》是我国环境保护方面的基本法，2014 年 4 月 24 日进行了修订，自 2015 年 1 月 1 日起施行。它包括环境保护的概念、范围、方针、政策、原则、措施、机构和管理等基本规定。该基本法共 7 章 70 条，比《宪法》规定的要具体，可以认为是我国环境法的“掌门人”。

国家环境保护基本法是制定其他环保法规的依据。世界上许多国家都有环境保护基本法。

（三）环境保护单行法

环境保护单行法是以《宪法》和环境保护基本法为依据，针对特定保护对象而进行的专门立法。其针对的对象可以是某种环境要素（大气、水、海洋等）、污染物（固体废物、农药、噪声等）、自然资源（森林、草原、土地等），也可以是某种特定的环境社会关系。相对于基本法——母法来说，也可称之为子法。它们以《宪法》和《环境保护法》为依据，又是《宪法》和《环境保护法》的具体化，是进行环境管理、处理环境纠纷的直接依据。环境保护单行法在环境法体系中的数量最多，占有重要的地位。这些单行法一般都有本身包含的特定内容，如概念、范围、要求、措施等。

由于环境单行法数量较多，内容广泛，可以按其调整环境关系的差异作如下分类。

1. 环境污染防治单行法

由于环境污染是环境问题中最突出、最尖锐的部分，所以污染防治是我国环境法体系的主要部分和实质内容所在，基本上属小环境法体系，如水、气、声、固体废物等污染防治法。其中主要有《中华人民共和国海洋环境保护法》《中华人民共和国水污染防治法》《中华人民共和国大气污染防治法》《中华人民共和国噪声污染防治法》《中华人民共和国固体废物污染环境防治法》《中华人民共和国放射性污染防治法》。

2. 自然资源保护单行法

它包括野生动物保护、名胜保护、游览区保护、森林保护等。这些也属于单项法。这方面的法律也较多，主要有：《中华人民共和国森林法》，1984 年颁布，历经 1998 年、2009 年两次修正，2019 年修订，共 9 章 84 条；《中华人民共和国草原法》，1985 年颁布，2002 年修订，后分别于 2009 年和 2013 年两次修正，共 9 章 75 条；《中华人民共和国渔业法》，1986 年颁布，先后历经 4 次修正，共 6 章 50 条；《中华人民共和国矿产资源法》，1986 年颁布，历经 1996 年和 2009 年两次修正，2023 年 12 月 25 日，十四届全国人民代表大会常务委员会第七次会议审议了最新的矿产资源法修订草案，共 7 章 53 条；《中华人民共和国土地管理法》，1986 年颁布，历经 1988 年、1998 年（修订）、2004 年、2019 年 3 次修正、一次修订，共 8 章 87 条；《中华人民共和国水法》，1988 年颁布，历经 2002 年一次修订，2009 年、2016 年两次修正，共 8 章 82 条；《中华人民共和国野生动物保护法》，1988 年颁布，历经 2004 年、2009 年、2018 年 3 次修正，2016 年、2022 年两次修订，共 5 章 64 条；《中华人民共和国水土保持法》，1991 年颁布，2010 年修订，共 7 章 60 条；《中华人民共和国煤炭法》，1996 年颁布，历经 2009 年、2011 年、2013 年、2016 年 4 次修正，共 8 章 67 条；《中华人民共和国防沙治沙法》，2001 年颁布，2018 年修正，共 7 章 47 条；《中华人民共和国清洁生产促进法》，2002 年颁布，2012 年修正，共 6 章 40 条；《中华人民共和国环境影响评价法》，2002 年颁布，历经 2016 年和 2018 年两次修正，共 5 章 37 条。

上述两类环境法律一般由全国人民代表大会常务委员会制定，这是因为全国人民代表大会常务委员会在我国环境立法体制中的地位仅次于全国人民代表大会，行使着广泛的立法职能。我国环境保护的重要方面大多已经由全国人民代表大会制定的法律加以规范。

（四）环境保护行政法规

环境保护行政法规是指国务院根据宪法、行政法和环境法律的授权制定的有关合理开发、利用和保护、改善环境和资源方面的行政法规，并由总理签署国务院令予以公布。行政法规的法律效力高于地方性法规、规章，内容也更为具体化。目前国务院已制定 100 多项防治环境污染和环境破坏、保护和合理利用自然资源的行政法规，如《地下水管理条例》（2021 年）、《排污许可管理条例》（2021 年）、《全国污染源普查条例》（2019 年修订）、《中华人民共和国自然保护区条例》（2017 年修订）、《建设项目环境保护管理条例》（2017 年修订）、《中华人民共和国海洋倾废管理条例》（2017 年修订）、《畜禽规模养殖污染防治条例》（2013 年）、《城镇排水与污水处理条例》（2013 年）、《医疗废物管理条例》（2011 年修订）、《危险化学品安全管理条例》（2013 年修订）、《规划环境影响评价条例》（2009 年）、《放射性同位素与射线装置安全和防护条例》（2019 年修订）、《危险废物经营许可证管理办法》（2016 年修订）、《防治海洋工程建设项目污染损害海洋环境管理条例》（2018 年修订）、《中华人民共和国野生植物保护条例》（2017 年修正）、《中华人民共和国防治陆源污染物污染损害海洋环境管理条例》（1990 年）等。

（五）地方性环境保护法规、行政规章及生态环境部门规章

地方性环境保护法规，是指由各省、自治区、直辖市和其他依法有地方性法规制定权的地方人民代表大会及其常务委员会制定的有关合理开发、利用、保护、改善环境和资源方面的地方法规。地方性法规效力高于本级和下级地方人民政府规章。地方性法规主要突出了以因地制宜的原则管理行政区环境问题，是解决区域差异环境问题的重要依据。对于国家已有的环境法律法规内容，地方可以根据自身实际情况对已有内容严格化和具体化。近年来，各省、自治区、直辖市已先后制定了 600 多件有关环境与资源保护方面的地方法规。如《山东省生物多样性保护条例》（2024 年施行）、《山东省固体废物污染环境防治条例》（2023 年施行）、《江西省鄱阳湖流域总磷污染防治条例》（2024 年施行），等等。地方性环境保护行政规章，是指由各省、自治区、直辖市人民政府和其他依法有地方行政规章制定权的地方人民政府制定的有关合理开发、利用、保护、改善环境和资源方面的地方性行政规章，如《安徽省自然保护区条例》（2024 年）、《福建省生态环境保护条例》（2022 年）。从全国范围来说，地方性环境保护行政规章的数量很大。这些地方性环境保护法规和行政规章也是我国环境法体系中的重要组成部分，对于有效贯彻实施国家环境法规，丰富完善我国环境法体系的内容，具有重要的理论和实践意义。

（六）环境保护标准

环境保护标准是指国家为了保护人群健康、保护社会财富和维护生态平衡，就环境质量以及环境污染物的排放、环境监测方法以及其他需要的事项，按照国家规定的程序，制定和批准的各种技术指标与规范的总称。它是环境保护行政的各项法律制度得以顺利实施的重要科学依据，是环境资源法中的技术性规范，是环境法体系中不可缺少的有机组成部分。一般环境标准体系有国家环境标准、地方环境标准和国务院生态环境主管部门制定的行业标准（生态环境部标准）。行业标准在相应的国家标准实施后，自行废止。

《生态环境标准管理办法》规定，我国的环境标准由六类两级组成。六类是指国家生态环境质量标准、国家生态环境风险管控标准、国家污染物排放标准、国家生态环境监测标准、国家生态环境基础标准和国家生态环境管理技术规范等。其中环境标准中的国家生态环境质量标准和国家污染物排放标准属于强制性标准，具有法律规范的性质和特点，因此是环境法体系的重要组成部分。两级是指国家标准和地方标准，生态环境基础标准和生态环境管理技术规范只有国家标准。我国的国家标准又有强制性标准和推荐性标准之分。强制性国家标准用“GB”表示，推荐性国家环境标准用“GB/T”表示，行业环境标准用“HJ/T”表示。

目前我国已经颁布了许多生态环境质量标准和污染物排放标准，如大气环境质量标

准、水环境质量标准、噪声环境质量标准、土壤环境质量标准、污水综合排放标准、废气综合排放标准等。我国颁布的主要环境标准见表 10-1。随着科学技术的发展，对各类环境标准都会做出修订，在工作中一般会执行最新版本的标准。但仍使用旧标准时，应加以说明。

表 10-1 我国颁布的主要环境标准

类别	环境标准	标准代号	类别	环境标准	标准代号
水环境	地表水环境质量标准	GB 3838—2002	大气环境	室内空气质量标准	GB/T 18883—2022
	污水海洋处置工程污染控制标准	GB 18486—2001		饮食业油烟排放标准	GB 18483—2001
	污水综合排放标准	GB 8978—1996		锅炉大气污染物排放标准	GB 13271—2014
	海水水质标准	GB 3097—1997		大气污染物综合排放标准	GB 16297—1996
	烧碱、聚氯乙烯工业污染物排放标准	GB 15581—2016		环境空气质量标准	GB 3095—2012
	磷肥工业水污染物排放标准	GB 15580—2011		工业炉窑大气污染物排放标准	GB 9078—1996
	地下水质量标准	GB/T 14848—2017		火电厂大气污染物排放标准	GB 13223—2011
	航天推进剂水污染物排放标准	GB 14374—1993		炼焦化学工业污染物排放标准	GB 16171—2012
	柠檬酸工业水污染物排放标准	GB 19430—2013		重型车用汽油发动机与汽车排气污染物排放限值及测量方法（中国Ⅲ、Ⅳ阶段）	GB 14762—2008
	味精工业污染的排放标准	GB 19431—2004		摩托车和轻便摩托车排气污染物排放限值及测量方法（双怠速法）	GB 14621—2011
	肉类加工工业水污染物排放标准	GB 13457—1992		恶臭污染物排放标准	GB 14554—1993
	钢铁工业水污染物排放标准	GB 13456—2012		工业炉窑大气污染物排放标准	GB 9078—1996
	纺织染整工业水污染物排放标准	GB 4287—2012		水泥工业大气污染物排放标准	GB 4915—2013
	制浆造纸工业水污染物排放标准	GB 3544—2008	声环境	声环境质量标准	GB 3096—2008
	城镇污水处理厂污染物排放标准	GB 18918—2002		工业企业厂界环境噪声排放标准	GB 12348—2008
	渔业水质标准	GB 11607—1989		机场周围飞机噪声环境标准	GB 9660—1988
	生活饮用水卫生标准	GB 5749—2022	放射性环境	建筑材料放射性核素限量	GB 6566—2010
	海洋石油勘探开发污染物排放浓度限值	GB 4914—2008			
	船舶水污染物排放控制标准	GB 3552—2018			
	农田灌溉水质标准	GB 5084—2021			

类别	环境标准	标准代号	类别	环境标准	标准代号
固体废物环境	生活垃圾焚烧污染控制标准	GB 18485—2014	土壤环境	土壤环境质量 建设用地土壤污染风险管控标准（试行）	GB 36600—2018
	危险废物焚烧污染控制标准	GB 18484—2020			
	生活垃圾填埋场污染控制标准	GB 16889—2024			
	危险废物贮存污染控制标准	GB 18597—2023			
	电镀污泥处理处置分类	GB/T 38066—2019			
	含铬皮革废料污染控制技术规范	HJ 1274—2022			
	农用污泥污染物控制标准	GB 4284—2018			
	医疗废物焚烧炉技术要求（试行）	GB 19218—2003			

生态环境基础标准是在环境保护工作范围内，对词汇、术语、图式、原则、导则、量纲单位作统一技术规定。生态环境管理技术规范是为规范各类生态环境保护管理工作的技术要求而制定的，包括大气、水、海洋、土壤、固体废物、化学品、核与辐射安全、声与振动、自然生态、应对气候变化等领域的管理技术指南、导则、规程、规范等。

（七）我国缔结或参加的国际环境公约

我国积极参加国际环境保护公约及立法活动，并积极推进国际环境保护工作。迄今为止，我国政府已签署并批准了 50 余个有关国际环境和资源保护条约。根据《宪法》的有关规定，经全国人民代表大会常务委员会或国务院批准缔结参加的国际条约、公约和议定书与国内法律具有同等法律效力。表 10-2 列出了我国加入的主要国际公约名称及时间。

表 10-2 我国加入的国际环境与资源保护公约

序号	国际公约名称	公约通过时间	公约通过地点	中国加入时间
1	国际捕鲸管制公约	1946 年	华盛顿	1980 年
2	大陆架公约	1958 年	日内瓦	1982 年
3	南极条约	1959 年	华盛顿	1991 年
4	关于各国探索和利用包括月球和其他天体在内外层空间活动的原则条约	1967 年	伦敦、莫斯科、华盛顿	1983 年
5	国际干预公海油污事故公约	1969 年	布鲁塞尔	1990 年
6	国际油污损害民事责任公约	1969 年	布鲁塞尔	1980 年
7	关于特别是作为水禽栖息地的国际重要湿地公约	1971 年	拉姆萨尔	1992 年
8	保护世界文化和自然遗产公约	1972 年	巴黎	1985 年
9	防止倾倒废物和其他物质污染海洋公约	1972 年	伦敦	1985 年

序号	国际公约名称	公约通过时间	公约通过地点	中国加入时间
10	濒危野生动植物种国际贸易公约	1973 年	华盛顿	1981 年
11	国际防止船舶污染公约	1973 年	华盛顿	1983 年
12	核材料的实质保护公约	1979 年	维也纳	1988 年
13	联合国海洋公约	1982 年	蒙特哥湾	1982 年
14	国际热带木材协定	1983 年	日内瓦	1986 年
15	保护臭氧层维也纳公约	1985 年	维也纳	1989 年
16	及早通报核事故公约	1986 年	维也纳	1987 年
17	核事故或辐射紧急情况援助公约	1986 年	维也纳	1987 年
18	控制危险废物越境转移及其处置巴塞尔公约	1989 年	巴塞尔	1989 年
19	联合国气候变化框架公约	1992 年	里约热内卢	1992 年
20	生物多样性公约	1992 年	里约热内卢	1992 年
21	核安全公约	1994 年	巴黎	1996 年
22	联合国防治荒漠化公约	1994 年	巴黎	1994 年
23	关于持久性有机污染物的斯德哥尔摩公约	2001 年	斯德哥尔摩	2001 年
24	关于在国际贸易中对某些危险化学品和农药采用事先知情同意程序的鹿特丹公约	2003 年	鹿特丹	2003 年
25	烟草控制框架公约	2003 年	日内瓦	2003 年

（八）相关法律中关于环境保护的规定

除以上环保法律法规之外，我国的刑法、民法、经济法、行政法等也含有某些环境保护的条款和法律规定，为解决环境问题提供了重要的法律依据。例如，在新颁布的《中华人民共和国民法典》第一千二百二十九条关于“因污染环境、破坏生态造成他人损害的，侵权人应当承担侵权责任”的规定；《中华人民共和国治安管理处罚法》关于处罚故意破坏树木、草坪、花卉的规定；1997 年通过的刑法中，专门增设了“破坏环境资源保护罪”一节共 9 条，对一些污染环境、破坏资源的行为规定了刑事处罚条款，在一定程度上填补了我国环境与资源保护法律在刑事处罚方面的空白，增强了环境与资源保护法律的权威性。此后在 2023 年 9 月 2 日，最高人民法院、最高人民检察院对《中华人民共和国刑法修正案（八）》做出补充规定，取消原“重大环境污染事故罪”，改为“污染环境罪”。此外，《中华人民共和国乡镇企业法》《中华人民共和国城市规划法》《中华人民共和国农业法》《中华人民共和国标准化法》《中华人民共和国公共卫生法》《中华人民共和国对外贸易法》《中华人民共和国公路法》《中华人民共和国电力法》《中华人民共和国建筑法》等法律也对涉及某一具体领域的环境与资源保护问题作了规定，对于解决相关领域的环境与资源破坏起到了积极作用。

第三节 环境损害司法鉴定与法律责任

一、环境损害司法鉴定

（一）概述

环境损害司法鉴定是指在诉讼活动中鉴定人运用环境科学的技术或者专门知识，采用监测、检测、现场勘察、试验模拟或者综合分析等技术方法，对环境污染或者生态破坏诉讼涉及的专门性问题进行鉴别和判断并提供鉴定意见的活动。环境损害司法鉴定解决的专门性问题包括：确定污染物的性质；确定生态环境遭受损害的性质、范围和程度；评定因果关系；评定污染治理与运行成本以及防止损害扩大、修复生态环境的措施或方案等。因此，环境损害司法鉴定可以追根溯源查明环境损害情况，为定罪提供证据。

2015年司法部、最高人民法院和最高人民检察院，将环境损害司法鉴定纳入统一登记管理，成为继法医类、物证类和声像资料类之后的第四大司法鉴定类别。相对传统“三大类”鉴定，环境损害司法鉴定涉及专业领域广、部门多、技术复杂，准入登记工作审核难度大。2016年10月，司法部、环境保护部联合印发《环境损害司法鉴定机构登记评审办法》《环境损害司法鉴定机构登记评审专家库管理办法》（司发通〔2016〕101号），将专家评审作为环境损害司法鉴定机构准入的必备环节，明确规定所有申请从事环境损害司法鉴定业务的法人和其他组织、个人，必须经过专家评审符合要求才可准入，并进一步明确了开展专家评审工作的程序、步骤及专家库的构成等。根据评审办法规定，省、自治区、直辖市司法行政机关应当根据申请人的申请执业范围，针对申请执业范围的每个鉴定事项成立专家评审组。专家评审组应当遵守有关法律、法规，按照司法行政机关的统一安排，坚持科学严谨、客观公正、实事求是的原则，独立、客观地组织开展评审工作。专家评审组开展评审前应当制定评审工作方案，明确评审的实施程序、主要内容、专家分工等事项。评审的内容包括申请人的场地、仪器、设备等技术条件和专业人员的专业技术能力等。评审的形式主要包括查阅有关申请材料，实地查看工作场所和环境，现场勘验和评估，听取申请人汇报、答辩，对专业人员的专业技术能力进行考核，考核后提交由评审专家签名的专家评审意见书，包括评审基本情况、评审结论和主要依据等内容。评审意见书应当明确申请人是否具备相应的技术条件、是否具有相应的专业技术能力、拟同意申请人的执业范围描述等。评审结论应当经专家组2/3以上专家同意。引入专家评审是评审办法的一大亮点，通过严把准入关保证环境损害司法鉴定机构的资质和水平。

2019年，司法部、生态环境部联合印发《环境损害司法鉴定执业分类规定》，进一步明确鉴定机构和鉴定人执业范围，规范执业活动。该规定共分为9章51条，分别从污染物性质鉴定、地表水与沉积物环境损害鉴定、空气污染环境损害鉴定、土壤与地下水环境损害鉴定、近岸海洋与海岸带环境损害鉴定、生态系统环境损害鉴定和其他环境损害鉴定等七大类细化了环境损害司法鉴定活动的执业分类。

近年来，全国司法行政机关认真贯彻落实习近平生态文明思想，切实加强环境损害司法鉴定建设和管理，努力推动环境损害司法鉴定规范化、法制化、科学化发展，有效满足了环境资源诉讼和环境行政执法等鉴定需求，为打赢污染防治攻坚战，建设美丽中国作出了积极贡献。2021—2023 年，全国各类环境损害司法鉴定案件数量逐年增长，分别为 20 663 件、20 794 件、22 615 件，3 年共计 64 072 件，其中，污染物性质鉴定 2 793 件、地表水与沉积物环境损害鉴定 869 件、空气污染环境损害鉴定 328 件、土壤与地下水环境损害鉴定 1 316 件、近岸海洋与海岸带环境损害鉴定 89 件、生态系统环境损害鉴定 55 600 件、其他环境损害鉴定 3 077 件。其中江西省、云南省 3 年业务总量均过万，江西省 3 年共办理各类环境损害司法鉴定案件 14 735 件，鉴定意见采信率 99.75%。

因此，环境损害司法鉴定不仅是适应国家法治建设的必然要求，更是落实推进生态文明建设的国家战略，保障生态安全与人民生命健康的重要举措。

（二）环境损害司法鉴定的工作程序

环境损害鉴定评估工作包括鉴定评估准备、生态环境损害调查、因果关系分析、生态环境损害实物量化、生态环境损害价值量化、报告编制和生态环境恢复效果评估。鉴定评估实践中，应根据鉴定评估委托事项开展相应的工作，可根据鉴定委托事项适当简化工作程序。必要时，针对生态环境损害鉴定评估中的关键问题，开展专题研究。

1. 鉴定评估准备

通过资料收集分析、现场踏勘、座谈走访、文献查阅、问卷调查等方式，掌握污染环境和破坏生态行为以及生态环境损害的基本情况和主要特征，确定生态环境损害鉴定评估的内容和范围，筛选特征污染物、评估指标和评估方法，编制鉴定评估工作方案。

2. 生态环境损害调查

根据生态环境损害鉴定评估工作方案，组织开展污染环境和破坏生态行为以及生态环境损害状况调查或相关资料收集。生态环境损害调查应编制调查方案，明确生态环境损害调查的目标、内容、方法、质量控制和质量保证措施，并进行专家论证。

3. 因果关系分析

基于污染环境、破坏生态行为和生态环境损害事实的调查结果，分析污染环境或破坏生态行为与生态环境损害之间是否存在因果关系。

4. 生态环境损害实物量化

对比受损生态环境状况与基线的差异，确定生态环境损害的范围和程度，计算生态环境损害实物量。

5. 生态环境损害价值量化

选择替代等值分析方法，编制并比选生态环境恢复方案，估算恢复工程量和工程费用，或采用环境价值评估方法，计算生态环境损害数额。

6. 报告编制

鉴定评估机构应根据委托方要求，编制鉴定评估意见书或鉴定评估报告书，同时建立完整的鉴定评估工作档案。鉴定评估意见书包括生态环境损害确认、因果关系分析、生态环境损害量化及生态环境损害鉴定评估中涉及的特别事项等，用于生态环境损害司法鉴定目的的，报告书格式参见《司法鉴定文书规范》。生态环境恢复效果评估应编制独立的生态环境恢复效果评估报告。

7. 生态环境恢复效果评估

跟踪生态环境损害基本恢复和补偿性恢复的实施情况，开展必要的调查和监测，评估生态环境恢复措施的效果是否达到预期目标，决定是否需要开展补充性恢复。

（三）环境损害司法鉴定案例

超标排污污染河水致养殖场鱼苗死亡鉴定案：

（1）案情概况。

2019 年 5 月，5 家水产养殖场向某人民法院提起诉讼，主张位于其水源河流上游的生猪养殖场超标排污导致鱼苗死亡。受人民法院委托，重庆市明镜司法鉴定所对河流水质情况与 5 家水产养殖场所养殖的鱼苗死亡之间是否存在因果关系进行鉴定。生猪养殖场位于水产养殖场取水点上游，该河流为 5 家水产养殖场唯一取水源。河流水体特征污染物检测数据显示，氨氮、化学需氧量等水质指标均沿水流方向总体呈递增趋势，水体污染程度增加。生猪养殖场排污口位置分布在水产养殖场上游，污染物存在合理的迁移路径。对照《淡水水生生物水质基准—氨氮（2020 年版）》及《淡水水生生物水质基准技术报告—氨氮（2020 年版）》中鱼苗养殖氨氮长期致死浓度，水产养殖场水源水质氨氮指标明显偏高，长期使用该河水养育鱼苗会导致鱼苗死亡，从而确认河水水质与水产养殖场鱼苗死亡之间存在间接因果关系。

（2）鉴定要点。

超标排污与鱼苗死亡之间是否存在因果关系需要全面判断。通过对河流水体特征污染物检测数据分析可知，河流水质指标氨氮浓度、化学需氧量浓度均随河道水流流向总体呈递增趋势，与生猪养殖场排污口分布情况相符，表明污染物存在合理的迁移路径。生猪养殖场位于 5 家水产养殖场取水点上游且为唯一取水来源，可认定生猪养殖场排污行为与水产养殖场污染源引入存在间接关系。对照《淡水水生生物水质基准—氨氮（2020 年版）》和《淡水水生生物水质基准技术报告—氨氮（2020 年版）》，得出河水水质与水产养殖场鱼苗死亡之间存在间接因果关系。

（3）案例意义。

本案是长江流域超标排污案件。通过案件办理，一是梳理了鉴定过程中的关键技术环节，为类似排污案件造成的生态环境损害鉴定提供借鉴和指导；二是为诉讼活动提供了证据支持，保障了相关企业的合法权益；三是有助于规范养殖企业的养殖行为，保护长江流域生态环境安全。

二、环境法律责任

环境法律责任是指环境法主体因违反其法律义务而应当依法承担的、具有强制性的否定性法律后果。按其性质可以分为环境行政责任、环境民事责任和环境刑事责任 3 种。

（一）环境行政责任

所谓环境行政责任，是指违反环境法和国家行政法规中有关环境行政义务的规定所应当承担的行政方面的法律责任。该法律责任包括行政处分和行政处罚两类。环境保护法规定的行政处分，主要是对破坏和污染环境，危害人体健康、公私财产的有关责任人员适用。行政处分由国家机关或单位依据相关的法律对其下属人员实施，包括警告、记过、记大过、降级、撤职、开除等 6 种。行政处罚是行政法律责任的一个主要类型，具有行政强制的具体表现，主要包括警告、罚款、拘留、没收财物、责令支付整治费用、责令赔偿损失、责令停业等。

（二）环境民事责任

所谓环境民事责任，是指公民、法人因污染或破坏环境而侵害公共财产或其他人人身权、财产权或合法环境权益所应承担的民事方面的法律责任。环境民事责任构成要素包括有污染或破坏环境的行为，造成了损害结果，损害的行为与损害结果之间存在因果关系。环境民事责任的种类主要有排除侵害、消除危险、恢复原状、赔偿损失、收缴非法所得以及罚款等。上述责任种类可以单独适用，也可以合并适用。

（三）环境刑事责任

所谓环境刑事责任，是指行为人因违反环境法，造成或可能造成严重的环境污染或生态破坏，构成犯罪时，应当依法承担的以刑罚为处罚形式的法律责任。2011 年 2 月 25 日，全国人民代表大会常务委员会发布了《中华人民共和国刑法》修正案。修订后的《中华人民共和国刑法》在分则第 6 章中增加了第 6 节，专节规定了破坏环境资源保护罪，对破坏环境资源罪在刑罚上增加了刑种和量刑的档次，提高了法定最高刑罚，这是我国惩治环境犯罪立法的一大突破。

【环境犯罪典型案例】

思考题

1. 简述我国环境法体系和构成。
2. 简述我国环境法的基本原则及其基本制度。
3. 我国环境保护法律法规体系包括哪些内容？环境法律责任包括哪几个方面？
4. 环境保护标准的内涵、特点及其作用是什么？
5. 环境损害司法鉴定的定义是什么？并简述环境损害司法鉴定的主要领域和基本程序。
6. 环境损害司法鉴定除具有司法鉴定的一般特征之外，还具有其他哪些特征？

参考文献

[1] 高晓露．环境法学总论[M]．大连：大连海事大学出版社，2017．
[2] 国家环境保护总局行政体制与人事司，等．环境保护基础教程[M]．北京：中国环境科学出版社，2004．
[3] 刘景一．环境污染损害赔偿[M]．北京：人民法院出版社，2000．
[4] 吕忠梅，张忠民，赵立新，等．环境损害赔偿法的理论与实践[M]．北京：中国政法大学出版社，2013．
[5] 朴光洙．环境法与环境执法[M]．北京：中国环境出版社，2015．
[6] 汪劲，田忙社．环境法学[M]．北京：中国环境科学出版社，2001．
[7] 汪劲．中国环境法原理[M]．北京：北京大学出版社，2000．
[8] 王灿发．环境纠纷处理的理论与实践[M]．北京：中国政法大学出版社，2002．
[9] 张璐．环境与资源保护法[M]．3 版．北京：北京大学出版社，2018．

第十一章　环境与贸易

环境问题日益得到人们的重视，逐渐成为国际社会关注的焦点问题。自20世纪80年代以来，环境问题开始在国际贸易体系中显现出其重要作用，使环境保护与国际贸易这两个看似不相干的问题近年来变得纠缠不清，自由贸易支持者和环境保护主义者相持不下，但更多的是环境保护者对自由贸易者的“发难”。贸易与环境问题正日益得到国际社会、各国政府及人民的关注，成为国际政治、经济领域的焦点问题之一。

第一节　贸易与环境问题

一、贸易与环境问题的由来

人们对贸易与环境关系的认识经历了一个相当长的历史过程。环境问题刚开始的时候被认为是一国的国内问题，应由一国的价值观和利弊权衡来取舍。随着时间的推移，环境问题关注的焦点从国内问题转变为全球性的问题。国际环境问题从20世纪80年代开始日益受到关注，全球变暖的加速、热带雨林减少和臭氧层消耗等问题的加剧引起了公众对此问题的重视。一些国家已试图利用贸易措施来影响其他国家的环境政策，环境问题在国际贸易体系中的重要性日益显现。20世纪90年代以来，随着联合国环境与发展会议的进程，贸易、环境与可持续发展问题日益突出。同时，环境作为一种新的贸易资源与一种新的贸易产业而被认识。在这个时期，美国与墨西哥之间的“金枪鱼—海豚”争端以及关贸总协定（GATT）争端解决专家小组对该争端案的处理，使贸易与环境问题成为公众关注的焦点。贸易与环境问题的关系，以及是否可以为了环境保护而使用贸易措施等，成为国际政治、经济领域的焦点问题之一。

贸易发展与环境保护之所以出现冲突，其深层次的原因是没有将产品的环境成本内在化，即产品或服务的价格没有包含或没有完全包含其环境成本。在环境成本内在化的情况下，贸易活动的开展不会带来任何环境问题，也没有必要为了保护环境而采取贸易限制措施。但这是一个理想化的状态，在现实中很难达到。

在环境成本外在化的情况下，贸易与环境是相互影响的，两者之间既有有利的影响，也有不利的影响。其不利的影响就表现为贸易与环境之间的冲突。

从环境的角度来看，贸易活动的开展扩大了生产和消费活动的规模，增加了自然资源的消耗和废物的排放，加剧了环境退化；在将货物从一国运到另一国的过程中，运输工具的废气排放也导致环境污染；某些濒危物种的贸易加速了物种的消亡，不利于生物多样性的保护；某些有毒废物的跨境转移造成了它国的环境污染，等等。从贸易的角度来看，为了保护环境而采取的某些措施限制甚至禁止了某些产品的贸易，成为“绿色贸易壁垒”，如措施不当，也会影响贸易的发展。

贸易与环境发生冲突的另一个原因是，在环境成本外部化的情况下，政策的制定者所遵循的原则不同：环境保护政策为达到其目的可以采取贸易措施来达到更明显的效果而不受自由贸易政策的一些原则的限制；而国际贸易政策强调以保护环境为目的可以采取必要的贸易措施，但这些措施不应给国际贸易制造不必要的障碍。贸易政策的制定者仅仅从贸易的角度考虑问题，环境保护政策的制定者仅仅从环境的角度考虑问题，它们都没有兼顾贸易与环境两个方面，没有很好地协调二者的关系。国际贸易政策与环保政策处理环境与贸易关系的出发点和侧重点均有所不同，因此两者之间难免会出现不协调或矛盾之处。

二、贸易与环境的关系

（一）贸易对环境的影响

从理论上讲，贸易本身不会对环境退化产生影响。但由于产品没有将环境成本内在化，在这种情况下，国际贸易活动可能加重市场失灵和干预失灵而使环境恶化。当市场不能反映环境价值时，如环境成本外在化、生态系统不当估值和环境资产产权界定模糊等，就会发生市场失灵。政府政策（如环境政策、宏观经济政策、微观经济政策和贸易政策等）及其采取的政策措施（如进出口补贴、贸易壁垒等）不能纠正甚至反而造成或加剧市场失灵时，就发生了干预失灵。市场和干预失灵扭曲了保护环境的努力，导致生产和消费的社会最优比率和方式与个人最优比率和方式的差异，或者说国际贸易加剧了环境问题。

在现实中，贸易对环境到底有什么影响？是否如一般公众所认为的那么严重？借鉴经济合作与发展组织（OECD）的研究分析，国际贸易在以下 3 方面对环境有正面和负面影响。

1. 与产品和劳务商业交换相关的产品效应

贸易是通过特定的具有生态影响的产品和劳务的国际交换来影响环境的。发生正产品效应时，贸易作为商品流通的手段对环境状况有积极的影响，这是因为这些商品有助于环境保护，或者是另一种危害环境的产品的替代物。贸易为那些解决特定生态问题的环境技术和服务在全球扩散提供了机会。贸易扩展了那些由对环境有益的技术生产的产品构成的市场，也孕育了对环境有益的投入品的贸易，因而提高了生产国和消费国的环境保护水平。

在缺少社会最优政策时，贸易会通过一些对生态系统有直接危害的产品（如有害废物、危险化学品和濒危物种等）在国际的运输和交换而产生负产品效应，如含有农药或污染物残余的农产品以及用不可降解或不可回收材料包装的商品。

2. 与市场和经济活动扩张相关的规模效应

贸易对环境的一些影响，归因于其对经济活动整体和规模以及市场增长的扩展作用。贸易增加了收入，使人们更有兴趣投入更多的资金用于环境保护，这可以看作贸易所具有的正规模效应。贸易提高了国际市场的效率，产品和劳务能自由流动，资源被配置到成本最低、收益最高的生产活动当中。在这种方式下，贸易能让具有不同资源和优势的国家，克服因其能力有限而对增长产生的约束。一些研究表明：当一个国家的经济繁荣到一定水平以后，其环境污染将趋向减少；尽管在这个国家经济发展的初级及转型阶段污染可能增加。通过贸易发展经济，既可以为这些国家提供对付环境问题的财政资源，又可以通过增加人均收入提高对环境问题的重视程度。

然而在市场失灵和干预失灵的情况下，贸易所推动的增长会有负规模效应，导致经济不能持续发展。由于长期不能将环境成本内在化、不能正确估价生态系统以及不能界定和分配产权等，贸易带来的市场扩张和经济增长会造成稀有自然资源的进一步退化和更快衰竭。因此，只有实施恰当的环境政策，才能更好地实现贸易对环境的正面影响。

3. 与生产和消费活动的分布强度有关的结构效应

贸易的结构效应比规模或产品效应更为间接，它与贸易相关的生产和资源使用方式有关。通过分配与不同国家的环境容量和条件相适应的经济活动并提高资源的使用效率，贸易的国家间资源配置效率最大化作用使其具有正结构效应。如果环境资产能正确估值和计量，并且其价值能包含在国际价格和市场中，其使用不被政府政策干预所扭曲，那么贸易将是推动全球持续稳定发展的理想手段。

当这种理想状况不存在时，相反，贸易会把生产和消费分布到那些并不适于这些活动或活动强度的地区，由此产生负结构效应。由于市场和干预失灵，更主要的是由于环境政策失灵，贸易导致工业或农业生产方式并未反映甚至无视一些国家的自然资源情况。在某些国家，生产活动可能超过了其环境的承载能力，而另一些国家的适于农业、牧业或林业的自然资源却未得到利用。

（二）环境对贸易的影响

贸易对环境的影响主要是从产品效应、规模效应、结构效应 3 方面来考虑，而环境对贸易的影响则是多方面的。这主要体现在以下几个方面：

（1）自然环境是国际贸易正常进行的基础。自然环境为国际贸易提供丰富的资源和能源，人类对资源进行加工获得各种消费资料和生产资料，人类依附于生态环境，人类属于地球。同时，国际贸易的迅速发展也促进了自然资源的充分利用和有效配置，从而获得最大的经济效益和社会效益。

（2）不同地区的环境差异导致各国比较利益和国际分工的差异。各国的自然资源禀赋是不同的，这影响各国贸易的内容、规模和结构。如中东出口石油，美国出口小麦，南非出口黄金，非洲需要进口大米等，这都说明各国不同的资源禀赋和环境差异造成它们的贸易商品结构存在很大的不同。同时，各国贸易发展的深度和广度不同，又影响各国对环境资源的开发和环境保护水平的差异。

（3）环境政策的制定影响国际贸易的内容和方式。各国为保护本国的自然资源，保证经济的持续和稳定发展，都会制定许多环境保护政策，而这些环境保护政策又改变和调整着国际贸易的内容和方式，即在贸易理论和实践中，各国都需要考虑环境的承受力和对环境的保护。例如，保护臭氧层的环境政策使含氟利昂的制冷设备的贸易量锐减；为保护大气层不受污染，各国都提倡无铅汽油的使用。也可以说，保护环境带来了环保产品的贸易需求。

（4）各国环境状况的不同影响国际贸易的发展。一些发达国家早在20世纪70年代就开始关心环境污染问题，因此其环保工业相当发达，在开发自然资源的同时，也重视对环境的保护。但在一些发展中国家，经济发展水平比较低和对环境问题认识不足，没有在发展的同时，兼顾对环境的保护，所以环境污染问题很严重，这都影响着贸易的发展。

目前各国制定的环境标准高低不一，尤其是发展中国家和发达国家之间的环境标准差别非常大。发达国家严格的环境标准对发展中国家的贸易政策是一种压力，发展中国家出口产品遇到严格的环境标准时，会由于不确定性和成本的增加而遭受损失。这就有可能出现一些发达国家以环境保护为借口，设置环境贸易壁垒，使环境保护政策成为变相的贸易壁垒，影响国际贸易的发展。这是一种新的贸易保护主义，不利于多边贸易体制的发展。

综上所述，环境保护对贸易的影响主要表现在以下几个方面：

（1）各国根据本国的环境法规和所参加的国际环境公约制定相应的环境保护措施，这些措施在某种程度上会对贸易有一定的限制性影响。出于保护环境目的而制定的环境保护措施会阻碍贸易的发展，客观上起到限制贸易的作用。例如，为了减少固体废物的排放，德国要求商品销售者必须将一定比例的包装物回收和重新利用。在许多情况下，这种要求给国外的出口商造成了沉重的负担，因为与国内的生产者相比，它们在收集和回收利用包装物方面要花费更多的时间，也更加困难，将回收的包装物运回国内的距离也更远。

（2）严格的环境保护措施也可能带来新的市场机遇。例如，一个出口企业在达到较高的环境标准后，由于领先于其他竞争者，更易进入国际市场。以生态标签为例，发展中国家的产品在取得发达国家的生态标签后，不仅被认为达到了环境标准的要求，也被认为达到了质量方面的要求，有助于进一步扩大出口市场。

（3）绿色补贴或环境支持。政府对环境保护提供财政资助或其他方面的支持，同样可以影响产品的成本，从而影响产品在国际市场上的竞争力，在乌拉圭回合谈判中最终签署的《补贴与反补贴措施协议》以及《农产品协议》中，都把成员方政府对环境保护提供的绿色补贴或环境支持作为允许的补贴。但对大多数发展中国家来说，其经济发展水平比较低，由于资金的缺乏，在利用有关规定对生产者提供补贴中处于不利地位。

（4）外资引进与污染产业转移。各国环境标准存在着很大的差异，因此一些环境标准比较高的国家有意识地将一些污染产业转移出去，而一些发展中国家为了发展经济，制定积极的外资优惠政策以吸引外国投资者，在初始阶段对环境问题关注较少，一些国家或地区的环境由于这种投资而加剧恶化。

（5）由于发展中国家的环境标准和发达国家存在一定的差距，其产品包含的环境成本相对较低，在国际市场上具有一定的价格优势。因此一些发达国家就提出了生态倾销问题，主张将环境成本优势视为补贴，并在这些产品对本国工业造成重大损害或产生重大威胁时，对之征收反补贴税；或当环境成本优势体现为较低的出口价格，并对本国工业造成威胁时，征收反倾销税，以抵消这些进口产品的成本优势。

（6）环境保护措施对发展中国家出口的影响。可以说，环境保护措施对发展中国家产品的出口的确造成了某种市场准入的障碍，但这种影响很可能是长期的，如发展中国家的化工产品，农、林、渔产品受美国、日本和欧盟环境保护措施限制而影响这些国家的出口。

三、WTO 中的贸易与环境问题

环境问题在 WTO 中被关注已有 40 年的历史。关贸总协定（GATT，WTO 前身）于 1947 年成立的时候，环境问题还未提上国际社会的议事日程，一方面，当时各国专注于发展经济，经济发展是首要任务，而且由于经济发展水平低，人们的收入水平相应也比较低，对环境质量的要求也不高。另一方面，当时环境污染事件基本上发展在各国境内，环境污染还没有构成国际问题，人类也没有感受到来自环境的威胁。

随着环境保护浪潮的不断高涨，国际贸易中有关环境的问题也日益突出。为保护环境，国际社会签署了 200 多项多边环境协议，约有 20 项协议中含有与贸易有关的条款，这些多边环境协议对国际贸易也产生了一定的影响。

在 WTO 的内容中虽然没有专门的“环境条款”，但是 GATT/WTO 中有些协议的条款内容已经直接或间接地涉及环境问题。然而，GATT/WTO 中现有的与环境有关的内容还不太完善，存在着一定的不足，尤其是 WTO 成员方具有“环保例外权”，使科学技术和经济发展水平的差异造成发展中国家在进行国际贸易时，易受到发达国家的新的绿色贸易壁垒的限制。20 世纪 90 年代以来，GATT/WTO 共处理了八起成员方之间与环境有关的贸易争端，对这些争端的处理体现了在 WTO 框架内对贸易与环境问题的处理原则。

第一，采用的绿色贸易壁垒必须有合法的目标。即维护国家基本安全、保障人类和动植物的健康和安全以及保护环境 3 个合法目标。

第二，制定绿色贸易壁垒时必须遵守 WTO 的两项原则，即非歧视性原则和透明度原则。

第三，采用绿色贸易壁垒时应遵守 4 项规则，即贸易影响最小规则、合理性规则、协调规则、发展中成员国尤其是最不发达成员国的特殊和差别待遇规则。

对于采用绿色贸易壁垒涉及的国家不是 WTO 成员方，WTO 应该怎么办，目前还存在较大的分歧。有主张 WTO 的环境条款自动适用于这些非成员国，但也有人批评此举会导致一些国家把本国的环境标准强加给其他国家，对于此，WTO 还没有具体的规定。可通过国家之间谈判达成相互承认的协议。

四、国际社会处理贸易与环境问题的原则

（一）联合国处理贸易与环境问题的原则

联合国作为世界上最具普遍性的、最大的和最有影响力的国际组织，为环境保护做了许多努力，在维护全球生态平衡、遏制环境退化方面做出了重大的贡献。特别是《里约环境与发展宣言》和《21 世纪议程》，已经成为国际社会环境保护所共同遵守的原则和行动纲领。这些基本原则包括：

1. 可持续发展原则

根据世界环境与发展委员会发表的著名研究报告《我们共同的未来》，可持续发展指的是既满足当代人的需要，又不对后代人满足其需要的能力构成危害的发展。可持续发展原则在《联合国人类环境会议宣言》《里约环境与发展宣言》等文件条约中都有明确体现。

2. 尊重国家主权原则

尊重国家主权是国际法最基本的原则，在环境法领域，尊重国家主权原则的含义就是：环境权包括对环境资源的所有权和环境事务的处置权，是国家主权固有的内容，任何国家、组织和个人不得侵犯。这在联合国《关于自然资源之永久主权宣言》、《里约环境与发展宣言》、《联合国宪章》以及《联合国海洋法公约》中都有规定。

3. 不损害他国环境和各国管辖范围以外环境原则

生态环境问题多数是跨国的，往往一国的环境活动造成了他国的环境损害，这实际上已构成对他国环境权利的侵犯，因此，在强调各国的环境主权不受侵犯的同时，还必须明确各国在行使主权时不得损害他国环境和各国管辖范围以外环境。这在许多环境条约中得到确认，如《国际植物保护公约》、《保护世界文化与自然遗产公约》、《联合国海洋法公约》、《生物多样性公约》和《联合国气候变化框架公约》等。

4. 共同但有区别的责任原则

共同但有区别的责任原则指的是，地球作为一个完整的生态系统，任何地区、任何规模和程度的生态环境破坏都会产生全球性的影响，因此，保护全球环境是各国的共同责任；但是，在全球性生态环境问题的形成上，各国的责任是不相同的，对生态环境破坏大者相应要承担大的责任。这在《里约环境与发展宣言》中得到了确认。这也是发达国家对发展

中国家妥协的结果。

5. 损害预防原则

损害预防原则是指各国有责任尽早在环境损害发生之前采取措施对其主权范围内损害环境的行为加以控制、制止。这在《联合国海洋法公约》《保护臭氧层维也纳公约》《联合国气候变化框架公约》《生物多样性公约》等国际环境条约中作了相应的规定。

6. 国际合作原则

事实证明，任何一个国家都没有能力单独解决国际生态环境问题，并且，即使是一个国家内部的生态环境问题，往往也需要他国的支持和援助，因此，国际生态环境问题的解决必须依靠国际合作。国际合作原则是《联合国宪章》确定的国与国之间交往的基本原则，在《联合国人类环境会议宣言》和《里约环境与发展宣言》中有着具体的体现，在《保护臭氧层维也纳公约》《生物多样性公约》等国际环境条约中作为缔约国的一般义务。

7. 和平解决国际环境争端原则

随着环境危机日益严重，由此产生的国家间冲突越来越频繁，一些国家采取了战争的方式来解决冲突，但战争无法解决环境危机，反而会造成新的环境破坏，因此，全面保护国际环境，必须采取和平解决的手段。《里约环境与发展宣言》要求“各国和平地按照《联合国宪章》采取适当方式解决其一切环境争端”。并认为“战争必然破坏持久发展，因此各国应当遵守国际法关于在武装冲突期间保护环境的规定，并按必要情况合作促进其进一步发展”。

（二）OECD 处理贸易与环境问题的原则

因为经济合作与发展组织的成员国都是发达国家，其经济发展水平比较高，也比较重视环境问题，在环境与贸易问题上，也进行了大量的研究，并制定了处理贸易与环境问题的基本原则。

1. 污染者付费原则

污染者付费原则用于指导污染控制和污染治理费用的分摊。其目的是鼓励对稀缺的环境资源的合理利用，并避免导致对国际贸易和投资的扭曲。该原则规定污染者应支付环境保护措施的全部费用，防止可能由于不当环境保护措施而造成对国际贸易的扭曲。“污染者付费”原则已得到国际社会的广泛承认和接受，并认为是使环境成本内在化以及防止与环境资助有关的贸易扭曲的最佳原则。

2. 协调原则

该原则的含义是：在不存在保持分歧的正当理由情况下，各国政府应尽量协调它们的环境政策，如特定工业的法规实施范围、时间安排等，从而避免由于各国环境标准的差异而不恰当地干涉国际贸易模式与国际资源分配。从环境角度上看，解决全球性环境问题，如臭氧层破坏等，应该是优先协调的领域。从贸易角度上看，那些反复引起争端的领域享有优先权。

3. 国民待遇和非歧视原则

该原则要求，环境政策中涉及污染性产品的措施，应符合国民待遇原则（同等对待进口产品和国内同类产品）和非歧视原则（平等对待进口产品，不管其产地和来源国）。

4. 不允许实行补偿进口税和出口补贴原则

该原则要求，环境政策的不同不应该导致补偿性进口税或出口补贴，或是其他有同等效果的措施。对指导原则的有效实施将使这些措施变得不必要和不受欢迎。

此外，还有其他一些国际论坛或地区贸易组织开展了贸易与环境问题的研究。如加拿大的国际可持续发展研究院（IISD）发表的《贸易与可持续发展原则》，北美自由贸易协定（NAFTA）发表的《北美环境合作协定》，对解决多边贸易协定与环境问题做出了一定的贡献。

【WTO中关于贸易与环境纠纷处理案例】

第二节 绿色贸易壁垒

一、绿色贸易壁垒的概念与特点

所谓绿色贸易壁垒，也称绿色壁垒，是指在国际贸易活动中，一国以保护环境为由而制定的一系列环境贸易措施，使外国产品无法进口或进口时受到一定限制，从而达到保护本国产品和市场的目的。由于发达国家的产品科技含量和公众的环境意识普遍较高，它们对环境标准的要求非常严格，不仅要求末端产品符合环保要求，而且规定从产品的研制、开发、生产、包装、运输、使用、循环再利用等整个过程均需符合环保要求。这无疑会给广大发展中国家产品的国际竞争力及出口带来很大的障碍。

一般来说，绿色贸易壁垒具有以下一些特点：

1. 虚假性

绿色贸易壁垒一般都打着保护地球生态环境与人类健康的幌子，貌似合理，实则是为限制进口不合理地制造贸易障碍的贸易保护主义行为。

2. 不平衡性

发达国家与发展中国家的发展状况已呈现极大的不平衡性。而发达国家无视发展中国家的现实情况，以其先进的技术、雄厚的资金提出过高标准，把发展的不平衡导入国际贸易领域，引致更多的不平衡。发达国家甚至提出远高于其国内标准的标准，搞双重标准，这更加剧了不平衡性。

3. 隐蔽性

种种绿色贸易壁垒借环境保护之名，隐蔽于具体的贸易法规规定、国际公约的执行过程之中，成为进口国拒绝外国产品的“法宝”。

4. 广泛性

绿色保护的内容非常广泛，不仅涉及资源环境与人类健康有关商品的生产、销售方面的规定和限制，而且对那些需要达到一定安全、卫生、防污等标准的工业制成品也产生巨大的压力。这些绿色保护措施，还具有不确定性和可塑性，在具体实施时容易受发达国家的刁难和抵制。对生产技术水平较低的发展中国家来说，涉及面就更大、更深。

5. 坚固性

绿色贸易壁垒抓住人们提高消费质量、关注生态环境的心理，根据本国市场和消费者的情况制定超高标准，先入为主，制造进口产品的消费障碍，具有坚固的限制进口的壁垒作用。

二、绿色贸易壁垒产生的条件

（一）“绿色贸易壁垒”出现的促进因素

绿色贸易壁垒的产生是环境保护的国际需求以及国际贸易发展的必然产物。从国际背景来看，下列因素促进了绿色贸易壁垒的产生和发展。

（1）根据生态环境和国民健康保护的需要。1972 年，联合国通过了《联合国人类环境会议宣言》。发达国家经济发展开始从单一追求经济效益方式转变为追求“经济、社会、环境”三个目标效益平衡的发展模式。发达国家对衣食住行的条件、卫生和安全的要求日益严格，从国外进口的产品也不例外。

（2）WTO 对正当的“绿色贸易壁垒”持肯定态度。WTO 负责实施管理的《实施卫生与植物卫生措施协议》规定成员方政府有权采取措施，以保护人类与动植物的健康，确保人畜、食物免遭污染物、毒素、添加剂影响，确保人类健康免遭进口动植物携带疾病而造成的伤害。该协议强调，在设立和实施上述措施时，要把对贸易的消极影响减少到最低程度。

（3）发展中国家环保意识与相关法规滞后。有的国家甚至以牺牲环境换取经济的发展，有的还成了发达国家的“垃圾场”。一些重视环保的发展中国家，也因财力不足、检验技术落后，缺乏对产品标准的科学检验手段，产品难以达到发达国家的要求，难以跨越发达国家的“绿色贸易壁垒”。

（4）竞争的压力。WTO 建立以后，WTO 成员关税下降，非关税措施受到了抑制和规范。为了在竞争中取胜，WTO 成员，尤其是发达国家成员有意利用 WTO 协议下允许的“绿色贸易壁垒”，作为竞争手段。由于上面第（3）条所说的原因，加大了发展中国家跨越发达国家“绿色贸易壁垒”的难度，发展中国家产品在同类受阻的产品中占了多数。

（二）绿色贸易壁垒的形式

绿色贸易壁垒，也称环境壁垒。绿色贸易壁垒的产生有其深刻的原因。随着经济的发展带来了诸多环境问题，贸易与环境亦随即成为全球瞩目的焦点。而且越是经济发达的国家，对绿色产品的需求越多，从而也刺激了绿色贸易的盛行；同时，国际环保公约和 WTO《技术性贸易壁垒协议》中的有关规定，成为国际贸易中的绿色法律，从客观上支持了绿色壁垒的形成。目前绿色壁垒主要有以下几种表现形式：

（1）强制性技术水平标准。发达国家依赖其科技和环境水平，针对外国产品制定技术标准，通过立法手段，制定严格的强制性技术标准，以将来自发展中国家的产品拒之门外。

（2）环境标准制度。它是政府有关部门按照一定的程序给那些不仅在质量上合格，而且有利于人体健康并有利于保护人类生存环境的产品颁发环境标志的一种制度。由于各国环境标志依据存在差异，有些国家利用它来抵制国外产品，使其成为一种变相的贸易壁垒。由于我国出口的大多为劳动密集型产品，受环保因素的影响较大，加之我国企业的环境意识不强，使我国越来越多的出口产品受发达国家环保法规的影响。由于环境标志在发达国家的迅速推行，我国出口的纺织品、油漆、涂料、建筑材料、清洁用品、纸张、纸制品、电池与保护臭氧层有关的受控物质及其制品、机械产品、鞋类、橡胶制品等已经或正在受到不同程度的影响。

（3）认证制度。除 ISO 14000 系列认证外，发达国家还有各国的实验认证以及某个行业的认证，对我国出口商品的压力越来越大。

（4）绿色包装和标签制度。2016 年 10 月 26 日欧洲理事会、欧洲议会发布了关于保护植物害虫措施的条例。依据该条例要求，自 2019 年 12 月 14 日起，输入欧盟国家的大多数植物源性食品必须随附植物检疫证书，包括水果和蔬菜等。

（5）环境成本与绿色补贴制度。近年来，一些发达国家借口为了保护环境和资源，将环境和资源费用计在成本之内，使环境资源成本内在化。它们认为忽视环境质量或降低环境标准的方式生产的出口产品，本质上具有不公平的比较优势或环境补贴，从而构成“生态倾销”，形成对高环境标准产品生产企业的不公平竞争。以征收反倾销税或调节税的方式，平衡不同国家环境政策不同造成的成本差异，从而形成新的贸易壁垒。但是，一些发达国家则通过跨国公司将污染严重的产品转移到发展中国家生产，使发展中国家的产品的环境成本提高，削弱他们在国际市场的竞争能力或限制这些产品进入自己的国家。

三、绿色贸易壁垒对我国贸易的影响

（一）绿色壁垒对我国出口贸易的影响

绿色壁垒对我国的出口贸易影响是巨大的。作为最大的发展中国家，中国出口贸易相当部分是以初级低附加值产品为主，主要出口国家和地区是美国、欧盟、日本、东盟、韩国等，对它们的出口份额约占我国外贸出口总额的 4/5。这表明我国出口市场主要集中在发达和新兴工业化国家和地区。这些国家和地区多数环保技术位居世界前列，在绿色壁垒方面制定了苛刻条件，影响涉及我国出口产品本身及出口贸易的各个环节。据不完全统计，我国每年约有 90 亿美元的出口机电产品受到有关《保护臭氧层维也纳公约》的限制而被禁止生产和销售；还有 80 亿美元的出口产品受到国外绿色标志制度的影响；240 亿美元出口产品达不到发达国家环保包装要求而受到间接影响。

（二）绿色贸易壁垒对进口贸易的影响

近年来，我国进口贸易猛增，其导致的环境危害和生态安全不容忽视。这主要表现在以下两方面：

（1）一些有疫病、虫害、公害及不合格食品进口危害了人民、动植物的健康和安全，影响了国家生态环境的安全。据中国农业科学院的研究报告，外来入侵的有害生物超过 200 种，全世界最有害的 100 种外来入侵生物中，入侵我国的就有 53 种；11 种危害性最大的外来生物侵害植物面积 2 747 万 hm^2，导致经济损失 570 亿元。

（2）转基因农产品大举进入我国。2020 年转基因大豆首次进口突破 10 033 万 t，中国成为世界上最大的转基因大豆进口国，占世界大豆贸易总量的 2/3，这些产品主要来自美国、阿根廷、加拿大。另外，从美国进口猪、牛和羊肉数万吨，鸡杂碎 50 万 t，这些产品饲养过程中使用含有转基因的饲料。目前一些转基因技术仍不成熟，一些转基因食品在生产、包装、运输、贮存、使用、处理等过程中也有可能对生物多样性、生态环境和人类健康构成潜在的风险与威胁。

四、突破国际绿色贸易壁垒的对策

在认识和弄清绿色壁垒实质的基础上，结合绿色壁垒对我国进出口贸易的影响，以积极的态度进行研究并采取突破绿色壁垒的有效对策。

（一）加强宣传教育，顺应绿色潮流，提高环保意识

我国企业要冲破绿色壁垒，首先必须顺应这股绿色潮流。同时必须充分认识到，低环

境标准国家的资源会加速退化，环境污染加剧，并最终导致竞争力的进一步下降。而高环境标准国家将会从善待环境的技术和产品中获利，从而在环境保护产业领域占据优势地位，在国际贸易中更具竞争力。

（二）积极推进环保产业的发展，并将环保纳入外贸发展战略

环保产业的发展，必然会提高企业防治污染的能力，为其产品冲破国际贸易中的绿色贸易壁垒提供硬件上的支持。此外，环保产业具有较强的关联效应，在自我发展的同时能够带动、引致许多前向、后向相关产业的发展，极具潜力。

（三）加强与环境有关的认证工作

与环境有关的认证工作主要有国际环境管理体系 ISO 14000 认证、绿色标志认证等。这类认证对企业是非强制性的，具有公证性质，企业申请认证有利于企业利益和效率的提高，使企业生产的产品取得进入国际市场的“绿色通行证”。

（四）严禁国外不符合环境标准的产品、废旧物资和污染产业流入国内

近年来，由于经济利益的驱动和缺乏道德法治观念，我国陆续发生进口工业垃圾和有害废物的事件，这不仅严重违背了《控制危险废物越境转移及其处置巴塞尔公约》和我国的有关规定，还给我国生态环境带来了严重破坏，因此应提高警惕，并采取有效措施，严把产品进口关。

（五）充分发挥“环境外交”的营销作用

（1）积极参与国际环境公约和国际多边协定中环境条款的谈判。为了维护本国的经济利益，我国应与发展中国家团结起来，积极参与谈判，拒绝接受超越自身承受力的环境条款。

（2）以国际规范为依据反对进口国的绿色贸易壁垒。对于进口国以环保为借口单方面设置的绿色壁垒，或进口国将其国内环保法规实施到境外，或进口国以隐蔽形式表现出的各种贸易歧视，我国要通过外交途径与进口国谈判，或向 WTO 的争端解决机构（DSB）提起诉讼。

（3）注重“环境外交”策略的运用。外交策略得当能起到事半功倍的效果。如欧盟于 2002 年，以食品安全为由，停止从中国进口动物源性食品。经过外交磋商和派遣考察小组对我国访问，欧盟最终确认我国具备了监控措施和残留物监测方面的条件，并于 2004 年 10 月开始解除从中国进口虾、养殖鱼类、蜂蜜、蜂王浆、兔肉和其他一些动物源性产品的禁令。

（六）组织高水平的科研队伍，提高科研技术水平，促进科技进步

组织高水平的科研队伍，提高科研技术水平，促进科技进步是突破绿色贸易壁垒的根

本途径。这支科研队伍不同于一般的环境保护和治理技术研究力量，而是国际贸易和环境保护的交叉结合，它担负着及时辨析国际贸易中的绿色壁垒、提供政策建议和技术改进的重要任务，是中小企业扩大出口、普及清洁生产的推动者。

（七）注意国际动态，打破绿色贸易壁垒

我们应认真研究国际贸易壁垒的动态，把握其发展趋势和特点，采取有效措施，打破绿色壁垒，扩大出口创汇。措施主要包括：加强对国外绿色壁垒的研究；提高绿色产品的质量和水平；认真总结国内外企业突破绿色贸易壁垒的经验教训，根据出口商品的特点和拟进入目标市场的要求，制定打破绿色贸易壁垒的对策；根据双边或多边贸易协定所确认的国民待遇和最惠国待遇的规定提出抗辩，依据环保公约、协议对发展中国家的特殊照顾规定，通过磋商、谈判解决，或者团结、联合发展中国家，利用相关的国际协议、公约的有关条款，突破发达国家的绿色贸易壁垒，保证我国的绿色产品顺利进入国际市场。

因此，我们应该全面客观地认识绿色贸易的性质，既要认识绿色贸易规范条件的积极意义，又要分清某些国家寄寓其中的绿色贸易壁垒，在保护自身正当权益的同时，使我国的发展顺应历史潮流。

【绿色贸易壁垒典型案例】

第三节　环境标志

自 20 世纪 70 年代以来，随着臭氧层破坏、温室效应、酸雨等一系列全球性环境问题的日益加剧，人们已逐步认识到保护我们赖以生存的地球环境已不再是政府、民间团体、科研机构的事件，他们极希望能通过自己的行动而直接参与环境保护工作，选购和使用对环境有益的产品则是他们非常乐于接受而又行之有效的办法。为保护和扶持消费者的这种购买积极性，一些国家政府机构或民间团体先后组织实施环境标志计划，以引导市场向着有益于环境的方向发展。

一、环境标志制度的发展

环境标志制度又称绿色标志制度或生态标志制度，它是指由政府部门或公共、私人团

体依据一定的环境标准向有关厂家颁布证书，证明其产品的生产使用及处置过程全都符合环保要求，对环境无害或危害极少，同时有利于资源的再生和回收利用。环境标志是一种产品的证明性商标，它表明该产品不仅质量合格，而且在生产、使用和处理处置过程中符合特定的环境保护要求，与同类产品相比，具有低毒少害、节约资源等环境优势。实施环境标志可以使公众清楚地看出产品在环境保护方面的差异，提高公众的环境保护意识，还可以增强企业在市场上的竞争能力。因此，可以把环境标志看成是产品绿色通道的“护照”。

环境标志制度发展很快，现在已有 30 多个发达国家、20 多个发展中国家和地区推出环境标志制度，最早的环境标志是德国政府 1977 年制定的“蓝色天使”环境标志，目前环境标志产品已有 100 类、7 500 多种；加拿大 1985 年开始实施“环境选择”标志；日本 1985 年实施“生态标签”计划，目前有 68 个产品类别、2 500 多种产品；北欧 1989 年开始实施“白天鹅”标志，目前有 58 个产品类别；欧洲共同体 1992 年 3 月颁布了“欧洲之花”生态标志标准，现已开展了 23 类产品的认证。此外还有韩国、新加坡、澳大利亚等 30 多个国家和地区相继建立了环保产品标志。表 11-1 列出了国外的一些环境标志。

表 11-1 国外一些国家和地区的环境标志

德国	巴西	加拿大	克罗地亚	北欧白天鹅
欧盟	西班牙	印度	匈牙利	捷克
美国	韩国	以色列	新西兰	新加坡

法国	瑞典	津巴布韦	泰国	日本

环境标志制度的确立和实施，超越了以往的末端治理模式，为公众参与环境保护提供了一个好的方式，它扩大了环境保护在公众中的影响，拉近了环境与人们日常生活之间的距离，无形中提高了环境保护在人们心目中的地位，这一点已在国外几十年实施环境标志的经验中得到证实。

二、我国的环境标志制度

图 11-1　中国环境标志

1. Ⅰ型环境标志

我国国家环境保护局 1993 年开始在全国开展环境标志工作，1994 年 5 月 17 日在北京正式成立了中国环境标志产品认证委员会（CCCEL），该委员会代表国家对环境标志产品实施认证。1993 年 8 月，国家环境保护局正式颁布的环境标志图形如图 11-1 所示。

该标志图形由清山、绿水、太阳及 10 个环组成。环境标志的中心结构表示人类赖以生存的环境；外围的 10 个环紧密结合，环环紧扣，表示公众参与，共同保护环境；同时 10 个环的“环”字与环境的“环”同字，其寓意为“全民联合起来，共同保护人类赖以生存的环境”。

中国环境标志又称Ⅰ型环境标志，属于第三方认证，认证部门通常是政府领导下的管理部门。中国对环境标志产品实施认证的机构成立之初叫中国环境标志产品认证委员会（简称 CCCEL），是由国务院标准化行政主管部门授权国务院环境保护行政主管部门负责设立，代表国家对环境标志产品实施认证的唯一机构，是中国对产品环境行为认证，授予产品环境标志的唯一机构。2003 年，CCCEL 与若干国家环保部门、直属部委办合并，成立了中环联合认证中心（简称 CEC），即生态环境部环境认证中心。故此，原来由 CCCEL 行使的职能，由 CEC 执行。

Ⅰ型环境认证即十环认证，表明其对产品从设计、生产、使用到废弃处理处置全过程的环境行为进行控制。不仅要求产品尽可能把污染消除在生产阶段，还要最大限度地减少产品在使用及处置过程中对环境的危害程度。

2. Ⅱ型环境标志

Ⅱ型环境标志，又称自我环境声明。企业可根据自身产品特点，在 12 个方面（可堆肥、可降解、可拆解设计、延长产品寿命、使用回收能量、可再循环、再循环含量、节能、节约资源、节水、可重复使用和充装、减少废物量）选择一个或多个方面做自我环境声明。其图形如图 11-2 所示，该标志以鸟和绿叶为主体，这些元素共同传达了环保和绿色的理念，标志设计简洁、明确，具有国际化特征。绿叶象征着自然和生态，而鸟的图案则象征着和谐与生命。

图 11-2　Ⅱ型环境标志

获证者的声明和标识可使用在验证产品包装标签上，或验证产品文字资料、技术公告、广告、出版物、电话销售或电子媒体（如因特网）等中。

3. Ⅲ型环境标志

图 11-3　Ⅲ型环境标志

Ⅲ型环境标志，即环境产品声明，反映以后的改进情况。如企业以设定的参数为依据，为消费者提供经第三方确认的定量化信息，提供更多知情、选择的机会。如家具需提供板材、黏合剂、油漆等含甲醛、苯等污染物的详细数值，陶瓷制品需提供放射性指数等。该标志如图 11-3 所示，由体现中国生态环境的银杏叶、天鹅有机组合而成，展翅高飞的天鹅以及银杏叶，具有向人们传递环境保护信息的内涵。

获证者的声明和标识可使用在公告产品包装标签上，或公告产品文字资料、技术公告、广告、出版物、电话销售或电子媒体（如因特网）等中。

产品要取得上述三类认证，都是由企业向 CEC 提出申请，CEC 评审委员会根据相应的程序作出该企业可以使用或不具备使用环境标志的决定，获得环境标志的企业要接受 CEC 的监督。

三、我国优先开展认证的六类产品

归纳世界各国已经开展的环境标志产品类别，在我国优先开展的产品有以下六类：

（一）国际履约类

1991 年 6 月，我国政府签订《蒙特利尔议定书》，这意味着 2000 年、2010 年分两步替代 CFCs 制品。

（二）可再生、回收利用类

我国首批环境标志产品中包括再生卫生纸（厕用）产品。到目前为止，我国环境标志认证涵盖了纸张制品、建筑和装饰材料、家电产品、化妆品、塑料制品、家具、纺织品等。

（三）改善区域环境质量类

这类环境标志技术要求主要针对那些可引起区域环境污染的产品，如一次性发泡餐盒、含磷洗衣粉等。洗涤剂、纸质餐饮具、低污染型燃油汽车等环境标志产品技术要求的制定就是要引导企业产品向低环境负荷方向发展，以市场为导向，为改善区域环境质量提供多种途径。

（四）改善居室环境质量类

改善居室环境质量最重要的两个方面就是居室内空气环境质量和噪声指标，尤其是居室内空气环境质量，直接关系到人们的身体健康和生命安全。因此，消费者在购买居室、家具、家用电器和进行居家装饰时，更加注重其环境行为。如今，由溶剂型涂料引起的致死，石棉制品引起的致癌以及家具、建筑黏合剂等引起的呼吸道黏膜刺激等种种问题已普遍受到消费者关注，如何正确引导消费者购买健康、安全的产品是环境标志产品认证工作义不容辞的职责。包括水性涂料、黏合剂、低噪声洗衣机等技术要求正是适应这一形势而编制的。

（五）保护人体健康类

这类产品区别于第 4 类产品的特点在于其环境行为还未引起中国消费者的普遍关注，属于相对高级的生活质量要求。例如，移动通信产品、电视机、个人电脑等对人体的辐射，一般服饰中染料通过皮肤吸收对人体产生致癌性等，这类产品基本上属于绿色技术中较先进的产品，与传统产品有本质的区别，代表着一种潮流和发展趋势，需要环境标志在综合评价后予以肯定，并逐步引导消费者淘汰传统产品。本色植物纤维纺织品、低辐射彩电、防虫蛀剂等就属于这类产品的技术要求。

（六）提高资源与能源利用率类

我国是世界上人均资源短缺的国家，在我国经济飞速发展的今天，资源、能源紧张成为每个国人面临的突出问题。在世界资源、能源技术革命性的飞跃到来之前，我们必须面对现实，大力发展节能降耗产品，提高产品的资源、能源综合利用率。环境标志在促进这一方面产品的技术进步上，显然有着不可推卸的责任。

为了使环境标志认证工作推向深入，在最短的时间获得最大的影响，环境标志产品技术要求将以上述 6 个类别为编制工作重心，努力拓展产品种类。

四、绿色食品标志

我国关于食品方面的绿色认证主要包括有机食品、绿色食品、无公害农产品和转基因食品。

（一）有机食品

有机食品是指来自有机农业生产体系，根据有机农业生产要求和相应标准生产加工，并且通过合法的有机食品认证机构认证的农副产品及其加工品。目前经认证的有机食品主要包括一般的有机农作物产品（如粮食、水果、蔬菜等）、有机茶产品、有机食用菌产品、有机畜禽产品、有机水产品、有机蜂产品、采集的野生产品以及用上述产品为原料的加工产品。国内市场销售的有机食品主要是蔬菜、大米、茶叶、蜂蜜等。有机食品是一类真正无污染、纯天然、高品位、高质量的健康食品，它的最大特点是在生产加工中，不使用化学农药、化肥和合成添加剂等。

图 11-4 有机食品标志

有机食品标志如图 11-4 所示。该标志采用人手和叶片为创意元素。我们可以感觉到两种景象，一是一只手向上持着一片绿叶，寓意人类对自然和生命的渴望；二是两只手一上一下握在一起，将绿叶拟人化为自然的手，寓意人类的生存离不开大自然的呵护，人与自然需要和谐美好的生存关系。

数据显示，中国有机食品获证单位数量逐年上涨，2014 年中国有机食品获证单位数量为 814 家，2021 年中国有机食品获证单位数量增长至 1 267 家，同比增长 3.72%，说明中国有机食品处于成长期，市场规模还在进一步扩大。

（二）绿色食品

绿色食品是指遵循可持续发展原则，按照特定生产方式生产，经专门机构认定，许可使用绿色食品标志商标的无污染、安全、优质、营养类食品的统称。我国于 1990 年开始实施绿色食品工程，于 1992 年正式成立中国绿色食品发展中心，隶属农业部，是组织和指导全国绿色食品开发和管理工作的权威机构。绿色食品标志如图 11-5 所示。

图 11-5 绿色食品标志

该标志图形由三部分构成，即上方的太阳、下方的叶片和蓓蕾。标志图形为正圆形，意为保护、安全。整个图形表达出明媚阳光下的和谐生机，提醒人们保护环境，创造自然界新的和谐。

根据我国绿色食品认证的有关行业标准，绿色食品有两个级别：

AA 级绿色食品：指生产地的环境质量符合有关质量标准，在生产过程中不使用化学合成的肥料、农药、兽药、饲料添加剂、食品添加剂和其他有害于环境和健康的物质，按有机生产方式生产，产品质量符合绿色食品产品标准，经专门机构认定，许可使用 AA 级绿色食品标志的产品。

A 级绿色食品：指生产地的环境质量符合有关质量标准，在生产过程中严格按照绿色食品生产资料使用准则和生产操作规程要求，限量使用限定的化学合成生产资料，产品质量符合绿色食品产品标准，经专门机构认定，许可使用 A 级绿色食品标志的产品。

目前我国绿色食品企业越来越多，获证企业总数不断增长，我国绿色食品获证企业总数从 2015 年的 9 579 个增长至 2022 年的 25 928 个。

（三）无公害农产品

无公害农产品是指产地环境、生产过程、产品质量符合国家有关标准和规范的要求，经认证合格获得认证证书并允许使用无公害农产品标志的未经加工或初加工的食用农产品。农业部于 2001 年 4 月启动“无公害食品行动计划”，率先在北京、天津、上海和深圳 4 个城市试点。在试点的基础上，于 2002 年 7 月开始在全国范围内全面推进“无公害食品行动计划”的实施。“无公害食品行动计划”着重强调 3 方面的推进措施：一是强化生产过程管理，即强化生产基地建设，净化产地环境，严格农业投入品管理，推行标准化生产，提高生产经营组织化程度；二是推行市场准入制，即建立检测制度，推广速测技术，创建专销网点，实施标志管理，推行追溯和承诺制度；三是完善保障体系，即加强法制建设，健全标准体系，完善检验检测体系，加快认证体系建设，加强技术研究与推广，建立信息网络，加强宣传培训。

图 11-6 无公害农产品标志

无公害农产品标志如图 11-6 所示。该标志图案主要由麦穗、对勾和无公害农产品字样组成，麦穗代表农产品，对勾表示合格，金色寓意成熟和丰收，绿色象征环保和安全。

毫无疑问，无公害农产品认证在促进我国农产品安全发展过程中起到了重要作用，然而随着我国经济实力不断增强和对农业高质量发展的重视，以及人民日益增长的安全优质农产品需求，无公害农产品已不能够满足人们的需要。于是在 2018 年，农业农村部农产品质量安全监管司在召开无公害农产品认证制度改革座谈会上就提出，停止无公害农产品认证工作，启动合格证制度试行工作。

2022 年 9 月 2 日，《中华人民共和国农产品质量安全法》经第十三届全国人民代表大会常务委员会第三十六次会议修订通过，自 2023 年 1 月 1 日起施行。新版农产品质量安全法不再规定“生产者可以申请使用无公害农产品标志”，该版农产品质量安全法的实施标志着无公害农产品认证正式退出历史舞台，有机食品认证和绿色食品认证等更高标准的认证将成为农食认证的主要种类。无公害农产品、绿色食品、有机食品的关系如表 11-2 所示。

表 11-2　无公害农产品、绿色食品、有机食品的关系

比较项目＼产品名称	无公害农产品	绿色食品	有机食品
目标定位	规范农业生产，保障基本安全，满足大众消费	提高生产水平，满足更高需求，增强市场竞争力	保持良好生态环境，人与自然的和谐共生
质量水平	中国普通农产品质量水平	达到发达国家普通食品质量水平	达到生产国或销售国普通农产品质量水平
运作方式	政府运作，公益性认证；认证标志、程序，产品目录等由政府统一发布；产地认定与产品认证相结合	政府推动、市场运作；质量认证与商标转让相结合	社会化的经营性认证行为；因地制宜、市场运作
认证方法	依据标准，强调从土地到餐桌的全过程质量控制。检查检测并重，注重产品质量		实行检查员制度。国外通常只进行检查；国内一般以检查为主，检测为辅，注重生产方式

（四）转基因食品

转基因是指利用分子生物学手段，将某些生物的基因转移到其他生物物种上，使原物种出现新的性状或产物；以转基因生物为原料加工生产的食品就是转基因食品。

转基因农作物近年来发展迅速，2023 年，全球转基因作物种植面积比上年增长 1.9%，达到 2.063 亿 hm^2（30.9 亿亩），创下历史新高。很多国家的市场上都有转基因产品在出售。尤其在美国，转基因大豆和玉米等已经成为重要出口商品。我国已经开展了棉花、水稻、小麦、玉米和大豆等的转基因研究，然而，真正规模种植的只有抗病毒甜椒和延迟成熟西红柿、抗病毒烟草、抗虫棉等 6 个品种。

目前，世界上有 30 个国家（或地区）已经宣布或者实施对转基因产品（食品）的标识管理制度。2002 年 3 月，农业部公布了第一批实施标识管理的农业转基因生物目录，要求列入实施标识管理目录的大豆、玉米、棉花、油菜、番茄五大类 17 种农业转基因生物，必须依法予以标识。

尽管对转基因是否会危害人类健康和环境安全尚有争议，但是转基因产品在欧洲和其他许多国家遭到了民间的强烈抵制。而我国从 2004 年 5 月 1 日开始，要求对在中国生产销售的食用大豆油、花生油，必须标明原料大豆、花生是否是转基因产品，必须标明原料原产国是哪里。这是从 2004 年 5 月 1 日起正式实施的一项国家标准强制要求的内容。

【转基因食品的种类及其安全性评价】

思考题

1. 阐述贸易与环境是如何相互影响的。
2. 联合国处理贸易与环境问题的基本原则有哪些？
3. 什么是绿色贸易壁垒？绿色贸易壁垒对我国贸易会产生什么样的影响？
4. 什么是绿色标志制度？我国颁布了哪几种环境标志？它们有什么区别？
5. 阐述有机食品、绿色食品、无公害食品和转基因食品的异同点。

参考文献

[1] 代丽华．国际贸易与生态环境：影响与应对[M]．北京：知识产权出版社，2020.
[2] 李秀香．贸易与环境[M]．大连：东北财经大学出版社，2023.
[3] 王金南，等．绿色壁垒与国际贸易[M]．北京：中国环境科学出版社，2002.
[4] 王菊．环境经济学[M]．北京：科学出版社，2023.
[5] 王之佳．中国环境外交[M]．北京：中国环境科学出版社，2012.
[6] 叶汝求，等．环境与贸易[M]．北京：中国环境科学出版社，2003.
[7] 赵景联，史小妹．环境科学导论[M]．2 版．北京：机械工业出版社，2016.
[8] 赵玉焕．贸易与环境：WTO 新一轮谈判的新议题[M]．北京：对外经济贸易大学出版社，2002.

第十二章　环境与管理

所谓环境管理，是指依据国家的环境政策，环境法律、法规和标准，坚持宏观综合决策与微观执法监督相结合，从环境与发展综合入手，运用各种有效管理手段，调控人类的各种行为，协调经济、社会发展同环境保护之间的关系，限制人类损害环境质量的活动以维护区域正常的环境秩序和环境安全，实现区域社会可持续发展的行为总体。我国在几十年的环境管理实践中，先后总结出多项符合本国国情的环境管理制度。限于篇幅，本章着重介绍传统的 3 项制度和一些新的环境管理制度以及我国环境管理制度的创新与成就。

第一节　我国基本的环境管理制度

一、环境影响评价制度

环境影响评价是指对可能造成环境影响的各种开发建设活动等事先进行调查、预测和评价，并提出可能对环境造成的影响和具体防治环境破坏的方案，最后由生态环境主管部门决定是否予以批准实施开发建设活动的一项法律制度。环境影响评价制度是我国规定的调整环境影响评价中所发生的社会关系的一系列法律规范的总称，它是环境影响评价的原则、程序、内容、权利义务以及管理措施的法律化。实行环境影响评价制度具有科学技术性、前瞻预测性和内容综合性等优点。这一制度的实施，将有效防止破坏环境事件的发生或使之负面影响降至最低，是环境行政决策的主要科学依据。

为了完善环境影响评价制度，原国家环境保护总局先后又制定和实施了一些部门规章，直到 2002 年环境影响评价制度终于以法律形式确定下来，这就是由第九届全国人民代表大会常务委员会第十三次会议通过的《中华人民共和国环境影响评价法》。现行版本为 2018 年 12 月 29 日，由第十三届全国人民代表大会常务委员会第七次会议第二次修订完成。

二、“三同时”制度

“三同时”制度是指对环境有影响的一切新建、改建、扩建的基本建设项目、技术改造项目和区域开发建设项目，其中防治污染和生态破坏的设施，必须与主体工程同时设计、同时施工、同时投产使用的一项法律制度。“三同时”制度分别明确了建设单位、主管部门和生态环境部门的职责，有利于具体管理和监督执法。它与环境影响评价制度相辅相成，是防止新污染的两大“法宝”，是我国“预防为主”方针的具体化、制度化。

“三同时”制度是我国独创的一项环境保护政策和环境法制度。“三同时”制度始于1973年国务院发布的《关于保护和改善环境的若干规定》。1979年的《中华人民共和国环境保护法（试行）》从法律上也肯定了这一制度。1981年国务院发布的《关于在国民经济调整时期加强环境保护工作的决定》中，扩大了“三同时”的适应范围，规定除新建、改建、扩建的基本建设项目都要严格执行“三同时”外，对挖潜、革新、改造的项目，各级经贸委要按照“三同时”的规定，加强管理。1984年国务院发布的《关于环境保护工作的决定》，把“三同时”的适用范围扩大到可能对环境造成污染和破坏的一切工程建设项目和自然开发项目。1989年，国家计委发布了《关于资源综合利用项目与新建和扩建工程实行“三同时”的若干规定》。

经过50多年的实践，“三同时”制度已逐步成熟和完善，全国各地的执行情况也取得很大进展。由于执行了“三同时”制度，使新建项目增加了治理废水、废气和固体废物的能力，使污染物的排放量增长率大大低于工业产值的增长率。充分体现了“预防为主”的方针，有效地控制了新污染的扩展，促进了经济与环境保护的协调发展。

三、排污收费与环境保护税制度

（一）排污收费制度的建立、实施与废止

排污收费制度是指国家环境管理机关依据环境法规的规定，对向环境排放污染物以及向环境排放污染物超过国家或地方污染物排放标准的排污者，按照污染物的种类、数量和浓度，根据排污收费标准，征收一定的污染治理或环境破坏恢复费用的法律制度。

我国对排污收费制度的基本规定是《中华人民共和国环境保护法》（1989年版）第二十八条，即有关征收超标准排污者的“超标排污收费”的规定。1982年国务院发布的《征收排污费暂行办法》则是一个排污收费的专门单行法规，对排污收费的目的、范围、标准以及费用的管理使用等做了具体的规定。在1989年国务院发布的《污染源治理专项基金使用暂行办法》中对排污收费制度做了进一步的规定。征收的排污经费按该办法规定要纳入预算内，作为环保补助的专项资金，按专项资金管理，专款专用，不得超支、挪用，也不参与体制分成。这不但提高了企业防治污染的能力，加快了治理污染的步伐，同时也成为环保资金的一项重要来源。2002年1月30日，国务院又通过了新的《排污费征收使用管理条例》，并于2003年7月1日起正式施行。排污费征收覆盖了废水、废气、废渣、噪声和放射性等五大领域和113个收费项目。据2017年中国环境统计年报，2017年全年全

国排污费缴纳入库单位共 26 万户，排污费入库金额为 220 亿元。

排污收费能有效地刺激污染者减少污染和加强管理，并取得明显的经济和环境效益，因此这是我国环境管理中的重要手段之一。这一制度在一定时期内促进企业加强环境管理、节约、综合利用资源、减少污染与环境治理方面可谓是功不可没。

排污收费制度是一项政策性和技术性极强的工作，我国实行该制度以来，达到了强化环境监督管理、防治污染、保护环境的目的，成效是很大的。但由于存在各地收费标准不同、收费标准偏低、缺乏公平性和税收所具有的强制性和规范性，而且我国排污收费制度实行的是“超标排污费”原则，企业缴纳了排污费就可获得排污许可证，相当于变相取得了污染权，这些在一定程度上导致了企业环保意识淡薄，宁肯缴纳超标排污费也不愿运转自己的污染治理设施等。

基于此，该项制度经过 30 多年的实践与探索后，“环境保护费改税”的建议提上了议程。2015 年 6 月，国务院法制办公布了《中华人民共和国环境保护税法（征求意见稿）》。2016 年 12 月 25 日，《中华人民共和国环境保护税法》由第十二届全国人民代表大会常务委员会第二十五次会议通过，中华人民共和国主席令第 61 号公布，自 2018 年 1 月 1 日起施行，《排污费征收使用管理条例》同时作废。至此，我国实施了近 40 年的排污收费制度正式退出了历史舞台。

（二）环境保护税制度

荷兰是最早征收环境保护税的国家。我国的环境保护税源于排污收费制度，是为了改善环境、减少污染物的排放，推进生态文明建设而征收的一种税。其纳税人是在中华人民共和国领域和中华人民共和国管辖的其他海域，直接向环境排放应税污染物的企业事业单位和其他生产经营者。应税污染物，是指环境保护税规定的水污染物、大气污染物、固体废物和噪声。

环境保护税主要针对污染破坏环境的特定行为征税，一般可以从排污主体、排污行为、应税污染物等三方面来判断是否需要缴纳环境保护税。从法律规定来看，缴纳环境保护税的排污主体不涉及排放生活污水和生活垃圾的居民个人，这主要是考虑到我国大部分生活污水和生活垃圾都已集中处理，没有直接向环境排放，而且生活用水收费中已包含了生活污水和垃圾的相关处理费用。只有直接向环境排放应税污染物的排污行为的排污主体，需要缴纳环境保护税，而间接向环境排放应税污染物的，则不需要缴纳环境保护税。例如，向污水处理厂或者垃圾集中处理场排放应税污染物的行为，不需要缴纳环境保护税。环境保护税规定应税水污染物主要包括 COD（化学需氧量）、NH_3-N（氨氮）等 65 种主要水污染物；应税大气污染物包括 SO_2（二氧化硫）、NO_x（氮氧化物）等 44 种主要大气污染物；应税固体废物主要包括危险废物、冶炼渣、炉渣和尾矿以及由各省（区、市）人民政府确定的其他固体废物等；应税噪声仅指工业噪声，是在工业生产中使用固定设备时，产生的超过国家规定噪声排放标准的声音，但不包括建筑噪声等其他噪声。其中应税水污染物、大气污染物的计税方法按照《环境保护税目表》和《应税污染物和当量值表》折合的污染当量数确定，应税固体废物的计税方法按照固体废物的排放量确定，应税噪声的计税方法按照超过国家规定标准的分贝数确定。

环境保护税的审定和征收：由生态环境主管部门依照有关环境保护法律法规的规定对污染物进行监测管理，并将排污单位的排污许可、污染物的排放数据、环境违法和受行政处罚情况等相关信息，定期送交给税务机关。税务机关依据《中华人民共和国税收征收管理法》和《中华人民共和国环境保护税法》的有关规定对环境保护税进行征收管理。同时，税务机关应当将纳税人的纳税申报、税款入库、减免税额、欠缴税款以及风险疑点等环境保护税涉税信息，定期交送生态环境主管部门。

为充分发挥环境保护税的绿色调节作用，我国环境保护税建立了“多排多缴、少排少缴、不排不缴”的激励机制，通过政策导向，引导排污单位治污减排、保护环境。具体来看，减税规定主要体现在以下几个方面：

（1）鼓励集中处理。例如，城市污水处理厂、城市生活垃圾处理厂（包括生活垃圾焚烧厂、生活垃圾填埋场、生活垃圾堆肥厂等）等所排放的应税污染物，不超过国家和地方规定的排放标准的，免征环境保护税。

（2）鼓励资源循环利用。例如，对于综合利用固体废物的企业，符合国家和地方环境保护标准的，免征环境保护税。

（3）鼓励清洁生产。例如，对于应税大气污染物和水污染物，纳税人排放的污染物浓度值低于国家和地方规定排放标准 30%的，减按 75%征税；纳税人排放的污染物浓度值低于国家和地方规定排放标准 50%的，减按 50%征税。

除上述情况外，对除规模化养殖以外的农业生产排放应税污染物的，机动车、铁路机车、非道路移动机械、船舶和航空器等流动污染源排放应税污染物的情形，均免征环境保护税。

环境保护税相较排污收费制度，增加了法律的强制性，从根本上解决了现行排污收费制度执法中存在的刚性不足、行政干预较多以及规范性不足的问题。作为我国第一个体现“绿色税制”的税种，2018—2023 年，根据国家税务总局统计数据，按税款所属期计算，环保税的年收入基本稳定在 200 亿元左右，其中 2018—2023 年环境保护税分别实现收入 205.6 亿元、213.2 亿元、199.9 亿元、203 亿元、211 亿元、205 亿元，合计收入 1 237.7 亿元。在纳税人户数持续增长的背景下（例如，开征前 3 年，纳税人户数从 26.7 万户上升为 46.2 万户），环保税税额总数相对稳定，户均纳税额明显减少。这说明在税收减免优惠政策的正向激励下，越来越多的企业走上了节能减排的绿色发展之路，激发了企业清洁生产的积极性，由“被动减排”向“主动减排”转变，绿色效应逐渐显现。

四、限制生产、停产整治制度

限制生产、停产整治制度是在限期治理和限期淘汰制度上发展起来的。“限期治理”的概念，是1973年在第一次全国环境保护会议上提出。1989年颁布的《中华人民共和国环境保护法》正式确立了限期治理制度，对限期治理的对象、范围、内容、权限以及法律责任均做了规定。对造成严重污染的企事业单位和在特殊保护区域内超标准排污的已有设施，由有关国家机关依法限定其在一定期限内完成治理任务，达到治理目标的规定。它是减轻或消除现有污染源的污染，改善环境质量状况的一项环境法律制度，曾经在我国环境管理中普遍采用。

随着我国工业的快速发展，环境监管的压力越来越大，对一些长期超标、超总量排放的污染物，仅仅依靠行政处罚、责令限期治理等行政执法手段收效甚微，需要进一步通过限制生产或停产整治等方式，迫使排污者自行整改。2014年修订的《中华人民共和国环境保护法》确定环境保护主管部门对超标超总量排放的企业事业单位和其他生产经营者可以责令限制生产、停产整治，同年12月，环境保护部颁布了《环境保护主管部门实施限制生产、停产整治办法》。2016年7月，环境保护部废止了2009年颁布的《限期治理管理办法（试行）》，限制生产、停产整治制度正式替代了实施几十年的限期治理制度。实施限制生产、停产整治一般适用于污染较为严重，且需要一定整改期限的污染排污者，对于能立即改正环境违法行为、完成整治任务的无须采取限制生产、停产整治措施。

五、排污申报登记和排污许可制度

排污申报登记和排污许可制度，是对排污单位及其污染源实行的一项制度的两个方面。排污申报登记是指直接和间接向环境排放污染物、噪声或产生固体废物者，按照法定程序就排放污染物的具体状况，向所在地生态环境主管部门进行申报、登记和注册的过程。排污许可是指凡需要向环境排放各种污染物的单位和个人，都必须在事先向生态环境主管部门办理排污申报登记手续的基础上，经过生态环境主管部门批准，获得“排污许可证”后方可从事排污行为的一系列环境行政过程的总称。排污单位必须持证才能排污，无证不得排污。持证排污单位必须在排污许可证规定的许可排放浓度和许可排放量的范围内排放污染物，并应开展自行监测、建立台账记录、编写执行报告，确保严格落实排污许可证的相关要求。根据《排污许可证管理暂行规定》，排污许可证自发证之日起生效，首次发放的排污许可证有效期为三年，延续换发的排污许可证有效期为五年。

2014年新修订的《中华人民共和国环境保护法》明确规定“国家依照法律规定试行排污许可管理制度”，为确保该项制度的实施，2016年国务院办公厅出台了《控制污染物排放许可制实施方案》（国办发〔2016〕81号），确定排污许可是企业生产运营期排污行为的唯一行政许可证。2017年11月，环境保护部通过《排污许可管理办法（试行）》，进一步为排污许可的实施提供政策依据。生态环境部负责全国排污许可制度的统一监督管理，制定相关政策、标准、规范，指导地方实施排污许可制度。2024 年 4 月，生态环境部修订发布《排污许可管理办法》，于 2024 年 7 月 1 日起施行，《排污许可管理办法（试行）》同时废止。

六、环境保护目标责任制度

环境保护目标责任制是一种把环境保护任务定量化、指标化，并层层落实的管理措施。它是在我国环境管理实践中，结合我国国情，总结提炼出来的行政管理制度。2014 年新修订的《中华人民共和国环境保护法》第二十六条规定："国家实行环境保护目标责任制和考核评价制度，县级以上人民政府应当将环境保护目标完成情况纳入对本级人民政府负有环境保护监督管理职责的部门及其负责人和下级人民政府及其负责人的考核内容，作为对其考核评价的重要依据。"环境保护目标责任制规定了地方各级政府领导应对本行政区的环境负责、企业法人对本单位的污染防治负责，它规定了环境保护的主要责任者、责任范围。地方各级人民政府应当制定环境保护目标、治理任务，并根据目标和任务采取有效措施来改善环境质量。

环境保护目标责任制的实施以环境保护目标责任书为纽带，实施过程大体上可分为 4 个阶段，即责任书的制定阶段、下达阶段、实施阶段和考核阶段。责任制度是否得到贯彻执行，关键在于抓好以上 4 个阶段。

环境保护目标责任制度的推出，是我国环境管理体制的重大改革，该制度的实施为其他环境管理制度提供了有力的保障，标志着我国环境管理进入了一个新的阶段。

七、城市环境综合整治定量考核制度

城市环境综合整治就是在市政府的统一领导下，以城市生态理论为指导，以发挥城市综合功能和整体最佳效益为前提，采用系统分析方法，从整体上找出制约和影响城市生态系统发展的综合因素，理顺经济建设、城市建设和环境建设的既相互依存又相互制约的辩证关系，用综合的对策整治、调控、保护和塑造城市环境，为城市人民群众创建一个适宜的生态环境，使城市生态系统良性发展。这项制度是对城市环境的综合评定，考核对象是各城市人民政府，涉及城市政府各部门的分工和协调统一。

完成城市环境综合整治定量考核的具体措施包括：完善城市基础设施和环保基础设施建设，增加污染物的处理处置能力；依靠科技进步和严格执法，加强废水、废气、固体废物的达标排放；强化环境管理，提升环境质量，推行节能减排，减少经济增长的环境成本。

由于实行了城市环境综合整治定量考核制度，进一步提高了各级政府领导干部的环境意识和开展城市环境综合整治的自觉性，推动了各城市环境综合整治工作，也使环境监督管理工作得到加强。实践证明，这是一项有效的环境目标管理制度，具有强大的生命力。在我国对于预防污染、正确处理环境与发展的关系以及合理开发利用资源等方面都起到了重大的作用。

八、污染物排放总量控制制度

污染物排放总量控制（简称总量控制）最早在20世纪70年代末首先由日本提出，我国于1996年开始在全国实施污染物总量控制。污染物排放总量控制是在一定时间和一定区域范围（包括行政区、流域、环境功能区、环境单元等）内，对某种污染物的排放总数量进行限定并进行分配，以达到某一时期的区域环境质量要求。总量控制是从浓度控制发展而来的，它克服了浓度控制无法有效减少污染物的弊端。总量控制包括3个方面的内容：污染物的排放总量、排放污染物的地域、排放污染物的时间。

2014年新修订的《中华人民共和国环境保护法》第四十四条规定："国家实行重点污染物排放总量控制制度。重点污染物排放总量控制指标由国务院下达，省、自治区、直辖市人民政府分解落实。企业事业单位在执行国家和地方污染物排放标准的同时，应当遵守分解落实到本单位的重点污染物排放总量控制指标。"

污染物排放总量控制的核心是确定特定范围内，如一个行政区、一个流域、一个行业的污染物允许排放总量。为制定和实现总量控制目标，需确定总量控制因子、核定总量控制基数、分配总量控制指标、制定总量控制方案、考核管理总量目标。我国国家层面实行重点污染物总量控制制度。目前，国家层面实行总量控制的污染物包括大气污染物二氧化硫和二氧化氮，水体污染物化学需氧量和氨氮。重点流域、地方政府可根据自身情况增加实行总量控制的污染物种类。

九、生态保护红线与补偿制度

（一）生态保护红线制度

生态保护红线是我国环境保护的重要制度创新。生态保护红线是指在自然生态服务功能、环境质量安全、自然资源利用等方面，需要实行严格保护的空间边界与管理限值，以维护国家和区域生态安全及经济社会可持续发展，保障人民群众健康。生态保护红线的实质是生态环境安全的底线，目的是建立最为严格的生态保护制度，对生态功能保障、环境质量安全和自然资源利用等方面提出更高的监管要求，从而促进人口资源环境相均衡、经济社会生态效益相统一。2014年环境保护部出台《国家生态保护红线——生态功能基线划定技术指南（试行）》，将内蒙古、江西、湖北、广西等地列为生态红线划定试点。

生态保护红线具有系统完整性、强制约束性、协同增效性、动态平衡性、操作可达性等特征。具体来说，生态保护红线可划分为生态功能保障基线、环境质量安全底线、自然资源利用上限。

划定生态保护红线是维护国家生态安全的需要。只有划定生态保护红线，按照生态系统完整性原则和主体功能区定位，优化国土空间开发格局，理顺保护与发展的关系，改善和提高生态系统服务功能，才能构建结构完整、功能稳定的生态安全格局，从而维护国家生态安全。“生态保护红线”是继“18 亿亩耕地红线”后，另一条被提到国家层面的“生命线”。

（二）生态保护补偿制度

生态保护补偿制度是以防止生态环境破坏、增强和促进生态系统良性发展为目的，以从事对生态环境产生或可能产生影响的生产、经营、开发、利用者为对象，以生态环境整治及恢复为主要内容，以经济调节为手段，以法律为保障的新型环境管理制度。生态保护补偿制度是生态文明制度的重要组成部分，旨在落实生态保护权责、调动各方参与生态保护积极性、推进生态文明建设。

2014 年新修订的《中华人民共和国环境保护法》第三十一条规定“国家建立、健全生态保护制度”；2015 年《关于加快推进生态文明建设的意见》中提出要加快形成受益者付费、保护者得到合理补偿的生态保护补偿机制；为深入贯彻习近平生态文明思想，进一步深化生态保护补偿制度改革，加快生态文明制度体系建设，2021 年 9 月，中共中央办公厅、国务院办公厅印发了《关于深化生态保护补偿制度改革的意见》。

生态保护补偿制度包括以下几方面的内容：

（1）明确补偿主体。“谁开发、谁保护，谁破坏、谁恢复，谁受益、谁补偿，谁污染、谁付费”中的“谁”，可以是国家、地方政府、企业和个人，有时还可能涉及多个主体，情形比较复杂。应因事制宜，明确特定的补偿责任主体，多个主体则应量化责任。

（2）落实受益主体。“谁受损、谁受益”。应落实受益主体。有多个受损主体的，应量化其利益；有多个受损方面的，应全面覆盖受损的各个方面。

（3）补偿标准体系化。生态环境受损后的影响是多方面的，影响的利益主体是多元的。补偿标准应按社会、经济、生态分类，细化为一个指标体系，再按差异性补偿给当地政府、企业和个人等主体，并规定用于社会重建、经济发展和生态修复。

（4）补偿模式多样化。现行的补偿模式以政府财政转移支付为主，辅以一次性补偿、对口支援、专项资金资助和税赋减免等。应坚持多样化模式，同时避免模式选择的随意性、补偿额的随意性。应制定实施细则，规范补偿模式的选择和实施。

（5）确保补偿用于生态修复。生态保护补偿制度安排中应有量化的刚性要求，使一部分补偿直接用于修复生态。同时，还应有使用的有效监督制度。

第二节　我国环境管理制度的创新与成就

一、习近平生态文明思想的内涵

生态文明建设是关系中华民族永续发展的根本大计，是关系党的使命宗旨的重大政治问题，是关系民生福祉的重大社会问题。绿色成为新发展理念的重要组成部分，生态兴则文明兴。习近平总书记强调，尊重自然、顺应自然、保护自然，是全面建设社会主义现代化国家的内在要求。必须牢固树立和践行绿水青山就是金山银山的理念，站在人与自然和谐共生的高度谋划发展。党的十八大以来，以习近平同志为核心的党中央大力推进生态文明理论创新、实践创新、制度创新，创造性地提出了一系列新理念、新思想、新战略，形成了习近平生态文明思想。《中华人民共和国国民经济和社会发展第十四个五年规划和2035年远景目标纲要》把“推动绿色发展促进人与自然和谐共生”作为“十四五”时期的重大任务，立足新发展阶段，贯彻新发展理念，构建新发展格局，加强生态文明建设，实现人与自然和谐共生的现代化。党的二十大以后，我国经济社会发展进入加快绿色化、低碳化的高质量发展阶段，随着生态文明建设实践的不断丰富，理论研究的不断深入，制度创新的不断拓展，习近平生态文明思想的内涵也在不断地深化和延伸。主要包含以下几方面的内容：

（1）坚持以“党对生态文明建设的全面领导”为根本保障。这是我国生态文明建设的根本保证。习近平总书记指出：“生态环境是关系党的使命宗旨的重大政治问题。”生态文明建设是统筹推进“五位一体”总体布局和协调推进“四个全面”战略布局的重要内容，党的全面领导具有“把舵定向”的重大作用。

（2）坚持以“人与自然和谐共生”为本质要求。习近平总书记指出，“人与自然是生命共同体”“山水林田湖草沙是不可分割的生态系统”“共同构建地球生命共同体”。习近平生态文明思想深刻阐明人与自然是生命共同体，以人与自然关系的整体性为视角，以实现人与自然和谐共生为主要目标，揭示了保护生态环境就是保护生产力、改善生态环境就是发展生产力的道理，指明了发展和保护协同共进的新路径，开辟了马克思主义人与自然关系理论新境界。

（3）坚持以“绿水青山就是金山银山”为基本内核。习近平总书记强调，“绿水青山就是金山银山”“保护生态环境就是保护生产力，改善生态环境就是发展生产力”。习近平生态文明思想立足新时代我国发展实际，从人与自然和谐共生、人类社会长远发展的高度，贯彻创新、协调、绿色、开放、共享发展理念，深刻阐明生态环境保护与经济社会发展的辩证统一关系，强调两者兼顾，既要立足当前，又要着眼长远，开辟了关照生态环境保护与经济社会发展关系的全新理论视野，为正确处理人与自然关系提供了科学指引，拓展和深化了马克思主义人与自然关系理论的认知与实践视域。

（4）坚持以“良好生态环境是最普惠民生福祉”为宗旨精神。生态文明建设，是民意，也是民生。它不仅可以改善民生，增进群众福祉，还可以让人民群众公平享受发展成果。随着物质文明的不断发展，城乡居民的需求也在升级，增加了对良好生态环境的诉求，更加关注饮用水安全、空气质量等议题。因此，生态文明建设应当坚持生态惠民、生态利民、生态为民，重点解决损害群众健康的突出环境问题，不断满足人民日益增长的优美生态环境需要，使生态文明建设成果惠及全体人民，既让人民群众充分享受绿色福利，也造福子孙后代。

（5）坚持以“山水林田湖草是生命共同体”为系统思想。人类生存和发展的生态系统，是社会、经济和自然的复合系统，是相互依存、紧密联系的有机链条。必须坚持系统理念，从生态系统的整体性出发，更加注重综合治理、系统治理、源头治理，推动绿色发展、循环发展、低碳发展，全方位、全地域、全过程建设生态文明。

（6）坚持以“最严格制度、最严密法治保护生态环境”为重要抓手。保护生态环境必须依靠制度和法治，让其成为刚性约束和不可触碰的高压线。党的十八大以来，我国开展了一系列根本性、开创性、长远性工作，完善法律法规，建立并实施中央生态环境保护督察制度，深入实施大气、水、土壤污染防治三大行动计划，推动生态环境保护发生历史性、转折性、全局性变化。

（7）坚持以“共谋全球生态文明建设”彰显大国担当。保护生态环境，应对气候变化，是人类面临的共同挑战。生态文明是人类文明发展的历史趋势，是构建人类命运共同体的重要内容。习近平总书记指出：“生态文明建设关乎人类未来，建设绿色家园是人类的共同梦想，保护生态环境、应对气候变化需要世界各国同舟共济、共同努力，任何一国都无法置身事外、独善其身。”党的十八大以来，中国深度参与了全球环境治理，通过“一带一路”倡议等多边合作机制，形成了世界环境保护和可持续发展的解决方案，成为全球生态文明建设的重要参与者、贡献者、引领者。

习近平生态文明思想站在中华民族永续发展的高度，站在对人类文明赓续负责的高度，科学阐明在人类文明进程中，以人与自然和谐共生为鲜明特征的新的文明发展形态，打破了现代化进程中的增长迷思，从文明观的维度开辟了马克思主义人与自然关系理论新境界。

二、我国生态环境管理取得的新成就

党的十八大以来，以习近平同志为核心的党中央把生态文明建设摆在全局工作的突出位置，从思想、法律、体制、组织、作风上全面发力，开展了一系列根本性、开创性、长远性工作，实施了“史上最严”新环保法，建立了中央生态环境保护督察制度，全面实施了河长制、湖长制、林长制，绿色发展理念日益深入人心，习近平生态文明思想得到不断丰富和发展，生态文明建设发生了历史性、转折性、全局性的变化，引领我国生态文明建设取得了举世瞩目的绿色发展奇迹。

（一）环境质量方面

1. 空气质量发生了历史性的变化

空气质量指标 $PM_{2.5}$ 从 2015 年的 46 μg/m³ 降到了 2021 年的 30 μg/m³，历史性达到了 WHO 第一阶段过渡值。优良天数比例 2021 年达到了 87.5%，比 2015 年增长了 6.3 个百分点，我国已成为世界上空气质量改善最快的国家。

2. 水环境质量发生了转折性的变化

2012—2021 年，我国Ⅰ～Ⅲ类优良水体断面比例提升了 23.3 个百分点，达到了 84.9%，已经接近发达国家水平。地级及以上城市的黑臭水体基本得到了消除，人民群众的饮用水安全得到了有效保障。

3. 土壤环境质量发生了基础性的变化

出台了第一部防治土壤污染的基础性法律《中华人民共和国土壤污染防治法》，开展了全国农用地和建设用地的土壤污染详查。生态环境部会同各地区、各部门扎实推进净土保卫战，全国土壤污染加重趋势得到有效遏制，土壤环境质量总体保持稳定，土壤污染风险得到基本管控。中国深入实施山水林田湖草一体化生态保护和修复，开展大规模国土绿化行动，加快水土流失和荒漠化、石漠化综合治理。随着“三北”防护林、天然林保护、退耕还林还草等一系列重大生态工程深入推进，全国共完成造林约 7.8 亿亩。截至 2021 年，全国森林覆盖率达到 24.02%，森林蓄积量达到 194.93 亿 m³。

4. 城乡人居环境得到明显改善

截至 2021 年，全国城市建成区绿地率达 38.7%，人均公园绿地面积 14.87 m²，较 2012 年前增加约 50%；全国农村卫生厕所普及率超过 70%，农村生活垃圾进行收运处理的自然村比例超过 90%；基本完成 2.4 万个非正规垃圾堆放点整治任务，近 10 亿 m³ 各类陈年垃圾得到妥善处置。

（二）生态保护方面

我国创造性地提出生态保护红线制度，将生态功能极重要、生态极脆弱以及具有潜在重要生态价值的区域划入生态保护红线，实现一条红线管控重要生态空间。截至 2023 年，陆域生态保护红线面积占陆域国土面积比例超过 30%。累计完成防沙治沙 2.78 亿亩、种草改良 6 亿亩，在世界上率先实现荒漠化土地和沙化土地面积“双减少”。以毛乌素沙漠边缘（陕西榆林）为例，曾经的万亩荒沙变身林海，实现了从“沙进人退”到“绿进沙退”的历史性转变，当地林业碳汇累计交易量已达 20 万 t，交易额突破 1 000 万元。

以国家公园为主体的自然保护地体系加快建立，截至 2023 年年底，自然保护地和陆域生态保护红线面积分别占全国陆域国土面积的 18%和 30%。累计完成造林 10.2 亿亩。

森林覆盖率提高到24.02%，森林覆盖率和森林蓄积量连续10年保持“双增长”，成为全球森林资源增长最多最快和人工造林面积最大的国家，人工林保存面积达到13.14亿亩，森林面积和森林蓄积量连续30多年保持“双增长”。

生物多样性保护体系基本完善，实施了生物多样性保护重大工程和濒危物种拯救工程，划定了35个生物多样性保护优先区域，112种特有珍稀濒危野生动植物实现了野外回归。300多种珍稀濒危野生动植物野外种群数量稳中有升，设立首批5个国家公园，建成首个国家植物园、种子库。2021年10月12日，在昆明举行的《生物多样性公约》第十五次缔约方大会领导人峰会上，中国宣布设立三江源、大熊猫、东北虎豹、海南热带雨林、武夷山等首批国家公园。这5个国家公园的保护面积达23万km^2，有效保护了90%的陆地生态系统类型和74%的国家重点保护野生动植物种群。

（三）制度管理体系方面

党的十八大以来，我国推进生态文明建设的一个鲜明特色，就是注重发挥制度管根本、管长远的作用，形成了全面化、结构化、科学化和规范化的制度体系。我国已制定几十项涉及生态文明建设的改革方案，生态文明“四梁八柱”性质的制度体系基本形成。《中共中央　国务院关于加快推进生态文明建设的意见》和《生态文明体制改革总体方案》相继出台，建立健全自然资源资产产权和有偿使用、“多规合一”的国土空间规划体系、以国家公园为主体的自然保护地体系、河湖长制、林长制、天然林草原湿地保护修复、生态保护补偿、环境保护“党政同责”和“一岗双责”、生态文明建设目标评价考核和责任追究等一系列法规制度。

建立中央生态环境保护督察制度，中央生态环境保护督察已成为推动地方党委和政府及其相关部门落实生态环境保护责任的硬招实招。宪法修正案将生态文明写入宪法，民法典确立民事活动的“绿色原则”，刑法修正案完善“污染环境罪”等相关规定，立法设定“六五”环境日，实施“史上最严”新环保法，形成中国特色社会主义生态环境保护法律制度体系，相关法律达30余部。

因此，我国已从顶层设计上完善党领导生态文明建设的体制机制，形成党委领导、政府主导、企业主体、社会组织和公众共同参与的“大环保”工作格局，不断提升生态文明领域国家治理体系和治理能力现代化水平。生态文明建设领域全面深化改革取得重大突破，产权清晰、多元参与、激励约束并重、系统完整的生态文明制度体系加速形成。

（四）绿色转型方面

绿色低碳发展方式全面提速。党的十八大以来，我国以年均3%的能源消费增速支撑了年均超过6%的经济增长，能耗强度累计下降26.4%，是全球能耗强度降低最快的国家之一；碳排放强度累计下降超过35%，扭转了二氧化碳排放快速增长的态势。建成全球规模最大的碳市场和清洁发电体系，非化石能源发电装机容量突破 16 亿 kW，煤炭占能源消费比重下降至 56.2%，清洁能源消费比重增长到 25.9%；目前中国是全球最大的可再生能源生产和消费国，也是全球最大的可再生能源投资国，可再生能源装机容量占全国发电总装机容量的 47.3%，超过全国煤电装机容量，水电、风电、太阳能发电、生物质发电装机容量都稳居世界第一。新能源汽车产销量连续 8 年稳居世界第一。我国已成为应对气候变化的重要推动者、贡献者和践行者。

（五）全球贡献方面

中国作为全球生态文明建设的重要参与者、贡献者、引领者，始终以大国思维、全球视野、国际眼光深度参与全球生态环境治理，坚定践行多边主义，努力推动构建公平合理、合作共赢的全球环境治理体系和人类命运共同体。截至 2023 年年底，我国已批准实施 30 多项与生态环境有关的多边公约或议定书，宣布二氧化碳排放力争于 2030 年前达到峰值，努力争取 2060 年前实现碳中和，大力支持发展中国家能源绿色低碳发展，不再新建境外煤电项目。2021 年 7 月，全国碳排放权交易市场正式开市，第一个履约周期纳入的发电行业重点排放单位有 2 162 家，一上线就成为全球覆盖温室气体排放量最大的碳市场。截至 2022 年 9 月 14 日，碳排放配额累计成交量 1.95 亿 t，累计成交额 85.59 亿元，有效发挥了市场机制的激励约束作用，控制温室气体排放，推动绿色低碳发展。2024 年 1 月，全国温室气体自愿减排交易市场启动，调动全社会力量共同参与温室气体减排行动。从联合国巴黎气候大会提出《巴黎协定》4 点建议，到率先发布《中国落实 2030 年可持续发展议程国别方案》；从“一带一路”到“绿色一带一路”；从开展南南合作到帮助发展中国家提高环境治理水平；从联合国生物多样性峰会上提出“人与自然是命运共同体”，到第七十五届联合国大会宣布“双碳”目标，再到气候领导人峰会上倡导“共同构建人与自然生命共同体”；从第七十六届联合国大会强调坚持人与自然和谐共生、完善全球环境治理，到《生物多样性公约》缔约方大会第十五次会议阐述地球生命共同体理念，再到绿色北京冬奥会，中国生态文明建设的实际行动和成效有目共睹。

第三节　新时代生态文明建设的未来展望

新时代生态文明建设不仅取得了巨大成就，也为推动中国式现代化积累了丰富的经验。我国的环境管理工作进入以降碳为重点，推动减污降碳协同增效、促进社会经济发展全面绿色转型、实现生态环境质量改善由量变到质变的关键时期。在习近平生态文明思想的指引下，我们必须牢固树立和践行绿水青山就是金山银山的理念，站在人与自然和谐共生的高度谋划发展，完善促进人与自然和谐共生的生态文明制度体系，大力推进美丽中国建设，坚持山水林田湖草沙一体化保护和系统治理，统筹产业结构调整、污染治理、生态保护、应对气候变化，协同推进降碳、减污、扩绿、增长，推进生态优先、节约集约、绿色低碳发展，坚定不移走生产发展、生活富裕、生态良好的文明发展道路。

【我国生态环境管理取得全方位历史性成就】

思考题

1. 环境管理的概念是什么？
2. 什么是环境影响评价制度？简述环境影响评价的意义。
3. 什么是环境保护目标责任制？简述其特点。
4. 什么是总量控制？我国实施总量控制的污染物指标确定原则是什么？
5. 什么是环境影响评价制度和“三同时”制度？
6. 生态保护红线划定的主要内容是什么？简述怎样守住生态保护红线。
7. 习近平生态文明思想的内涵是什么？这一思想对我国未来环保事业的发展有何意义？

参考文献

[1] 刘立忠．环境规划与管理[M]．北京：中国建材出版社，2015.
[2] 卢昌义．现代环境科学概论[M]．3 版．厦门：厦门大学出版社，2020.
[3] 路长明，段雄波，陈成．习近平生态文明思想研究[J]．学理论，2020（11）：5-7.
[4] 任佳晖，王欲然．全面阐释“人与自然生命共同体”理念 习近平重要讲话彰显中国信心中国行动[EB/OL].（2021-04-24）[2022-05-26]. http://cpc.people.com.cn/n1/2021/0424/c164113-32086765.html.
[5] 沈红艳．环境管理学[M]．北京：中国石化出版社，2022.
[6] 孙金龙．深入学习贯彻习近平生态文明思想 加快构建人与自然和谐共生的现代化[J]．环境保护，2022，50（22）：8-10.
[7] 习近平．生态文明建设是关系到中华民族永续发展的根本大计[EB/OL].（2019-02-28）[2022-05-26]. https://www.sohu.com/a/298147094_120038816.
[8] 叶文虎，张勇．环境管理学[M]．3 版．北京：高等教育出版社，2013.

第十三章　环境与发展

环境与发展，是当今国际社会普遍关注的重大问题。人类经过漫长的奋斗历程，特别是从产业革命以来，在改造自然和发展经济方面有了辉煌的建树。但是与此同时，人类环境为此付出了惨重的代价，人类社会生产力和生活水平的提高，在很大程度上都是建立在环境质量恶化的基础上，气候异常、灾害频繁而严重、臭氧层破坏、生物物种锐减等，一次次警钟长鸣，迫使人们不得不严肃思考，不得不重新审视自己的社会经济行为和走过的历程，认识到通过高消耗追求经济增长和“先污染后治理”的传统发展模式已不再适应当今和未来发展的需要，而必须努力寻求一条人口、经济、社会、环境和资源相互协调，既能满足当代人的需求，而又不对满足后代人需求的能力构成危害的可持续发展道路。

第一节　可持续发展的基本理论

一、可持续发展的由来

（一）先觉者的呼声——《寂静的春天》发表

1962年，美国的蕾切尔·卡逊女士发表了《寂静的春天》，引起强烈的反响。

《寂静的春天》是以一个“明天的寓言”开始的，描写了曾经具有优美生态环境的小城镇，忽然面临着一片死亡的阴影。春天到了，曾经荡漾着小鸟歌声的小镇却是一片寂静，曾经摇曳着绿树的道路两旁却只是一片枯黄，“被生命抛弃了的地方只有寂静”。此后的篇幅中，卡逊女士以翔实的资料列举了工业革命以来，化学药品特别是杀虫剂的使用，对自然界的生态平衡所产生的破坏性影响，阐述了杀虫剂在自然界中的聚积对自然的生产力乃至对人类健康的不可挽回的影响，并进一步指出，“大自然在反抗”，人类在冒着极大的风险来改造自然，想把它变得合乎心意，但最终的结果只能是适得其反。

《寂静的春天》从环境污染的新视角唤起了人们对古老的生态学的兴趣，通过对污染物在自然界中的迁移转化规律的描述，揭示了环境污染对地球生态的深远影响，强调人与自然之间必须建立起“合作的协调”的关系。

（二）第一座里程碑——斯德哥尔摩会议

1972 年联合国人类环境会议于瑞典首都斯德哥尔摩召开。回顾可持续发展的历史，这次会议可以说是其中的第一座里程碑。这次会议的成果主要体现在两个文件中，一是大会秘书长委托完成的非正式报告《只有一个地球》，二是大会通过的《联合国人类环境会议宣言》。《只有一个地球》在前言中指出，“当前大多数的环境问题，都是来自于人类对生态系统的错误行动。”“我们把征服世界看作是人类的进步，这就意味着常常因为我们的错误认识而破坏了自然界”。

这次大会通过的《联合国人类环境会议宣言》，标志着与会各国已经在“保持和改善人类环境”方面取得了“共同的看法”，制定了“共同的原则”。该宣言指出，“人类改造环境的能力，如果使用不当，或轻率使用，就会给人类和人类环境造成无法估量的损害。”“保护和改善环境是关系到全世界各国人民幸福和经济发展的重要问题，也是全世界各国人民的迫切希望和各国政府的责任”。

这次大会上提出了人类面临的由于资源利用不当而造成的广泛的生态破坏和多方面的环境污染问题；提出了经济与环境必须协调发展的观点。首次在世界范围内正视经济发展和资源环境之间的相互关系，尽管并未提出明确的可持续发展思想，但使人们认识到资源和环境对经济发展具有十分重要的作用。

（三）遗留的问题——环境未与经济和社会发展相结合

斯德哥尔摩会议第一次把环境问题的重要性和紧迫性摆在各国政府面前，开始在全球范围内唤起世人对环境问题的觉醒，在这一方面，这次会议具有不可磨灭的功绩，但是，必须指出的是，本次会议并未能把环境问题同经济和社会发展结合起来，暴露了环境问题却未能确定其根源和责任，也就不可能真正找到解决问题的出路。

同年，罗马俱乐部约 30 位来自不同国家、不同领域的学者所组成的团体发表了著名的《增长的极限》，引起了很大的震动。虽然由于多种因素的局限，该报告中的一些结论与观点尚存在十分明显的缺陷，但是该报告是以“系统动力学”的方法建立一个动态的世界模型，在该模型的基础上进行的深入阐述。因此，该报告中关于对地球潜伏的危机和发展面临的困境的警告，是冷静而客观的，表现出了对人类发展前途的“严肃忧虑”，唤起了人类自身的觉醒。报告中阐述的“合理的、持久的均衡发展”，为可持续发展的思想萌芽提供了“土壤”。

（四）可持续发展的提出——《我们共同的未来》

1983 年 12 月，联合国成立了世界环境与发展委员会（World Commission on Environment and Development，WCED）。委员会的宗旨在于：为持续的发展提出长期的环境战略，把对环境的关注转化成南北双方的更大合作，找到国际社会更有效地保护环境的途径等。经过 5 年细致的实地调查研究，WCED 于 1987 年 4 月出版了其最终报告《我们共同的未来》。同年 12 月，该报告经过联合国第 42 届大会通过，在全球范围内引起了巨大的反响。

该报告以翔实的资料，针对世界环境与发展方面存在的问题，提出具体而现实的建议。最引人注目的是，报告中首次采纳“可持续发展”的概念，把环境与发展紧密地结合在了一起。报告指出，需要一种全新的发展道路，在这条道路上，持续的发展不仅仅能够于某一时期在某些地区实现，而是要在整个星球上延续到遥远的未来。这种全新的发展道路，就是可持续发展。

该报告对可持续发展给出的经典定义为：可持续发展是指满足当代人需求，又不危及后代人满足其需求的能力的发展。可持续发展的这个定义包含两个重要的概念：第一，“需求”的概念，特别是穷人的需要。这意味着发展应优先考虑满足人类的基本需求，尤其是世界上穷人的需求。这种需求不仅包括物质需求，还包括社会、经济和文化等方面的需求；第二，“限制”的概念，即环境限度。环境的承载能力是有限的，如果超过这个限度，将会影响自然界支持当代和后代人生存的能力。因此，发展必须在环境的承载能力范围内进行，不能损害后代人满足其需求的能力。

（五）第二座里程碑——里约热内卢会议

1992 年在巴西里约热内卢召开的联合国环境与发展大会（UNCED）取得了重大的成果，通过了《21 世纪议程》、《里约环境与发展宣言》和《关于森林问题的原则声明》3 个纲领性文件，签署了《生物多样性公约》和《联合国气候变化框架公约》。通过会议，国际社会就环境与发展密不可分、为生存必须结成“新的全球伙伴关系”等问题达成共识，接受了体现可持续发展思想的重要纲领，即《里约环境与发展宣言》和《21 世纪议程》，明确了发达国家与发展中国家“共同但有区别的责任”原则，会议一致同意在文件中确认下列原则：发达国家对全球环境恶化负有主要责任，应当提供资金作为官方发展援助（ODA）并以优惠条件向发展中国家转让有益于环境的技术等。这些原则目前都已成为国际上处理环境与发展问题的重要准则。大会提出人类应与自然和谐统一，可持续地发展并为后代提供良好的生存发展空间这一可持续发展的新观念和新战略。自此，可持续发展理念作为一种新发展观，逐步被世界各国纳入本国的发展战略，可持续发展也成为全球发展合作的核心内容。1994 年 3 月，我国也发表了相应的《中国 21 世纪议程》，表明我国正式选择了可持续发展战略。

【中国 21 世纪议程】

（六）第三座里程碑——联合国可持续发展大会

2012 年，在具有里程碑意义的地球首脑会议 20 年后，世界各国领导人再次聚集在里约热内卢，召开联合国可持续发展大会，又称“里约+20”峰会，会议集中讨论了两个主题：①绿色经济在可持续发展和消除贫困方面的作用；②可持续发展的体制框架。

这次会议是继 1992 年联合国环境与发展大会及 2002 年南非约翰内斯堡可持续发展世界首脑会议后，国际可持续发展领域举行的又一次大规模、高级别会议。本次会议的主题是反思过去 20 年可持续发展的问题，并提出未来 20 年的新模式。会上，会员国决定在千年发展目标的基础上，制定一套可持续发展目标，并与 2015 年后发展议程接轨。会议还通过了关于绿色经济政策的创新性指导方针，并制定了可持续发展筹资战略，达成了新的可持续发展政治承诺，即对现有的承诺评估进展情况和实施方面的差距；应对新的挑战。

二、可持续发展的基本内涵

（一）可持续发展的定义

可持续发展的最权威且广泛流传的定义是世界环境与发展委员会在其 1987 年的报告《我们共同的未来》中提出的，即可持续发展是“满足当代人需求，又不危及后代人满足其需求的能力的发展”。

随后，可持续发展概念又在实践中不断发展丰富，一般情况下，人们将可持续发展看成是综合考虑人口、社会、经济、环境、科技等问题，公平地顾及当代与后代的福利的发展。目前，可持续发展已被许多国家、组织、学者、专家、计划、法规和政策文件所认可和采纳，源于环境保护的可持续发展不仅早已超出环境保护的范围，也早已超出它最初被定义的范围。人们谈到可持续发展，已经不仅仅是指生态（环境）的可持续发展，而且还包括了经济和社会的可持续发展。

（二）可持续发展的基本思想

可持续发展的基本思想主要包括 3 个方面：

（1）可持续发展鼓励经济增长。它强调经济增长的必要性，必须通过经济增长提高当代人的福利水平，增强国家实力和社会财富。但可持续发展不仅要重视经济增长的数量，更要追求经济增长的质量。这就是说经济发展包括数量增长和质量提高两部分。数量的增长是有限的，而依靠科学技术进步，提高经济活动中的效益和质量，采取科学的经济增长方式才是可持续的。因此，可持续发展要求重新审视如何实现经济增长。要达到具有可持续意义的经济增长，必须审计使用能源和原料的方式，改变传统的以“高投入、高消耗、高污染”为特征的生产模式和消费模式，实施清洁生产和文明消费，从而减少每单位经济活动造成的环境压力。

（2）可持续发展的标志是资源的永续利用和良好的生态环境。经济和社会发展不能超越资源和环境的承载能力。可持续发展以自然资源为基础，同生态环境相协调。它要求在严格控制人口增长、提高人口素质和保护环境、资源永续利用的条件下，进行经济建设，保证以可持续的方式使用自然资源和环境成本，使人类的发展控制在地球的承载力之内。可持续发展强调发展是有限制条件的，没有限制就没有可持续发展。要实现可持续发展，必须使自然资源的耗竭速率低于资源的再生速率，必须通过转变发展模式，从根本上解决环境问题。

（3）可持续发展的目标是谋求社会的全面进步。发展不仅仅是经济问题，单纯追求产值的经济增长不能体现发展的内涵。可持续发展的观念认为，世界各国的发展阶段和发展目标可以不同，但发展的本质应当包括改善人类生活质量，提高人类健康水平，创造一个保障人们平等、自由、教育和免受暴力的社会环境。这就是说，在人类可持续发展系统中，经济发展是基础，自然生态保护是条件，社会进步才是目的。而这三者又是一个相互影响的综合体，只要社会在每一个时间段内都能保持与经济、资源和环境的协调，这个社会就符合可持续发展的要求。

（三）可持续发展的基本原则

（1）公平性原则。所谓的公平性是指机会选择的平等性。这里的公平具有两方面的含义：一方面是指代际公平性，即世代之间的纵向公平性，另一方面是指同代人之间的横向公平性。可持续发展不仅要实现当代人之间的公平，也要实现当代人与未来各代人之间的公平。这是可持续发展与传统发展模式的根本区别之一。可持续发展要求当代人在考虑自己的需求与消费的同时，也要对未来各代人的需求与消费负起历史的责任，因为同后代人相比，当代人在资源开发和利用方面处于一种无竞争的主宰地位。

（2）可持续性原则。这里的可持续性是指生态系统受到某种干扰时能保持其生产率的能力。资源环境是人类生存与发展的基础和条件，离开了资源环境就无从谈起人类的生存与发展。资源的持续利用和生态系统的可持续性的保持是人类社会可持续发展的首要条件。可持续发展要求人们根据可持续性的条件调整自己的生活方式，在生态可能的范围内确定自己的消耗标准，而不是盲目地、过度地生产和消费。

（3）共同性原则。可持续发展关系到全球的发展。尽管不同国家的历史、经济、文化和发展水平不同，可持续发展的具体目标、政策和实施步骤也各有差异，但是，公平性和可持续性是一致的。并且要实现可持续发展的总目标，必须争取全球共同的配合行动。这是由地球整体性和相互依存性所决定的。实现可持续发展就是人类要共同促进人与人之间、人与自然之间的协调，这是人类共同的道义和责任。

三、可持续发展的基本特征

根据有关专家学者的研究成果和资料，可持续发展应具备以下主要特征：

（一）发展性

这一特征揭示，可持续发展的前提是发展，唯有发展才有出路，唯有发展才有美好的未来。持续依赖发展，发展才能持续，发展性是可持续发展的基本特征，离开了发展性，也就没有持续可言。

（二）持续性

这一特征揭示，发展只有建立在环境生态持续能力、社会经济持续能力的基础之上，才有可能持续。持续性是持续发展的时间标志，它强调发展既要满足当代人的基本需求，又不危害子孙后代满足其需要的能力。持续性反映可持续发展的源泉、潜力、因果关系和发展过程的动态联系，是可持续发展生命力特征的体现。

（三）整体性

这一特征揭示，可持续发展是一种大范围、长时间、总体性的发展运动和发展状态。人类共居在一个地球上，全人类是一个相互联系、相互依存的整体，没有哪一个国家能脱离世界市场，而达到全部自给自足，当前世界上的许多资源与环境问题已超越国界和地区界限，并具有全球的规模。因此，要达到全球的持续发展，也必须通过全人类的共同努力，必须建立巩固的国际秩序和合作关系。

（四）公平性

这一特征揭示，可持续发展只能建立在社会公平和人与人之间平等的基础上。只有保持公平，才能调动作为可持续发展主体的人的主观能动性和发明创造性，才能真正实现可持续发展。可持续发展主张人与人之间、国家之间的关系应该互相尊重、互相平等，一个社会或一个团体的发展不应以牺牲另一个社团的利益为代价。

（五）高效性

这一特性揭示，可持续发展只能是高效率、高效益的发展。高效性是反映和衡量可持续发展运动的价值和效益的主要参数，它体现综合效益（经济、社会和环境效益的统一）、总体效益（间接和直接效益、局部和整体效益、眼前和长远效益、当代和后代效益的统一）和最佳效益（速度和效益、数量和质量、先进性和可持续性的统一），是人类社会持续、高速发展的重要保障。

（六）和谐性

这一特性揭示，只有当人类与环境和谐共处时，可持续才能变成现实。可持续发展建立在这样一个基本事实的基础上：世界由人类社会和自然环境这两大系统组成。自然环境是由各种环境要素和自然资源组成的，早在人类产生之前就已存在的系统，而人类则是环境的产物，人类社会是由人、人与人之间的关系以及人为活动产物所组成的综合系统。可持续发展追求的正是人与自然、人类社会与生存环境的高度和谐、统一。

（七）多样性

这一特性揭示，可持续发展是多样性、多元化的发展，只能建立在生物多样性、区域多样性、经济多样性、社会多样性的基础上。多样性是保证可持续发展生机勃勃、内涵丰富、气象万千的主要因素，是衡量可持续发展状态的重要标志之一，不具备多样性特征的可持续发展不是真正意义上的可持续发展。

（八）开放性

这一特性揭示，可持续发展是一种全方位、多渠道、不封闭的发展。开放性的主要体现是：人类社会的开放，即人与自然要和谐；国家的开放，即各国要交流、合作，要发展自由贸易，形成世界市场；行政区的开放，即“块块”之间要合作，要打破地区间的封锁；部门和行业之间的开放，即各行各业之间要交流，要打破部门、行业之间的限制；文化、思想和信息的开放，即冲破保守的文化、思想和信息的禁锢，让先进的文化、思想、信息自由传播和交流。

（九）协调性

这一特性揭示，可持续发展只能是经济、社会和环境的协调发展。可持续发展是由许多发展活动组成的宏观活动，核心是国家级的可持续发展。可持续发展建立在这样一个基本事实的基础上：现代国家主要由国土（即环境资源）、国民（即人）、国家机关或者自然系统、经济系统（包括产业、市场等）、社会系统（包括行政体系、法制体系等）组成。

其中国土是立国之基础，国民是立国之根本，社会系统是立国之灵魂，经济系统是立国之支撑。

（十）广泛性

可持续发展作为一种思想观念和行动纲领，指导产生了全球发展的指令性文件——《21世纪议程》，而这一议程的贯彻实施，则需要全社会的广泛参与。管理者在决策过程中就应当自觉地把可持续发展思想与环境、发展紧密结合起来，并不断地向人民大众灌输可持续发展思想，动员广大群众加入到可持续发展工作的全过程中来。

第二节 可持续发展战略的实施

制定和实施可持续发展战略是实现可持续发展的重要手段，是一项综合的系统工程。从目前国际社会所做的努力来看，大致从以下几个方面实施可持续发展战略。第一，制定测度可持续发展的指标体系，研究如何将资源和环境纳入国民经济核算体系，以使人们能够更加直接地从可持续发展的角度，对包括经济在内的各种活动进行评价。第二，制定条约或宣言，使保护环境和资源的有关措施成为国际社会的共同行为准则，并形成明确的行动计划和纲领。第三，建立和健全环境管理系统，促进企业的生产活动和居民的消费生活向减轻环境负荷的方向转变。第四，各有关国际组织和开发援助机构都把环境保护和支持可持续发展的能力建设作为提供开发援助的重点领域。

一、可持续发展的指标体系

可持续发展的指标体系反映的是“社会—经济—环境”之间的相互作用关系，即“三者之间的驱动力—状态—响应关系”，或称之为“驱动力—状态—响应框架”。驱动力指标反映的是对可持续发展有影响的人类活动、进程和方式，即表明环境问题的原因；状态指标衡量由于人类行为而导致的环境质量或环境状态的变化，即描述可持续发展的状况；响应指标是对可持续发展状况变化所做的选择和反应，即显示社会及其制度机制为减轻诸如资源破坏等所做的努力。

联合国可持续发展委员会制定的可持续发展指标体系由驱动力指标、状态指标、响应指标构成。驱动力指标主要包括：就业率，人口净增长率，成人识字率，可安全饮水的人口占总人口的比率，运输燃料的人均消费量，人均实际GDP增长率，GDP用于投资的份额，矿藏储量的消耗，人均能源消费量，人均水消费量，排入海域的N、P量，土地利用的变化，农药和化肥的施用，人均可耕地面积，温室气体等大气污染物排放量等；状态指标主要包括：贫困度，人口密度，人均居住面积，已探明矿产资源储量，原材料使用强度，水中的 BOD 和 COD 含量，土地条件的变化，植被指数，受荒漠化、盐碱和洪涝灾害影响的土地面积、森林面积，濒危物种占本国全部物种的比例，CO_2等主要大气污染物浓度，人均垃圾处理量，每百户人中拥有的科学家和工程师人数，每百户居民拥有的电话数等；响应指标主要包括：人口出生率，教育投资占 GDP 的比例，再生能源的消费量与非再生能源消费量的比例，环保投资占 GDP 的比例，污染处理范围，垃圾处理的支出，科学研究投资占 GDP 的比率。我国最近又提出了绿色 GDP 的概念，更加深化了可持续发展的方针。

二、可持续发展水平的衡量

（一）基本衡量要素

各个国家、各个地区的资源状况与环境状况不同，科技水平和发展条件也不一样。因此，决定可持续发展的水平，大体可由以下 5 个基本要素加以衡量。

（1）资源的承载能力。指的是一个国家或地区的人均资源数量和质量，以及它对于该空间内人口的基本生存和发展的支撑能力。如果可以满足当代及后代的需求，则具备了持续发展条件；如不能满足，应依靠科技进步挖掘替代资源，使得资源承载能力保持在区域人口需求的范围之内。

（2）区域的生产能力。指的是一个国家或地区总体的资源、人力、技术和资本可以转化为产品和服务的能力。在生产能力的诸多因素中，科学技术往往又发挥着决定性的作用。可持续发展需求区域的生产能力在不危及其他系统的前提下，应当与人的需求同步增长。

（3）环境的缓冲能力。人们对区域的开发，对资源的利用，对生产的发展，对废物的处理处置等，均应维持在环境的允许容量之内，保持有利的生态平衡，否则，发展将不可能持续。

（4）进程的稳定能力。在整个发展的轨迹上，不希望出现由于自然波动（特大自然灾害或不可抗拒的外力干扰）和经济社会波动（战争的干扰或重大决策失误所引起的不可挽回的损失等）所带来的灾难性后果。

（5）管理的调节能力。它要求人的认识能力、人的行动能力、人的决策和人的调整能力，应当适应总体发展水平，即人们的智力开发和对于“自然—社会—经济”复合系统的驾驭能力要适应可持续发展水平的要求。

在上述 5 个要素全部被满足之后，就可以对一个国家或地区可持续发展能力作出判断，也可以对不同国家或不同地区的可持续发展潜力作出全面的比较和评价。

（二）《21 世纪议程》

《21 世纪议程》是 1992 年联合国环境与发展大会上通过的重要文件之一，也是贯彻实施可持续发展战略的人类活动计划。该文件虽然不具有法律的约束力，但它反映了环境与发展领域的全球共识和最高级别的政治承诺，提供了全球推进可持续发展的行动准则。

1.《21 世纪议程》的基本思想

《21 世纪议程》深刻指出，人类正处于一个历史的关键时刻，世界面对国家之间和各国内部长期存在的经济悬殊现象，贫困、饥荒、疾病和文盲有增无减，赖以维持生命的地球生态系统继续恶化。如果人类不想进入这个不可持续的绝境，就必须改变现行的政策，综合处理环境与发展问题，提高所有人特别是穷人的生活水平，在全球范围更好地保护和管理生态系统。要争取一个更为安全、更为繁荣、更为平等的未来，任何一个国家不可能仅依靠自己的力量取得成功，必须联合起来，建立促进可持续发展全球伙伴关系，只有这样才能实现可持续发展的长远目标。

《21 世纪议程》的目的是促使全世界为下一世纪的挑战做好准备。它强调圆满实施议程是各国政府必须首先负起的责任。为了实现议程的目标，各国的战略、计划、政策和程序至关重要，国际合作需要相互支持和各国的努力。

同时，要特别注重经济转型阶段许多国家所面临的特殊情况和挑战。它还指出，议程是一个能动的方案，应该根据各国和各地区的不同情况、能力和优先次序来实施，并视需要和情况的改变不断调整。

2.《21 世纪议程》的主要内容

《21 世纪议程》涉及人类可持续发展的所有领域，提供了 21 世纪如何使经济、社会与环境协调发展的行动纲领和行动蓝图。它共计 40 多万字。整个文件分 4 部分。

第一部分，经济与社会的可持续发展。包括加速发展中国家可持续发展的国际合作和有关的国内政策、消除贫困、改变消费方式、人口动态与可持续能力、保护和促进人类健康、促进人类住区的可持续发展、将环境与发展问题纳入决策进程。

第二部分，资源保护与管理。包括保护大气层；统筹规划和管理陆地资源的方式；禁止砍伐森林、脆弱生态系统的管理和山区发展；促进可持续农业和农村的发展；生物多样性保护；对生物技术的环境无害化管理；保护海洋，包括封闭和半封闭沿海区，保护、合理开发和利用其生物资源；保护淡水资源的质量和供应——对水资源的开发、管理和利用；有毒化学品的环境无害化管理，包括防止在国际上非法贩运有毒废料、危险废料的环境无害化管理；对放射性废料实行安全和环境无害化管理。

第三部分，加强主要群体的作用。包括采取全球性行动促进妇女的发展；青年和儿童参与可持续发展、确认和加强土著人民及其社区的作用；加强非政府组织作为可持续发展合作者的作用、支持《21 世纪议程》的地方当局的倡议；加强工人及工会的作用、加强工商界的作用、加强科学和技术界的作用、加强农民的作用。

第四部分，实施手段。包括财政资源及其机制；环境无害化（和安全化）技术的转让；促进教育、公众意识和培训、促进发展中国家的能力建设、国际体制安排；完善国际法律文书及其机制等。

（三）可持续发展的实行措施

采取有效措施，防治工业污染，坚持“预防为主，防治结合，综合治理”等指导原则，严格控制新污染，积极治理老污染，推行清洁生产，主要措施如下：

加强城市环境综合整治，认真治理城市“四害”，城市环境综合整治包括加强城市基础设施建设，合理开发利用城市的水资源、土地资源及生活资源，防治工业污染、生活污染和交通污染，建立城市绿化系统，改善城市生态结构和功能，促进经济与环境协调发展，全面改善城市环境质量。当前主要任务是通过工程设施和管理措施，有重点地减轻和逐步消除废气、废水、废渣和噪声等“四害”的污染。

提高能源利用率，改善能源结构，通过电厂节煤，严格控制热效率低、浪费能源的小工业锅炉的发展，推广民用型煤、发展城市煤气化和集中供热方式、逐步改变能源价格体系等措施，提高能源利用率，大力节约能源。调整能源结构，增加清洁能源比重，降低煤炭在中国能源结构中的比重。尽快发展水电、核电，因地制宜地开发和推广太阳能等清洁能源。

推广生态农业，坚持植树造林，加强生物多样性保护，推广生态农业，提高粮食产量，改善生态环境。植树造林，确保森林资源的稳定增长。通过扩大自然保护区面积，有计划地建设野生珍稀物种及优良家禽、家畜、作物和药物良种的保护及繁育中心，加强对生物多样性的保护。

（四）实施可持续发展战略的世界动向

为了推进可持续发展战略的实施，不少国家积极采取行动，相继制定出适合本国国情的规划和政策，有的制定了本国的 21 世纪议程，并成立了专门的可持续发展委员会，几乎所有的国际组织都对可持续发展作出了反应。这一切充分体现了国际社会对可持续发展的重视。从目前各国推行可持续发展战略的实际情况看，发展水平不同的国家，其贯彻可持续发展的侧重点和追求的目标均不一样，但是它们在设立机构、制定政策等方面都取得了相当的进展，在执行可持续发展的法律法规、公众参与等方面也做出了积极努力。

三、中国的可持续发展战略

（一）中国实施可持续发展战略的总体进展

中国是一个拥有 14 亿人口的发展中国家，庞大的人口基数和持续增长态势在一个相当长时期内难以改变，因而中国将长期面临人口、资源、环境与经济发展的巨大压力和尖锐矛盾。不仅如此，中国还面临来自全球环境问题的威胁。中国进入经济快速发展的历史阶段，由于经济基础差，技术水平低，资源消耗量大，污染严重，生态基础薄弱，各种矛盾相互交织和激化。中国的社会经济基本特征和资源环境约束状况表明，如果不把合理使用资源、保护生态环境纳入经济发展之中统筹考虑，经济增长就难以持续，也难以为后代创造可持续发展的条件。

联合国环境与发展大会之后，中国政府重视自己承担的国际义务，积极参与全球可持续发展理论的建立与健全工作。1994 年中国政府制定完成并批准通过了《中国 21 世纪议程——中国 21 世纪人口、环境与发展白皮书》(简称《中国 21 世纪议程》)，确立了中国 21 世纪可持续发展的总体战略框架和各个领域的主要目标。《中国 21 世纪议程》阐明了中国可持续发展的战略和对策，它将成为我国制定国民经济和社会发展中长期计划的一个指导性文件。在此之后，国家有关部门和很多地方政府也相应地制定了部门和地方可持续发展实施行动计划。2000 年，制定《中国 21 世纪议程》领导小组更名为全国推进可持续发展战略领导小组，由国家计委领导同志担任组长，科技部领导同志担任副组长。

2002 年中国政府向可持续发展世界首脑会议提交了《中华人民共和国可持续发展国家报告》，该报告全面总结了自 1992 年，特别是 1996 年以来，中国政府实施可持续发展战略的总体情况和取得的成就，阐述了履行联合国环境与发展大会有关文件的进展和中国今后实施可持续发展战略的构想，以及中国对可持续发展若干国际问题的基本原则立场与看法。

与此同时，中国加强了可持续发展有关法律法规体系的建设及管理体系的建设工作。截至 2023 年年底，我国制定修订了环境保护法及 30 余部生态环境法律法规，其中生态环境法律 19 件，占现行有效法律总数约 1/15；与生态环境保护密切相关的党内法规 40 余件，行政法规 30 余件，部门规章 87 件，行政规范性文件 400 余件。作为我国生态环境法律体系中独立、特殊、重要的组成部分，生态环境标准也在全面优化升级。党的十八届三中全会至今（2024 年），生态环境标准数量大幅增加，共发布 1 195 项国家生态环境标准，依法备案地方污染物排放标准 272 项。截至 2024 年 6 月，现行有效国家生态环境标准 2 415 项，现行有效依法备案地方标准 248 项。全国人民代表大会常务委员会专门成立了环境与资源保护委员会，在法律起草、监督实施等方面发挥了重要作用。

（二）中国可持续发展战略的行动措施

中国可持续发展战略的总体目标是：用 50 年的时间，全面达到世界中等发达国家的可持续发展水平，进入世界可持续发展能力的前 20 名行列；在整个国民经济中科技进步的贡献率达 70%以上；单位能量消耗和资源消耗所创造的价值在 2000 年基础上提高 10～12 倍；人均预期寿命达到 85 岁；人文发展指数进入世界前 50 名；全国平均受教育年限在 12 年以上；能有效克服人口、粮食、能源、资源、生态环境等制约可持续发展的“瓶颈”；确保中国的食物安全、经济安全、健康安全、环境安全和社会安全。2030 年实现人口数量的“零增长”；2040 年实现能源资源消耗的“零增长”；2050 年实现生态环境退化的“零增长”，全面实现进入可持续发展的良性循环。具体措施如下：

（1）开展对现行政策和法规的全面评价，制定可持续发展法律、政策体系，突出经济、社会与环境之间的联系与协调。通过法规约束、政策引导和调控，推进经济、社会与环境的协调。

（2）改革体制，建立有利于可持续发展的综合决策机制；调整现有政府部门的职能，加强部门间的广泛协商和合作，建立协调的管理运行机制和反馈机制，以保证可持续战略目标的顺利实现。

（3）在建立社会主义市场经济体制中，充分运用经济手段，促进保护资源和环境，实现资源可持续利用，包括按照资源有偿使用的原则，着手研究制定自然资源开发利用补偿收费政策和环境税收政策；研究并试行把自然资源和环境因素纳入国民经济核算体系，使有关统计指标和市场价格较准确地反映经济活动所造成的资源和环境的变化；制定不同行业污染物排放的限定标准，逐步提高排污收费标准，促进企业污染治理达到国家和地方规定的要求，对环境污染治理、开发利用清洁能源、废物综合利用和自然保护等社会公益性项目，在税收、信贷和价格等方面给予必要的优惠；改革资源价格体系，促进资源的节约利用和保护。

（4）健全法制，强化管理，运用法律和必要的行政手段保证可持续发展；建立可持续发展法律体系，并注意与国际法的衔接；在进行政府机构改革和经济体制改革中，把强化自然资源和环境保护工作作为各级政府的一项基本职能；建立健全科学的环境保护法规体系和标准体系，严格执法，完善和推行行之有效的管理制度和措施；污染防治逐步从浓度控制转变为总量控制，从末端治理转变到全过程防治，认真制订和监督执行环境保护的规划计划；强化环境统计和监测体系，逐步建立全国的环境信息网络，及时准确地掌握环境质量和污染动态；加强环境保护机构的建设，组织业务培训，提高决策管理者的素质；广泛深入地开展环境保护的宣传教育活动，普及环境科学知识，提高全民族的环境意识。

（5）确立国家可持续发展优先领域和优先项目，注重可持续发展基础和能力建设：发展教育事业，开展广泛的职业培训；发展科学技术，大力促进科技的推广和应用工作；提高能源利用效率，改善能源结构，发展清洁煤技术与装备，开发新能源和可再生能源；改善生态环境，建立可持续农业和林业生产体系：建立资源节约型工业生产体系，推行清洁生产，大力发展交通、通信等基础产业；促进社会的可持续发展，不断提高人民生活质量；保护和合理开发利用自然资源，保护可再生资源的再生产能力；防止环境污染与破坏；建立健全可持续发展的法规、政策、管理及决策支持体系。

（6）推广清洁技术和清洁生产，发展环保产业；积极研究、开发和推广高效、低耗、无废、少废、节水、节能的新技术、新工艺；筛选、评价和推广有利于环境的实用技术，提高污染防治和生态恢复工程及设施的技术水平，重视重大环境问题和全球环境问题的研究；在产业结构调整中，将环保产业列入优先发展领域，建立环保产业的生产流通秩序和适用合理的产品结构，开展和推广先进实用的环保设备，积极发展绿色产品生产，建立产品质量标准体系，提高环保产品质量。搞好污染防治和保护区的示范工程和示范区建设。

（7）开发和应用信息资源，建立全国社会经济与资源环境信息系统，开展可持续发展评价，促进科学决策和科技发展与推广工作，发挥科学技术作为第一生产力的作用。

（8）在调整人和自然关系的若干重大领域，特别是在计划生育、环境保护、资源能源的合理开发和利用等方面开展科学研究和技术开发，取得重大成果，并加以推广和应用。

（9）控制城市规模，调整城市生态。在大规模城市化过程中，我国大城市有急剧膨胀的趋势，过大的城市规模造成了住房短缺、交通拥挤、城市贫民、环境污染、城市治安等一系列的经济社会问题，因此必须控制城市规模，大力发展中小城市和卫星城。城市化对自然生态环境造成了极大的压力，城市是空气污染的关键，要从根本上制止或扭转这一趋势是不可能的，只能通过寻求有价值有效率的发展基础设施和公共事业的办法尽力防止生态环境的恶化。

（10）提高公众环境意识，加大环保投资比例，运用市场经济手段保护环境。从人类诞生直至20世纪中叶，人类的主导环境文化是畏惧、服从自然和征服自然，20世纪60年代以后，随着环境危机的蔓延和生态科学的兴起，一种尊重、关心、爱护生态环境的新的环境文化在发达国家开始普及开来。根据我国的人口和环境形势，不能坐等新的环境文化的自然形成，要借助大众传播媒介，培育普及新的环境文化，提高公众环境意识。

（11）发扬“全球伙伴”精神，开发广泛的国际合作可持续发展战略要求各国超越文化和意识形态等方面的差异，以“全球伙伴”精神，在环境与发展领域中开展广泛的国际合作。中国要解决好发展中出现的环境问题，无疑主要靠自己的努力，但仍需加强与国际社会的密切合作并取得国际社会的支持。国际合作的领域应包括政策研究、环境管理与技术援助等，同时加强国际间人才培训和交流，引进外部资金，对于加快环境治理步伐，实现中国可持续发展也尤为重要。

四、清洁生产与可持续发展

（一）清洁生产的基本概念

清洁生产工艺是从无废工艺演变而来。联合国欧洲经济委员会在塔什干召开的国际会议上曾对无废工艺做了如下的定义：“无废工艺乃是这样一种生产产品的方法（流程、企业、地区—生产综合体），它能使所有的原料和能量在原料—生产—消费—二次原料的循环中得到最合理和综合的利用，同时对环境的任何作用都不致破坏它的正常功能。”

美国环境保护局对废物最少化技术所作的定义是：“在可行的范围内，减少产生的或随之处理、处置的有害废物量。它包括在产生源处进行的削减和组织循环两方面的工作。

这些工作导致有害废物总量与体积的减少，或有害废物毒性的降低，或两者兼而有之；并与使现代和将来对人类健康与环境的威胁最小的目标相一致。”

《21 世纪议程》首次正式提出了清洁生产的概念，指出实行清洁生产是取得可持续发展的关键因素，这个观点得到了与会国的积极响应。后联合国环境规划署提出了较完整的定义：“清洁生产是一种新的创造性思想，该思想将整体预防的环境战略持续应用于生产过程、产品和服务中，以增加生态效率和减少人类及环境的风险。对生产过程，要求节约原材料和能源，淘汰有毒原材料，减降所有废弃物的数量和毒性；对产品，要求减少从原材料提炼到产品最终处置的全生命周期的不利影响；对服务，要求将环境因素纳入设计和所提供的服务中。”

《中国 21 世纪议程》中清洁生产的定义：清洁生产是指既可满足人们的需要又可合理使用自然资源和能源并保护环境的实用生产方法和措施，其实质是一种物耗和能耗最少的人类生产活动的规划和管理，将废物减量化、资源化和无害化，或消灭于生产过程之中。同时对人体和环境无害的绿色产品的生产亦将随着可持续发展进程的深入而日益成为今后产品生产的主导方向。

清洁生产主要包括 3 个方面的内容：

（1）自然资源的合理利用。要求投入最少的原材料和能源产出尽可能多的产品，提供尽可能多的服务。包括最大限度节约能源和原材料、利用可再生能源或者清洁能源、利用无毒无害原材料、减少使用稀有原材料、循环利用物料等措施。

（2）经济效益最大化。通过节约资源、降低损耗、提高生产效益和产品质量，达到降低生产成本、提升企业的竞争力的目的。

（3）对人类健康和环境的危害最小化。通过最大限度减少有毒有害物料的使用、采用无废或者少废技术和工艺、减少生产过程中的各种危险因素、废物的回收和循环利用、采用可降解材料生产产品和包装、合理包装以及改善产品功能等措施，实现对人类健康和环境的危害最小化。

（二）清洁生产的由来与发展

1. 清洁生产的提法

清洁生产在不同的地区和国家有许多不同而相近的提法。例如，欧洲国家有时称之为“少废无废工艺”“无废生产”；日本多称“无公害工艺”；美国则称之为“废料最少化”“污染预防”“减废技术”。此外，还有“绿色工艺”“生态工艺”“环境无害工艺”“与环境相容（友善）工艺”“预测和预防战略”“避免污染战略”“环境工艺”“过程与环境一体化工艺”“再循环工艺”“源削减”“污染削减”“再循环”等叫法。这些不同的提法实际上描述了清洁生产概念的不同方面。我国以往比较通行“无废少废工艺”的提法。20 世纪 90 年代初，国际上逐渐统一为“清洁生产”。

2. 国际清洁生产的发展

国际上清洁生产的概念，最早可追溯到 1976 年，这一年的 11 月、12 月欧洲共同体在巴黎举行了“无废工艺和无废生产的国际研讨会”，提出协调社会和自然的相互关系应主要着眼于消除造成污染的根源，而不仅仅是消除污染引起的后果。

美国国会于 1984 年通过了《资源保护与恢复法—固体及有害废物修正案》。其中明确规定：废物最少化即“在可行的部位将有害废物尽可能地削减和消除”，是美国的一项国策。这项法案要求产生有毒有害废弃物的单位应向环保部门申报废物产生量、采取削减废物的措施、废物的削减量，并制定本单位废物最少化的规划。源削减和再循环被认为是废物最小化的两个主要途径。

1988 年秋，荷兰以美国国家环境保护局的《废物最少化机会评价手册》为蓝本，编写了荷兰手册。荷兰手册又经欧洲预防性环保手段（PREPAPE）工作组做了进一步修改，编成《PREPARE 防止废物和排放物手册》，并译成英文，广泛应用于欧洲工业界。

1989 年联合国环境规划署工业与环境计划活动中心（UNEP IE/PAC）根据 UNEP 理事会会议的决议，制订了《清洁生产计划》，在全球范围内推行清洁生产。

1990 年 9 月在英国坎特伯雷举办了“首届促进清洁生产高级研讨会”，会上提出了一系列建议，如支持世界不同地区发起和制订国家级的清洁生产计划，支持创办国家级的清洁生产中心，进一步与有关国际组织以及其他组织联结成网等。

1992 年 6 月联合国环境与发展大会发表的《里约环境与发展宣言》中确认“地球的整体性和相互依存性”“环境保护工作应是发展进程中的一个整体组成部分”“各国应当减少和消除不能持续的生产和消费方式”。大会通过的《21 世纪议程》中不少章节多次提及与清洁生产有关的内容。

3. 清洁生产在我国的发展

我国在 20 世纪 70 年代末期就认识到通过技术改造最大限度地把“三废”消除在生产过程之中是防治工业污染的根本途径。1983 年第二次全国环境保护工作会议明确提出，环境污染问题要尽力在计划过程和生产过程中解决，实行经济效益、社会效益和环境效益三统一的指导方针。同年国务院又发布了技术改造应结合工业污染防治的规定，提出要把工业污染防治作为技术改造的重要内容，通过采用先进技术、提高资源利用率，把污染物消除在生产过程之中，从根本上解决污染问题。

20 世纪 80 年代中期全国举行了两次少废无废工艺研讨会，不少工业部门和企业开发应用了一批少废无废工艺，取得了一定的成绩。

1992 年我国积极响应联合国环境与发展大会提出的可持续发展战略和清洁生产工艺，国务院发布了《环境与发展的十大对策》，明确宣布实行可持续发展战略，尽量采用清洁工艺。这不但是我国环境保护政策的新的里程碑，也是在物质生产领域内建设具有中国特色社会主义的具体纲领，为推行清洁生产创造了极为有利的条件。

1993 年 10 月国家经贸委和国家环境保护局在上海召开了第二次全国工业污染防治会议，会议一致高度评价清洁生产的重要意义和作用，确定了清洁生产在 20 世纪 90 年代我国环境保护的战略地位。

在 1994 年 3 月国务院通过的《中国 21 世纪议程》中列入了清洁生产的内容。有关清洁生产的项目也被列入第一批优先项目计划之中。

1995 年我国在制订“九五”国民经济和社会发展计划以及 2010 年长远目标中进一步提出有关实行可持续发展的战略；在“九五”期间实行两个转变，即经济体制由计划经济向社会主义市场经济转变，增长方式由粗放型向集约型转变，并提出要根据国情，选择有利于节约资源和保护环境的产业结构和消费方式。市场机制为实施清洁生产提供了新的机遇，而清洁生产正是促进增长方式转变的重要途径。

1997 年国家环保局颁发了《关于推行清洁生产的若干意见》，对推行清洁生产的管理、机构、宣传、实施等做了明确的规定。

2000 年国家环保总局局长解振华在全国省级环保局长会议上的讲话中，将积极推行清洁生产列在环保工作主要措施的首位，并指出这是工业污染防治的必由之路。

2002 年 6 月 29 日，《中华人民共和国清洁生产促进法》正式颁布，并于 2003 年 1 月 1 日起实施，这对于提高资源利用效率，减少和避免污染物的产生，保护和改善环境，保障人体健康，促进经济与社会可持续发展，起着极其重要的作用。

2003 年《中华人民共和国清洁生产促进法》正式实施，为清洁生产在我国的推行提供了法律依据和保障。此后，国务院办公厅转发了国家发展改革委等部门关于加快推行清洁生产的意见，对推行清洁生产做了整体部署，出台了一系列有关政策、法规、标准，包括工业清洁生产推行“十二五”规划、清洁生产审核暂行办法等。

2013 年国家组织开展清洁生产示范项目建设活动，选取部分具有代表性的企业或项目进行重点扶持，打造清洁生产示范样板，为其他企业提供了可借鉴的实践模式，推动了行业内清洁生产的普及与提升。

2015 年我国与国际组织在清洁生产领域开展深度合作，参与国际清洁生产标准的制定工作，提升了我国在国际清洁生产领域的话语权，也促进了国内企业不断提升清洁生产水平以适应国际市场竞争。

“十三五”规划期间，清洁生产与国家绿色发展理念紧密结合，各地政府进一步加大对清洁生产的支持力度，出台更多激励政策，吸引众多企业投入清洁生产改造中，推动产业绿色转型。

2021 年以后，随着我国碳达峰、碳中和目标的提出，清洁生产与碳减排工作紧密结合，许多企业通过采用先进技术和工艺，实现了清洁生产与碳减排的协同推进，为工业领域在应对气候变化、实现可持续发展方面发挥了重要作用。

（三）清洁生产的实施

1．清洁生产的内涵

清洁生产的内涵可以由以下 5 个基本特征来概括。

（1）预防性：传统的末端治理为先污染后治理，而清洁生产侧重于预防，强调从产生污染的源头减少或者消除污染物的产生，并且对最终产生的废物进行循环利用。

（2）综合性：传统的末端治理着重于单一形态的污染控制，很难彻底消除生产对环境的影响。而清洁生产则是通过工艺改造等途径来实现节能、降耗、减污，可以很大程度上提升企业的综合效益。清洁生产具有明显的综合性特征，它将所有的环境介质看作一个整体。

（3）持续性：清洁生产无法通过一次或者几次活动就达到预防的目的，所以清洁生产需要不断持续地进行以实现预防效果。随着技术的不断研究和发展，清洁生产也会不断优化其方法。

（4）战略性：清洁生产拥有一定的理论基础、技术和计划，是一个以预防污染为目标的环境战略。

（5）统一性：传统的末端治理投入多，难度大，不能将经济与环境效益有机结合。而清洁生产最大限度地利用资源，在生产过程之中就将污染物消除。这样不仅改善了环境，还提高了其经济效益。

2．清洁生产的方向和途径

清洁生产可以通过如下方向和途径来实施：

（1）全过程控制。

一个企业（或组织）的生产过程可用图 13-1 来表示。从该图可以看出，一个生产和服务过程可以抽象分成 8 个方面，即原材料和能源、技术工艺、设备、过程控制、管理、员工等 6 个方面的输入，产品和废物的输出。对于不得不产生的废物，要优先采用回收和循环使用措施，剩余部分才向外界环境排放。

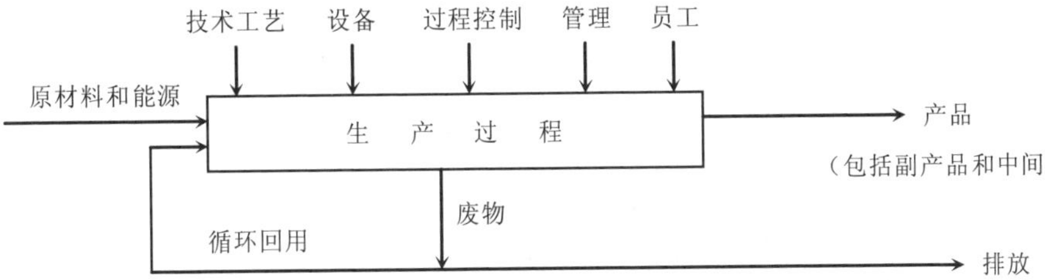

图 13-1　生产过程

（2）实施清洁生产的途径。

1）资源的综合利用。资源的综合利用是推行清洁生产的首要方向。如果原料中的所有组分通过工业加工过程的转化都能变成产品，这就实现了清洁生产的主要目标。这里所说的综合利用，有别于所谓的“三废”的综合利用，这里是指并未转化为废料的物料，通过综合利用，就可以消除废料的产生。

2）改革工艺和设备。对工艺及相应设备配置进行改革，是实现高效生产、减少废弃物产出的关键途径之一。一方面，可有效遏制废物在生产环节的产生，从源头上降低废弃物排放；另一方面，有助于显著提升产品的产量，使得产品产出规模得以扩大，同时还能提高产品的收率，确保更多的原材料能够有效转化为符合质量要求的成品，并且产品质量也能得到进一步的优化与提升。

3）组织厂内的物料循环。“组织厂内物料循环”被美国环保局列为实现废料排放最少化的两大基本方向之一，重点在于企业内部的物料再循环。物料循环可在工序、流程、车间、企业等不同层次开展。工序层面，各工序产生的物料经处理可用于后续工序；流程层面，各环节产出符合要求的物料可再次投入生产；车间层面，通过收集、转运和再利用系统，实现车间内物料循环；企业层面，需统筹各车间、部门间物料，使其在企业内循环再利用。

4）加强管理。在企业管理中要突出清洁生产的目标，从着重于末端治理向全过程控制倾斜，使环境管理落实到企业中的各个层次，分解到生产过程的各个环节，贯穿于企业的全部经济活动之中，与企业的计划管理、生产管理、财务管理、建设管理等专业管理紧密结合起来。

5）改革产品体系。在当前科学技术迅猛发展的形势下，产品的更新换代速度越来越快，新产品不断问世。人们开始认识到，工业污染不但发生在生产产品的过程中，也会发生在产品的使用过程中，有些产品使用后废弃、分散在环境之中，也会造成始料未及的危害。

6）必要的末端处理。清洁生产是环境保护的一部分，末端治理也是环境保护的一部分，清洁生产是针对末端治理而提出的，两者在环境保护的思路上各具特色。在现阶段，在环境保护的过程中它们相辅相成，互为弥补，各自发挥着自己的作用，从而共同达到环境保护的目的。清洁生产与末端治理思路上的差异见表 13-1。

表 13-1 清洁生产与末端治理思路上的差异

末端治理	清洁生产
目的是达到官方颁布的标准	企业不断追求达到更高标准的过程
生产过程的废弃物必须进行最终的处置	改进生产过程并使之成为封闭连续的回路
末端治理的设施的建设和运行需较大的成本	可节省成本

末端治理	清洁生产
对个别问题的一次解决，并且多为单一介质的解决；往往造成有毒有害污染物在不同的环境介质之间的转移	整体且持续的改进过程，为多介质问题的解决；从根本上消除污染，不会造成二次污染
通常由专家来解决，且常常个人即可解决	团队方式，每个人都发挥作用，伙伴关系是必需的
被动地在污染物及废弃物已经产生后才寻求解决办法	主动参与并避免污染物及废弃物的产生
污染物由废弃物处理的设备和方法来控制	从源头直接消灭环境问题
效果主要依赖对现有处理技术的改进	涉及新的实务、态度、管理技巧，并可刺激科技进步
与产品质量无关	产品质量不但要满足顾客的要求，还要使其对环境和人类健康的不利影响最小化

第三节 循环经济与可持续发展

一、循环经济的基本概念

“循环经济”一词是由美国经济学家 K. 波尔丁在 20 世纪 60 年代提出的，是指在资源投入、企业生产、产品消费及其废弃的全过程中，把传统的依赖资源消耗的线性增长的经济，转变为依靠生态型资源循环来发展的经济。作为一种科学的、全新的经济发展模式，循环经济改变了传统的“开采—生产—废弃”的线性经济模式，实现了经济发展与资源开采和环境影响的脱钩，能够以更少的资源投入创造出更多的社会经济价值，对于实现碳中和目标具有重要价值。

循环经济倡导在物质不断循环利用的基础上发展经济，是符合可持续发展战略的一种全新发展模式。其主要原则是：减少资源利用量及废物排放量（Reduce），从源头上减少进入生产和消费过程的物质和能量，预防产生过多的废弃物，而不是仅仅把眼光放在废弃物的治理上。大力实施物料的循环利用（Recycle），尽可能地多次以及尽可能通过多种方式利用已经购买的物品，延长产品的服务寿命，防止其过早成为垃圾；努力回收利用废弃物（Reuse），将废弃物转化为再生产的原材料，重新投入生产过程，尽可能减少资源的投入。其核心是采用技术措施对废弃物进行加工处理，使其再生。如弃用的铝罐经过一系列处理又成为铝罐。这就是著名的“3R”法则，也是循环经济最重要的实际操作原则。

二、循环经济在我国的发展

我国推行循环经济始于 20 世纪 90 年代后期，经过近几年的不断探索，已形成独具特色的循环经济发展模式，即“3+1”模式，即小循环、中循环、大循环，废物处置和再生产业。

小循环——在企业层面，选择典型企业和大型企业，根据生态效率理念，通过产品生态设计、清洁生产等措施进行单个企业的生态工业试点，减少产品和服务中物料和能源的使用量，实现污染物排放的最小化。

中循环——在区域层面，按照工业生态学原理，通过企业间的物质集成、能量集成和信息集成，在企业间形成共生关系，建立工业生态园区。截至2019年，全国共有25个省（自治区、直辖市）的93个工业园区开展了国家生态工业示范园区的创建工作，其中51家已正式得到命名。

大循环——在社会层面，重点进行循环型城市和省区的建立。2005—2018年，北京市、上海市、济南市、青岛市、鹤壁市、天津市、沈阳市等均被列为循环经济城市建设试点城市。

废物处置和再生产业——建立废物和废旧资源的处理、处置和再生产业，以从根本上解决废物和废旧资源在全社会的循环利用问题。

三、发展循环经济的基本途径和重点

我国发展循环经济应重点抓好以下5个环节：

（1）在资源开采环节，要大力提高资源综合开发和回收利用率。对矿产资源开发要统筹规划，加强共生、伴生矿产资源的综合开发和利用，实现综合勘查、综合开发、综合利用；加强资源开采管理，健全资源勘查开发准入条件，改进资源开发利用方式，实现资源的保护性开发；积极推进矿产资源深加工技术的研发，提高产品附加值，实现矿业的优化与升级；开发并完善适合我国矿产资源特点的采矿、选矿、冶炼工艺，提高回采率和综合回收率，降低采矿贫化率，延长矿山寿命。大力推进尾矿、废石的综合利用。

（2）在资源消耗环节，要大力提高资源利用效率。加强对钢铁、有色金属、电力、煤炭、石化、化工、建材、纺织、轻工等重点行业的能源、原材料、水等资源消耗管理，实现能量的梯级利用、资源的高效利用和循环利用，努力提高资源的产出效益。电动机、汽车、计算机、家电等机械制造企业，要从产品设计入手，优先采用资源利用率高、污染物产生量少以及有利于产品废弃后回收利用的技术和工艺，尽量采用小型或重量轻、可再生的零部件或材料，提高设备制造技术水平。包装行业要大力压缩无实用性材料消耗。

（3）在废弃物产生环节，要大力开展资源综合利用。加强对冶金、有色金属、电力、煤炭、石化、建材、造纸、酿造、印染、皮革等废弃物产生量大、污染重的重点行业的管理，提高废渣、废水、废气的综合利用率。综合利用各种建筑废弃物及秸秆、畜禽粪便等农业废弃物，积极发展生物质能源，推广沼气工程，大力发展生态农业。推动不同行业通过产业链的延伸和耦合，实现废弃物的循环利用。加快城市生活污水再生利用设施建设和垃圾资源化利用。充分发挥建材、钢铁、电力等行业废弃物消纳功能，降低废弃物最终处置量。

（4）在再生资源产生环节，要大力回收和循环利用各种废旧资源。积极推进废钢铁、废有色金属、废纸、废塑料、废旧轮胎、废旧家电及电子产品、废旧纺织品、废旧机电产品、包装废弃物等的回收和循环利用；支持汽车发动机等废旧机电产品再制造；建立垃圾分类收集和分选系统，不断完善再生资源回收、加工、利用体系；在严格控制“洋垃圾”和其他有毒有害废物进口的前提下，充分利用两个市场、两种资源，积极发展资源再生产业的国际贸易。

（5）在社会消费环节，要大力提倡绿色消费。树立可持续的消费观，提倡健康文明、有利于节约资源和保护环境的生活方式与消费方式；鼓励使用绿色产品，如能效标识产品、节能节水认证产品和环境标志产品等；抵制过度包装等浪费资源的行为；政府机构要发挥带头作用；把节能、节水、节材、节粮、垃圾分类回收、减少一次性用品的使用逐步变成每个公民的自觉行动。

四、加快发展循环经济的主要措施

当前我国加快发展循环经济的主要措施有：

（1）发展循环经济，要坚持以科学发展观为指导，以优化资源利用方式为核心，以提高资源生产率和降低废弃物排放量为目标，以技术创新和制度创新为动力，采取切实有效的措施，动员各方面力量，积极加以推进。

（2）要把发展循环经济作为编制“十五五”规划的重要指导原则，用循环经济理念指导编制各类规划。加强对发展循环经济的专题研究，加快节能、节水、资源综合利用、再生资源回收利用等循环经济发展重点领域专项规划的编制工作。建立科学的循环经济评价指标体系，研究提出国家发展循环经济战略目标及分阶段推进计划。

（3）加快发展低耗能、低排放的第三产业和高技术产业，用高新技术和先进适用技术改造传统产业，淘汰落后工艺、技术和设备。严格限制高耗能、高耗水、高污染和浪费资源的产业，以及开发区的盲目发展。用循环经济理念指导区域发展、产业转型和老工业基地改造，促进区域产业布局合理调整。开发区要按循环经济模式规划、建设和改造，充分发挥产业集聚和工业生态效应，围绕核心资源发展相关产业，形成资源循环利用的产业链。

（4）要研究建立完善的循环经济法规体系，当前要抓紧制定和完善《资源综合利用条例》《废旧家电及电子产品回收处理管理条例》《废旧轮胎回收利用管理条例》《包装物回收利用管理办法》等发展循环经济的专项法规。完善财税政策，加大对循环经济发展的支持力度；继续深化企业改革，研究制定有利于企业建立符合循环经济要求的生态工业网络的经济政策。

（5）要组织开发和示范有普遍推广意义的资源节约和替代技术、能量梯级利用技术、延长产业链和相关产业链接技术、“零排放”技术、有毒有害原材料替代技术、回收处理技术、绿色再制造等技术，努力突破制约循环经济发展的技术“瓶颈”。在重点行业、重点领域、工业园区和城市继续开展循环经济试点工作。

五、清洁生产和循环经济的关系

清洁生产和循环经济之间是一种点和面的关系，实施的层次不同，可以说，一个是微观的，一个是宏观的。一个产品、一个企业都可以推行清洁生产，但循环经济覆盖面就大得多。清洁生产的目标是预防污染，以更少的资源消耗产生更多的产品，循环经济的根本目标是在经济过程中系统地避免和减少废物，再利用和循环都应建立在对经济过程进行充分资源削减的基础之上。所以，要发展循环经济就必须要做好先期的基础工作，从基层的清洁生产做起。表 13-2 反映了清洁生产和循环经济二者之间的相互关系。

表 13-2　清洁生产和循环经济的相互关系

比较内容	清洁生产	循环经济
思想本质	环境战略	经济战略
原则	节能、降耗、减污、增效	减量化、再利用、资源化（再循环）
核心要素	整体预防、持续运用、持续改进	以提高生态效率为核心，强调资源的减量化、再利用和资源化，实现经济行动的生态化
适用对象	主要针对生产过程、产品和服务（点、微观）	主要针对区域、城市和社会（面、宏观）
基本目标	生产中以更少的资源消耗产生更多的产品，防止污染产生	在经济过程中系统地避免和减少废物
基本特征	预防性、综合性、统一性、持续性	低消耗（或零增长）、低排放（或零排放）、高效率
宗旨	提高生态效率，并减少对人类及环境的风险	

第四节　低碳经济与可持续发展

一、低碳经济的背景和概念

“低碳经济”是在全球气候变暖和环境污染问题日益严重的背景下提出来的。低碳经济是社会和经济发展到一定历史阶段，人类对气候变化问题的认识达到相当程度后，重新选择发展道路的举措。低碳经济的选择源于全球应对气候变化和减排温室气体的迫切性，其理论发展和演化以及具体的实践活动也必然对气候问题的解决途径产生深刻的影响。

低碳经济从狭义上理解，它是以消耗低碳燃料为主，追求温室气体特别是二氧化碳最少化排放的发展，是一种高能效、低资源消耗和低温室气体排放的经济模式。低碳经济的概念最早出现于英国 2003 年颁布的《能源白皮书》。2006 年，著名经济学家尼古拉斯·斯特恩发表《气候变化经济学——斯特恩报告》，报告指出，低碳经济是一种涵盖低碳产业、低碳技术等内容的新兴经济形态，引发了一场全球性变革，让人类的生产方式、价值观念等均发生了颠覆性变化。

从科学发展观角度，低碳经济是经济发展方式、能源消费方式、人类生活方式的一次新变革，它将全方位地改造建立在化石燃料基础上的现代工业文明，转向生态经济和生态文明。通过全面的制度创新，全方位的技术革新，对主要的产业进行转型，采用新能源开发等多种有效手段，以最大限度地减少煤炭及石油等高碳能源的消耗，对温室气体排放做到最大限度地减少，既促进经济社会的发展，又很好地保护生态环境，达到两者双赢目的。低碳经济是一种新型经济发展形态，也被列入国家经济可持续发展战略目标之一。

二、低碳经济的目的和意义

低碳经济是针对 CO_2 等温室气体大量排放，所导致的以全球气候变暖为主要表现的生态环境恶化而提出的经济发展模式，它以“三低”（即低能耗、低污染、低排放）和“三高”（即高效能、高效率、高效益）为典型特征，其目标在于通过开发利用清洁能源等方式转变经济发展方式，实现人类社会的可持续发展。在可持续发展理念指导下，低碳经济旨在提高能源生产和使用的效率，增加低碳或非碳燃料的生产和利用的比例，尽可能地减少对煤炭、石油等高碳能源的消耗，同时积极探索碳封存技术的研发和利用途径，从而实现减缓大气中 CO_2 浓度增长的目标，最终达到经济社会发展与生态环境保护双赢局面。

在能源日益短缺和环境污染问题逐渐加重的当下，发展低碳经济有助于解决能源短缺问题，减少化石燃料的使用，降低 CO_2 排放量，缓解温室效应的恶化。我国发展低碳经济是贯彻科学发展观、走可持续道路的本质要求，有助于我国经济发展模式的转变，促进我国产业结构的调整，改变以往低技术、高耗能、低附加值的产业，使其逐步成为高科技、低耗能、高附加值的产业，发展低碳经济也有助于促进我国区域结构调整，改变对中西部地区的煤炭等不可再生资源掠夺式的开采现状。同时发展低碳经济有助于我国融入世界最新的经济发展与技术革新的浪潮中，提高对全球经济风险的抵御能力，也是我国建设节约型社会、环境友好型社会和创新型国家的必然选择。

三、低碳经济的产生与发展

当前，随着全球人口数量的上升和经济规模的不断扩大，化石能源等常规能源的使用造成的环境问题及后果不断地为人们所认识，废气污染、光化学烟雾、水污染和酸雨等的危害，以及大气中二氧化碳浓度升高带来的全球气候变化，已被确认为人类破坏自然环境、不健康的生产生活方式和常规能源的利用所带来的严重后果。生存环境的恶化，迫使人们反思以工业化为主的经济发展过程。人们已经认识到，以消耗化石能源为主的工业化发展模式是导致人类生存危机的主要根源。因此，为了制止环境进一步恶化的趋势，保护人类赖以生存的家园，实现人与自然环境的和谐共处，转变经济发展方式成为首要任务。在此背景下，“碳足迹”“低碳经济”“低碳技术”“低碳发展”“低碳生活方式”“低碳社会”“低碳城市”“低碳世界”等一系列新概念、新政策，以及以低能耗、低污染、低排放为典型特征的低碳经济模式应运而生。

低碳经济的发展是指在生产和消费过程中尽量减少温室气体的排放，并最大限度地减缓全球变暖和气候变化的相关影响。

20 世纪 80 年代，全球公众开始对环境问题产生较多的关注。科学家开始警告人们全球变暖的潜在危害，并由此可能带来的气候变化问题。该时期的各种环境法律和国际协议开始出现。

90 年代后，低碳经济的概念开始在学术界和政策中被提出，认为通过合理利用资源和尽量减少与生产和消费相关的碳排放，可以实现经济和环境的双赢。

1992 年在联合国举行的地球峰会上，《联合国气候变化框架公约》诞生，该公约旨在通过减少温室气体排放来应对气候变化。这标志着国际社会开始关注低碳经济问题。

1997 年《京都议定书》指出，通过设定各国减排目标来控制温室气体的排放，许多发达国家（如德国、英国、法国和美国）同意在相应期限内减少二氧化碳的排放，这推动了低碳经济的发展。

2000 年初，随着气候变化问题日益严重，国际各界开始加强合作，共同解决温室气体排放和气候变化问题。关于低碳经济的议题在国际间逐渐引起广泛关注。

2005 年，《联合国气候变化框架公约》下的《京都议定书》正式生效，要求发达国家在未来规定的阶段内减少温室气体排放。

2005 年，欧盟推出了第一个大规模的碳交易市场，通过设定碳排放配额和交易权益，向碳减排的行为提供经济激励。

2008 年，许多国家开始将低碳经济作为重要的经济发展方向。各国纷纷发布低碳经济规划，推动清洁能源的发展和减少碳排放。

2015 年，各国签署了《巴黎协定》，目标是通过国际合作减少温室气体排放，控制全球气温上升在 2℃以内，并为控制在 1.5℃而努力。这一协定提供了国际合作框架，推动了低碳经济发展。

2020 年 9 月 22 日，国家主席习近平在第七十五届联合国大会一般性辩论上发表讲话，表示中国将提高国家自主贡献力度，采取更加有力的政策和措施，二氧化碳排放力争于 2030 年前达到峰值，努力争取 2060 年前实现碳中和。这是中国向世界作出的庄严承诺，彰显了中国积极应对气候变化、走绿色低碳发展道路、推动全人类共同发展的坚定决心。

四、低碳经济发展驱动机制和发展战略

从高碳经济向低碳经济转型的驱动因素主要来自于两个方面：

一是对环境容量有限性的认识。以化石能源为基础的传统工业经济体系所排放的温室

气体（如 CO_2）不可能持续增长，地球大气层环境容量是有限的。科学家认为，当 CO_2 浓度超过 550 ppm，会导致全球气候变暖，冰川融化、海平面上升，病毒增加、物种减少、灾害气候频繁等。现如今，化石燃料长期以来在能源供给和消费中占据主导地位，是温室气体排放最主要的因素。全球不断增加的对化石燃料的需求，将进一步推动能源相关的 CO_2 排放持续增长。如果没有相应的能源政策，支撑全球经济的能源还是以化石燃料为主，2030 年与能源相关的 CO_2 排放在 2000 年的基础上将增加 40%～110%。把温室气体排放量控制在大气环境可承受的范围之内，是全球各国政府的共同责任。

二是对化石能源有限性的认识。20 世纪末开始的国际石油价格的波动上升，带动了天然气、煤炭等化石能源价格的整体走高。全球化石能源价格上涨是市场对资源稀缺性的反映，尽管对全球经济增长会带来负面影响，但是，对化石能源的高效使用、清洁开发、节约利用起到积极的推动作用，也促进了可再生能源，如太阳能、风能、生物质能、潮汐能等的开发进程。发展基于化石能源高效清洁利用和可再生能源开发的低碳经济是未来社会的基本走向，低碳经济的发展理念、转变经济发展方式正在全球范围逐渐获得认同。因此，针对过量的碳排放以及亟须改变的能源结构，为了人类的可持续发展和生存，低碳经济理念应运而生。

保持经济增长是世界上每一个国家都在追求的目标，没有任何一个国家可以接受降低经济增长的现实。控制人口快速增长显然还不能在全世界范围内实施。然而人们的需求、消费行为和生活方式是可以改变的，即转向可持续的消费行为和生活模式。能源技术创新和清洁能源的利用，不但能增加产出，提高碳生产效率，从而促进经济健康持续发展，而且能有效控制和减缓温室气体的排放，这无疑是驱动低碳经济发展的决定性因素。

低碳战略可以大致分为 3 个阶段：节能减排、使用新能源、碳捕获技术。

第一阶段指的是节约能源、降低能源消耗、减少污染物排放，其包括节能和减排两大技术领域，旨在提高能源使用效率和降低排放量，以及用新兴的碳交易手段促进减排意愿；第二阶段则从源头上着手，减少化石能源的使用，代之以更为清洁的能源（包括太阳能、风能、水能等）；第三阶段则侧重于末端治理，旨在将化石燃料燃烧后排放的二氧化碳捕获到贮存设施中或者对其进行固化处理，从而使“零排放”成为可能。

五、低碳经济的实现方法和重要途径

低碳经济主要通过以下方法实现：

（一）发展低碳产业

调整产业结构，发展具有低碳特征的产业，限制高碳产业的市场准入。当前，知识密集型和技术密集型产业属于低碳行业，如信息技术（IT）产业的能耗和物耗是十分有限的，对环境的影响也是微乎其微的。IT 产业是低碳经济中最具发展潜力的产业，无论是硬件，还是软件都具有能耗低、污染小的特点。软件产业更是智力密集型和技术密集型产业，互联网作为一个人类虚拟空间不断扩展的载体，以大容量、高速度的方式提供了功能强大的信息交互平台，是一种低耗能、零污染的低碳产业。又如现代服务业也是一个能耗低、污染小、就业容量大的低碳产业，我国的现代服务业拥有很大的提升空间，先进制造业是一个完整的体系，包括“设计→制造→品牌”3 个环节，我国仅仅拥有中间的制造环节是不够的，中间制造环节正好是能耗高、物耗高、污染大、排放量大的环节，而先进制造业的前后端都属于现代服务业范畴，属于高附加价值的环节。因此，优化产业结构，提高高碳产业准入的市场门槛，积极发展低碳产业对我国未来经济发展具有举足轻重的战略意义。

（二）发展低碳农业

降低对化石能源的依赖，走有机、生态、高效农业的新路子。现代农业是建立在对化石能源依赖的基础之上，化肥和农药是现代农业发展的支柱，曾经为解决人类粮食问题做出贡献，但是，化肥和农药的高能耗、高污染的弊端已经被认识，它不仅影响土壤的有机构成、农作物的农药残留和食品安全，而且化肥和农药的生产过程，本身消耗大量的化石能源、产生大量的二氧化碳的排放。因此要大幅度地减少化肥和农药施用量。降低农业生产过程对化石能源的依赖，走有机生态农业之路。如用粪肥和堆肥作为化肥的替代品，提高土壤有机质含量。同时还要充分利用农业的剩余能量，如农作物收割后的秸秆是农业中的剩余能量，其中 70%以上的纤维素、木质素等得不到利用，需要充分合理利用作物秸秆资源，防止环境污染。

（三）发展低碳工业

传统工业的发展离不开化石燃料所提供的巨大能量，能源结构的高碳化是传统工业化的必然结果。当地球温室效应不断影响和威胁人类赖以生存的自然生态系统时，人类对工业文明依赖化石能源的基础的反思和改造也是顺理成章的。然而，从高碳工业向低碳工业的转型是一个漫长的历史过程，因为高碳工业的体系是庞大而又稳固的，传统工业对化石能源的依赖不可能在短期改变。因此，传统的能源结构在较长的一段时间内也很难有颠覆性的改变，所以在注重开发新能源的同时，应该把能源结构的调整与提高能源效率的方法相结合，采用低碳技术、节能技术和减排技术，逐步减少传统工业对化石能源的过度依赖，努力提高现有能源体系的整体效率，遏制化石能源总消耗的增加，限制和淘汰高碳产业和产品，发展低碳产业和产品。

（四）建设低碳城市

低碳城市的建设首先要从建筑设计上引入低碳理念，如充分利用太阳能、选用隔热保温的建筑材料、合理设计通风和采光系统、选用节能型取暖和制冷系统。在运行过程中，倡导居住空间的低碳装饰、选用低碳装饰材料，避免过度装修，在家庭推广使用节能灯和节能家用电器，鼓励使用高效节能厨房系统，从各个环节上做到“节能减排”，有效降低每个家庭的碳排放量。此外，城市交通工具是温室气体主要排放者，发展低碳交通是未来的方向，要大力发展以步行和自行车为主的慢速交通系统，同时鼓励大中城市发展公共交通系统和快速轨道交通系统。

（五）实施碳汇减碳

发展低碳经济不仅要从“碳源”（Carbon Source）上有效地遏制，减少“碳源”的排放，还应该在“碳汇”（Carbon Sink）上下工夫。“碳源”是指产生二氧化碳之源。它既来自自然界，也来自人类生产和生活过程。“碳汇”则是指自然界中碳的寄存体，森林植被是地球上存在的巨大的碳汇。植树造林的功能并不是简单的绿化生态环境，而是成为发展低碳经济的重要组成部分，成为生物固碳、扩大碳汇、减缓温室效应、减少二氧化碳排放最经济和最有效途径之一。

（六）完善政策标准

首先，建立能效标准和减排规章制度，如严格的建筑节能标准、高效率的机动车燃油标准、家用电器和商业能效标准以及其他行业的排放标准，促进效率的提高和节能。其次，利用市场机制促进减排。在市场机制下，利用碳税和限额-排放交易制定一个合理的碳排放价格是非常必要的。最后，制定与信息相关的政策，促进生产者和消费者行为的改变。例如，推广和实施能效标识制度、碳标识制度或是其他的生态相关的标识制度等，提高消费者和生产者对能源成本和气候变化影响的认识，鼓励作出对环境有益的消费和生产决策，以低碳和高能效的产品和服务增强市场竞争力。

六、海绵城市和生态城市的建设

（一）海绵城市

当今中国正面临着水资源短缺、水质污染、洪涝灾害、水生生物栖息地丧失等多种水问题。这些水问题综合征是系统性、综合性的问题，亟需一个更为综合全面的解决方案。“海绵城市”理论的提出正是立足这一背景。“海绵城市”，是新一代城市雨洪管理概念，是指城市能够像海绵一样，在适应环境变化和应对雨水带来的自然灾害等方面具有良好的弹性，也可称之为“水弹性城市”。

传统的市政模式认为，雨水排得越多、越快、越通畅越好，这种“快排式”的传统模式没有考虑水的循环利用。“海绵城市”遵循“渗、滞、蓄、净、用、排”的六字方针，把雨水的渗透、滞留、集蓄、净化、循环使用和排水密切结合，统筹考虑内涝防治、径流污染控制、雨水资源化利用和水生态修复等多个目标，提高对径流雨水的渗透、调蓄、净化、利用和排放能力，维持或恢复城市的“海绵”功能。

在新形势下，“海绵城市”是推动绿色建筑建设、低碳城市发展、智慧城市形成的创新表现，是新时代特色背景下现代绿色新技术与社会、环境、人文等多种因素的有机结合。

建设“海绵城市”需以跨尺度的生态规划理论和方法体系为基础。首先是宏观层面，“海绵城市”的构建在宏观尺度上重点是研究水系统在区域或流域中的空间格局，即进行水生态安全格局分析，并将水生态安全格局落实在土地利用总体规划和城市总体规划中，成为区域的生态基础设施。其次是着眼于中观层面，主要指城区、乡镇、村域尺度，或者城市新区和功能区块。重点研究如何有效利用规划区域内的河道、坑塘，并结合集水区、汇水节点分布，合理规划并形成实体的“城镇海绵系统”，并最终落实到土地利用控制性规划甚至是城市设计中，综合性解决规划区域内滨水栖息地恢复、水量平衡、雨污净化、文化游憩空间的规划设计和建设等问题。最后，从微观层面来看，“海绵城市”最终的落脚点应该是具体的“海绵体”，包括公园、小区等区域和局域集水单元的建设，在这一尺度对应的则是一系列的水生态基础设施建设技术的集成，主要包括保护自然的最小干预技术、“与洪水为友”的生态防洪技术、加强型人工湿地净化技术、城市雨洪管理绿色海绵技术、生态系统服务仿生修复技术等，这些技术重点研究如何通过具体的景观设计方法，让水系统的生态功能发挥出来。

（二）生态城市

“生态城市（Eco-city）”一词缘起于霍华德的田园城市理论，其概念最早出现于1971年联合国教科文组织针对西方国家频频暴发的生态环境问题展开的国际性、政府间长期合作研究的“人与生物圈”计划（MAB）中。自“生态城市”的概念提出以来，引起了学术界的广泛热议，先后有不少学者与学术组织进行了探索和研究。1971年联合国教科文组织发起的“人与生物圈”计划提出了“生态城市”的概念。生态城市即为生态健康城市，是空间紧凑、充满活力、节约资源能源、与自然和谐共存的人类聚居地，生态城市的基本准则为生命、美丽和公平。

“生态城市”作为对传统的以工业文明为核心的城市化运动的反思、扬弃，体现了工业化、城市化与现代文明的交融与协调，是绿色文明的伟大创新。“生态城市”侧重人与自然关系的反思，旨在协调城市人工系统和自然生态系统的关系，是人类城市化进程中里程碑式的发展理念，它的实现标志着人类从工业文明进入现代生态文明阶段。其内涵丰富，属于自然、社会、经济的复合生态系统。

“生态城市”，从广义上讲，是建立在人类对人与自然关系更深刻认识的基础上的新的文化观，是按照生态学原则建立起来的社会、经济、自然协调发展的新型社会关系，是有效地利用环境资源实现可持续发展的新的生产和生活方式。狭义地讲，“生态城市”就是按照生态学原理进行城市设计，建立高效、和谐、健康、可持续发展的人类聚居环境。“生态城市”是社会、经济、文化和自然高度协同和谐的复合生态系统，其内部的物质循环、能量流动和信息传递构成环环相扣、和谐共生的网络，具有实现物质循环再生、能量充分利用、信息反馈调节、经济高效、社会和谐、人与自然和谐共生的机能。当今世界人口迅猛增长，世界城市化的进程，特别是发展中国家的城市化进程不断加快，城市生态环境将成为人类生态环境的重要组成部分。如何实现城市经济社会发展与生态环境建设的协调统一，就成为国内外城市建设共同面临的一个重大理论和实际问题。

可持续发展理论使人们的环境意识不断得到提高。当今世界一些发达国家，伴随着现代生产力的发展和国民生活水平的提高，尤其是对生活质量提出了更高的要求，其中最重要的是对生态环境质量的要求越来越高，使现代人对生态需求与消费的重视比以往任何时期都强烈。21 世纪是生态世纪，即人类社会将从工业化社会逐步迈向生态化社会。从某种意义上讲，下一轮的国际竞争实际上是生态环境的竞争。良好的城市生态环境能更好地吸引人才、资金和物资，处于竞争的有利地位。因此，建设“生态城市”已成为城市竞争的焦点，越来越多的城市把建设“生态城市”作为奋斗目标和发展模式。

【生态城市建设：以雄安新区为例】

思考题

1. 试述可持续发展的由来。
2. 什么是可持续发展？可持续发展贯穿了什么样的基本原则和基本思想。
3. 如何衡量可持续发展水平？
4. 试述《中国 21 世纪议程》的特点及其主要内容。
5. 什么是清洁生产？实施清洁生产的途径有哪些方面？
6. 什么是循环经济？它与清洁生产有什么异同？

参考文献

[1] 蔡志昶．生态城市整体规划与设计[M]．南京：东南大学出版社，2014.
[2] 曹英耀，曹曙，李志坚．清洁生产理论与实务[M]．北京：中山大学出版社，2009.
[3] 陈哲夫，陈端吕，等．海绵城市建设的景观安全格局规划途径[M]．南京：南京大学出版社，2020.
[4] 程发良，孙成访．环境保护与可持续发展[M]．3 版．北京：清华大学出版社，2014.
[5] 戴玉华，汤爱萍．清洁生产的理论发展及其实践应用探究[M]．杨凌：西北农林科技大学出版社，2019.
[6] 郭福利，马歆．循环经济理论与实践[M]．北京：中国经济出版社，2018.
[7] 联合国可持续发展大会中国筹委会．中华人民共和国可持续发展国家报告[M]．北京：人民出版社，2012.
[8] 刘德海．绿色发展[M]．南京：江苏人民出版社，2016.
[9] 马光，等．环境与可持续发展导论[M]．3 版．北京：科学出版社，2017.
[10] 彭文英，单吉堃，符素华，等．资源环境保护与可持续发展[M]．北京：中国人民大学出版社，2015.
[11] 孙继荣．可持续发展战略方法论[M]．北京：中国经济出版社，2023.
[12] 王文，刘锦涛，赵越．碳中和与中国未来[M]．北京：北京师范大学出版社，2022.
[13] 王文军．低碳经济发展研究[M]．北京：中国人民大学出版社，2014.
[14] 伍世安．循环经济的经济学基础探析[M]．上海：复旦大学出版社，2015.
[15] 肖睿，刘建琳，等．碳中和[M]．南京：南京大学出版社，2022.
[16] 杨晓占，冯文林，冉秀芝．新能源与可持续发展概论[M]．重庆：重庆大学出版社，2019.
[17] 张若曦．国际生态城市实践中的理念与方法[M]．厦门：厦门大学出版社，2016.
[18] 张天柱，石磊，贾小平．清洁生产导论[M]．北京：高等教育出版社，2023.
[19] 张雪英，仲兆祥．资源环境与可持续发展[M]．北京：电子工业出版社，2021.
[20] 周振民，徐苏容，王学超．海绵城市建设与雨水资源综合利用[M]．北京：中国水利水电出版社，2018.
[21] 左玉辉．环境学[M]．2 版．北京：高等教育出版社，2010.